纺织服装高等教育“十二五”部委级规划教材

服 装 工 程 技 术 类 精 品 教 程

服装立体裁剪 创意篇（修订）

DRAPING FOR APPAREL DESIGN

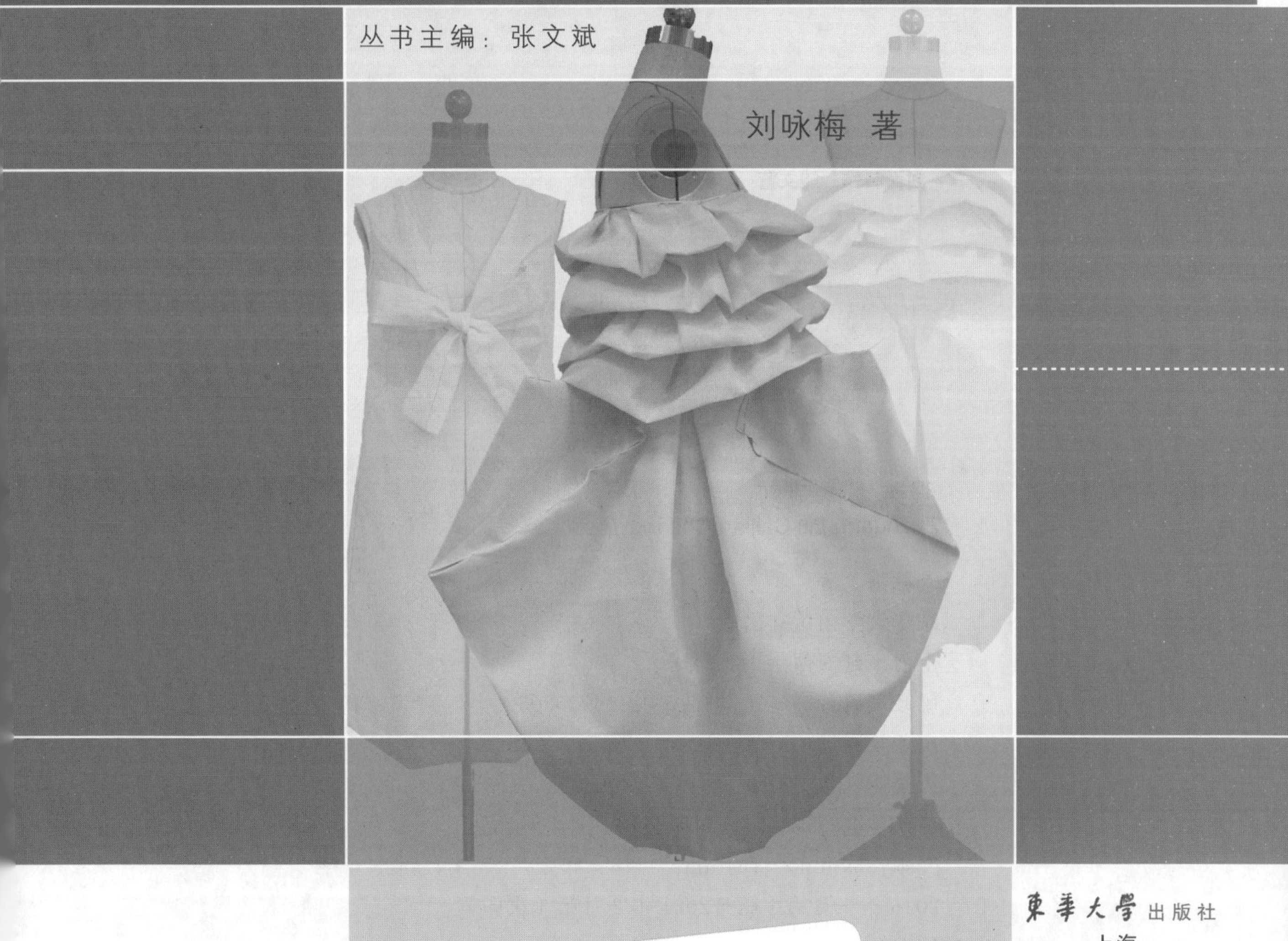

丛书主编：张文斌

刘咏梅 著

東華大學出版社
·上海·

图书在版编目(CIP)数据

服装立体裁剪. 创意篇/刘咏梅著. --上海：东华大学出版社,2016.1

ISBN 978-7-5669-0903-9

Ⅰ.①服... Ⅱ.①刘... Ⅲ.①立体裁剪-高等学校-教材

Ⅳ.①TS941.631

中国版本图书馆CIP数据核字（2015）第235851号

责任编辑：谭 英

封面制作：鲍文萱

服装立体裁剪 创意篇

Fuzhuang Liti Caijian Chuangyipian

刘咏梅 著

东华大学出版社出版

上海市延安西路1882号

邮政编码:200051 电话:(021)62193056

出版社网址 http://www.dhupress.net

天猫旗舰店 http://www.dhdx.tmall.com

苏州望电印刷有限公司印刷

开本:889mm×1194mm 1/16 印张:13 字数:458千字

2016年1月第1版 2021年2月第4次印刷

ISBN 978－7－5669－0903－9

定价:39.00元

Contents

目录

编者的话

立裁，蕴含着服装灵感；
立裁，蕴含着服装技术；
立裁，蕴含着服装语言；
立裁，蕴含着服装原理。

解析的，是布到服装成型的细节；
启发的，是造型角度的服装设计；
体会的，是服装造型的追求完美；
感悟的，是服装带给人们的美好。

……
本书的内容积累始于 1991 年，完成于 2015 年。
本书的编写工作始于 2011 年，完成于 2015 年。

刘咏梅
东华大学服装·艺术设计学院

Part 1

第一部分 基础造型

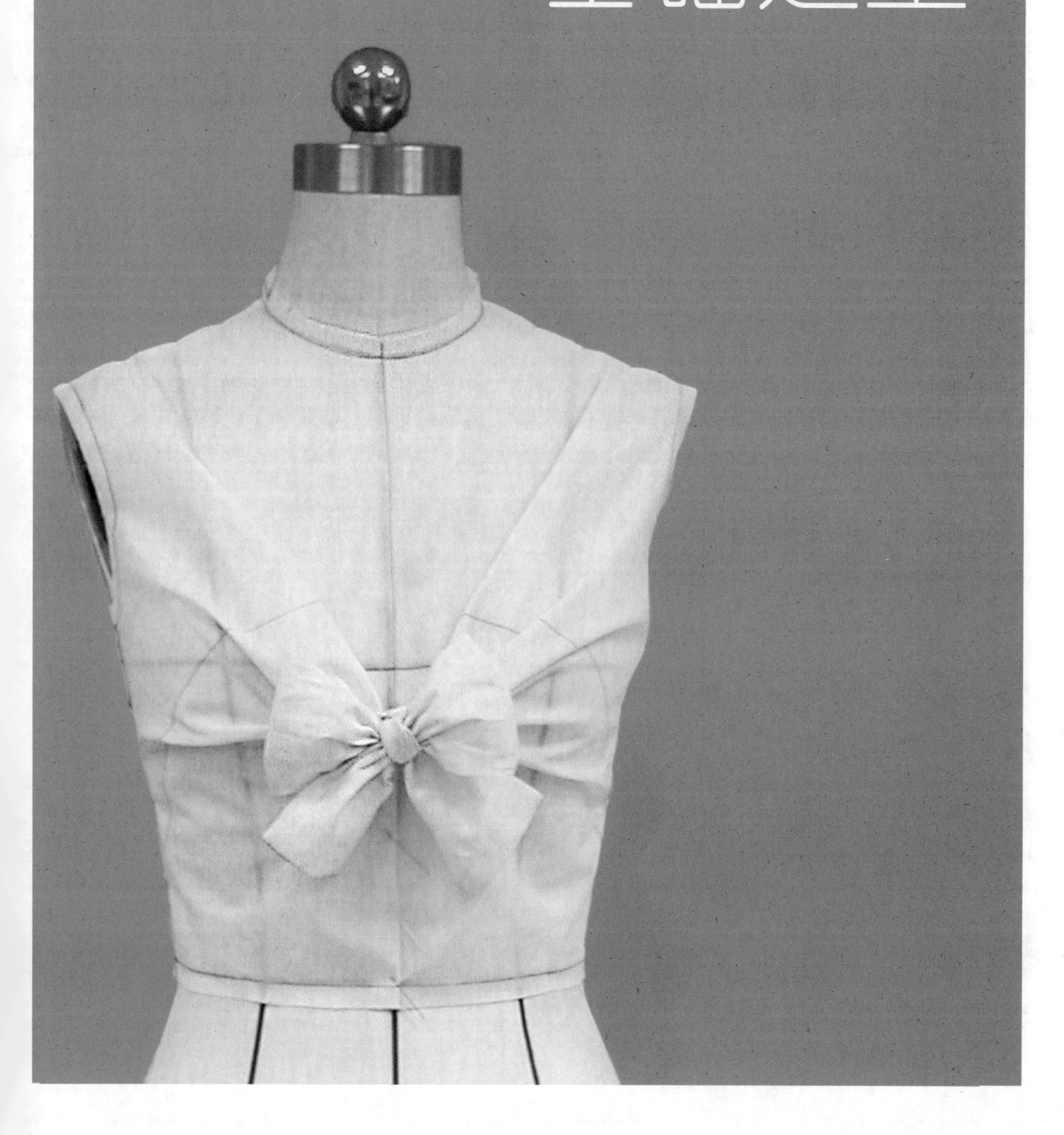

1 基础造型A

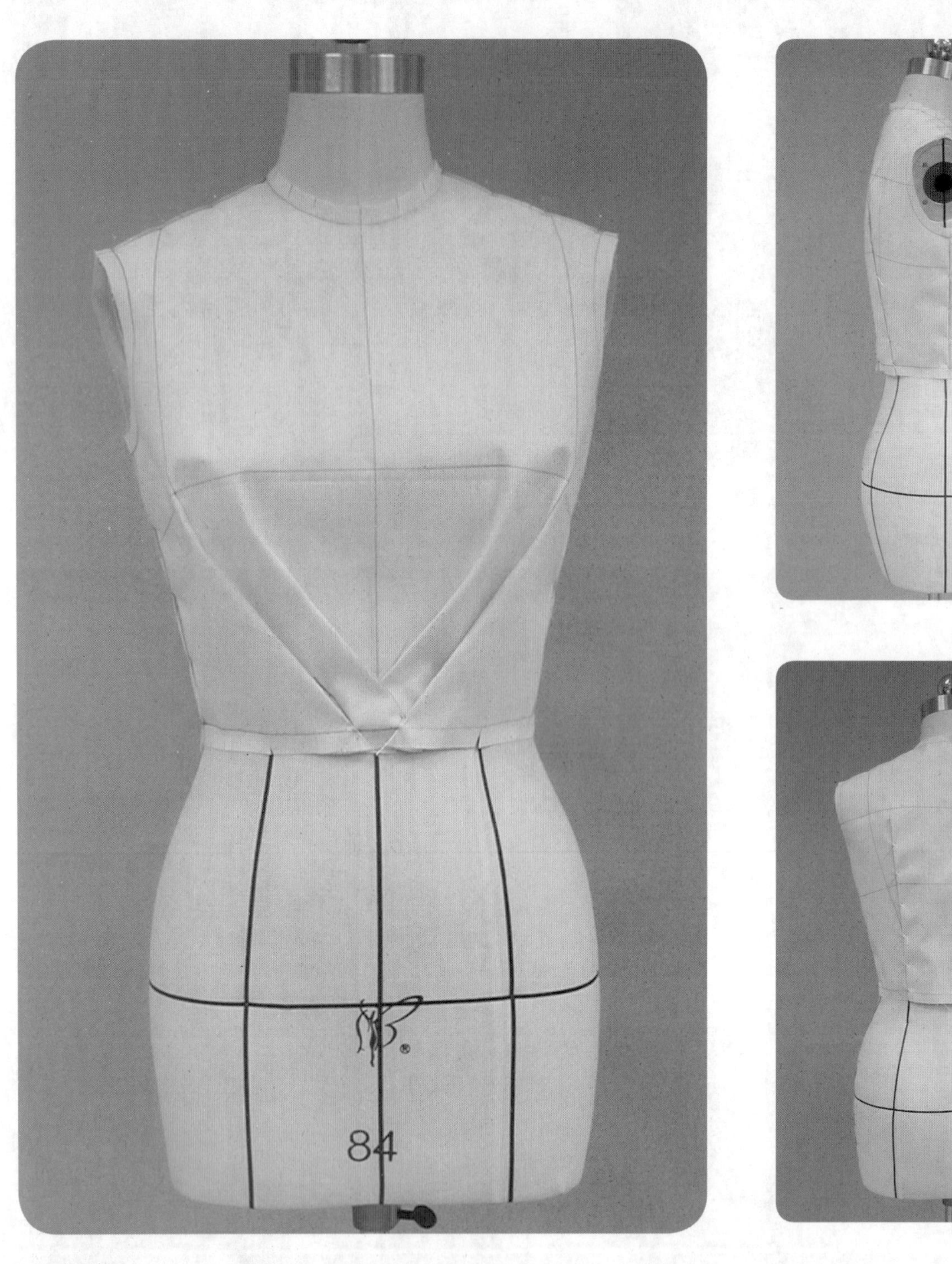

造型要点

把前片胸围线以上的曲面量（形成或塑造曲面的结构量）和胸到腰的曲面量转移至腰线处，设置为衣裥，沿上层衣裥剪切刀口，形成交叉衣裥造型。胸围松量 6 cm、腰围松量 6 cm。

操作步骤

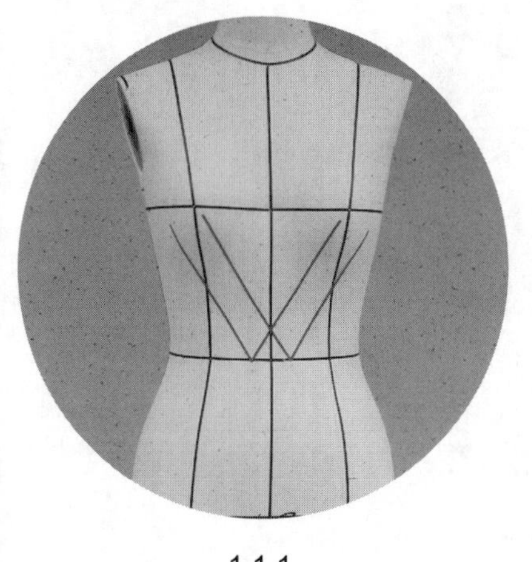

1.1.1

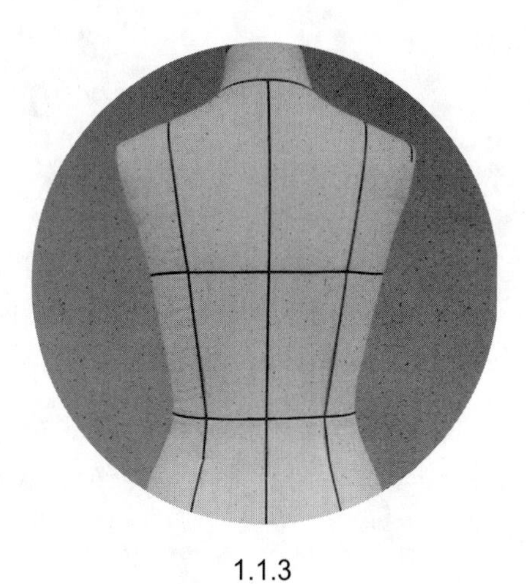

1.1.2

1.1.3

1.1.1~1.1.3　贴置款式造型线。

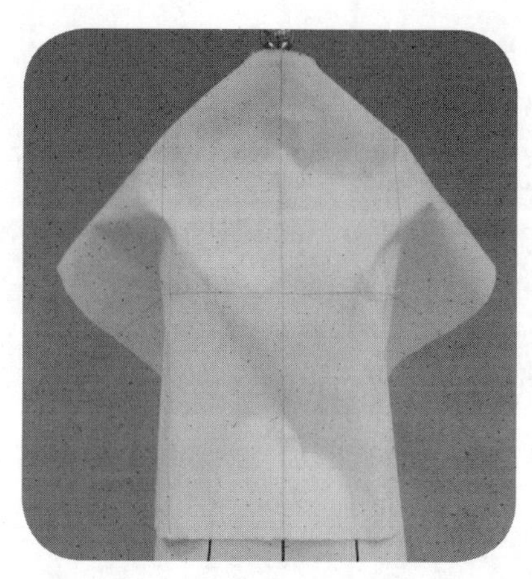

1.1.4

1.1.5

1.1.4　把前片用布固定于人台上。注意前中心布纹线、胸围布纹线与人台对应标示线的对齐，以及胸围松量的余留。前中心处、侧缝处、颈侧处用大头针固定。

1.1.5　用逐渐剪刀口的方式来修剪左边领口，自然抚平，余留适当松量，SNP点（侧颈点）处用大头针固定。

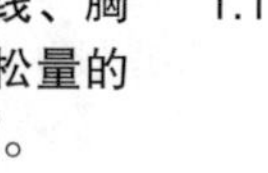

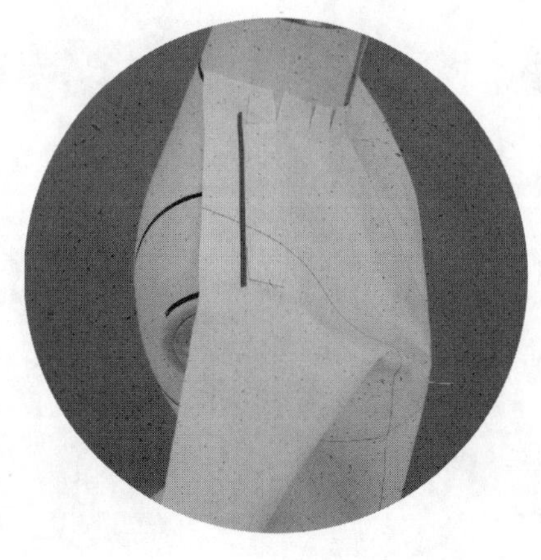

1.1.6

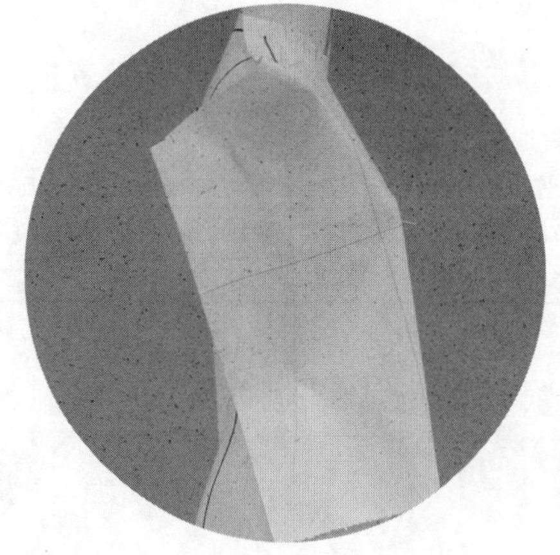

1.1.7

1.1.6　自然抚平肩部，SP点（肩点）处用大头针固定，余留缝份量，修剪用布。

1.1.7　袖窿处余留适当松量，把多余量转移至腰线位置，侧缝自然抚平，用大头针固定。注意胸围松量的保持。

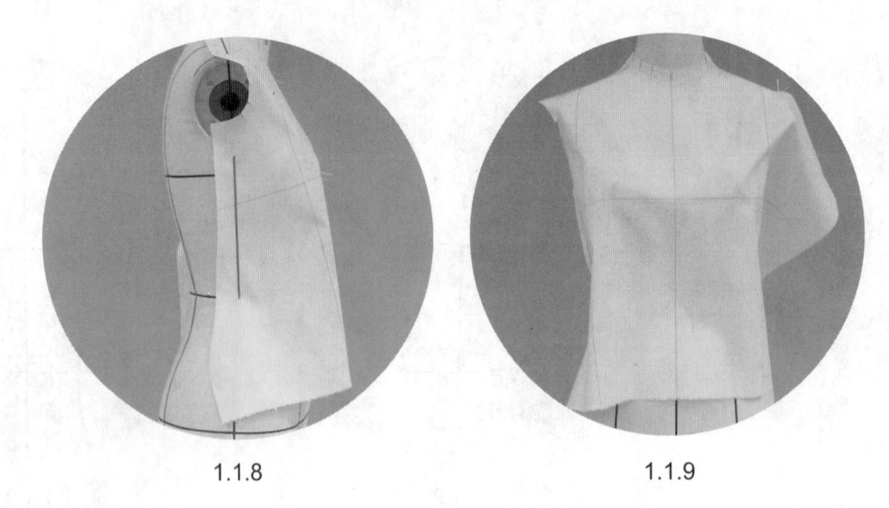

1.1.8　　　　　　　　　　1.1.9

1.1.8、1.1.9　修剪袖窿，修剪侧缝。

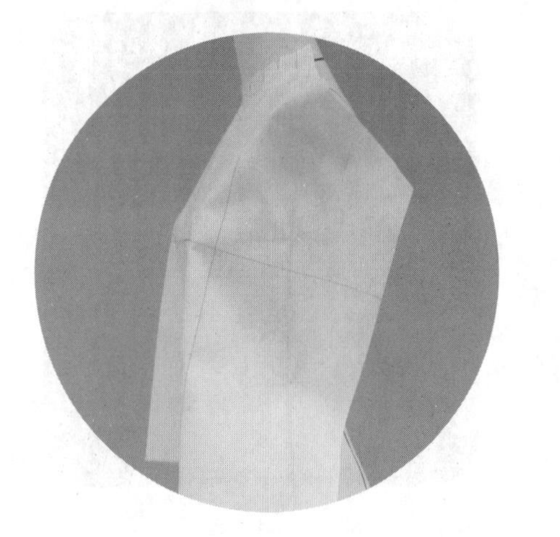

1.1.10

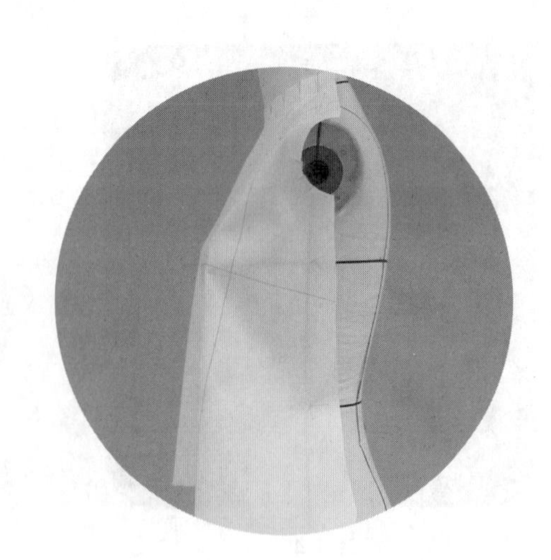

1.1.11

1.1.10 、1.1.11　同理操作右边。

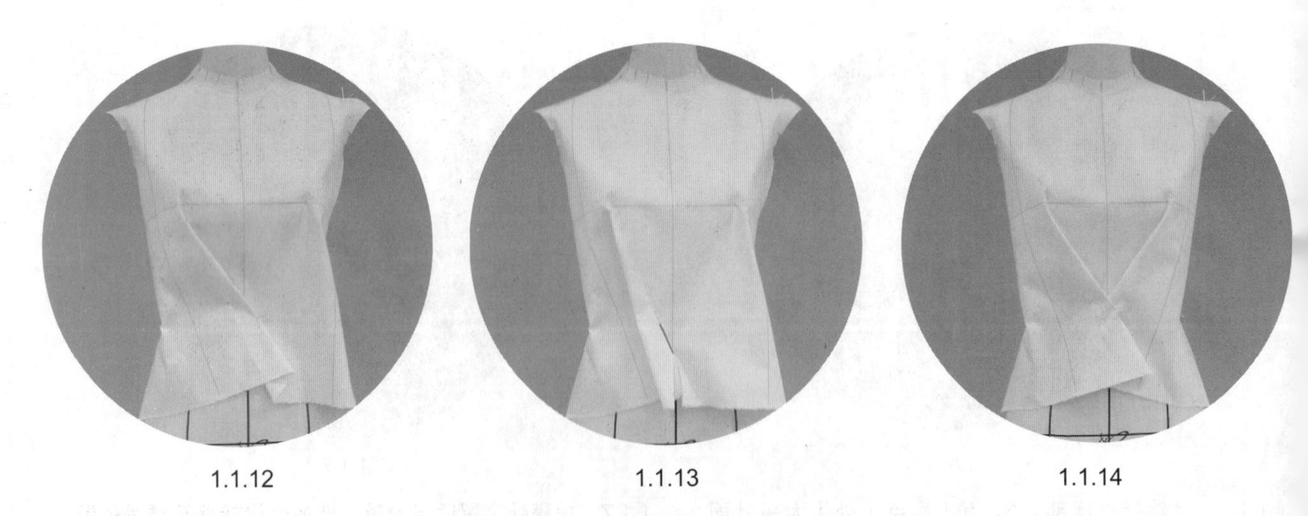

1.1.12　　　　　　　　　　1.1.13　　　　　　　　　　1.1.14

1.1.12~1.1.14　整理左右第一个衣裥量，确定衣裥刀口位置和长度，剪刀口，实现衣裥的交叉。

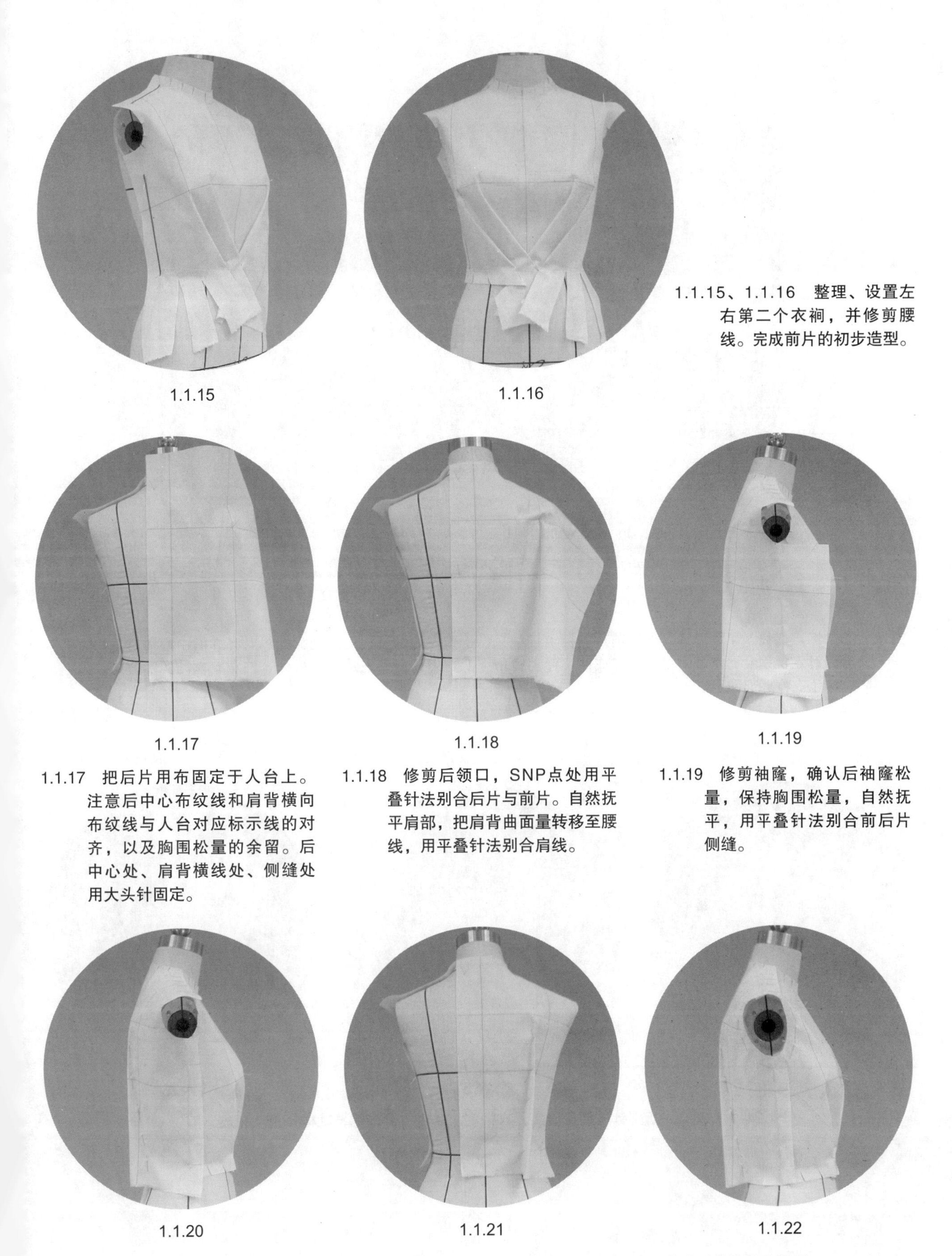

1.1.15　　1.1.16

1.1.15、1.1.16　整理、设置左右第二个衣裥，并修剪腰线。完成前片的初步造型。

1.1.17　　1.1.18　　1.1.19

1.1.17　把后片用布固定于人台上。注意后中心布纹线和肩背横向布纹线与人台对应标示线的对齐，以及胸围松量的余留。后中心处、肩背横线处、侧缝处用大头针固定。

1.1.18　修剪后领口，SNP点处用平叠针法别合后片与前片。自然抚平肩部，把肩背曲面量转移至腰线，用平叠针法别合肩线。

1.1.19　修剪袖窿，确认后袖窿松量，保持胸围松量，自然抚平，用平叠针法别合前后片侧缝。

1.1.20　　1.1.21　　1.1.22

1.1.20~1.1.22　用抓别法别合腰背省，省道量较大，为弧线省。修剪腰线。完成后片的初步造型。

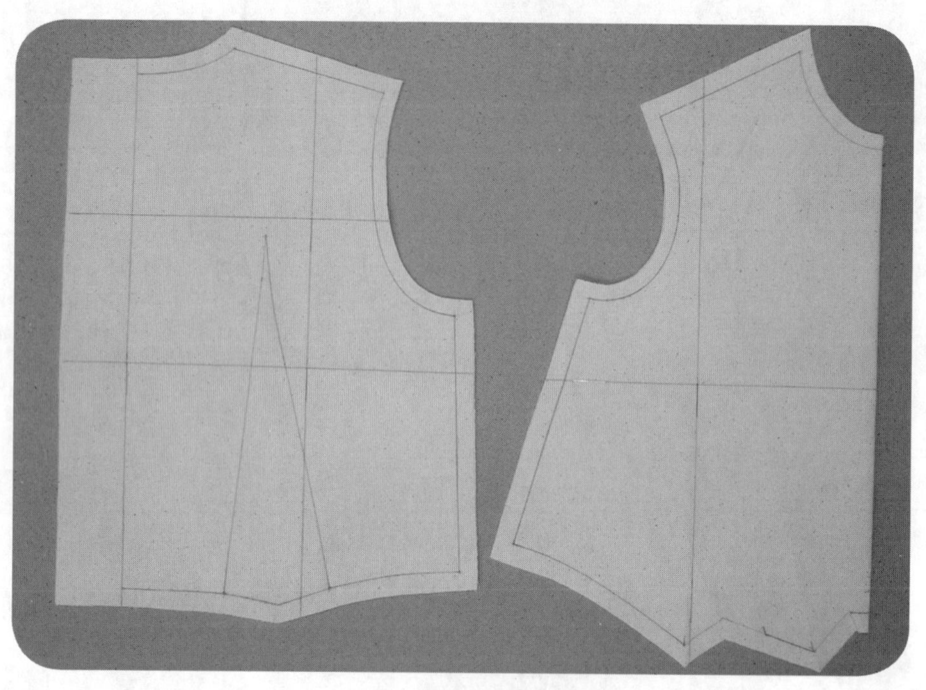

1.1.23

1.1.23　标点描线，平面整理。注意前片的标点描线只需操作左边即可，然后把胸围线对齐并沿中心对折，用大头针定位别合，垫复写纸，连点成线，修剪缝份，衣裥刀口只有左边有。另外，注意衣裥的标示方式，只标示衣裥底部即可。

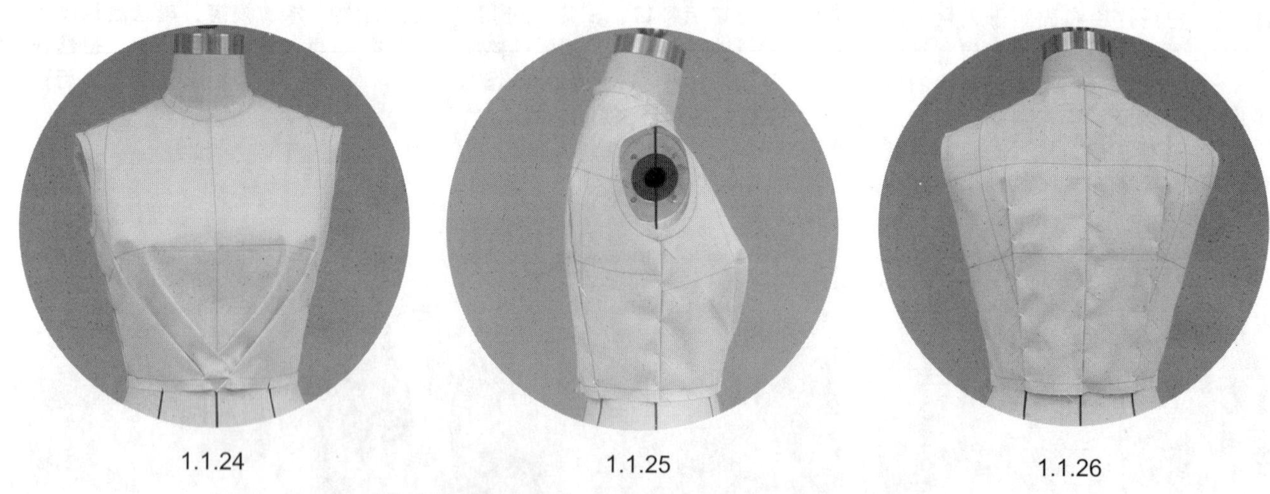

1.1.24　　1.1.25　　1.1.26

1.1.24~1.1.26　用折别针法别合省道、衣裥底、肩缝、侧缝等，试样补正。完成造型。

2 基础造型B

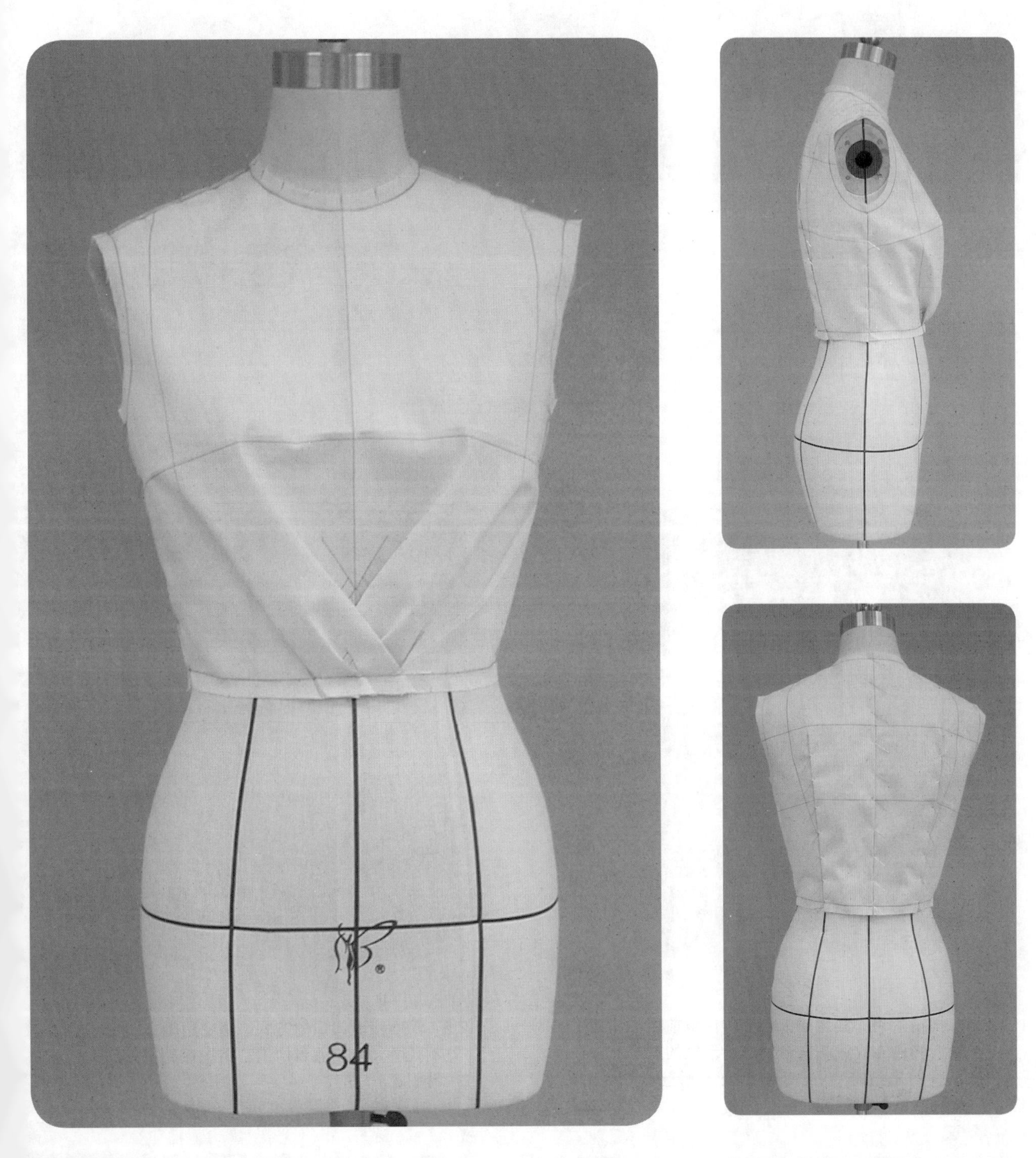

造型要点

把前片胸围线以上的曲面量和胸到腰的曲面量转移至腰线处，设置为衣裥，沿上层衣裥剪切刀口，形成交叉衣裥造型。胸围松量 6 cm、腰围松量 6 cm。

操作步骤

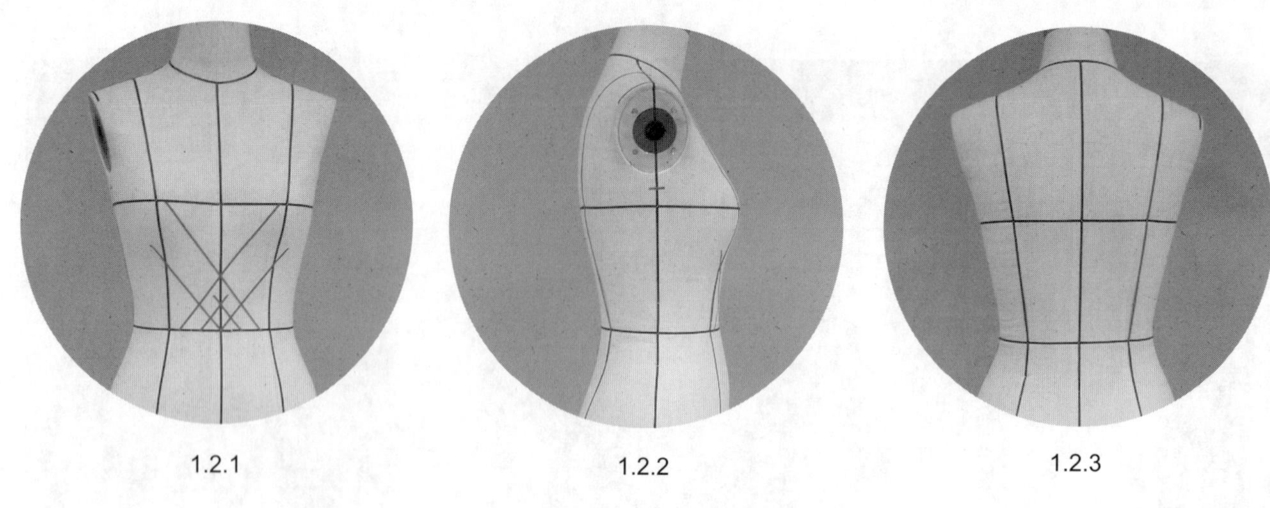

1.2.1　　　　1.2.2　　　　1.2.3

1.2.1~1.2.3　贴置款式造型线。

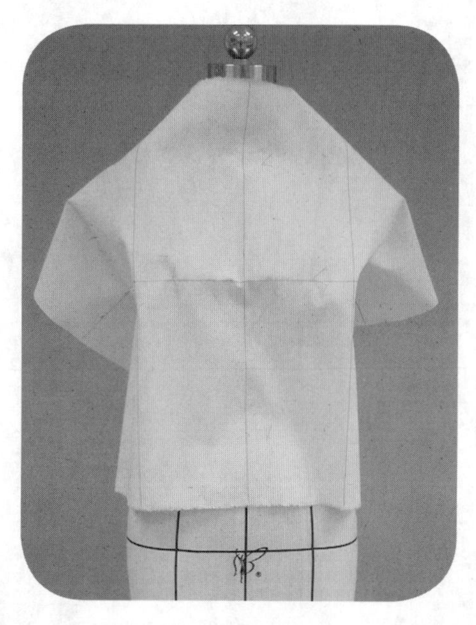

1.2.4

1.2.4　把前片用布固定于人台上。注意前中心布纹线、胸围布纹线与人台对应标示线的对齐，以及胸围松量的余留。前中心处、侧缝处、颈侧处用大头针固定。

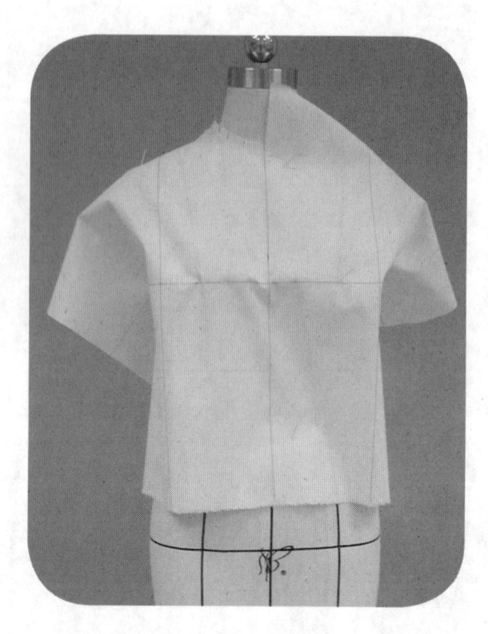

1.2.5

1.2.5　用逐步剪刀口的方式修剪左边领口，自然抚平，余留适当松量，SNP点处用大头针固定。

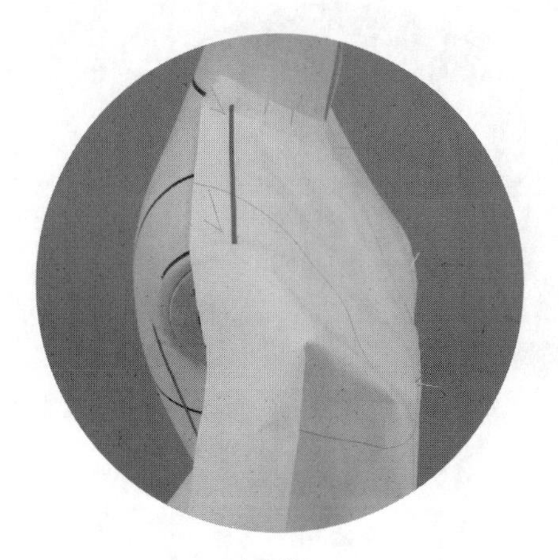

1.2.6

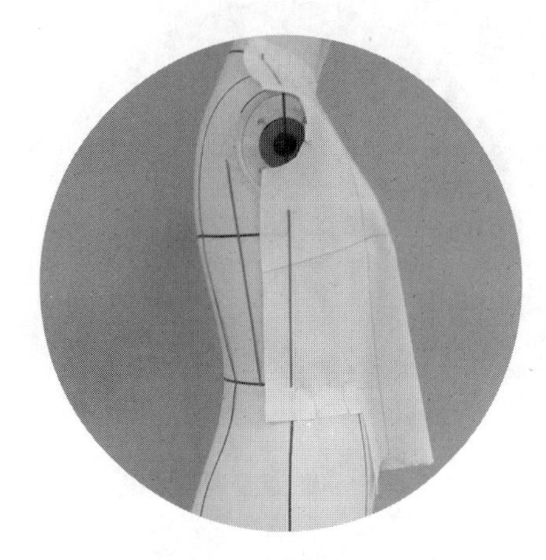

1.2.7

1.2.6　自然抚平肩部，在SP点处用大头针固定，余留缝份量，修剪用布。

1.2.7　袖窿处余留适当松量，把多余量转移至腰线位置，自然抚平侧缝，用大头针固定。注意胸围松量的保持。修剪袖窿，修剪侧缝。

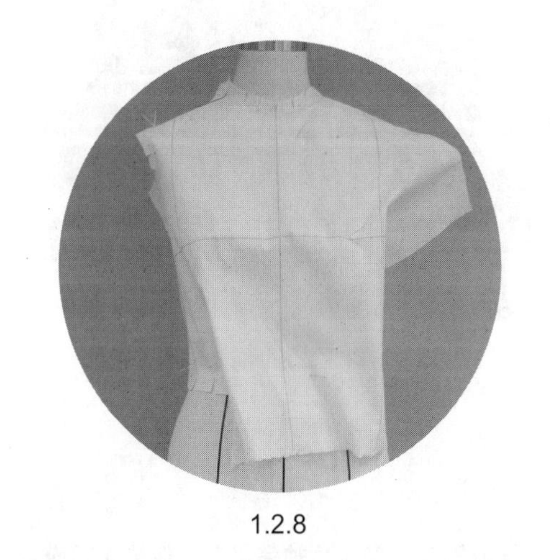

1.2.8

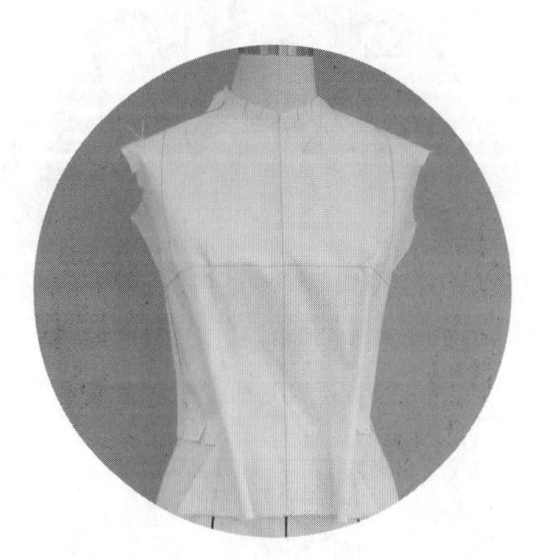

1.2.9

1.2.8 、1.2.9　同理操作右边。

1.2.10

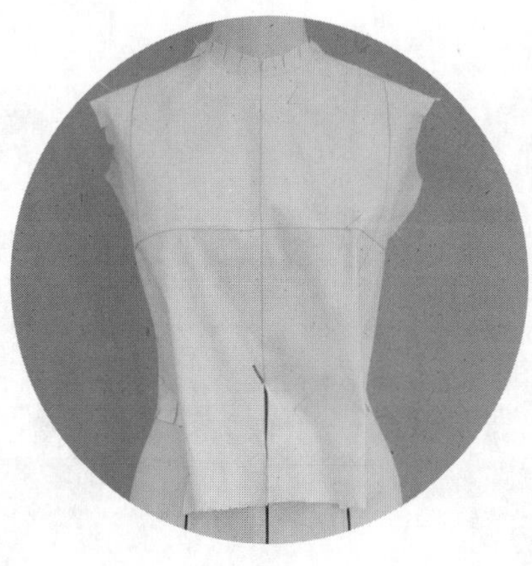

1.2.11

1.2.12

1.2.10 ~1.2.12　整理衣裥，观察衣裥长度，分配衣裥量，形成自然的衣裥造型。确定剪刀口的位置和长度，形成交叉衣裥的造型。

1.2.13

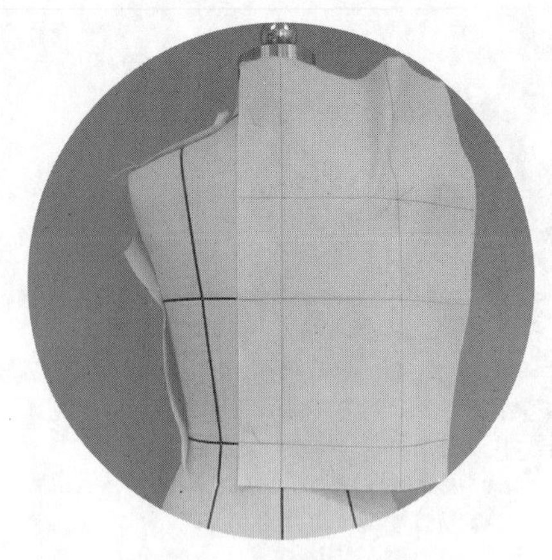

1.2.14

1.2.13　修剪腰线，完成前片的初步造型。

1.2.14　把后片用布固定于人台上。注意后中心布纹线、肩背横向布纹线与人台对应标示线的对齐，以及胸围松量的余留。后中心处、肩背横线处、侧缝处用大头针固定。

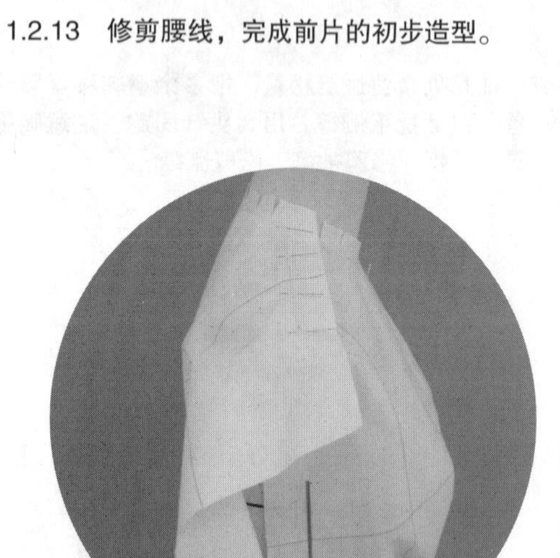

1.2.15

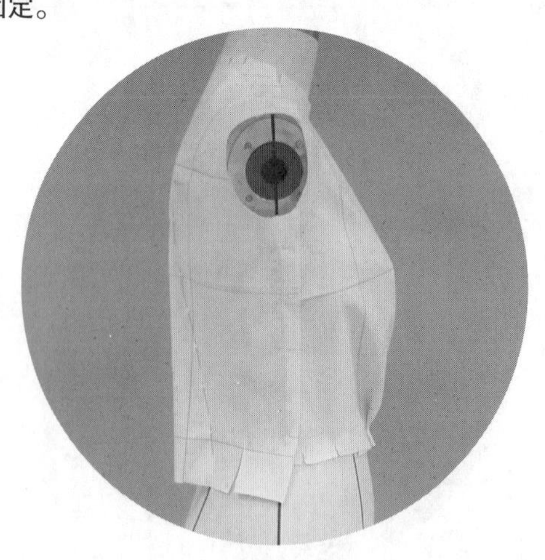

1.2.16

1.2.15　修剪后领口，在SNP点处用平叠针法别合后片与前片。自然抚平肩部，把肩背曲面量转移至腰线，用平叠针法别合肩线。

1.2.16　修剪袖窿，确认后袖窿松量，保持胸围松量，自然抚平，用平叠针法别合前后片侧缝。

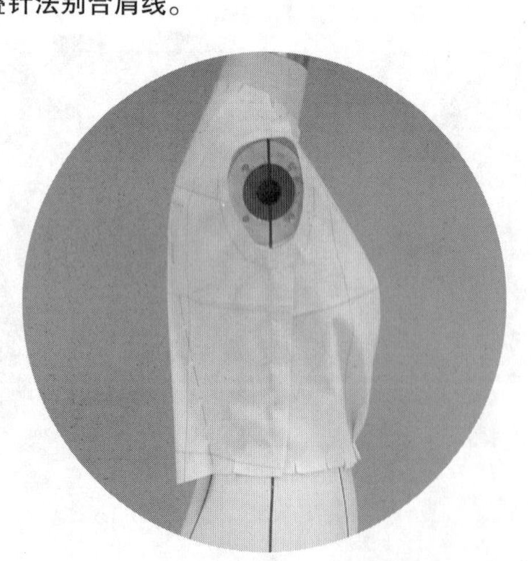

1.2.17

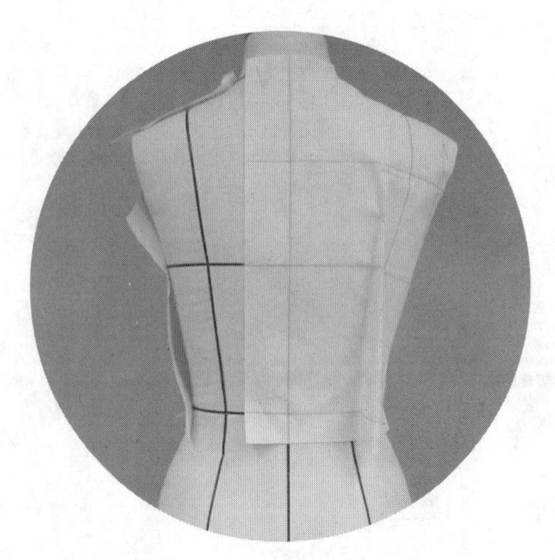

1.2.18

1.2.17、1.2.18　用抓别法别合腰背省，省道量较大，为弧线省。修剪腰线。完成后片的初步造型。

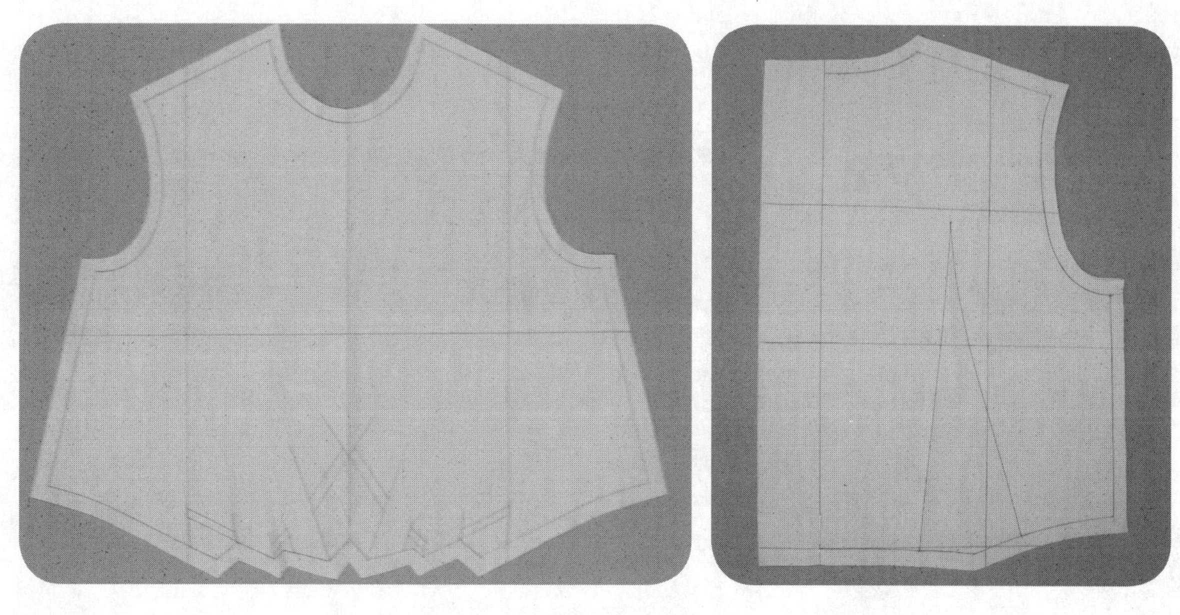

1.2.19

1.2.19 标点描线，平面整理。注意前片的标点描线只需操作左边即可，然后把胸围线对齐并沿中心对折，用大头针定位别合，垫复写纸，连点成线，修剪缝份，衣裥刀口只有左边有。另外注意衣裥的标示方式，只标示衣裥底部即可。

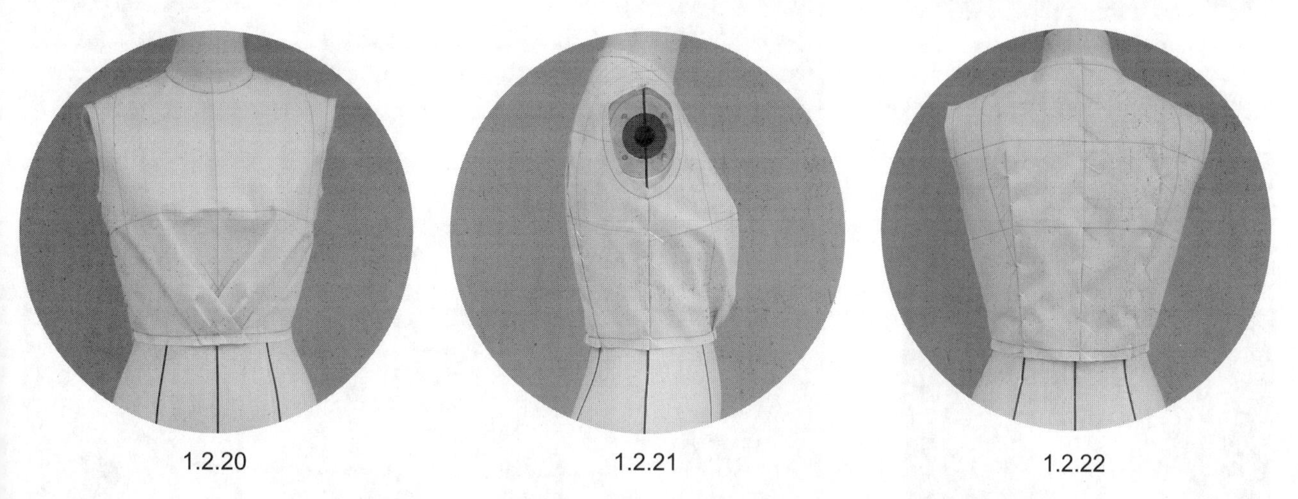

1.2.20 1.2.21 1.2.22

1.2.20~1.2.22 用折别针法别合省道、衣裥底、肩缝、侧缝等，试样补正。完成造型。

3 基础造型C

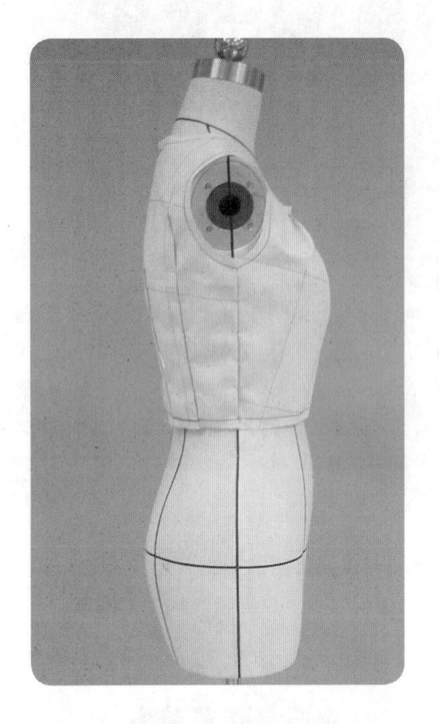

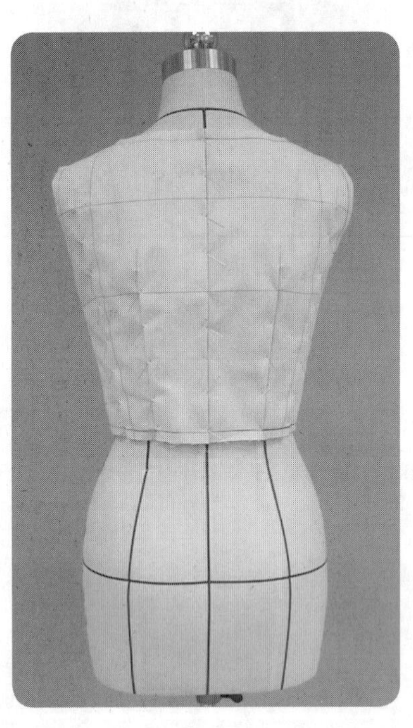

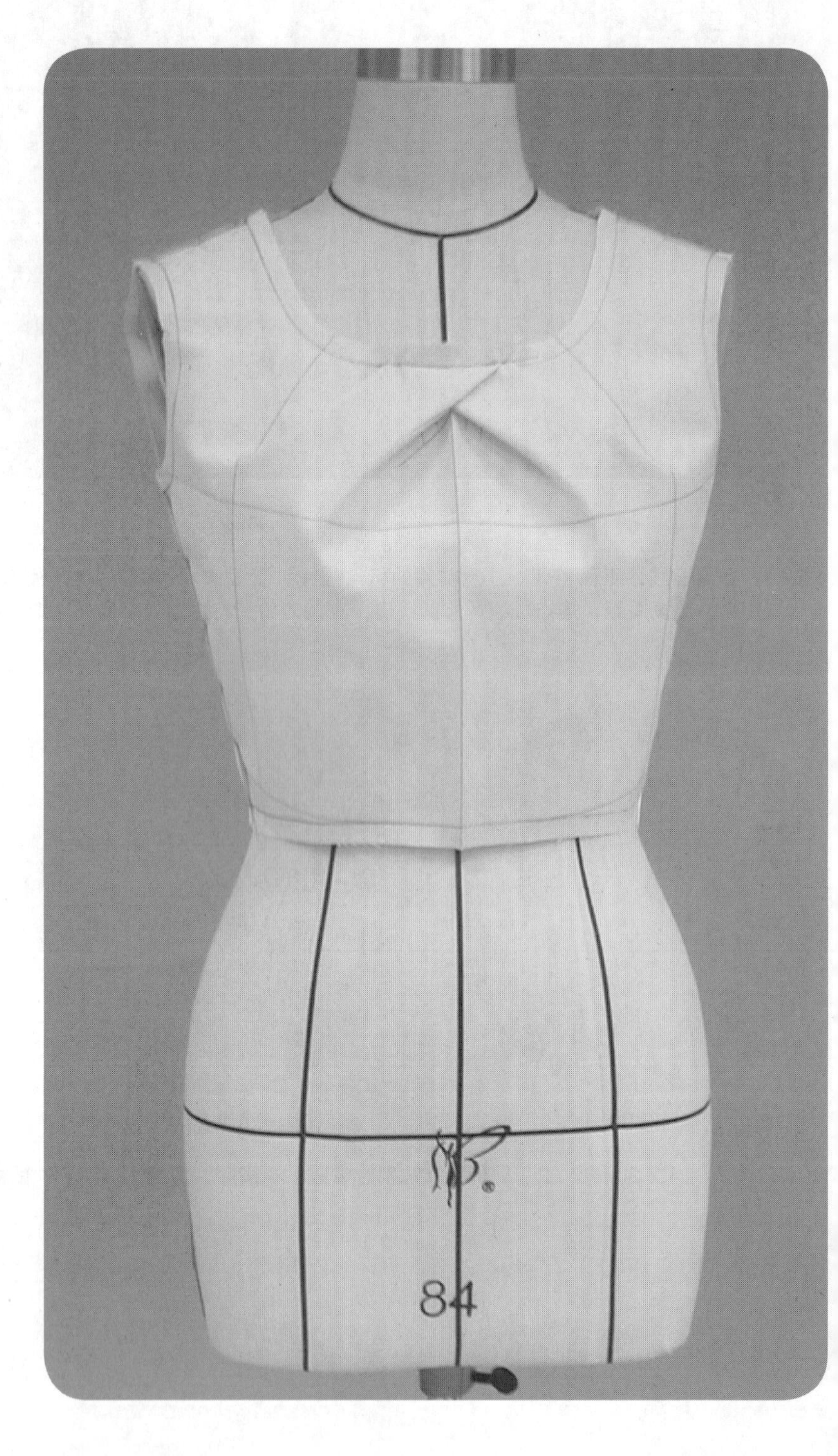

造型要点

把前片胸围线以上的曲面量和胸到腰的曲面量转移至领口线处，设置为衣裥，沿上层衣裥剪切刀口，形成交叉衣裥造型。胸围松量 6 cm、腰围松量 6 cm。

操作步骤

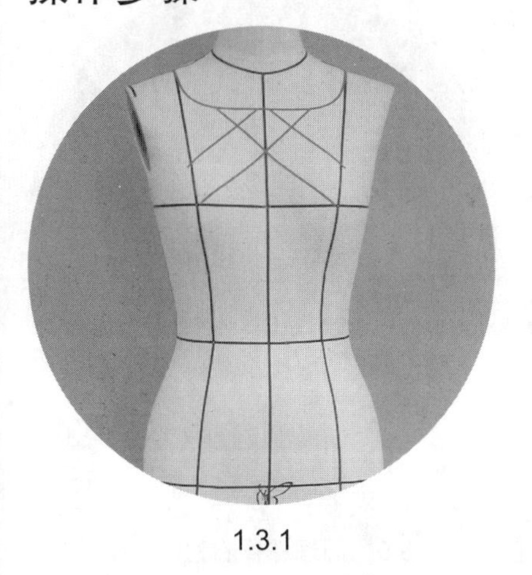
1.3.1

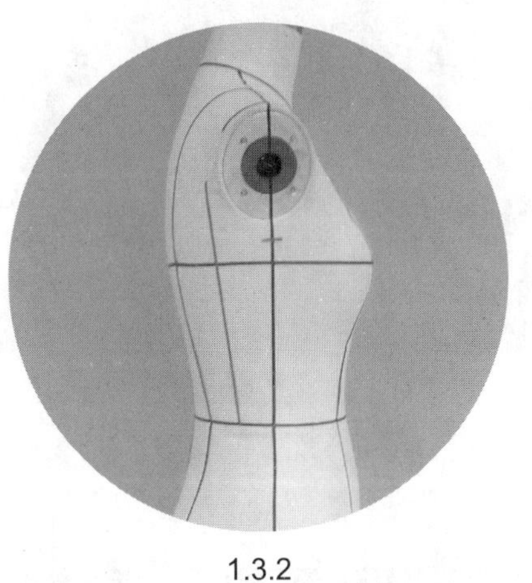
1.3.2

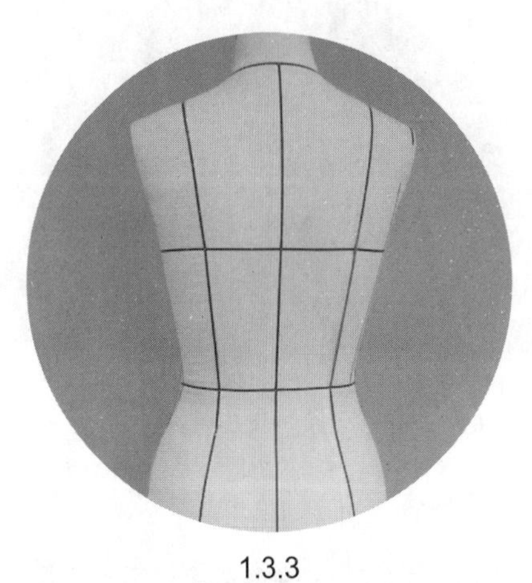
1.3.3

1.3.1~1.3.3　贴置款式造型线。

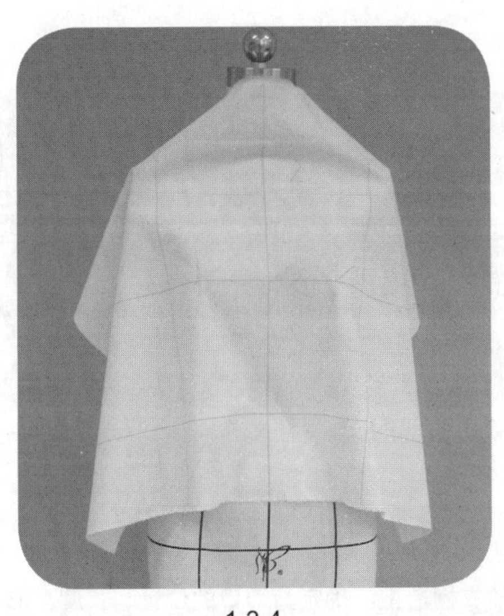
1.3.4

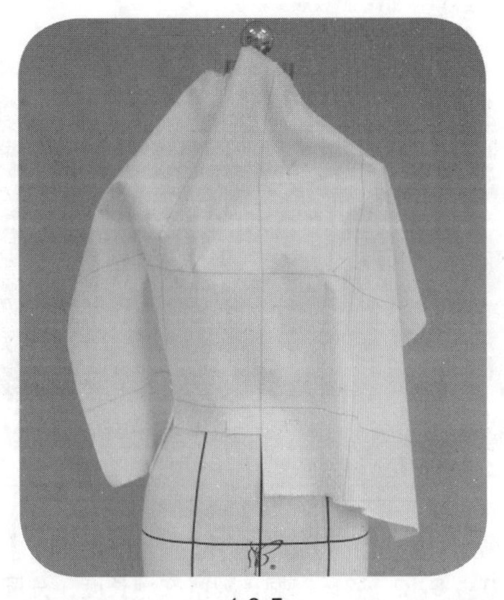
1.3.5

1.3.4　把前片用布固定于人台上。注意前中心布纹线、胸围布纹线与人台对应标示线的对齐，以及胸围松量的余留。前中心处、侧缝处、颈侧处用大头针固定。

1.3.5　用逐渐剪刀口的方式修剪左边腰线，余留适当松量，把多余曲面量转移至领口处。

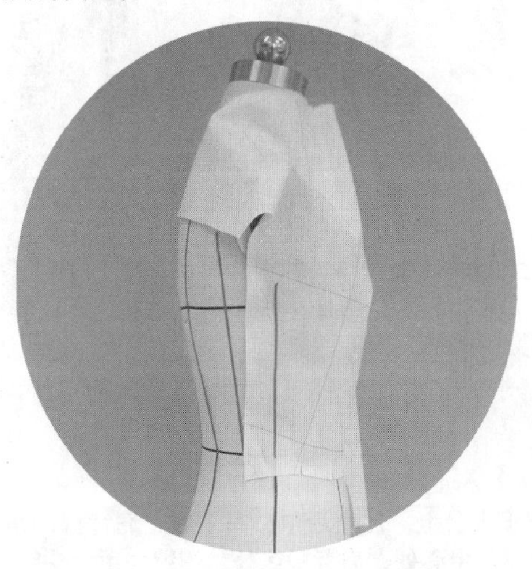
1.3.6

1.3.6　检查腰围和胸围的松量，自然抚平侧缝处，用大头针固定侧缝上下处。

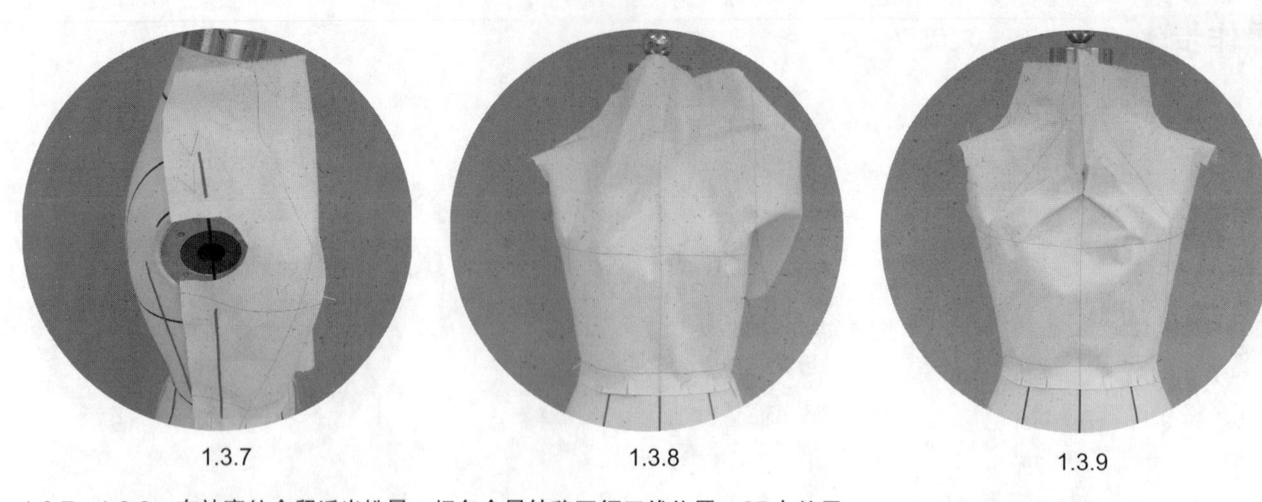
1.3.7　　1.3.8　　1.3.9

1.3.7、1.3.8　在袖窿处余留适当松量，把多余量转移至领口线位置，SP点处用大头针固定，修剪袖窿。自然抚平肩缝处，SNP点处用大头针固定，修剪肩线。

1.3.9　同理操作右边。

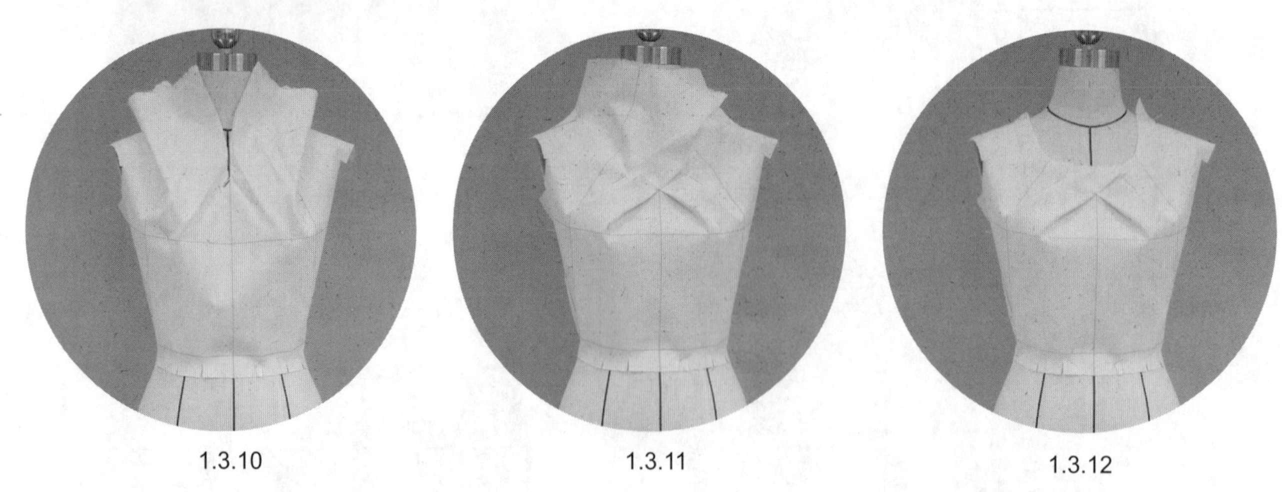
1.3.10　　1.3.11　　1.3.12

1.3.10~1.3.12　整理衣裥，观察衣裥长度，分配衣裥量，形成自然的衣裥造型。确定剪刀口的位置和长度，形成交叉衣裥的造型。修剪腰线，完成前片的初步造型。

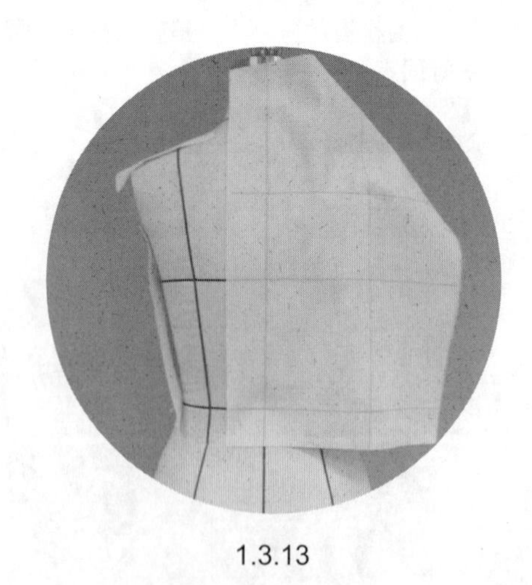
1.3.13

1.3.13　把后片用布固定于人台上。注意后中心布纹线、肩背横向布纹线与人台对应标示线的对齐，以及胸围松量的余留。后中心处、肩背横线处、侧缝处用大头针固定。

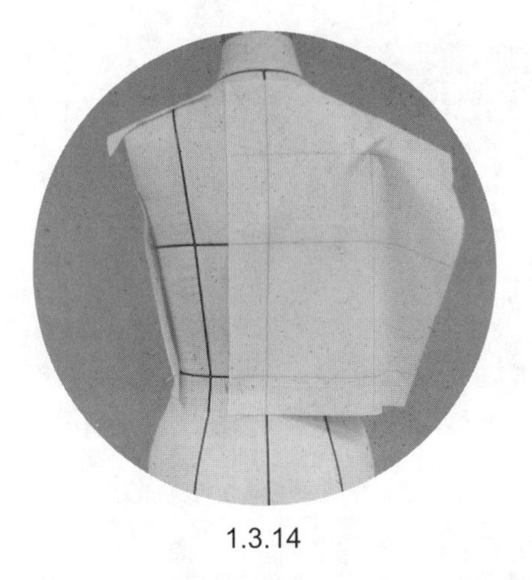

1.3.14

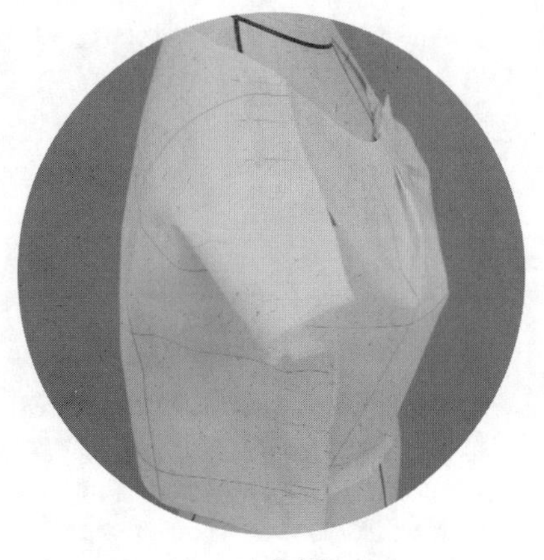

1.3.15

1.3.14、1.3.15　修剪后领口，在SNP点处用平叠针法别合后片与前片。自然抚平肩部，把肩背曲面量转移至腰线，用平叠针法别合肩线。

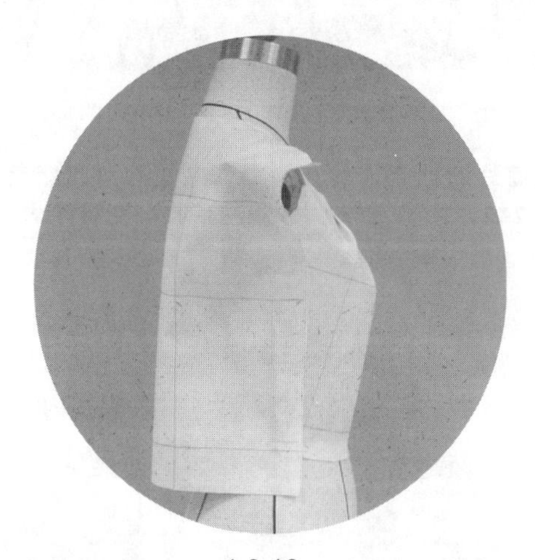

1.3.16

1.3.16　修剪袖窿，确认后袖窿松量，保持胸围松量，自然抚平，用平叠针法别合前后片侧缝。

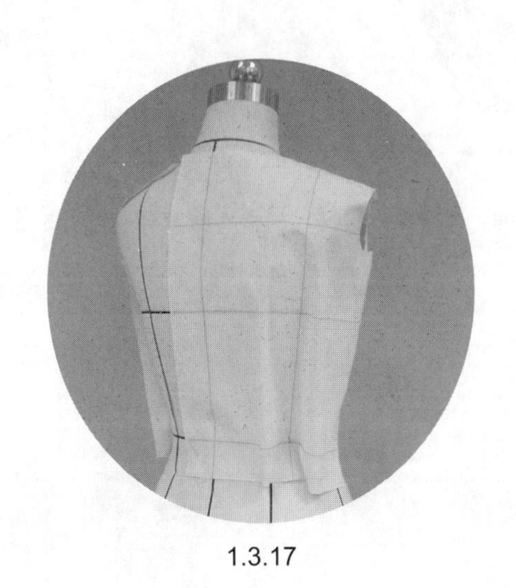

1.3.17

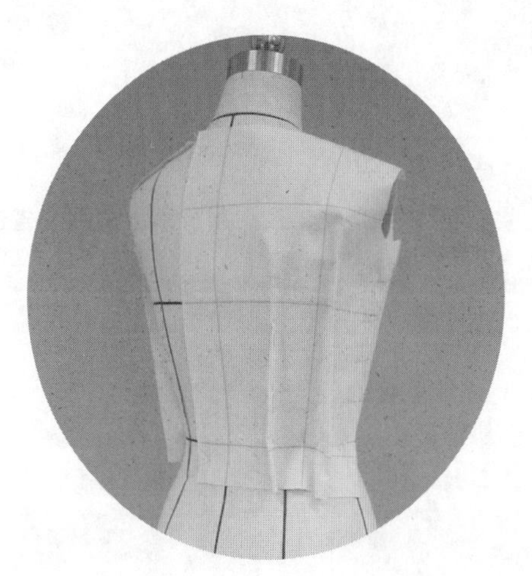

1.3.18

1.3.17、1.3.18　用抓别法别合腰背省，省道量较大，为弧线省。修剪腰线。完成后片的初步造型。

1.3.19

1.3.19　标点描线，平面整理。注意前片的标点描线只需操作左边即可，然后把胸围线对齐并沿中心对折，用大头针定位别合，垫复写纸，连点成线，修剪缝份。另外注意衣裥的标示方式，只标示衣裥底部即可。

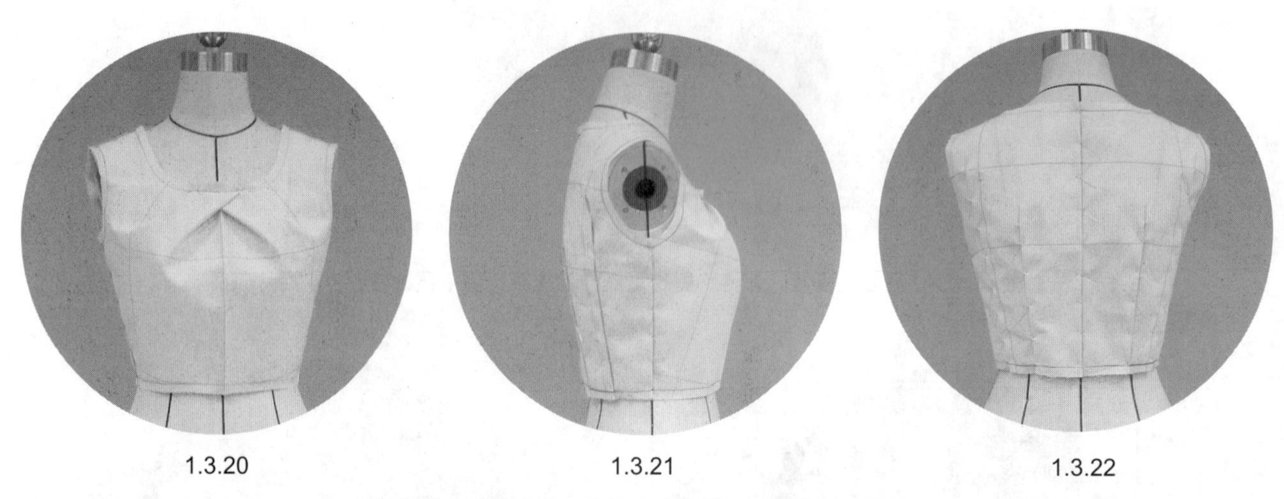

1.3.20　　1.3.21　　1.3.22

1.3.20~1.3.22　用折别针法别合省道、衣裥底、肩缝、侧缝等，试样补正。完成造型。

4 基础造型D

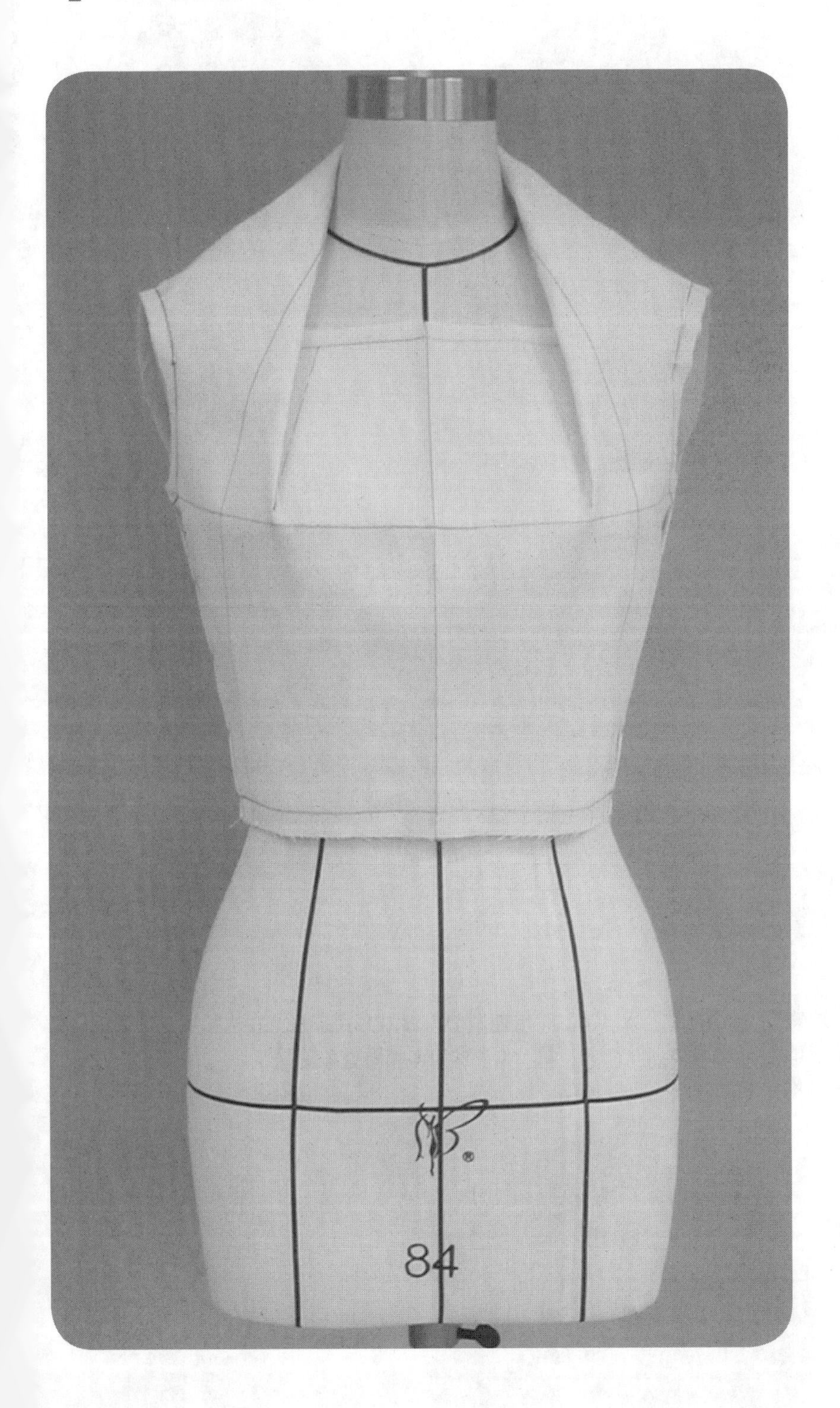

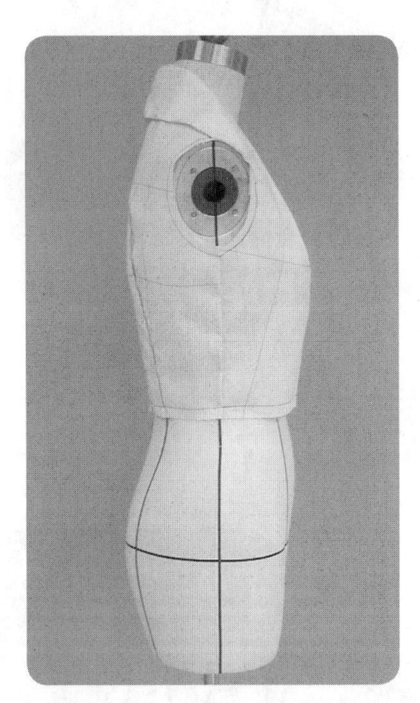

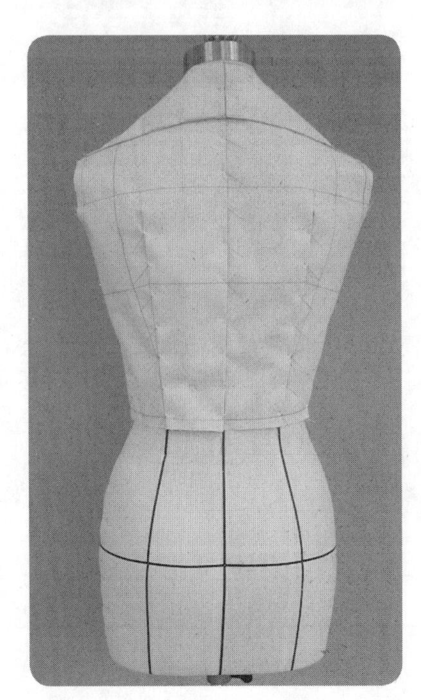

造型要点

结合衣裥形成有内外层空间的前连后断立领造型，后衣片和前衣片的拼合方式是造型稳定的关键。胸围松量 6 cm、腰围松量 6 cm。

操作步骤

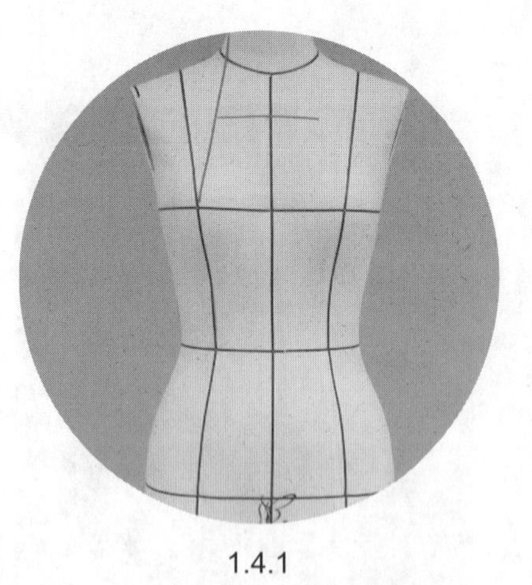

1.4.1

1.4.2

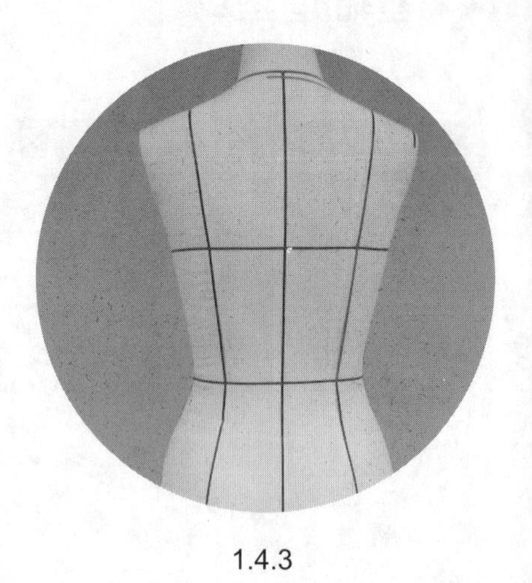

1.4.3

1.4.1~1.4.3　贴置款式造型线。

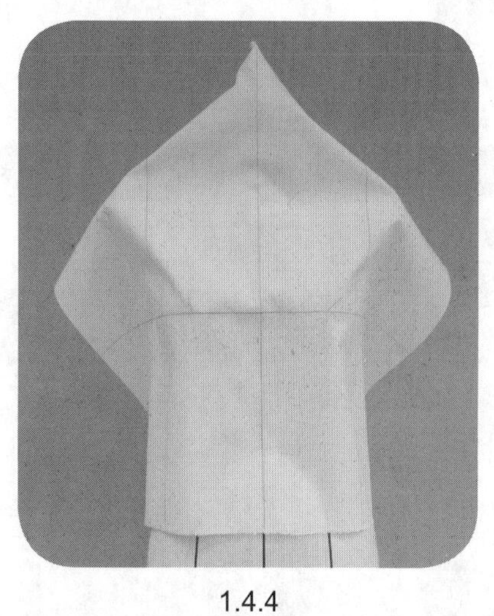

1.4.4

1.4.5

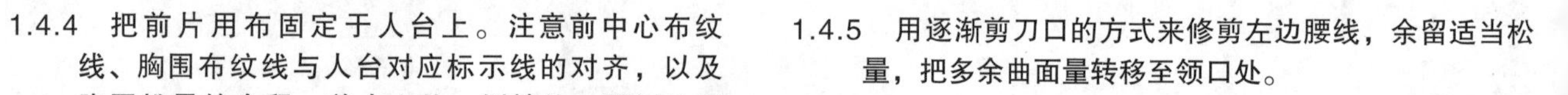

1.4.4　把前片用布固定于人台上。注意前中心布纹线、胸围布纹线与人台对应标示线的对齐，以及胸围松量的余留。前中心处、侧缝处、颈侧处用大头针固定。

1.4.5　用逐渐剪刀口的方式来修剪左边腰线，余留适当松量，把多余曲面量转移至领口处。

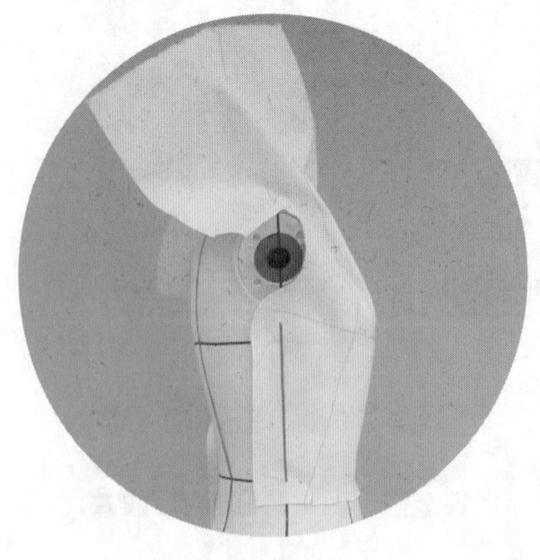

1.4.6

1.4.6　检查腰围和胸围的松量，自然抚平侧缝处，修剪缝份。检查袖窿处的松量，适当修剪袖窿。

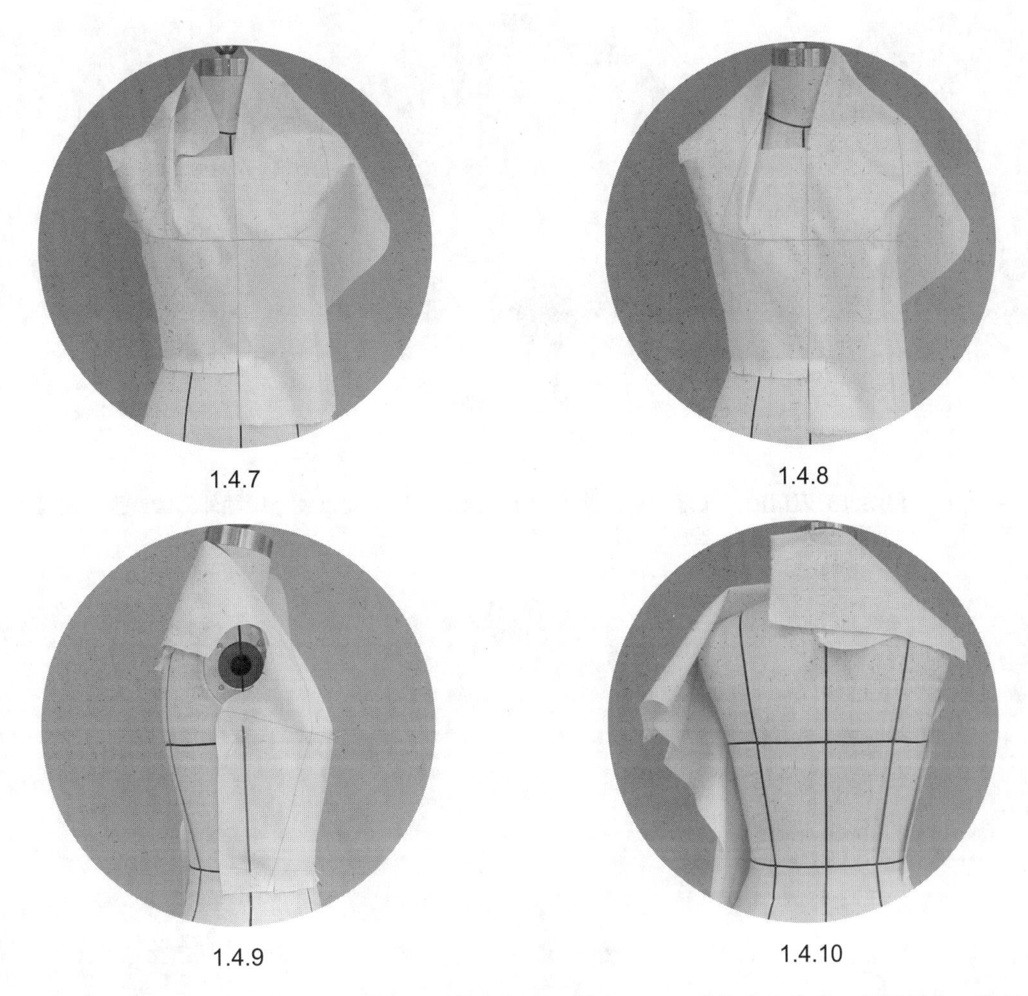

1.4.7　1.4.8

1.4.9　1.4.10

1.4.7~1.4.10　沿前中心剪纵向刀口，整理衣裥，沿前领口横向刀口至衣裥内边处止，折转用布，整理立领造型。注意调整用布的折转量，可以实现立领高度的调整。

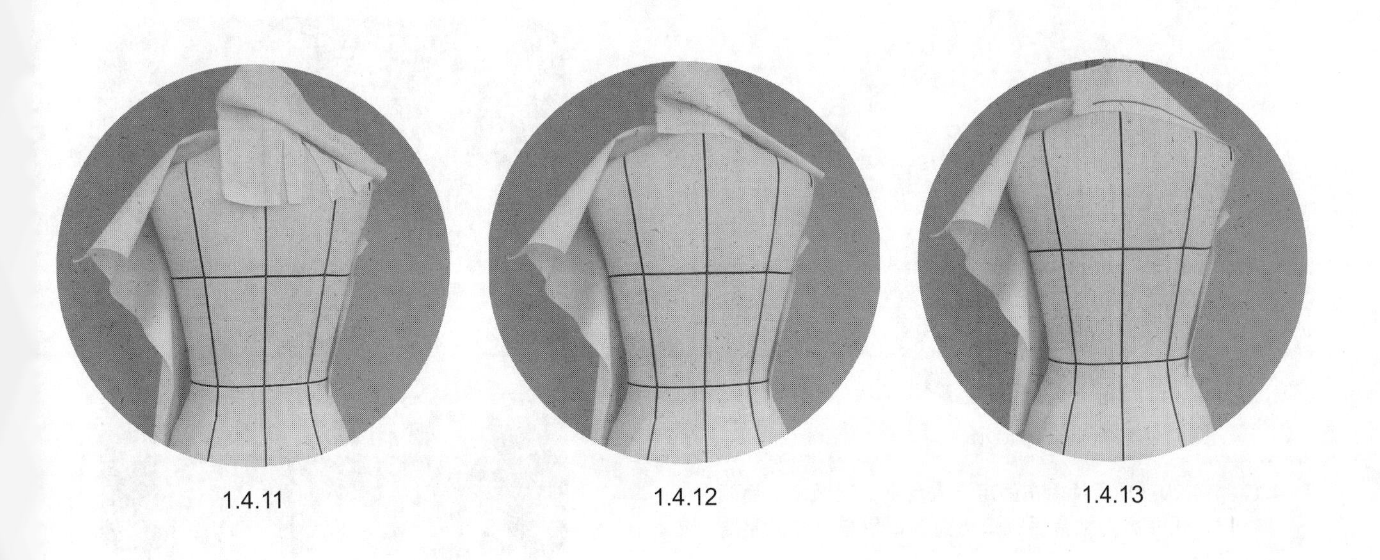

1.4.11　1.4.12　1.4.13

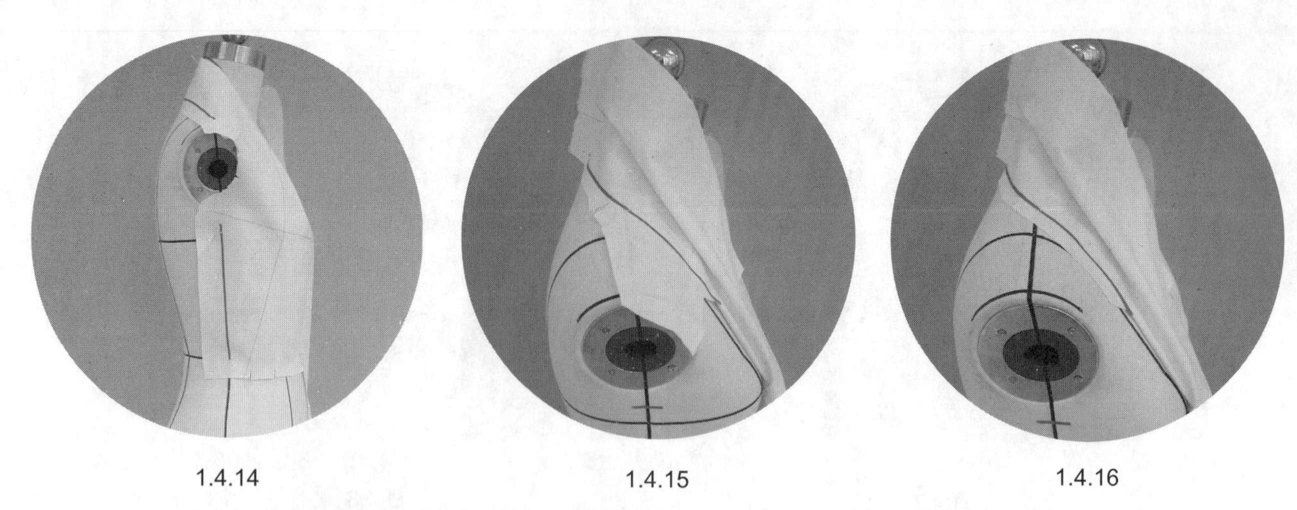

1.4.14　　1.4.15　　1.4.16

1.4.11 ~1.4.16　用逐渐剪刀口的方式来修剪，调整确认内层后领口造型以及外层领外口线造型。注意内层领口线的横开领适当开大，且延至前领口刀口位置止。

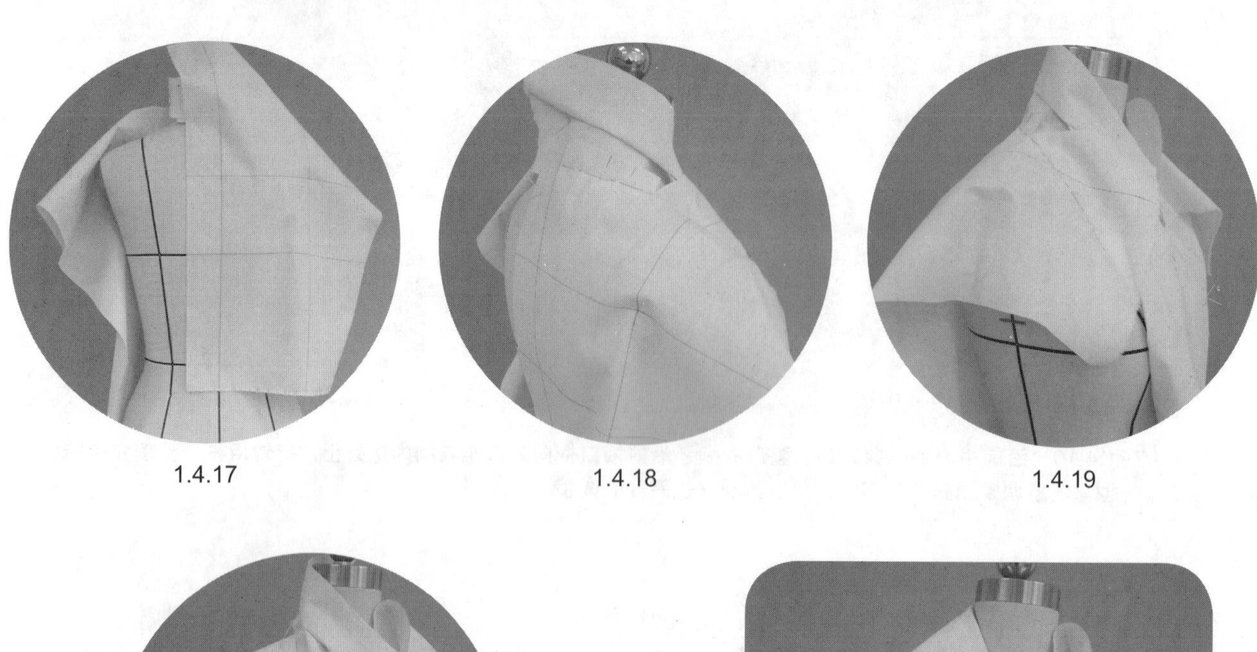

1.4.17　　1.4.18　　1.4.19

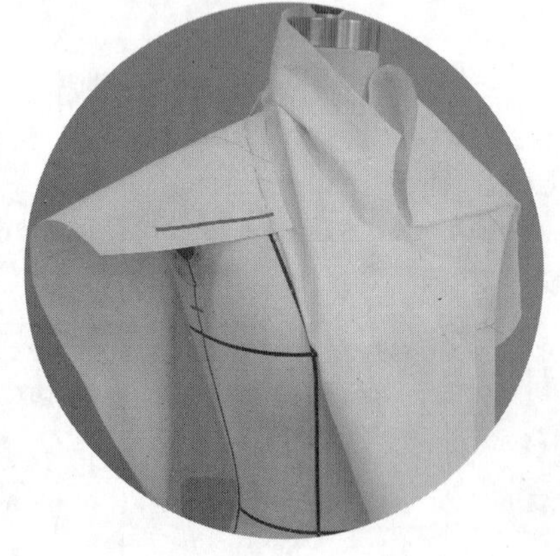

1.4.20

1.4.17~1.4.20　把后片用布固定于人台上，逐渐修剪后领口，用平叠法别合后领口与前领口用布，注意平服等长。

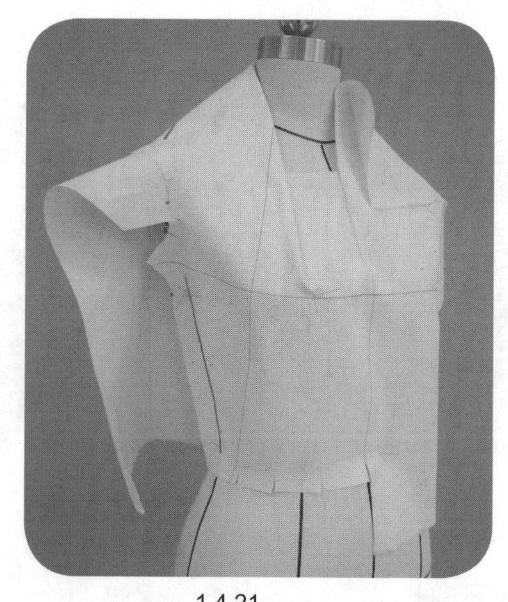

1.4.21

1.4.21　注意后片与前片在前袖窿肩端处有一段拼合。

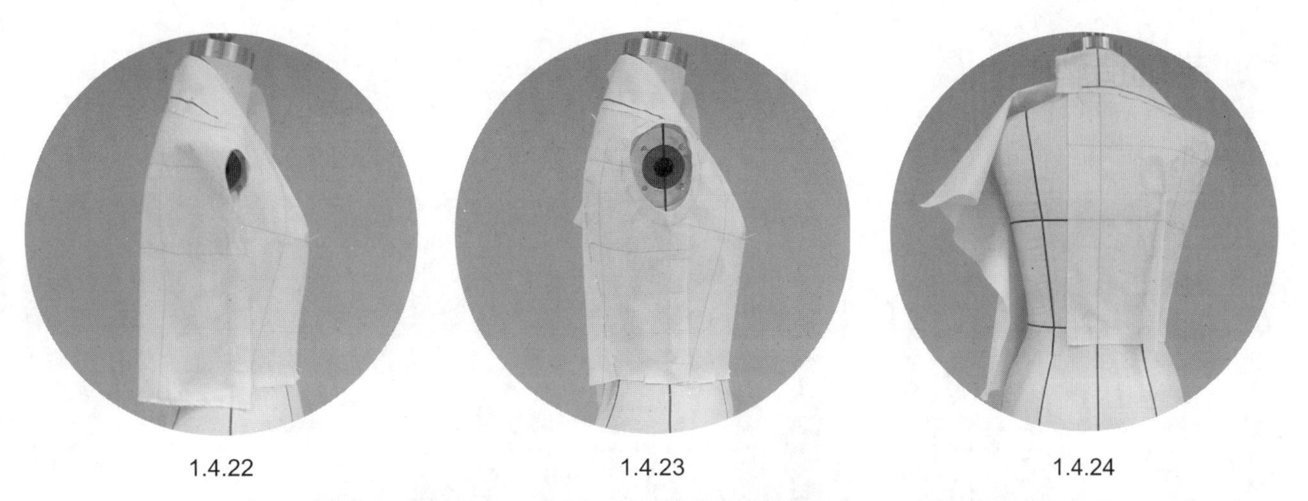
1.4.22 1.4.23 1.4.24

1.4.22 ~ 1.4.24　设置腰背省，别合侧缝，确定袖窿造型。注意保证胸围松量和腰围松量。

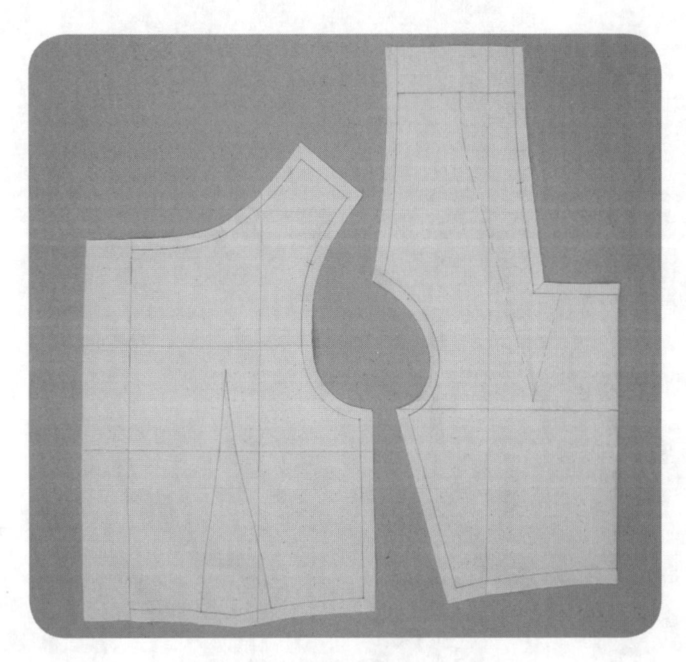
1.4.25

1.4.25　标点描线，平面整理，拓印对称片。

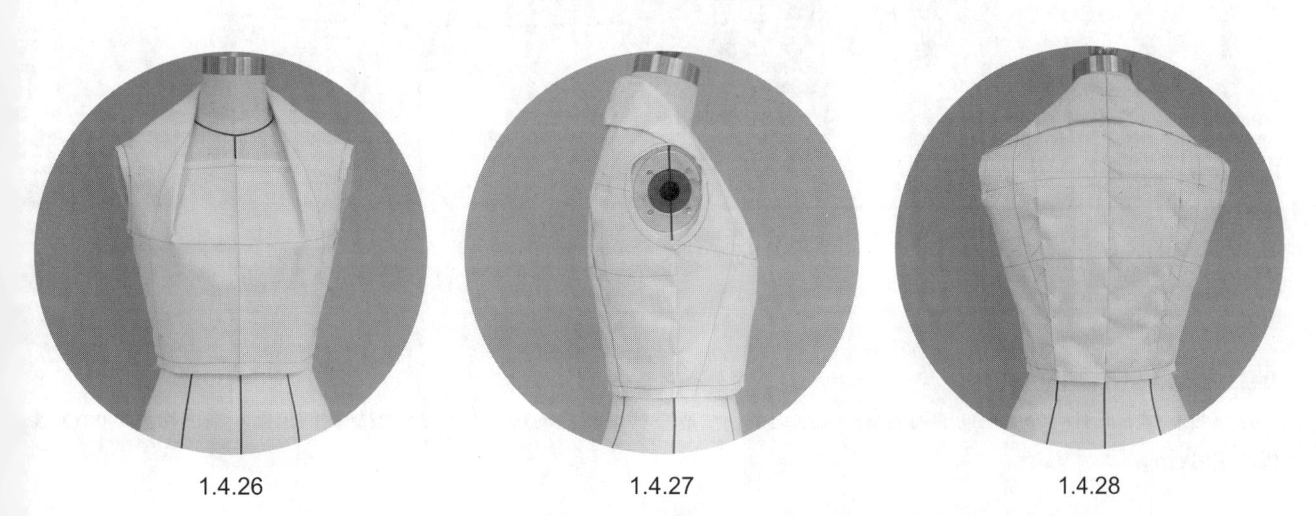
1.4.26 1.4.27 1.4.28

1.4.26~1.4.28　用大头针别合省道、衣裥底、肩缝、侧缝等，试样补正。造型完成。

5 基础造型E

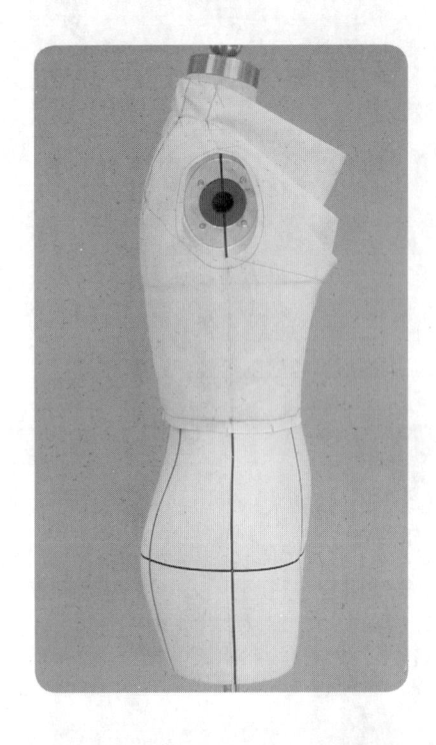

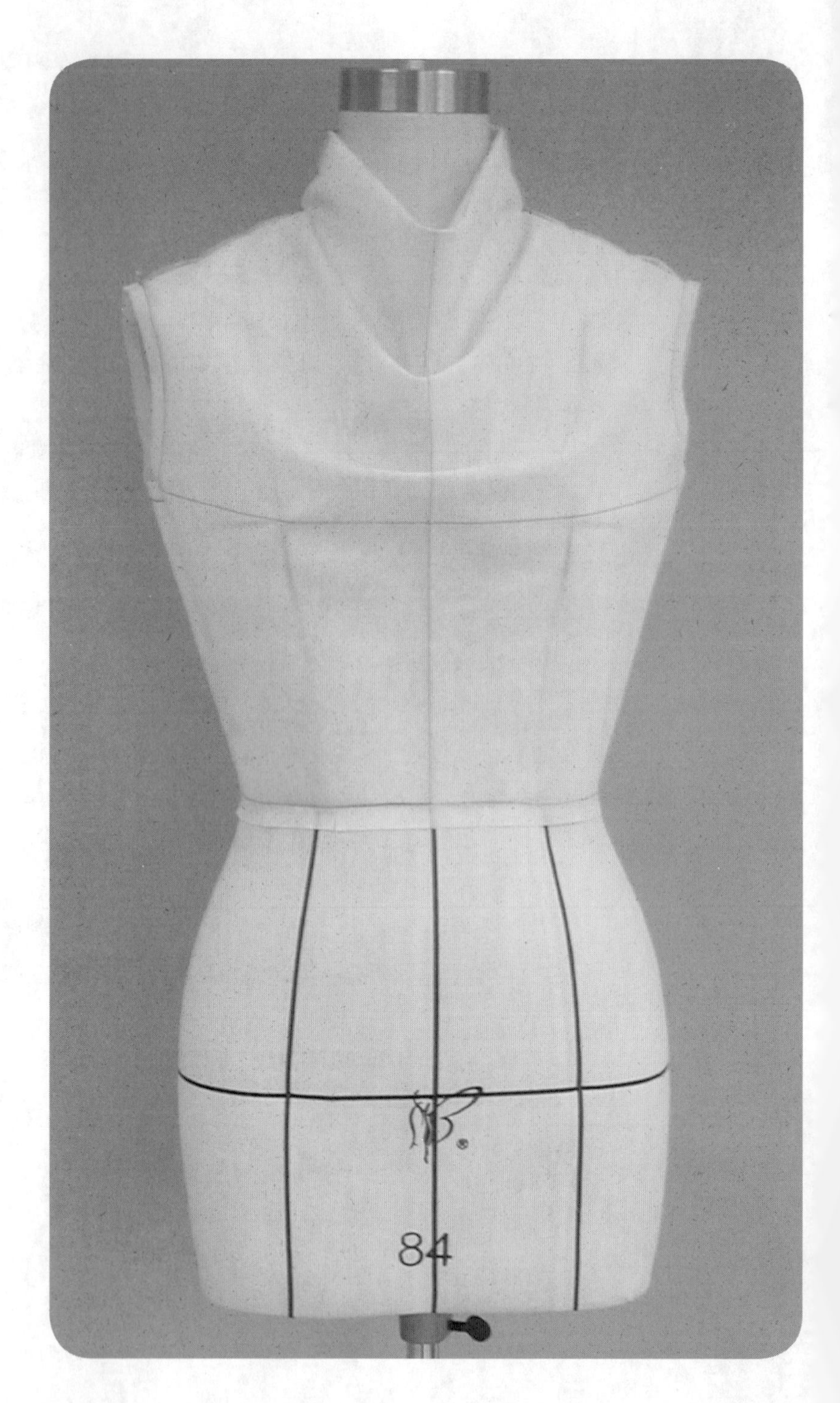

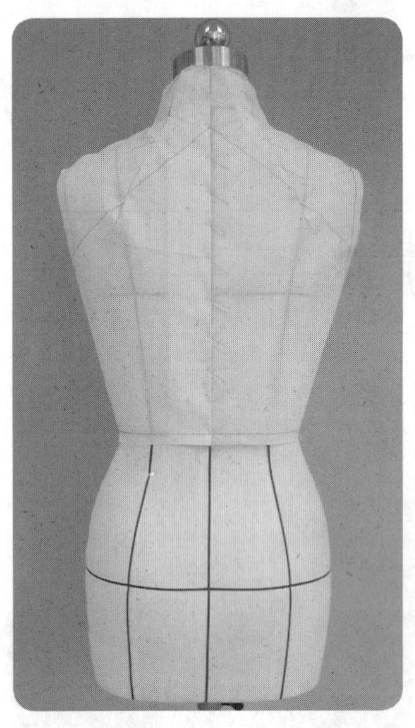

造型要点

结合衣裥形成有内外层空间的前连后断立领造型，后衣片和前衣片的拼合方式是造型稳定的关键。胸围松量 6 cm、腰围松量 6 cm。

操作步骤

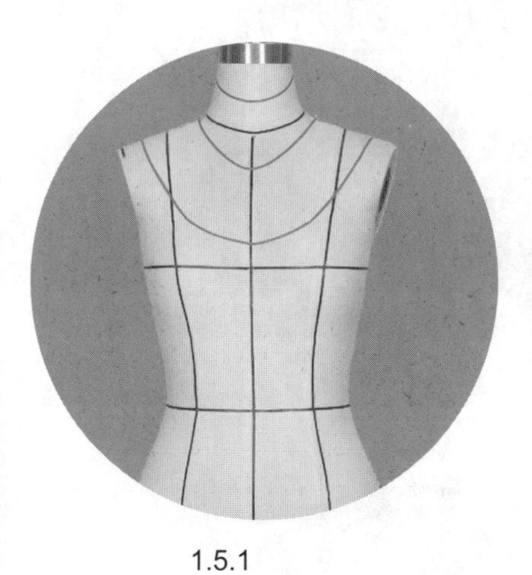

1.5.1

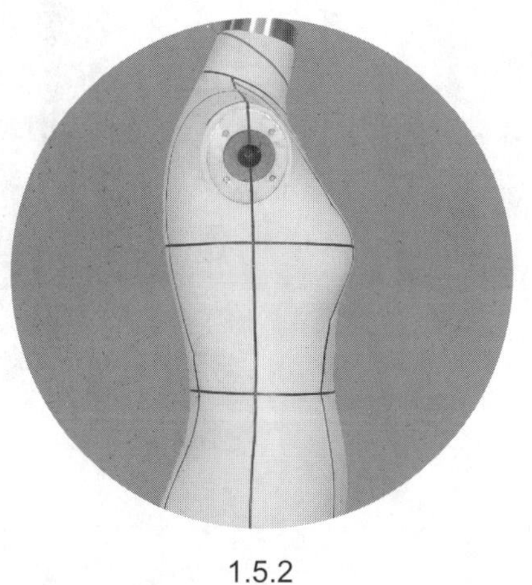

1.5.2

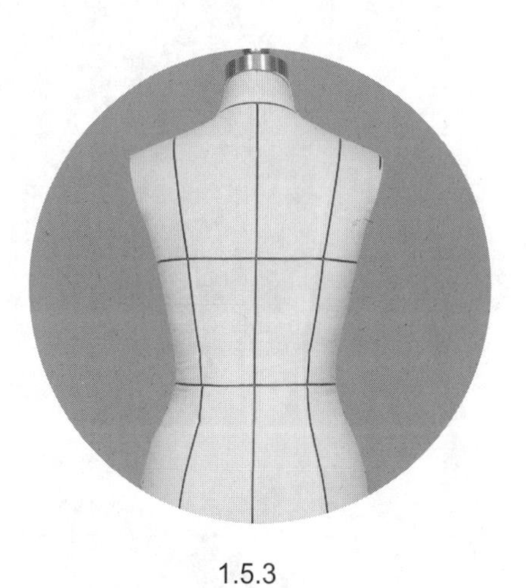

1.5.3

1.5.1~1.5.3 贴置款式造型线。

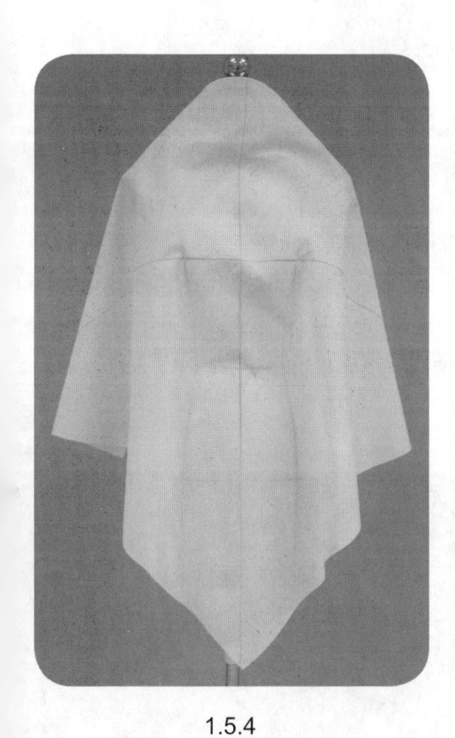

1.5.4

1.5.4 把前片用布固定于人台上。注意前中心布纹线、胸围布纹线与人台对应标示线的对齐，以及胸围松量的余留。前中心处、侧缝处、颈侧处用大头针固定。

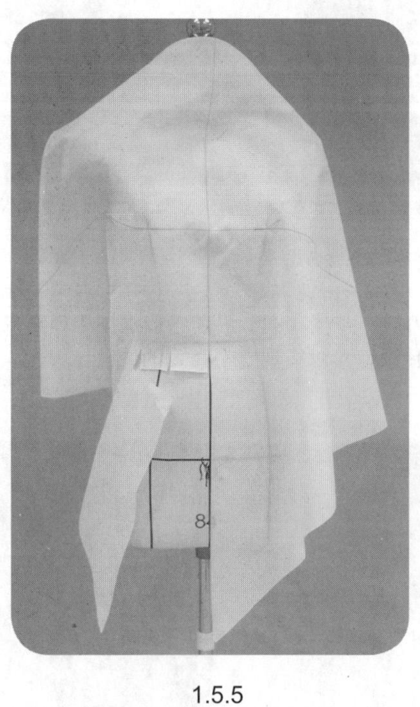

1.5.5

1.5.5 用逐步剪刀口的方式来修剪左边腰线，余留适当松量，把多余曲面量转移至领口处。

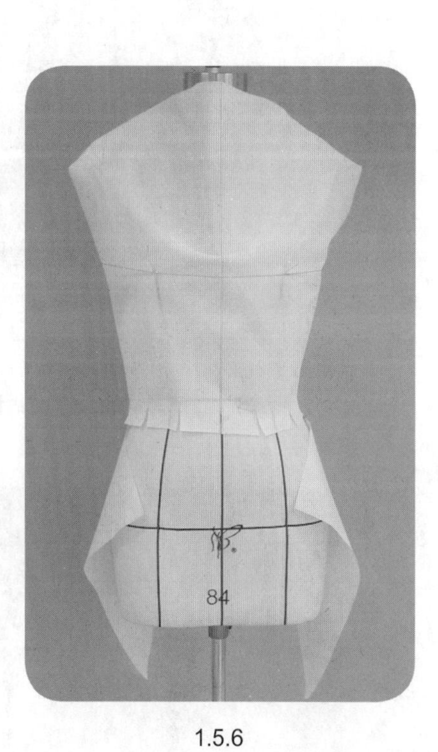

1.5.6

1.5.6 检查腰围和胸围的松量，自然抚平侧缝处，修剪缝份。检查袖窿处的松量，适当修剪袖窿。

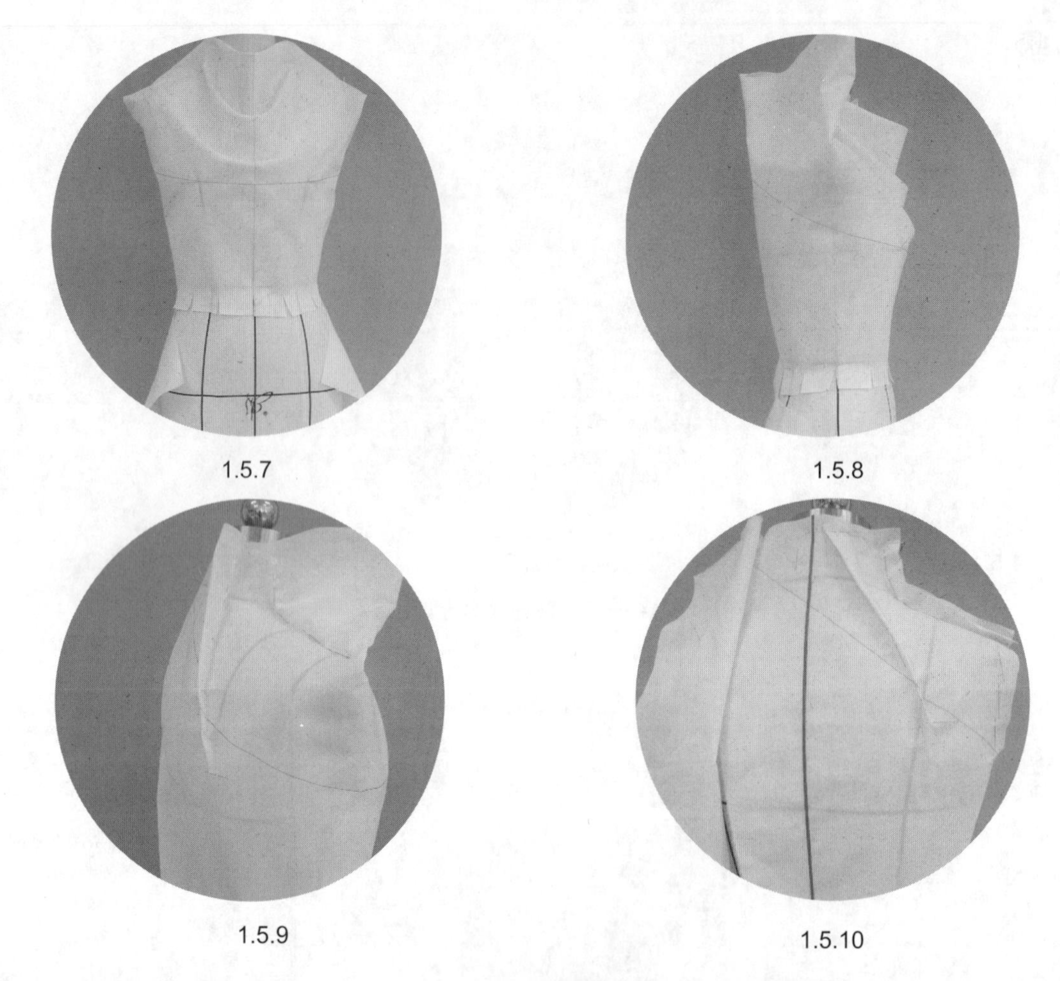

1.5.7　　1.5.8

1.5.9　　1.5.10

1.5.7~1.5.10　沿前中心剪纵向刀口，整理衣裥，沿前领口横向刀口至衣裥内边处止，折转用布，整理立领造型。注意调整用布的折转量，可以实现立领高度的调整。

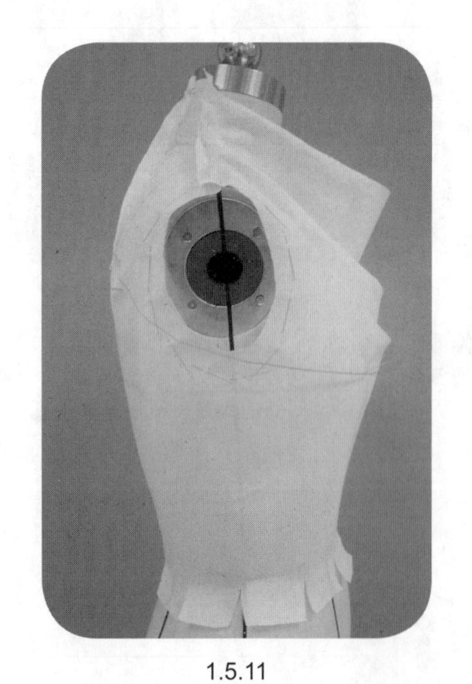

1.5.11

1.5.11　调整确认内层和外层领外口线造型。

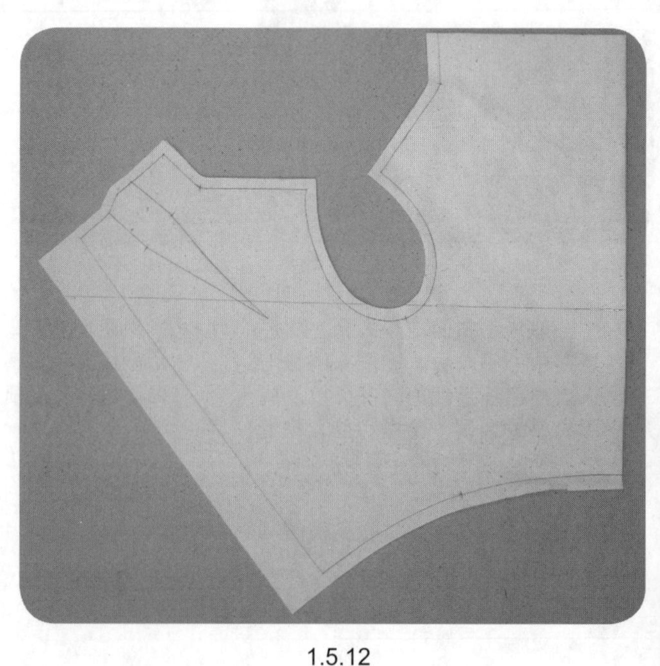

1.5.12

1.5.12　标点描线，平面整理，拓印对称片。

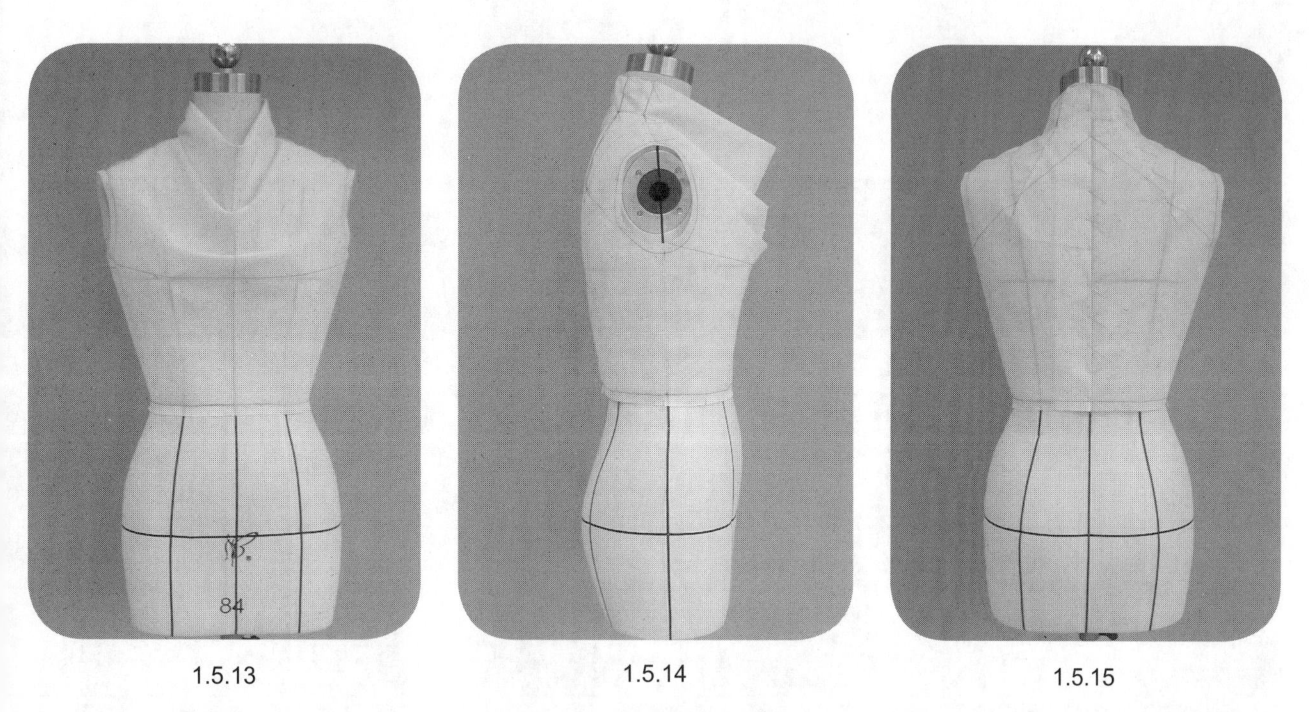

1.5.13　　1.5.14　　1.5.15

1.5.13~1.5.15　用大头针别合衣片，试样补正。造型完成。

6 基础造型F

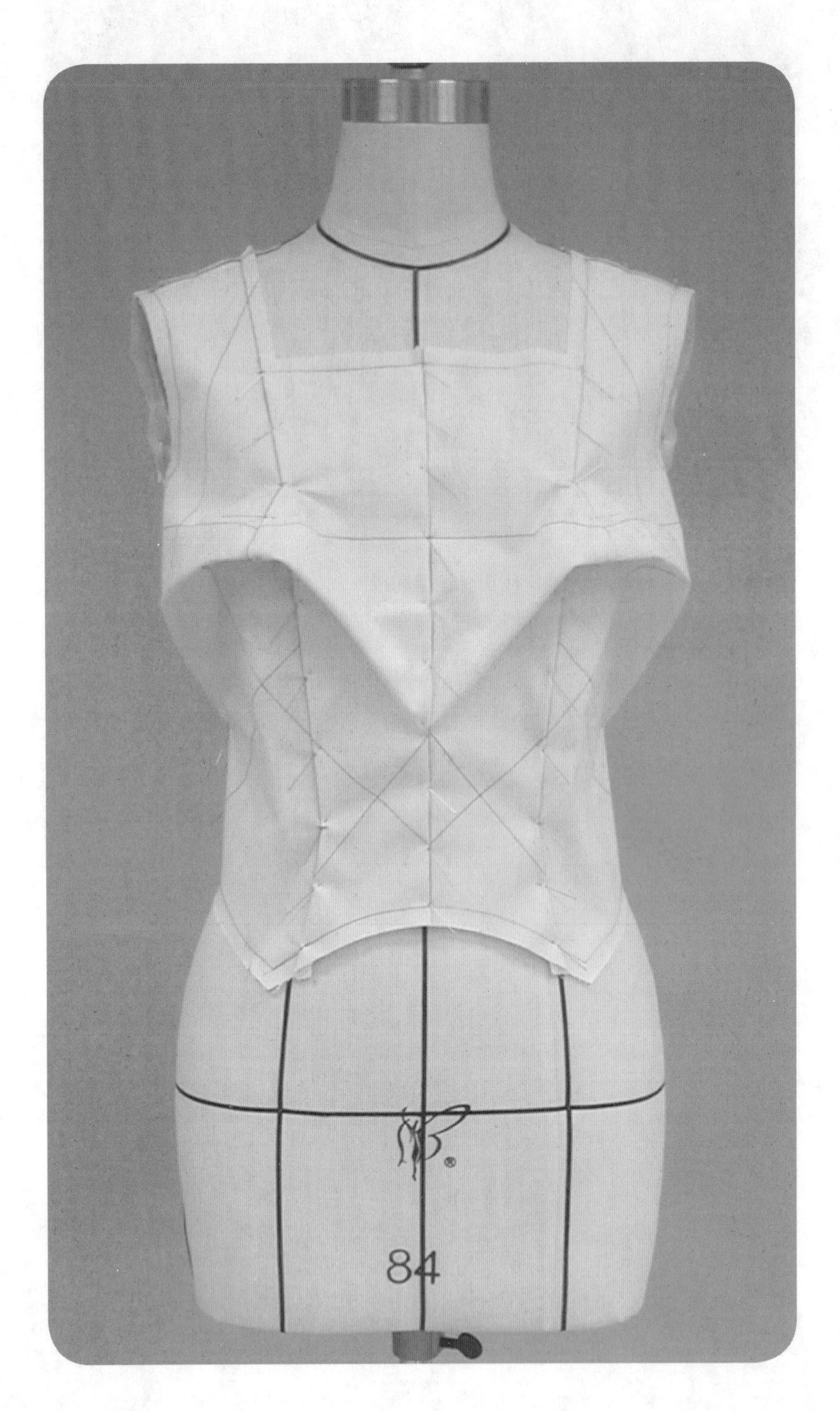

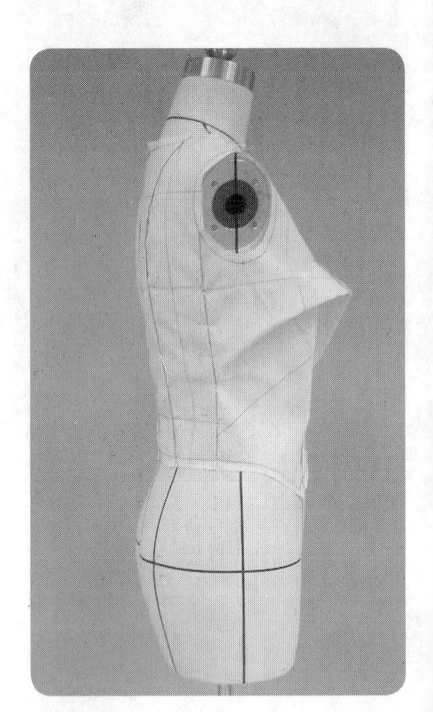

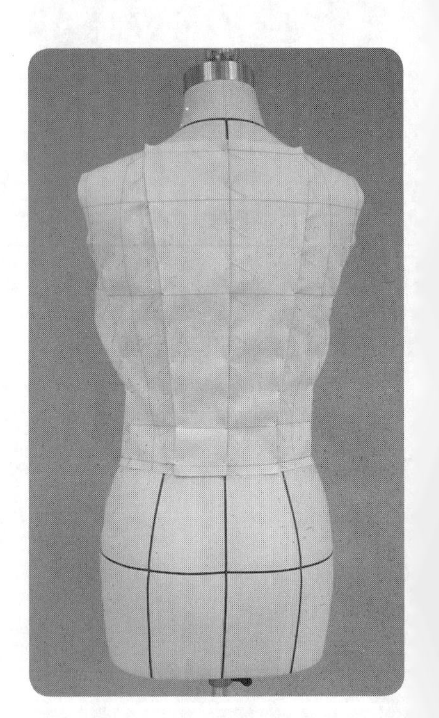

造型要点

运用衣裥组合分割线，形成装饰性强的凹陷造型，注意中线的分割、侧缝线的后移以及衣裥的位置，这是造型的关键。胸围松量 5 cm、腰围松量 5 cm。

操作步骤

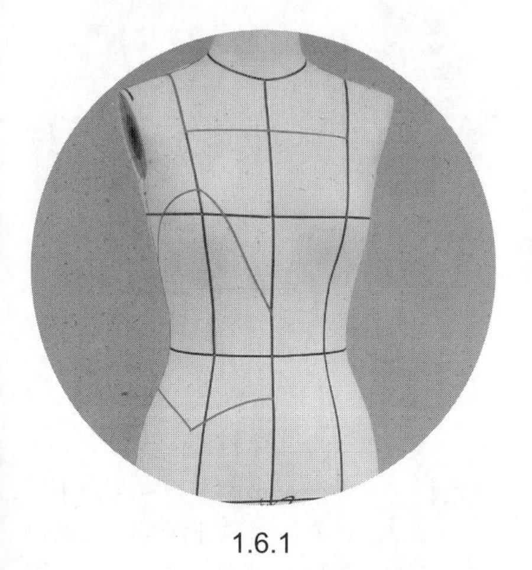
1.6.1

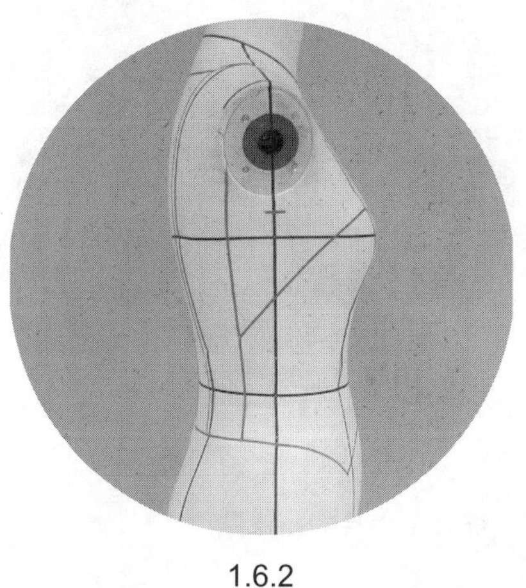
1.6.2

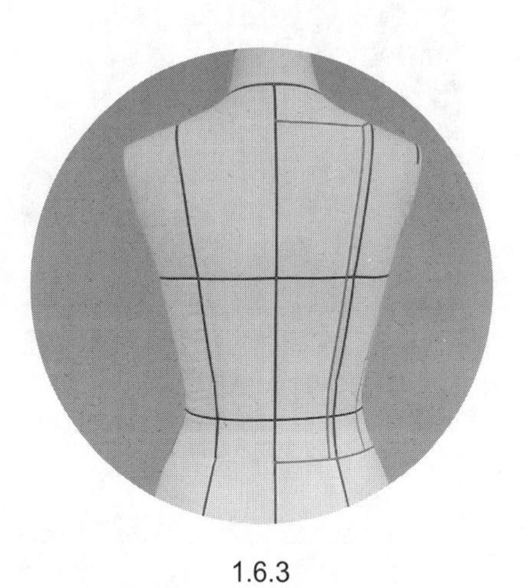
1.6.3

1.6.1 ~1.6.3 贴置款式造型线。

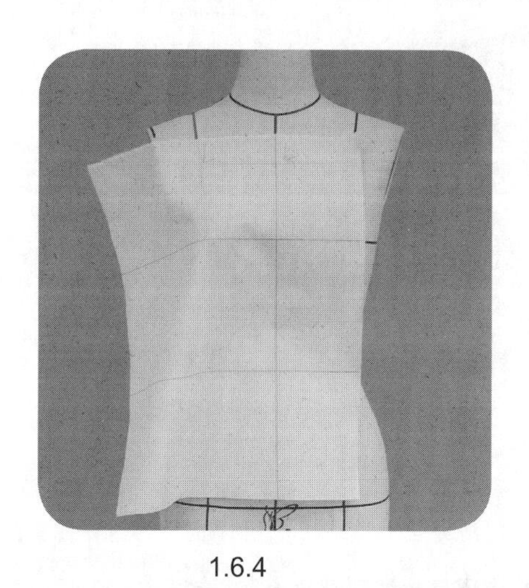
1.6.4

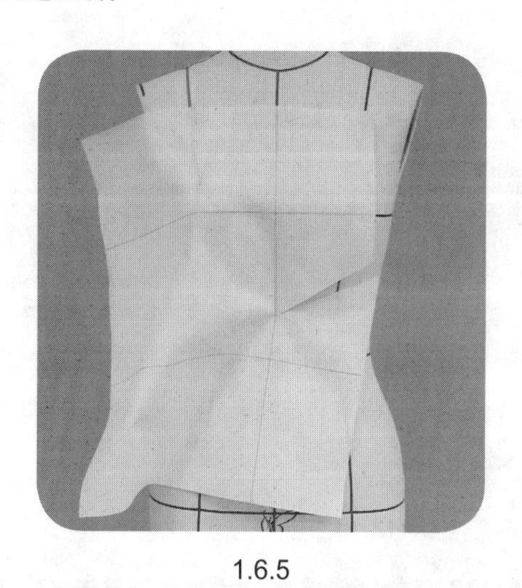
1.6.5

1.6.4 把前片用布固定于人台上。注意前中心布纹线、胸围布纹线与人台对应标示线的对齐，以及胸围松量的余留。前中心处、分割线处用大头针固定。

1.6.5 在前中心衣裥尖位置用交叉针固定用布于人台上，并修剪斜向刀口。

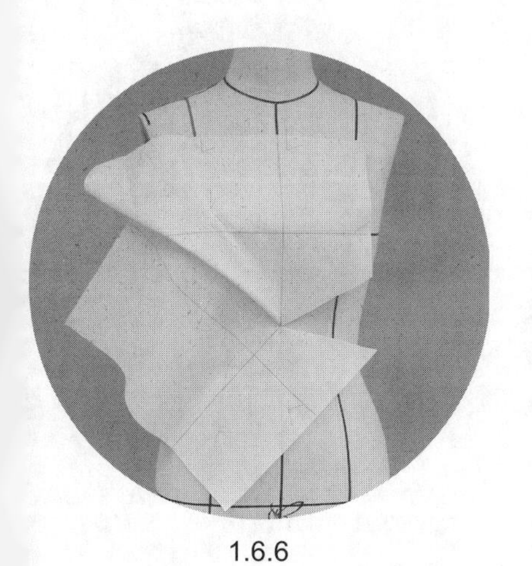
1.6.6

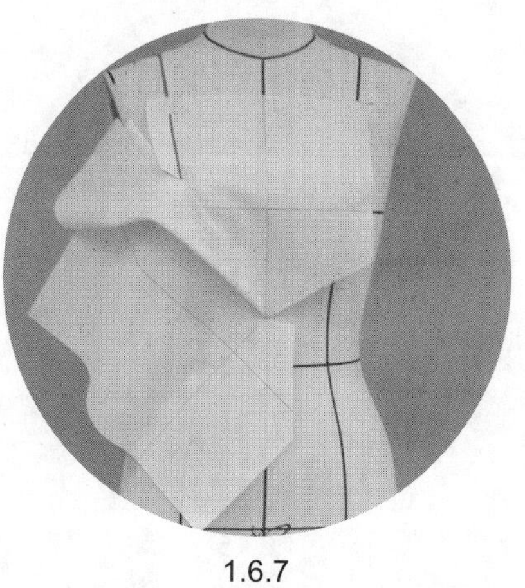
1.6.7

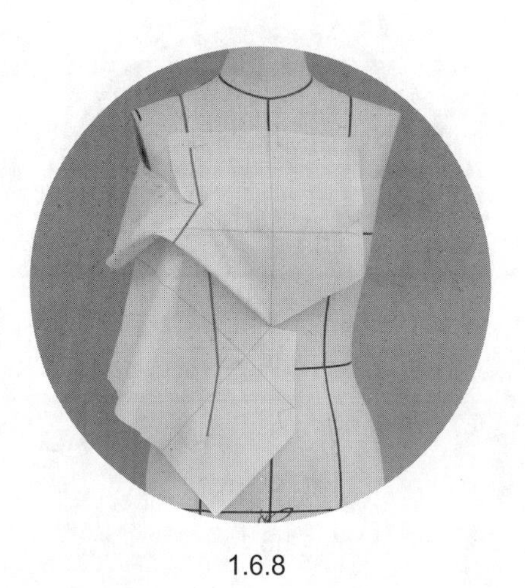
1.6.8

1.6.6~1.6.8 旋转用布，设置衣裥量，裥底位置用抓别针法固定裥量。

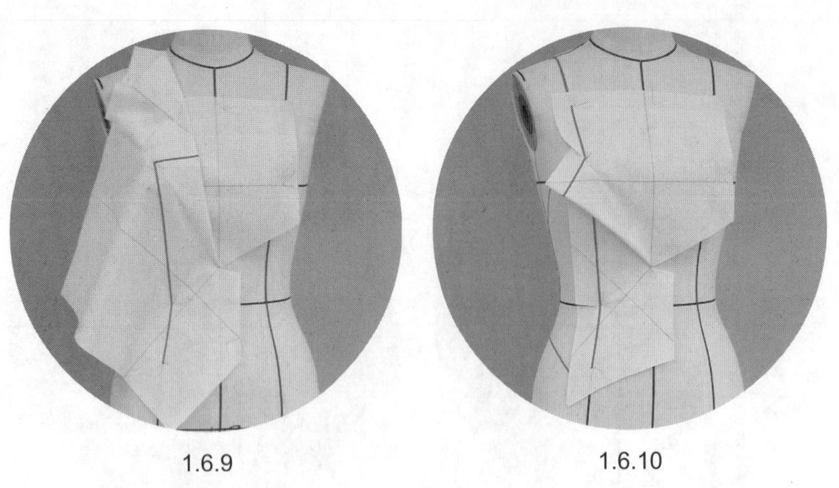

1.6.9　　1.6.10

1.6.9、1.6.10　逐段修剪分割线，完成前中片的操作。

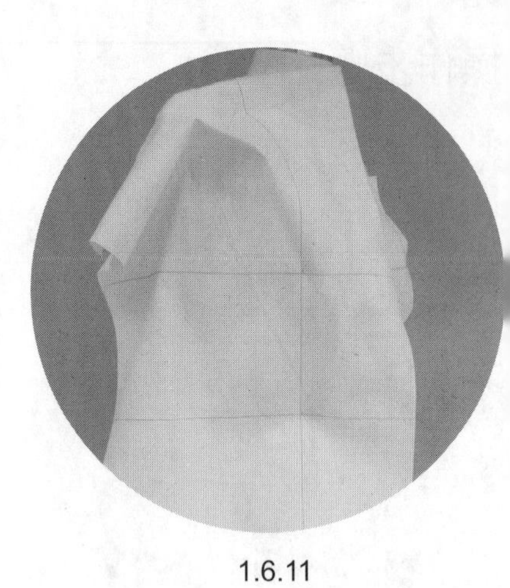

1.6.11

1.6.11　把前侧片用布固定于人台上，把纵向布纹线置于腰部宽度的中间，胸围和腰围布纹线与人台胸围及腰围标示线对齐。

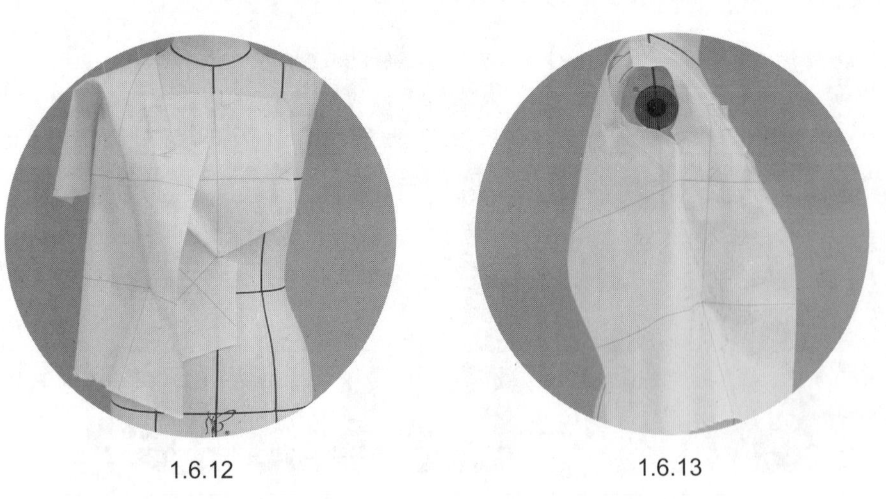

1.6.12　　1.6.13

1.6.12、1.6.13　适当余留松量，于胸点位置用平叠法别合前侧片和前中片，把前袖窿多余松量转移至分割线，完成分割线上段、前肩线、前袖窿的操作修剪。

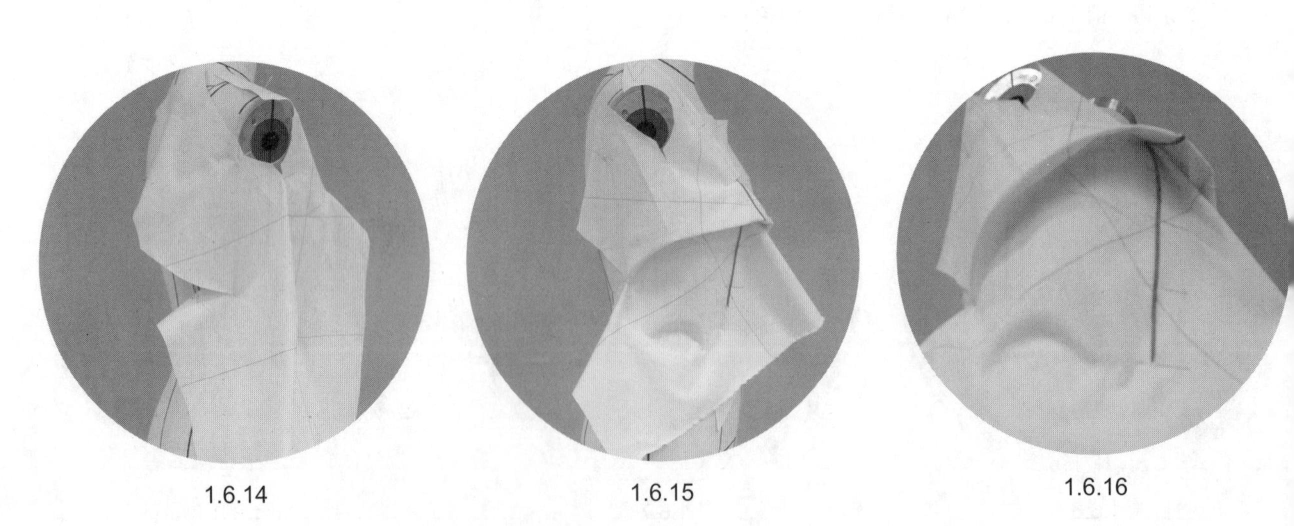

1.6.14　　1.6.15　　1.6.16

1.6.14~1.6.16　在侧缝分割线衣裥尖位置用交叉针固定用布于人台上，斜向修剪刀口，旋转用布，整理衣裥量大小，与前中片衣裥底对位别合。

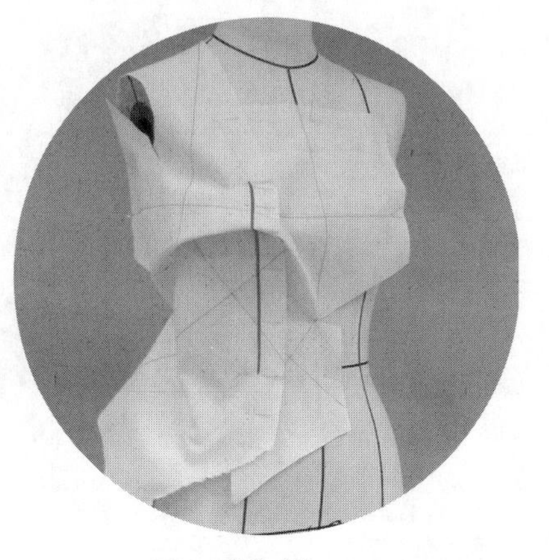

1.6.17

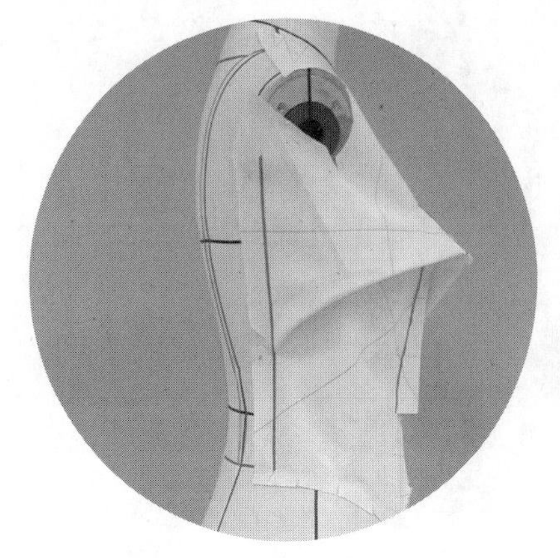

1.6.18

1.6.17、1.6.18　操作分割线下段部分，修剪底边，注意腰部和底边处的适当松量。完成前侧片的操作。

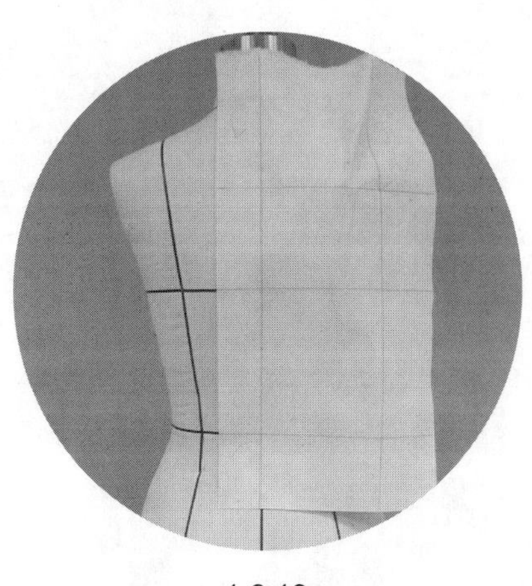

1.6.19

1.6.19　把后中片用布固定于人台上。注意后中布纹线的纵向对齐，肩背横线、胸围线和腰围线的横向对齐，以及侧纵线的竖直。后中线上下位置、肩胛位置用大头针固定。

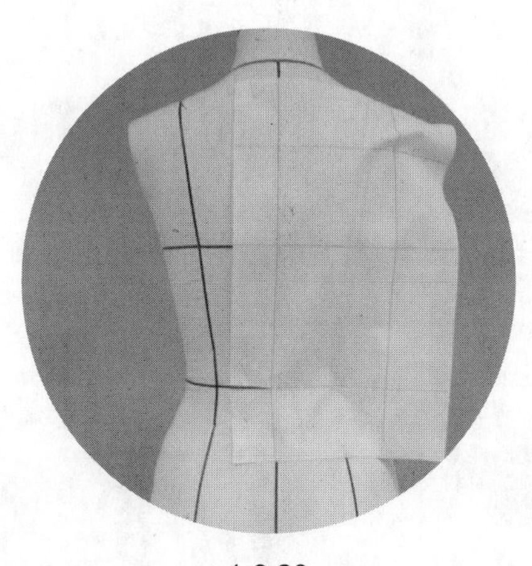

1.6.20

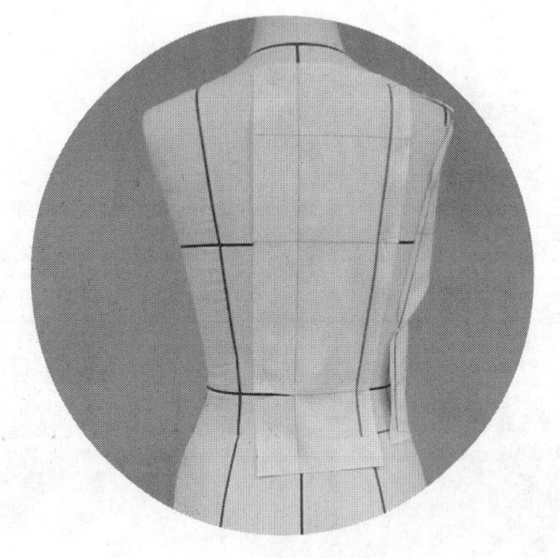

1.6.21

1.6.20、1.6.21　适当设置后背中缝省道量，把其余后背曲面量转移至分割线上段，修剪后领口，别合修剪肩缝，并逐段修剪分割线，完成后中片操作。

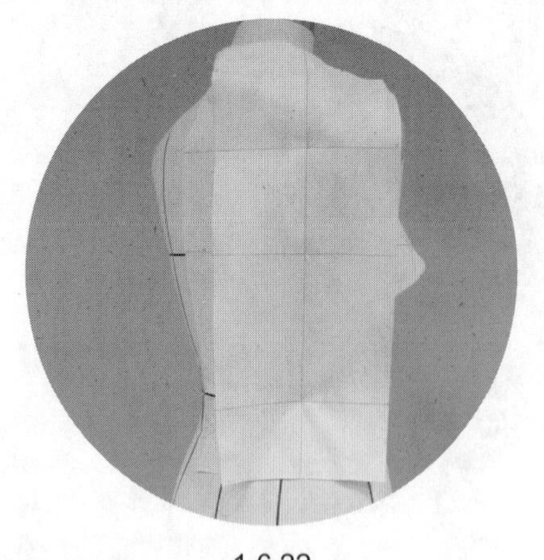

1.6.22

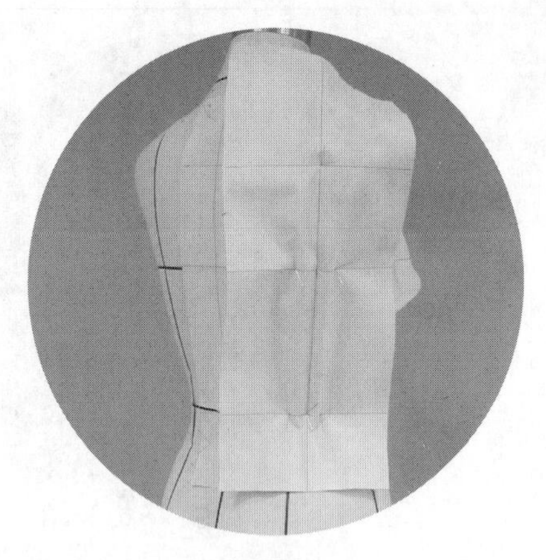

1.6.23

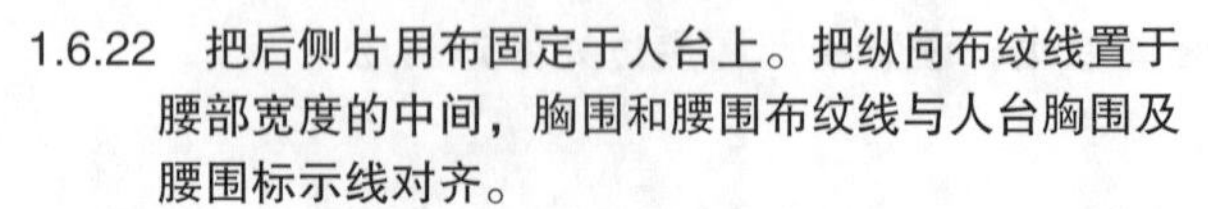

1.6.22 把后侧片用布固定于人台上。把纵向布纹线置于腰部宽度的中间，胸围和腰围布纹线与人台胸围及腰围标示线对齐。

1.6.23 设置后侧片胸围松量、腰围松量。

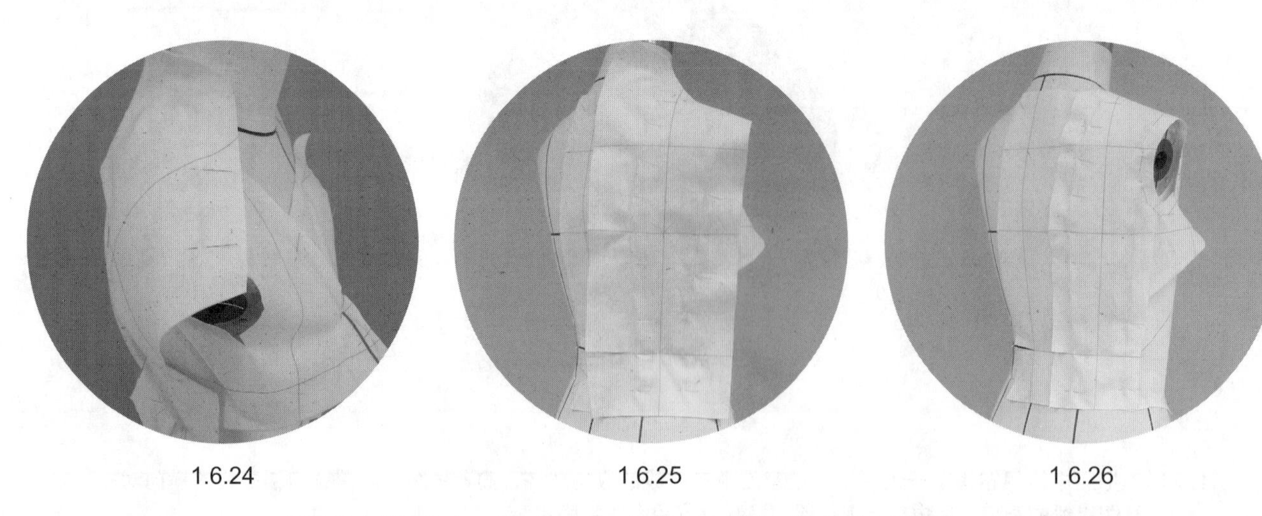

1.6.24 1.6.25 1.6.26

1.6.24~1.6.26 把后背曲面量转移至分割线上段，逐段别合修剪后分割线和侧缝线，注意对位等长。

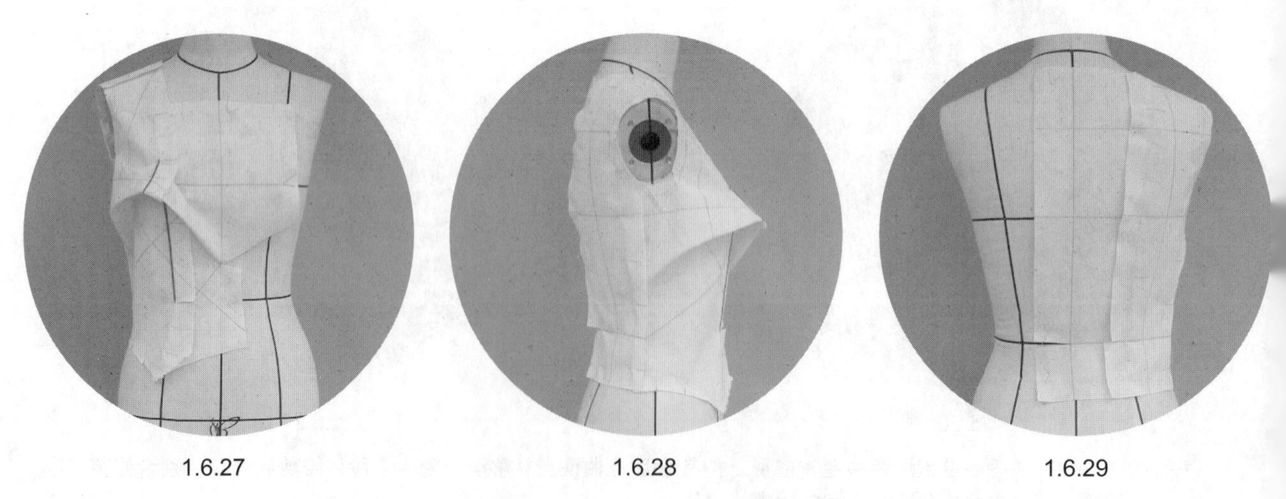

1.6.27 1.6.28 1.6.29

1.6.27~1.6.29 观察调整衣片，初步造型完成。

1.6.30

1.6.30　标点描线，平面整理，拓印对称片。

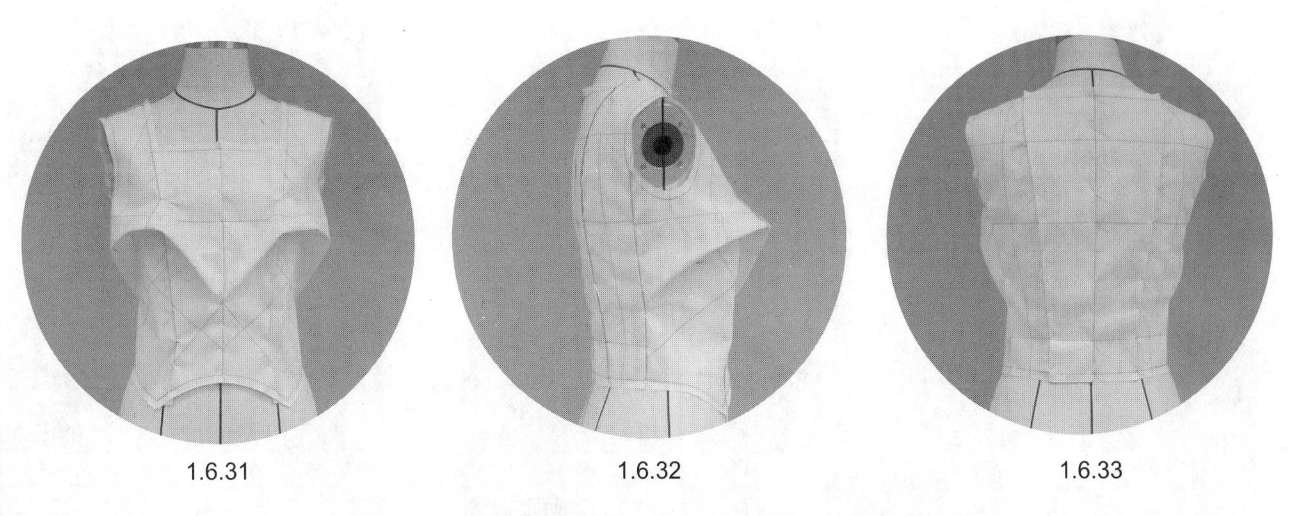

1.6.31　　1.6.32　　1.6.33

1.6.31~1.6.33　用大头针别合衣片，试样补正。造型完成。

7 基础造型G

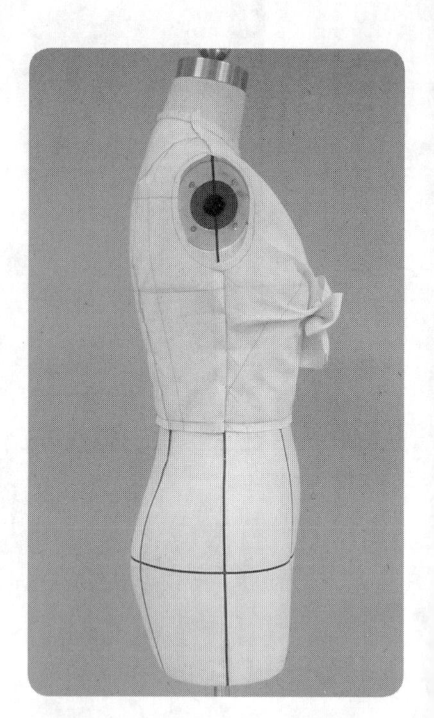

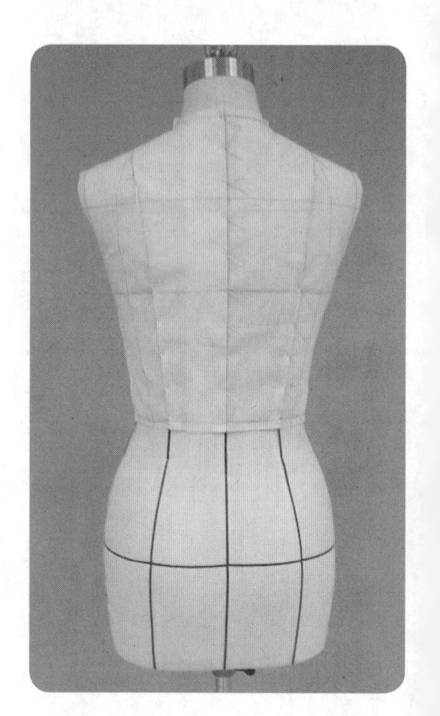

造型要点

前中心上段相连，结合装饰衣裥形成蝴蝶结造型，造型整体巧妙，衣裥量以及剪口修剪是造型的关键。胸围松量 5 cm、腰围松量 5 cm。

操作步骤

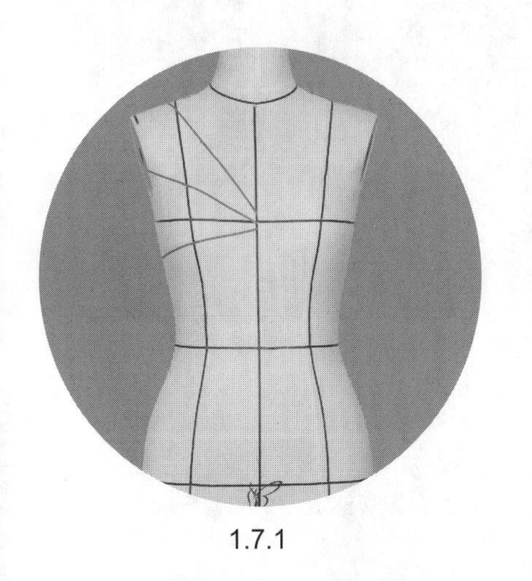

1.7.1

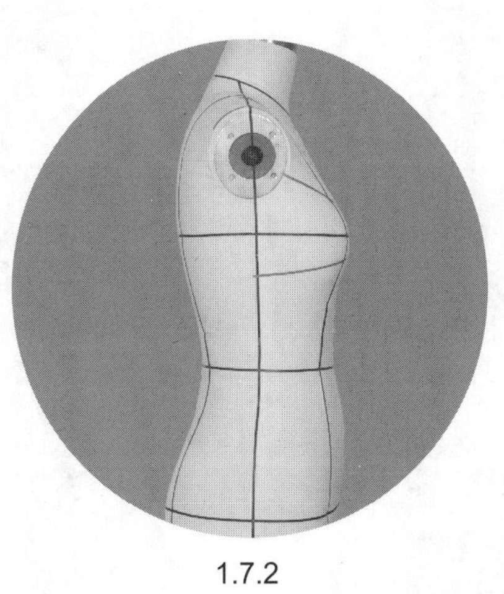

1.7.2

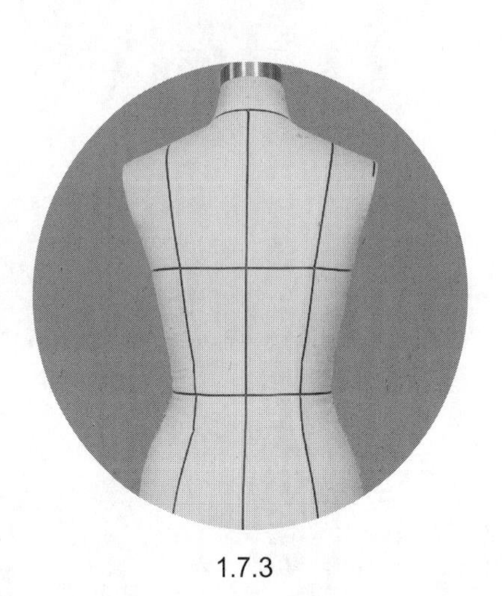

1.7.3

1.7.1~1.7.3　贴置款式造型线。

1.7.4

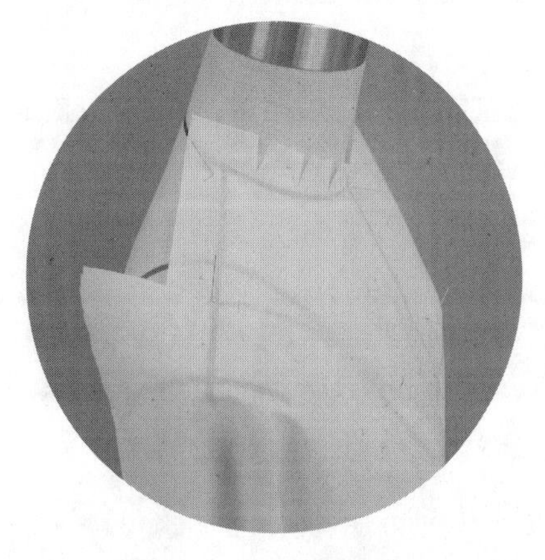

1.7.5

1.7.4　把前片用布固定于人台上。注意前中心布纹线、胸围布纹线与人台对应标示线的对齐，以及胸围松量的余留。前中心处、分割线处用大头针固定。以逐渐剪刀口的方式来修剪左边领口线。

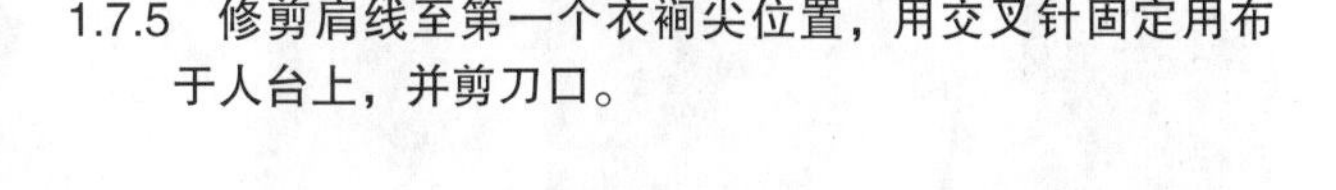

1.7.5　修剪肩线至第一个衣裥尖位置，用交叉针固定用布于人台上，并剪刀口。

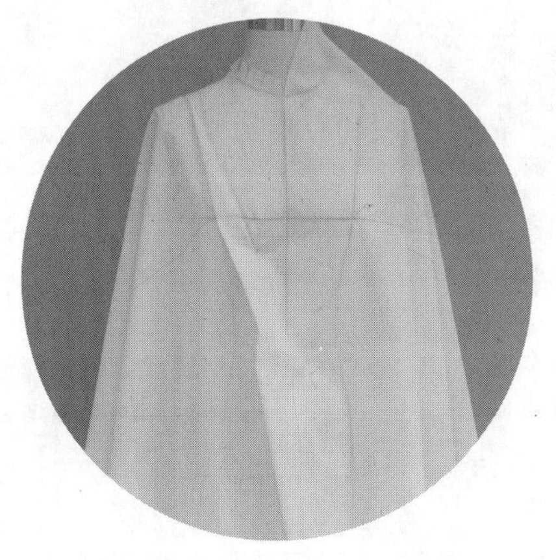

1.7.6

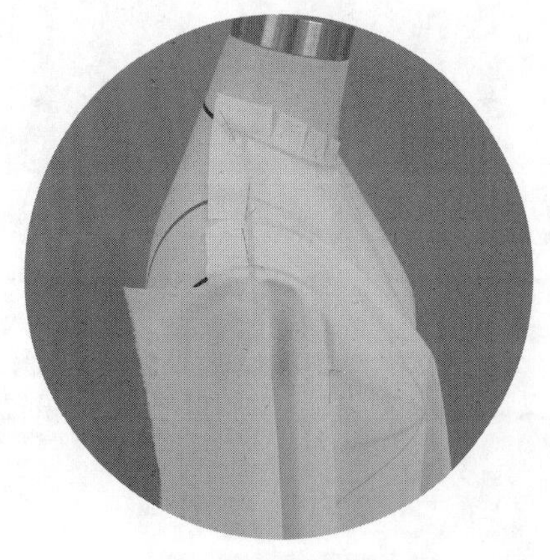

1.7.7

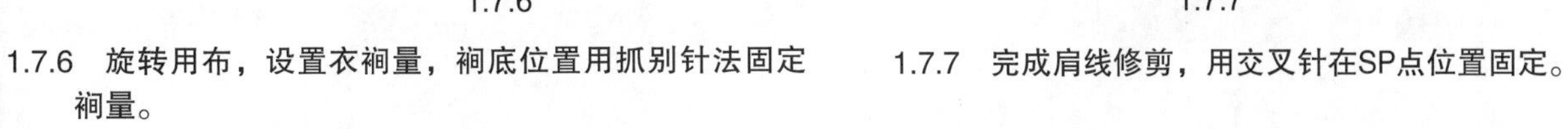

1.7.6　旋转用布，设置衣裥量，裥底位置用抓别针法固定裥量。

1.7.7　完成肩线修剪，用交叉针在SP点位置固定。

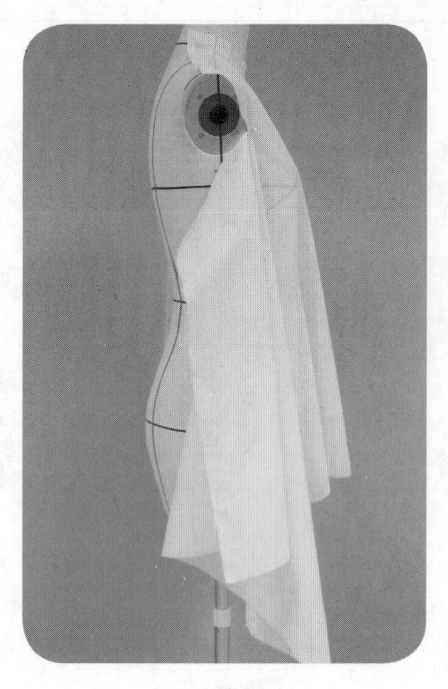

1.7.8

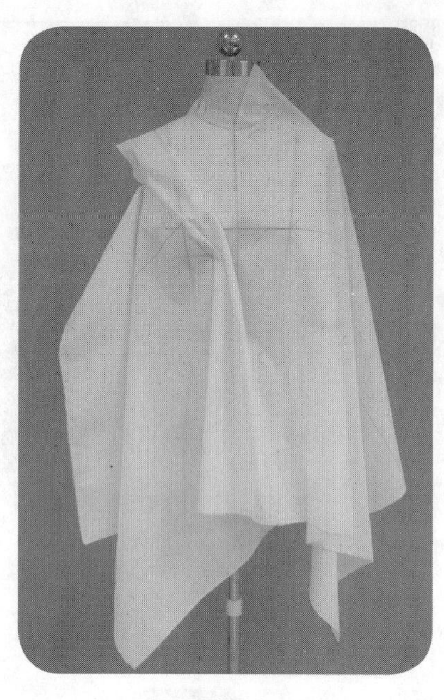

1.7.9

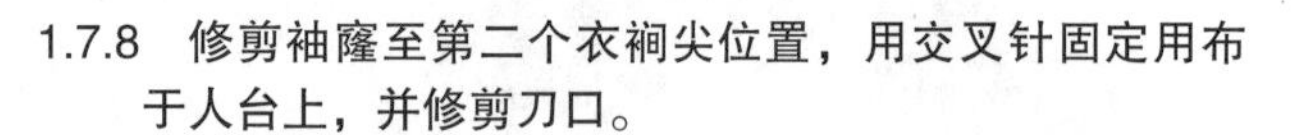

1.7.8　修剪袖窿至第二个衣裥尖位置，用交叉针固定用布于人台上，并修剪刀口。

1.7.9　同理旋转用布，设置衣裥量，裥底位置用抓别针法固定裥量。注意要观察衣裥长度，调整设置衣裥量。衣裥量大则衣裥长度长，衣裥量小则衣裥长度短。

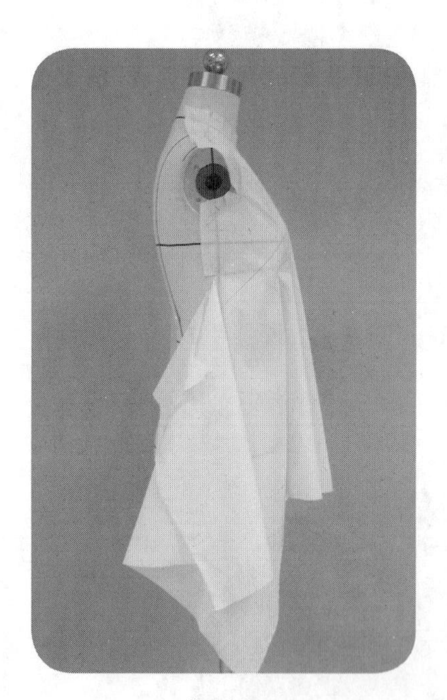

1.7.10

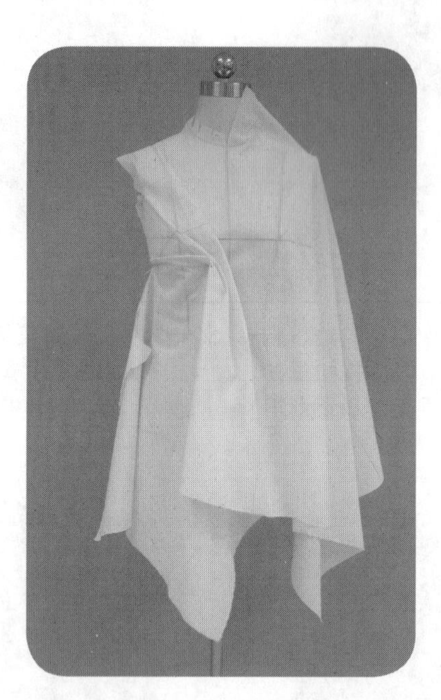

1.7.11

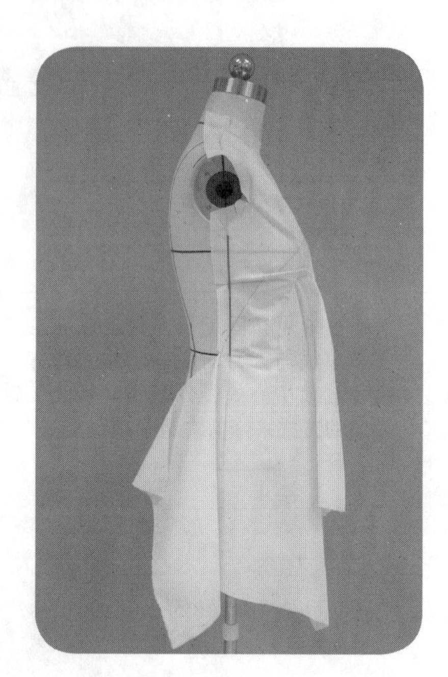

1.7.12

1.7.10、1.7.11　继续操作修剪袖窿以及侧缝，至第三个衣裥尖位置，用交叉针固定，剪刀口，旋转用布，操作设置第三个衣裥。

1.7.12　完成侧缝操作修剪，注意胸围和腰围的松量适当。

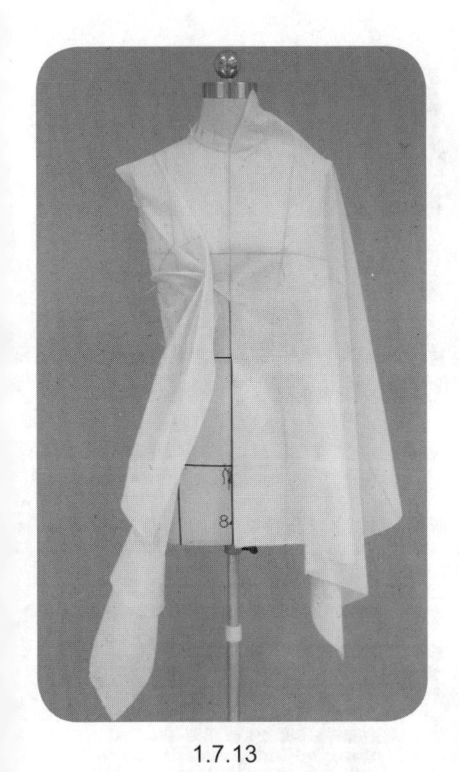

1.7.13

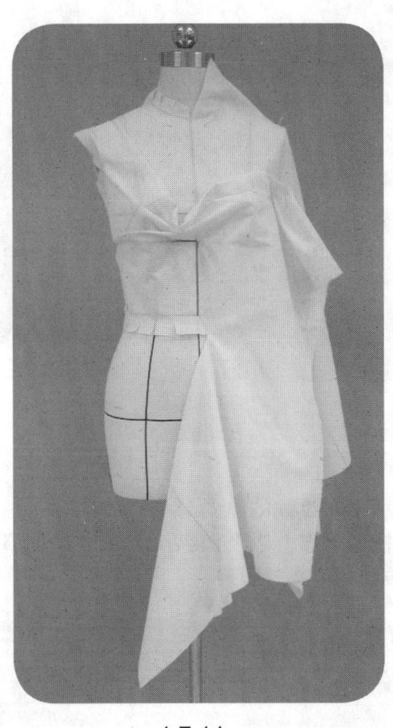

1.7.14

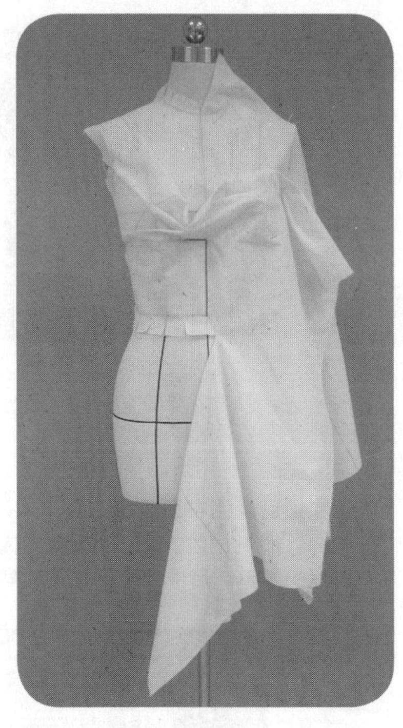

1.7.15

1.7.13　沿前中心剪开至蝴蝶结位置。

1.7.14、1.7.15　整理平服，修剪腰线，确定前中心以及蝴蝶结下隐藏的横向刀口位置，余留缝份量，剪刀口。

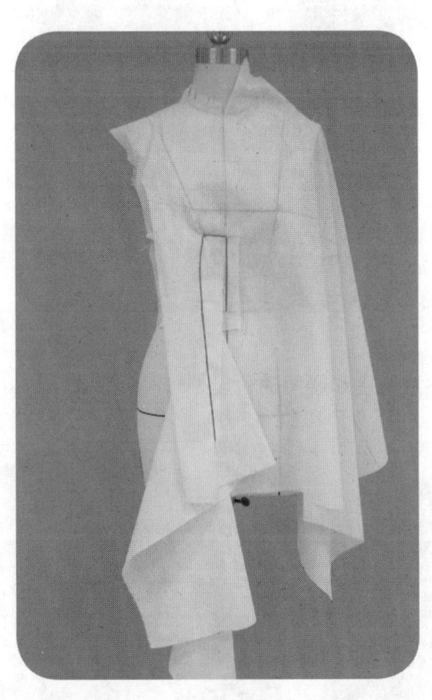

1.7.16

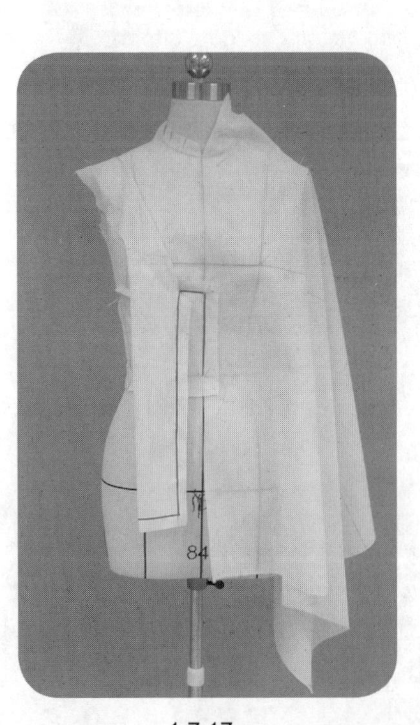

1.7.17

1.7.16、1.7.17　整理蝴蝶结用布，注意双层的平服，确定宽度和长度，余留缝份，修剪用布。前片操作完成。

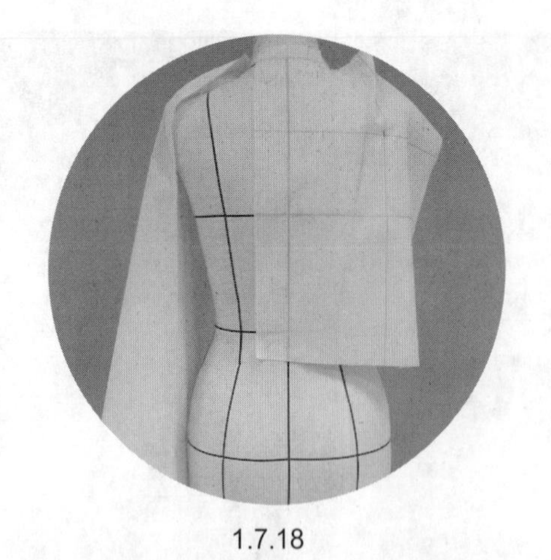

1.7.18

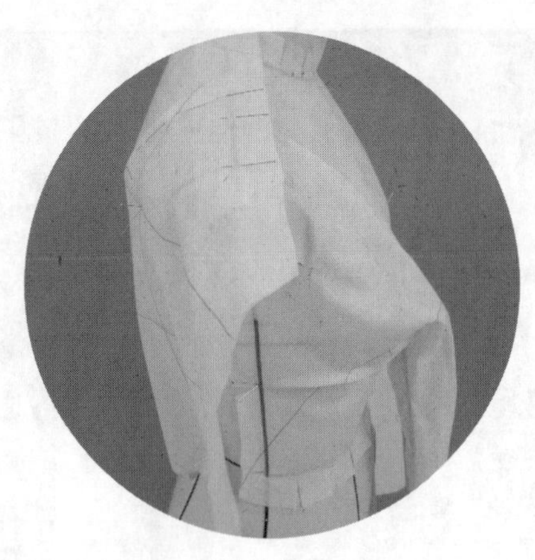

1.7.19

1.7.18　把后片用布固定于人台上。注意后中布纹线的纵向对齐，肩背横线、胸围线和腰围线的横向对齐，以及侧纵线的竖直。后中线上下位置、肩胛位置用大头针固定。

1.7.19　把肩背曲面量设置为肩省，用平叠法别合修剪肩线。

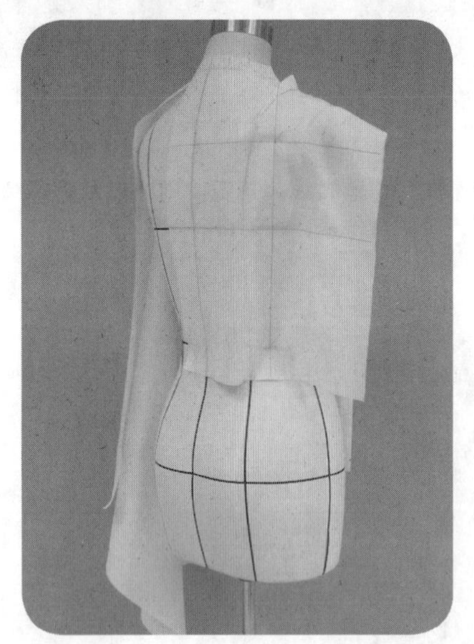

1.7.20

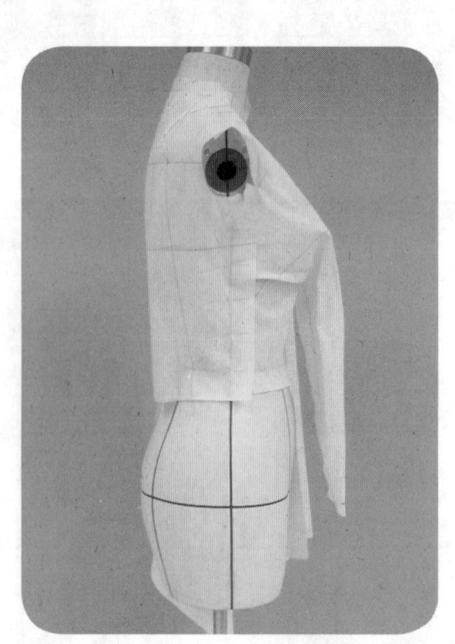

1.7.21

1.7.20、1.7.21　操作修剪后袖窿和侧缝，注意胸围和腰围的松量。

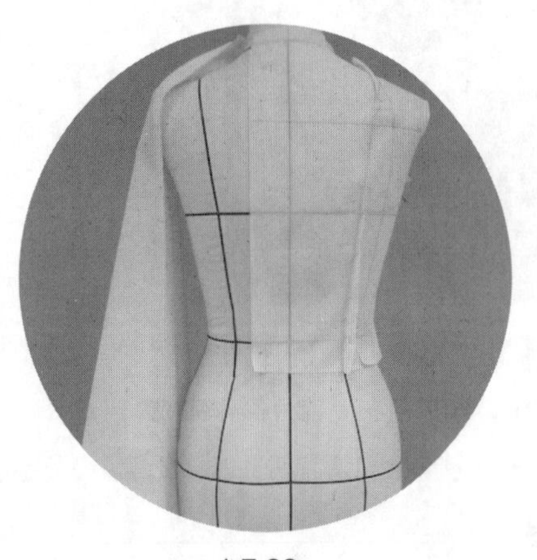

1.7.22

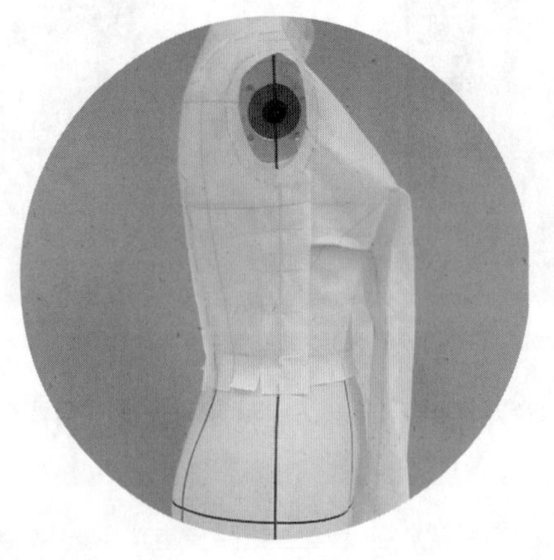

1.7.23

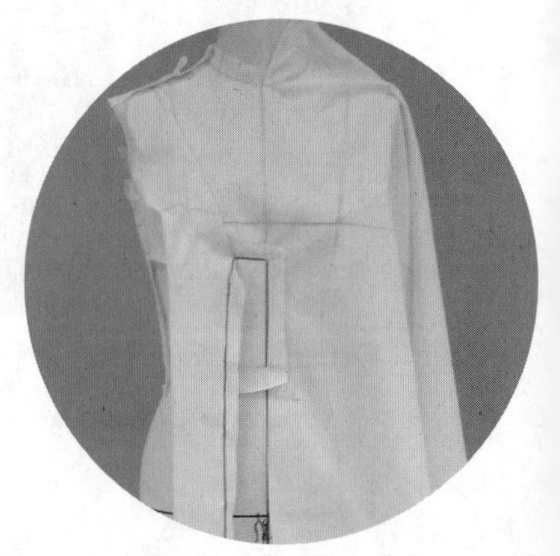

1.7.24

1.7.22~1.7.24　设置腰省，确定袖窿造型。初步造型完成。

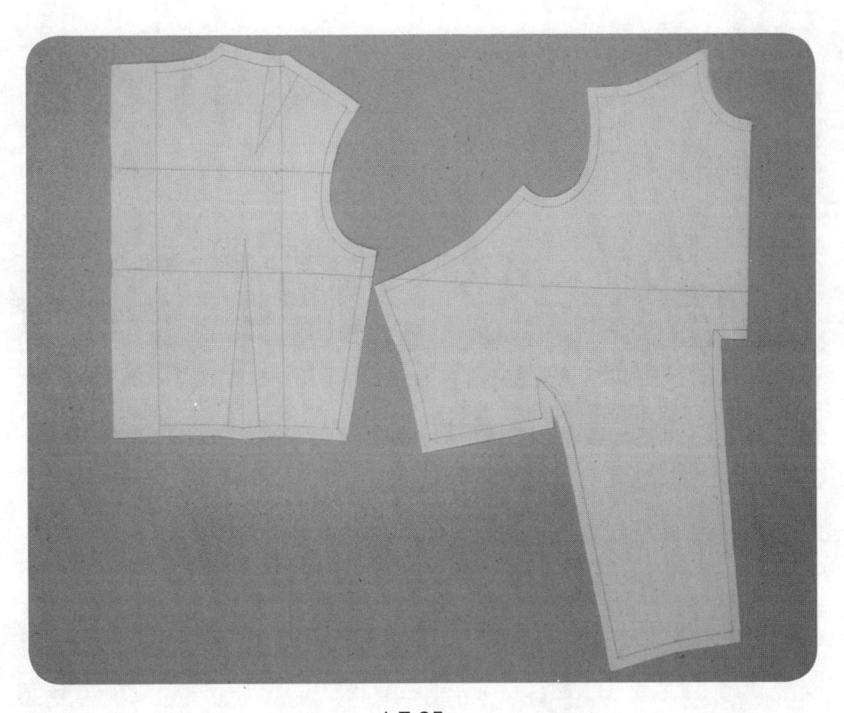

1.7.25

1.7.25　标点描线，平面整理，拓印对称片。

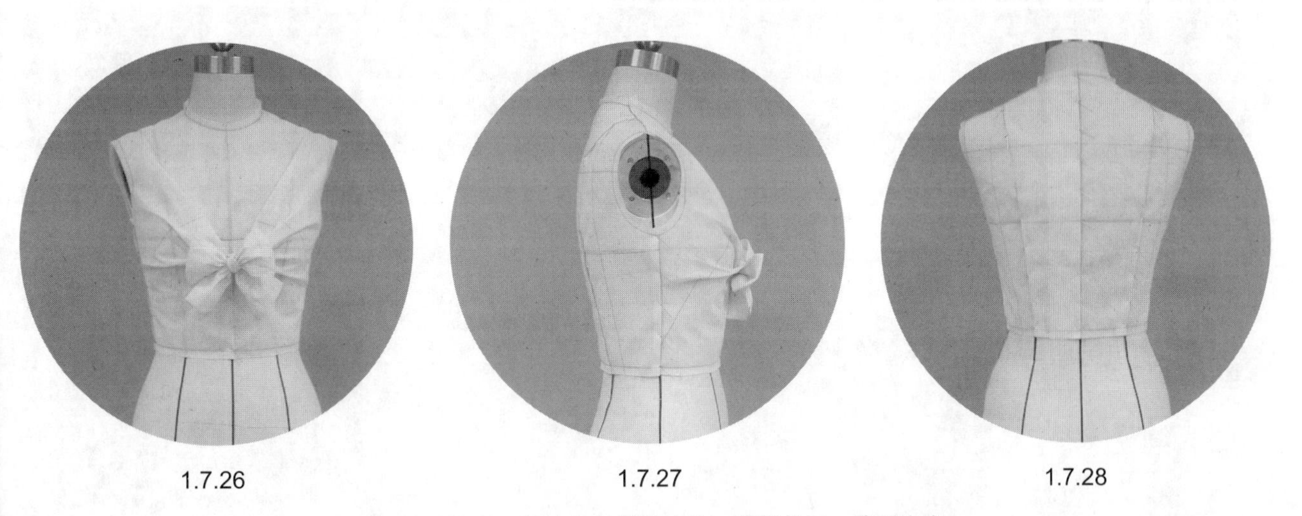

1.7.26　　1.7.27　　1.7.28

1.7.26~1.7.28　用大头针别合衣片，试样补正。造型完成。

Part 2

第二部分 创意造型

1 翻转结连衣裙

造型要点

前片相连，前中心剪刀口，翻转用布，形成自然的翻转衣结造型。胸围松量 6 cm，前腰自然松量，后腰设置衣裥收腰。

操作步骤

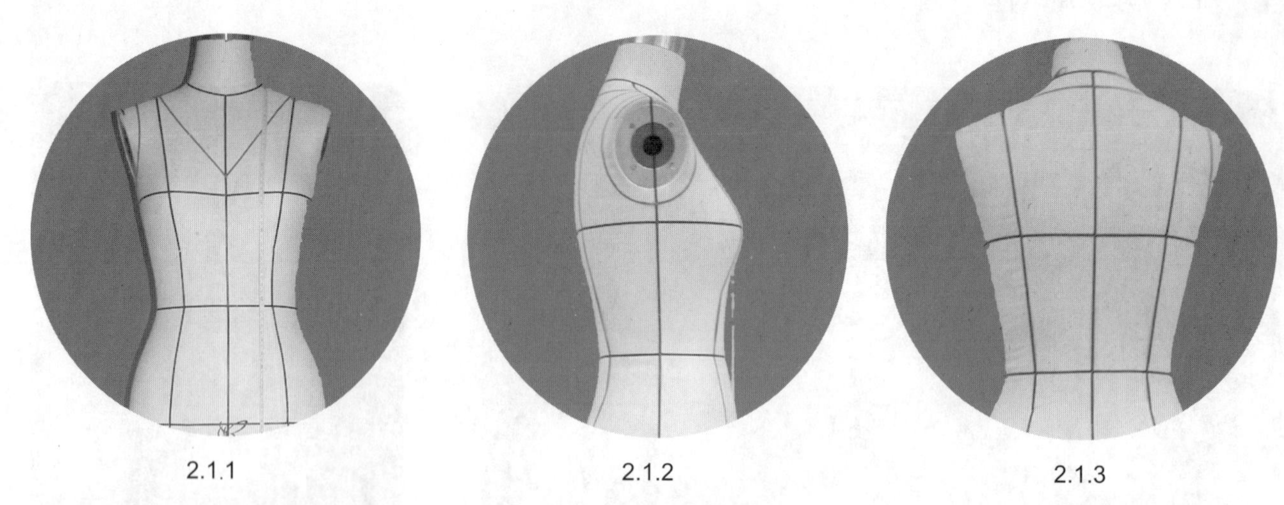

2.1.1　　　　　　　　2.1.2　　　　　　　　2.1.3

2.1.1~2.1.3　贴置款式造型线。横开领适当开大，前直开领位置开至衣结位置，袖窿造型适当，窄肩，袖窿深位于胸围线以上1~2 cm。

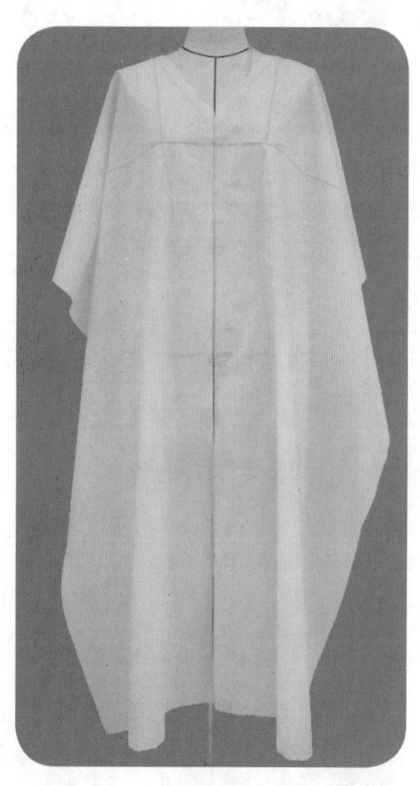

2.1.4

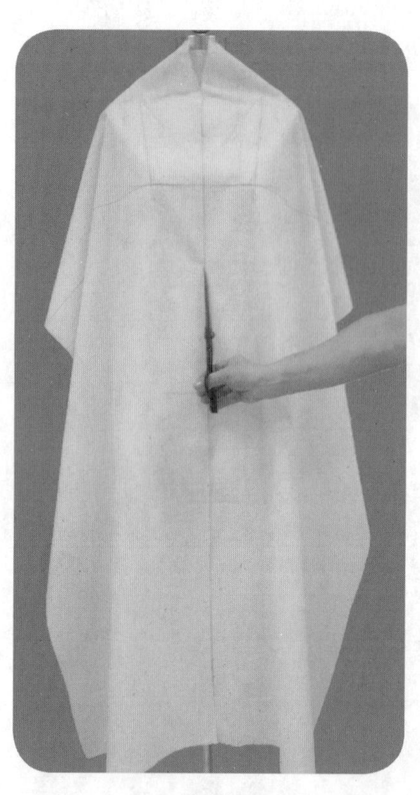

2.1.5

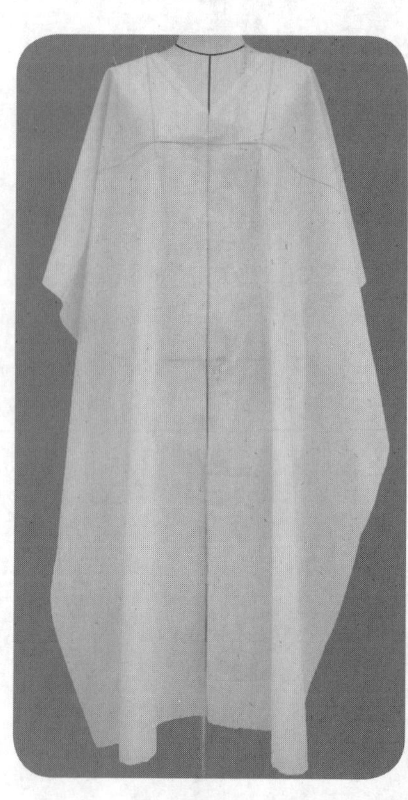

2.1.6

2.1.4　把前片用布固定于人台上。注意前中心布纹线、胸围布纹线与人台对应标示线的对齐，以及胸围松量的余留。前中心处、侧缝处、颈侧处用大头针固定。

2.1.5、2.1.6　沿前中心上端剪刀口至直开领位置处，修剪前领口造型。沿前中心下端剪刀口，余留12~15 cm宽度，余留宽度大则衣裥量多，若面料薄则衣裥量可稍大，面料厚则衣裥量不宜过大。

2.1.7

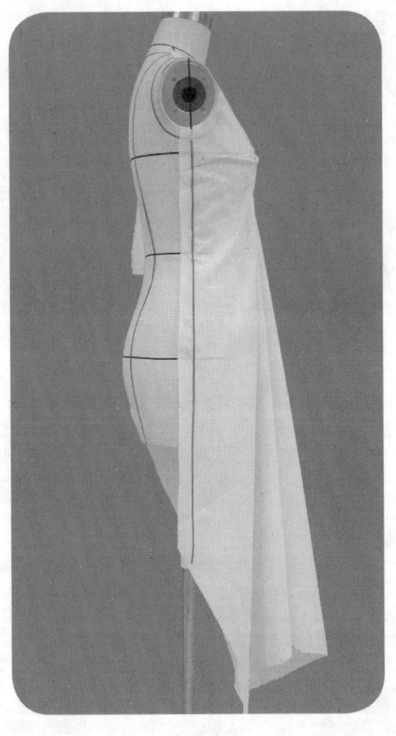

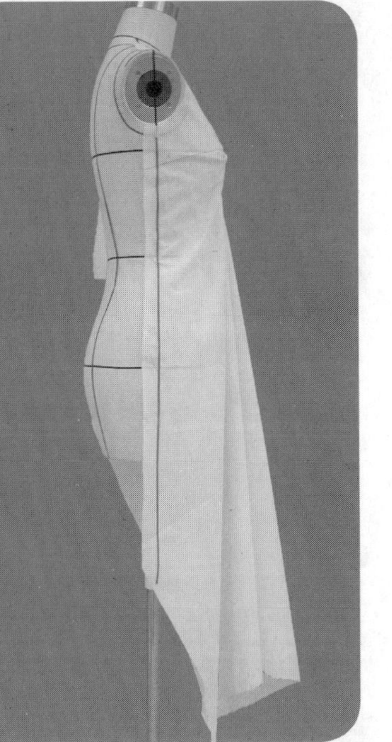

2.1.8

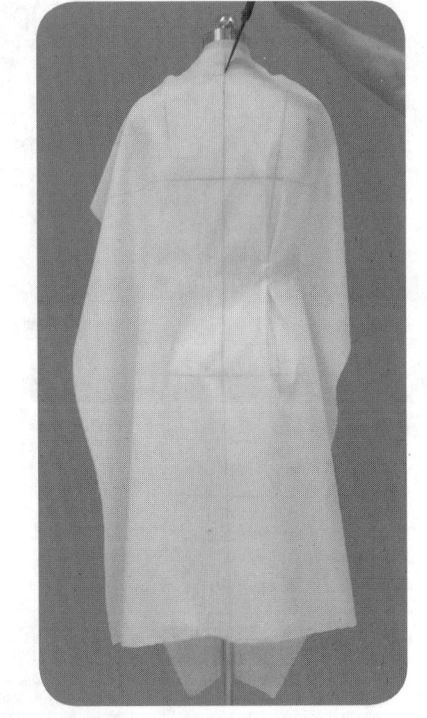

2.1.9

2.1.7、2.1.8　从下向上、从外往内翻转右侧用布，整理形成自然衣结衣褶。着重整理左侧肩线、袖窿、侧缝。完成前片的操作。

2.1.9　把后片用布固定于人台上。注意后中心布纹线、肩背横向布纹线与人台对应标示线的对齐，以及胸围松量的余留。在后中心处、肩背横线处、侧缝处用大头针固定。

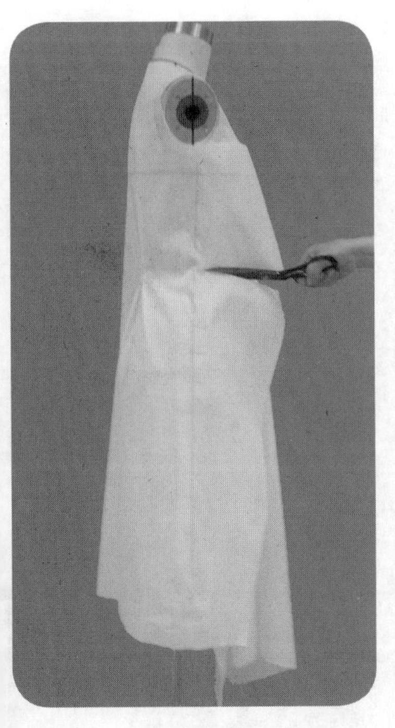

2.1.11

2.1.12

2.1.11、2.1.12　修剪袖窿，确认后袖窿松量，保持胸围松量，自然抚平衣片，用平叠针法别合前后片侧缝。用抓别法别合后腰衣裥，高度5cm左右。

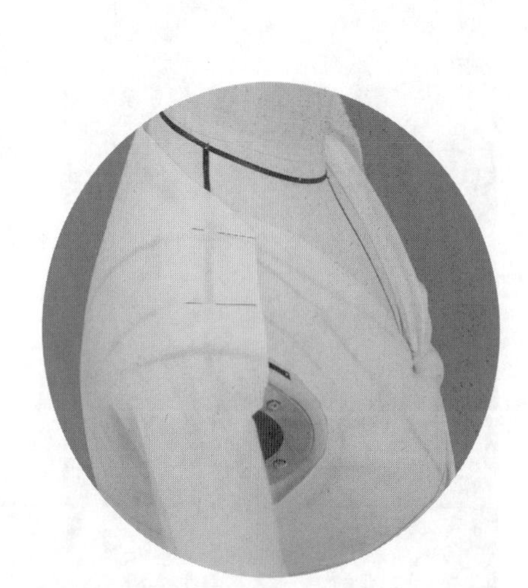

2.1.10

2.1.10　修剪后领口，在SNP点处用平叠针法别合后片与前片。自然抚平肩部，把肩背曲面量转移至下摆，用平叠针法别合肩线。

2.1.13

2.1.13 标点描线，平面整理。注意前片的标点描线只需操作左边即可，然后把胸围线对齐并沿中心对折，用大头针定位别合，垫复写纸，连点成线，修剪缝份。

2.1.14

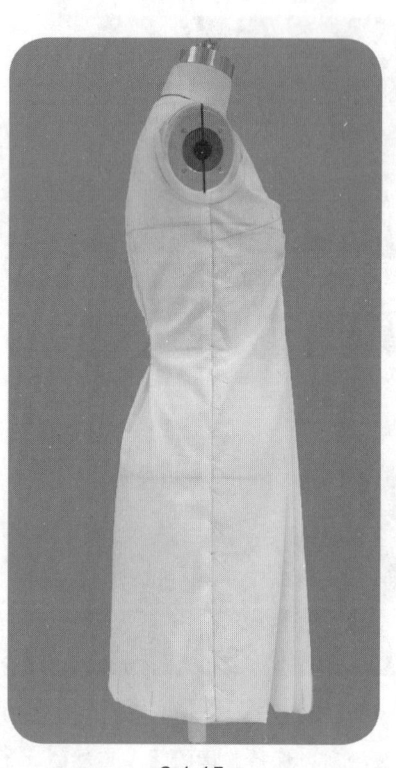

2.1.15

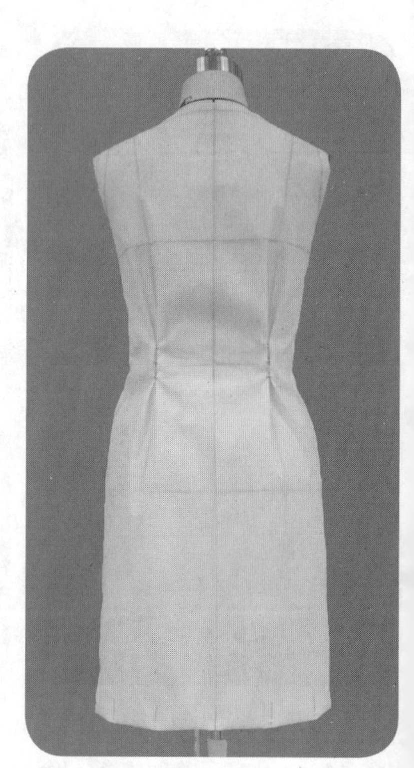

2.1.16

2.1.14~2.1.16 试样补正。完成造型。

2 隐藏结连衣裙

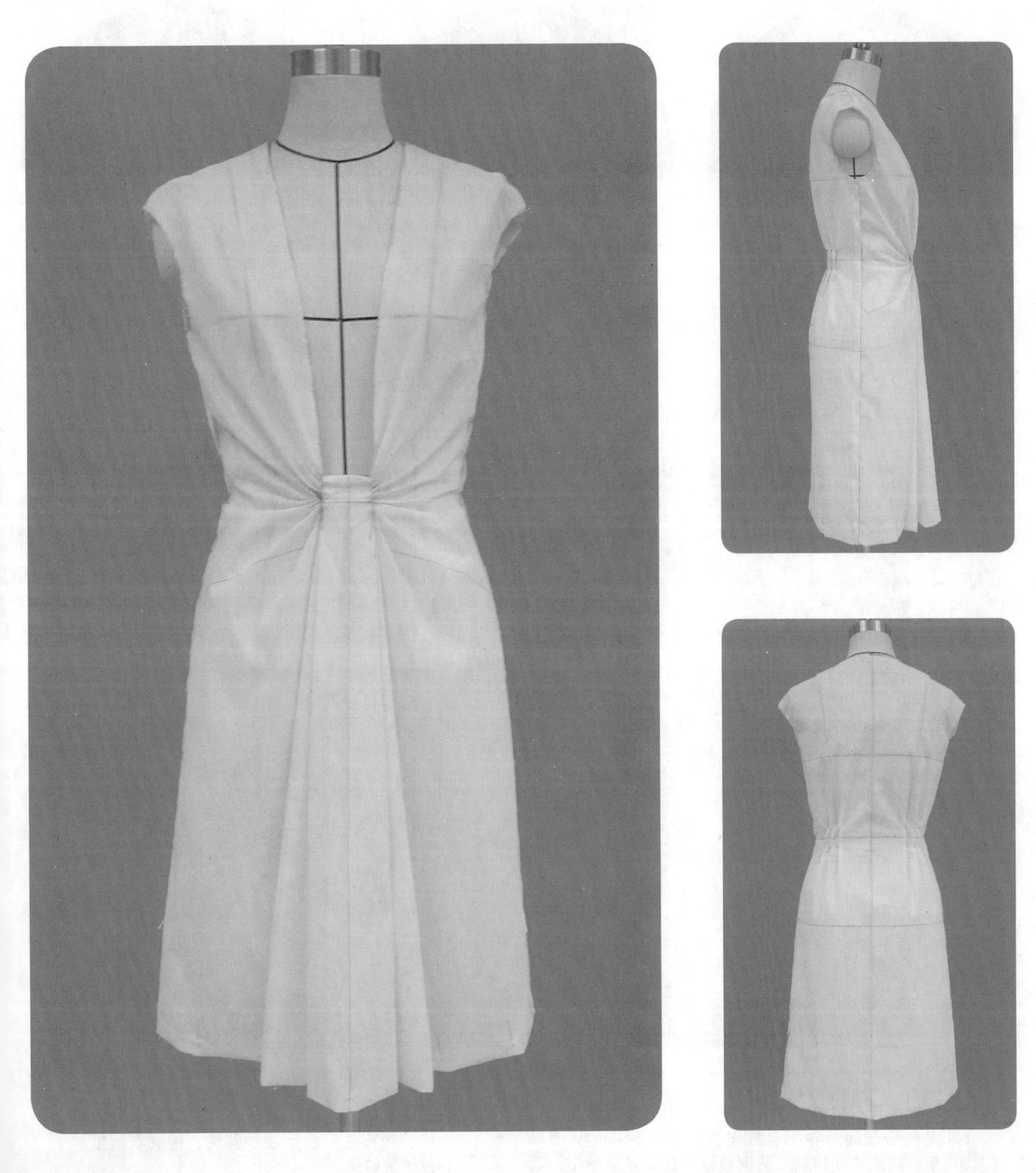

造型要点

前片相连，腰部的放射状衣裥包含曲面造型量和旋转装饰量，塑造了合体造型，衣裥组合波浪更增加了裙子的动感。衣裥底部的精确整理修剪是造型的关键。衣裥底部预留一定量用布并向内翻转固定形成隐藏型内结。胸围松量 6 cm、腰围松量 6 cm。

操作步骤

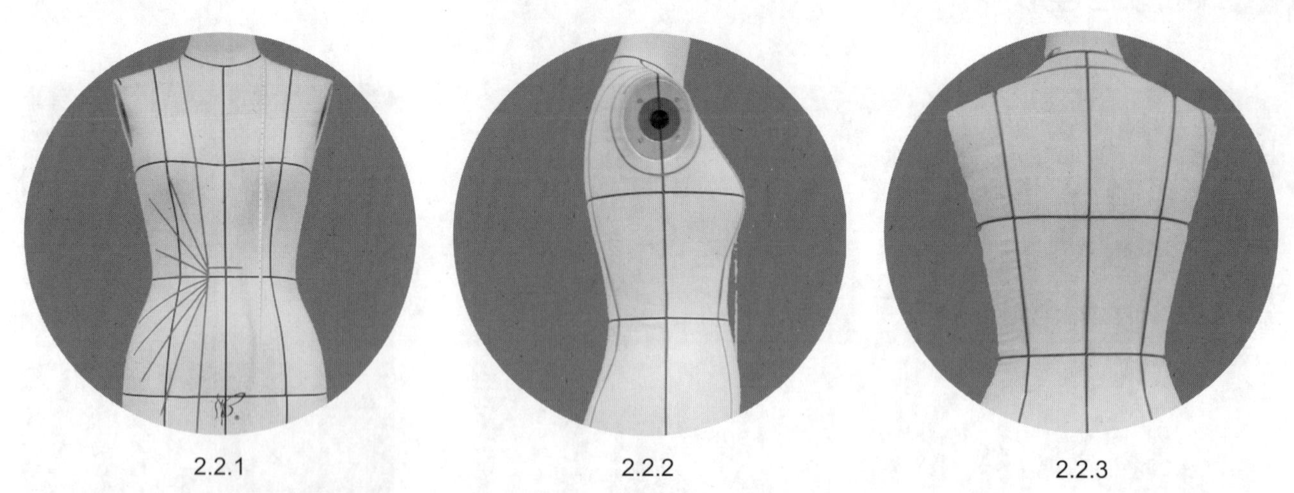

2.2.1 2.2.2 2.2.3

2.2.1~2.2.3 贴置款式造型线。注意前片的放射状衣裥造型，衣裥底形成衣结，也成为视觉中心；后片设置开口衣裥，处理细腰量。

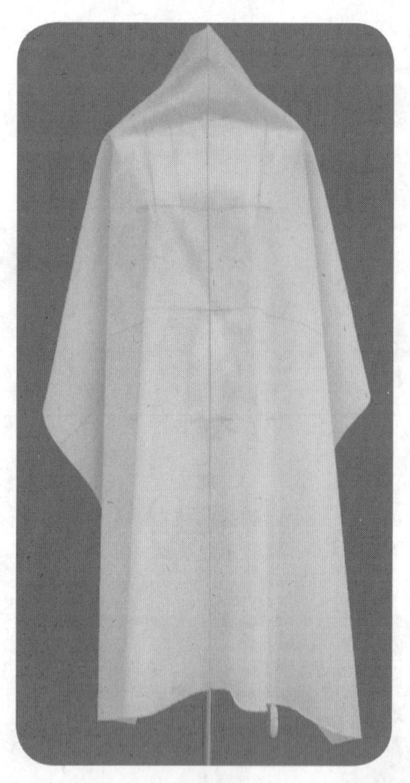

2.2.4

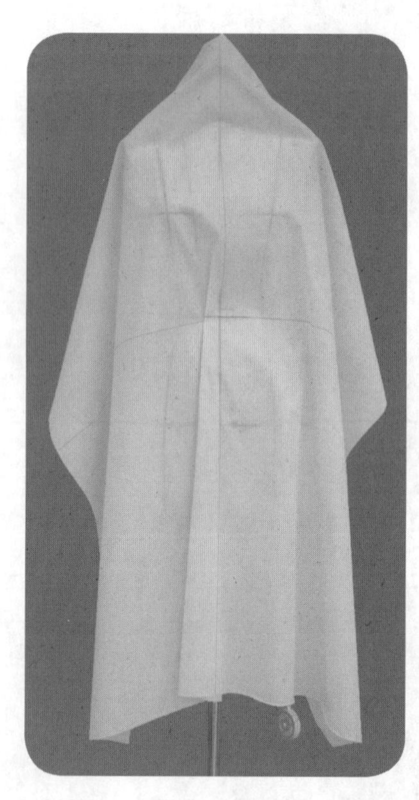

2.2.5

2.2.4 把前片用布固定于人台上。前中心布纹线与人台标示线对齐，保持竖直。保持胸围线水平，把胸点固定后，胸围线以上曲面量自然下放，用大头针固定侧缝、肩颈等处。前片相连，左右对称，取布时要整体取布，裁剪操作时只操作左半边。

2.2.5 从前中心下部衣裥组合波浪造型起开始操作，观察波浪造型线的斜度，控制衣裥量和波浪旋转量。

2.2.6

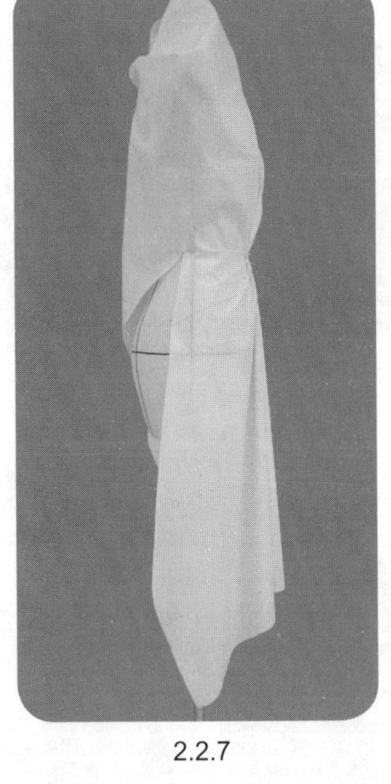

2.2.7

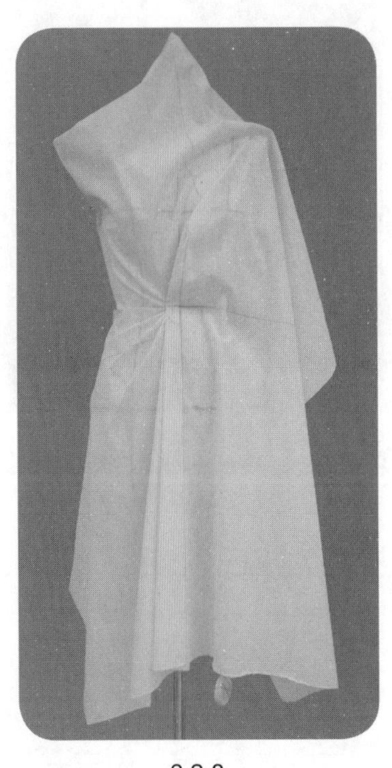

2.2.8

2.2.6、2.2.7 继续塑造另一个衣褶组合波浪造型，之后逐个进行单边放射状衣褶的操作，于侧缝处衣褶指向的位置固定用布于人台上，旋转提拉用布设置衣褶。

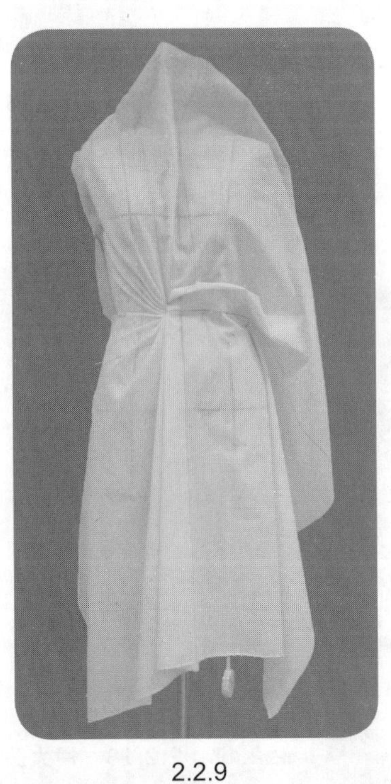

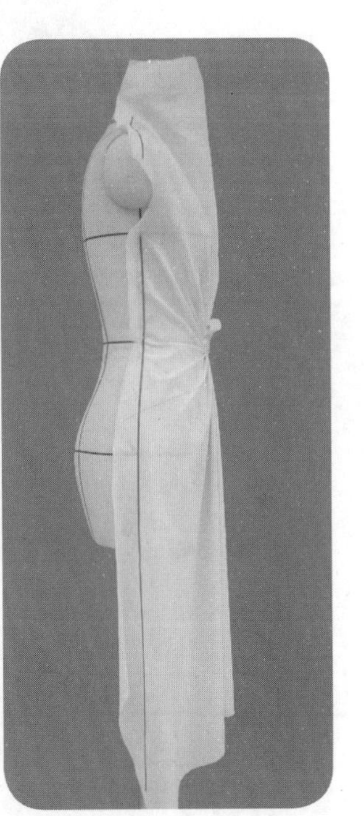

2.2.9

2.2.10

2.2.11

2.2.8~2.2.11 按顺时针逐个进行腰围线以上衣褶的操作，用大头针固定衣褶指向的侧缝、袖窿和肩线位置，并逐步修剪侧缝、袖窿、肩线以及领口，并注意袖窿的小拖肩造型。要将这些衣褶底部正好整置于组合波浪的衣褶之下，并在修剪领口线时准确修剪衣褶底部，横向上与组合波浪的衣褶重叠一个缝份量，纵向上组合波浪的衣褶预留适当内翻量，以便内翻固定衣褶底部。

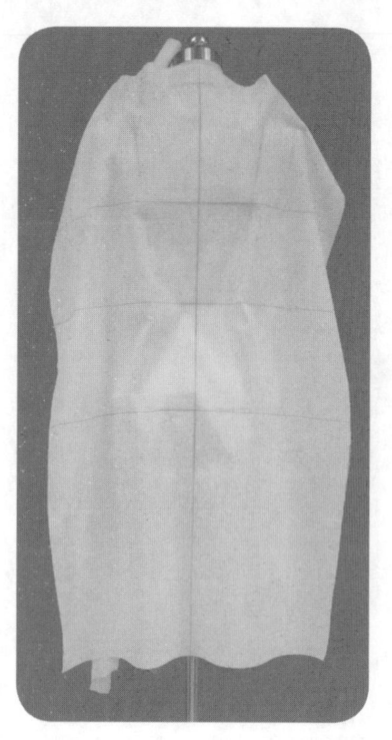

2.2.12

2.2.12　把后片用布固定于人台上，后中心线、胸围线与对应的人台标示线对齐，在中心线、侧缝处、肩颈处把用布固定于人台上。后片相连，左右对称，取布时整体取布，裁剪操作时只操作右半边。

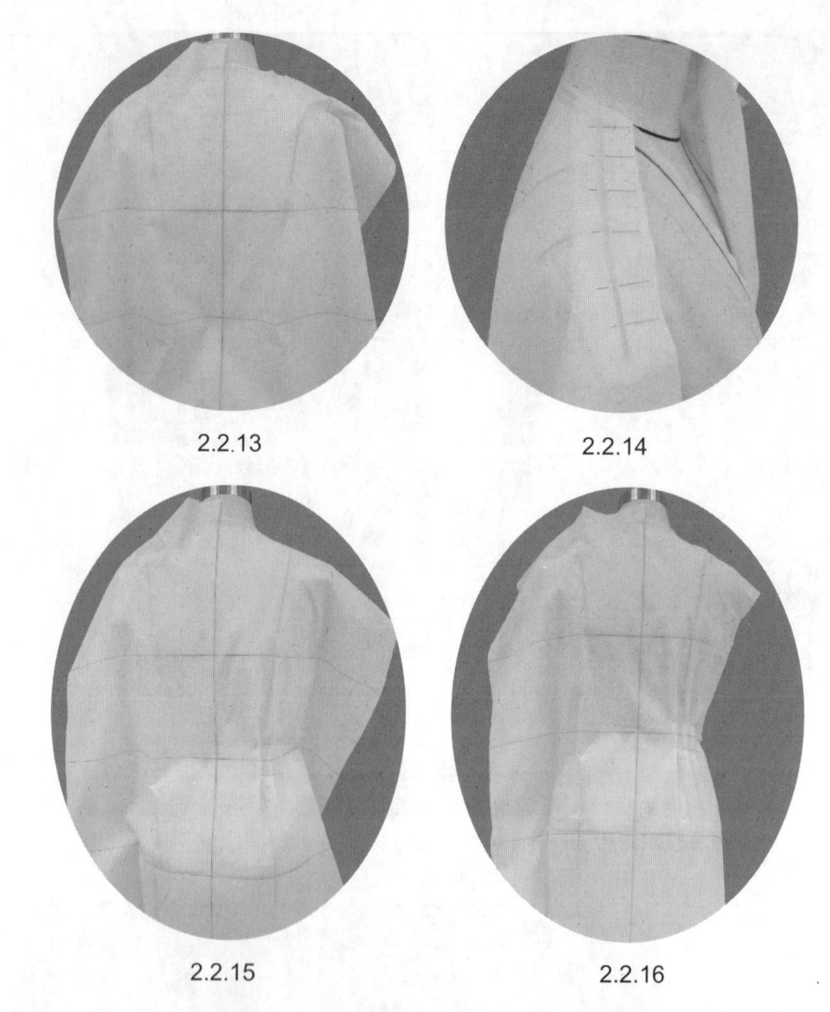

2.2.13　2.2.14

2.2.15　2.2.16

2.2.13~2.2.16　逐渐修剪领口线、肩线，把肩背曲面量适当下放，形成裙身的小A造型，腰部设置开口衣裥，塑造收腰造型。

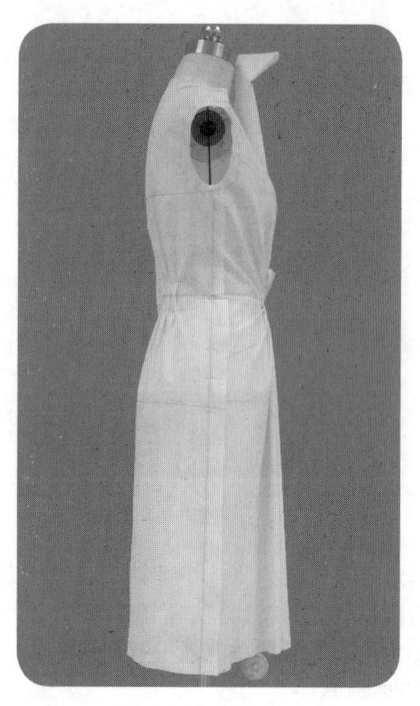

2.2.17

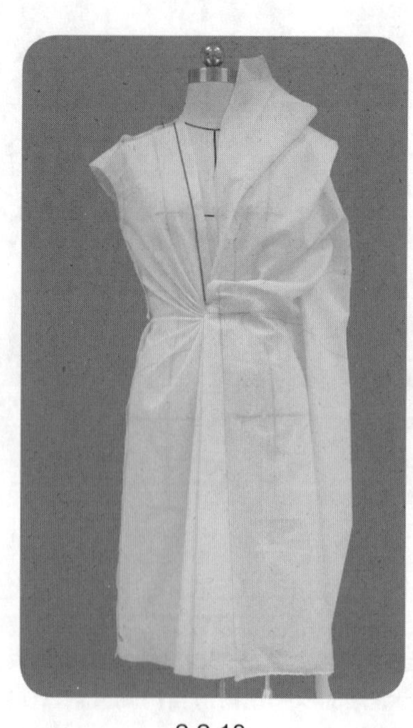

2.2.18

2.2.17、2.2.18　用大头针别出袖窿造型。袖窿为小拖肩款式，肩点适量外移，胸宽点、背宽点少量外移，袖窿深点位于胸围线高度即可，基于四个关键点，用大头针别出袖窿圆顺造型。

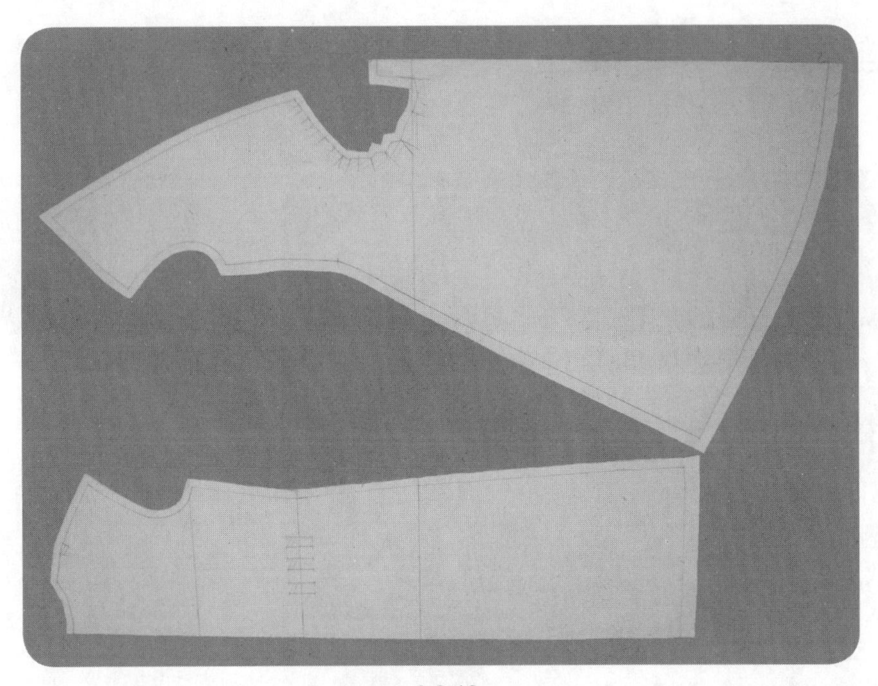

2.2.19

2.2.19　标点描线，平面整理。特别要注意衣裥底部的准确标记。

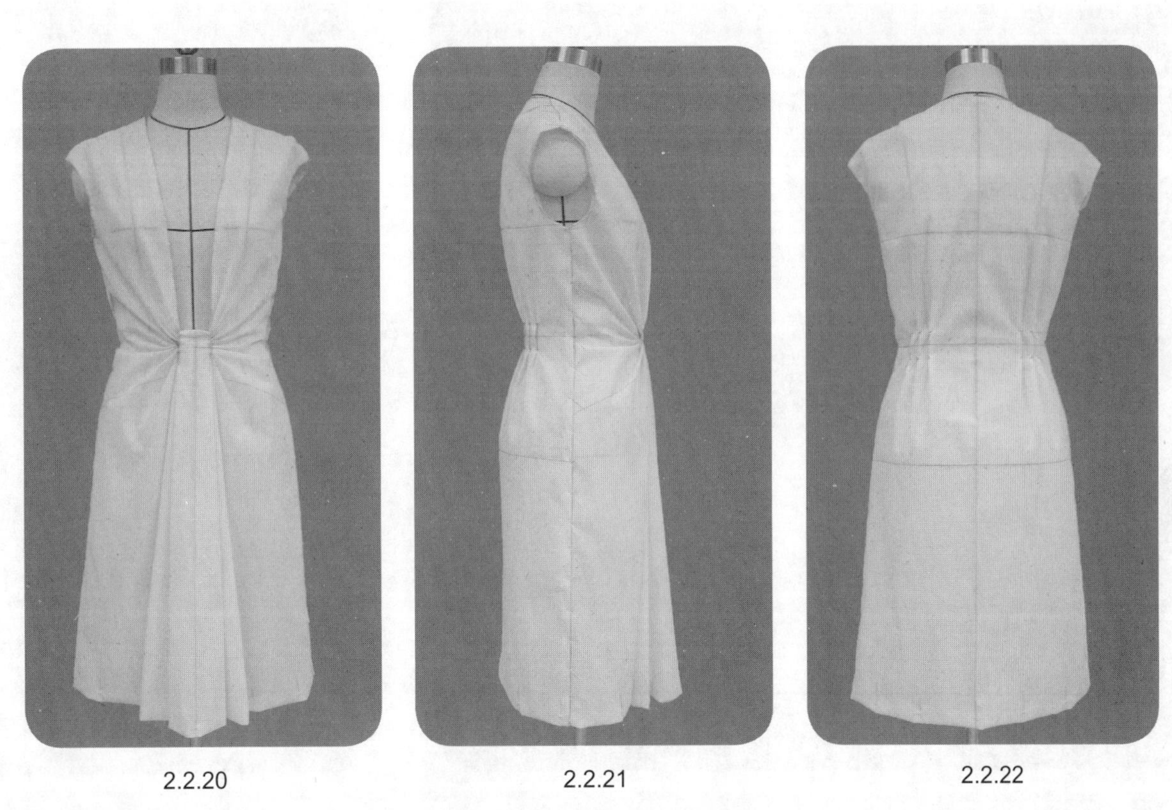

2.2.20　　2.2.21　　2.2.22

2.2.20~2.2.22　试样补正。完成造型。

3 蝴蝶结连衣裙

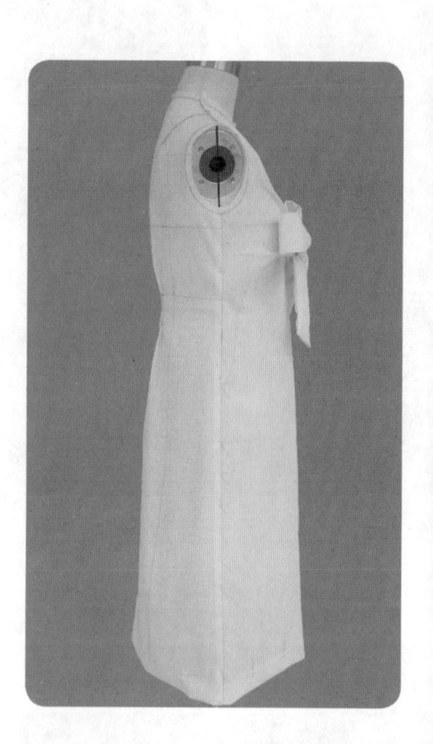

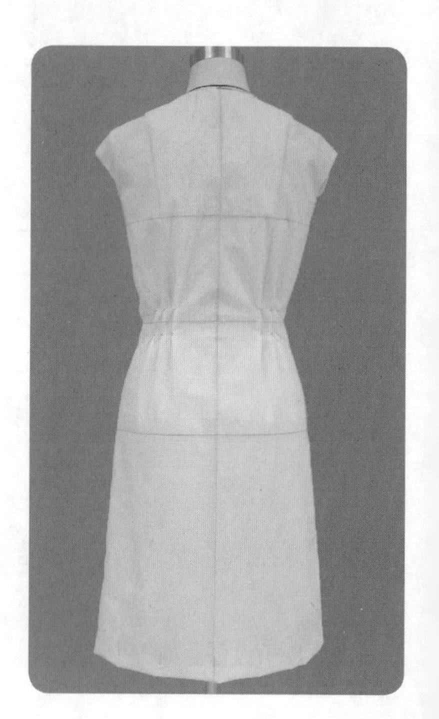

造型要点

由前衣片胸部衣裥相连而出，系结为蝴蝶结，造型巧妙，衣裥量要恰到好处，刀口位置也要精准，这是保证造型成功的关键。胸围松量 6 cm、腰围松量 8 cm。

操作步骤

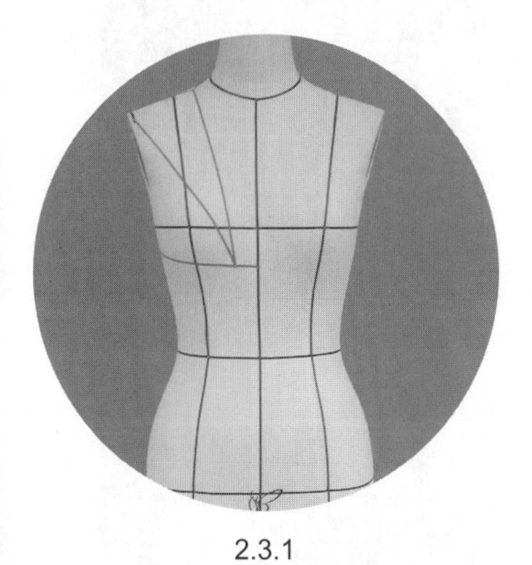

2.3.1

2.3.2

2.3.3

2.3.1~2.3.3 贴置款式造型线。

2.3.4

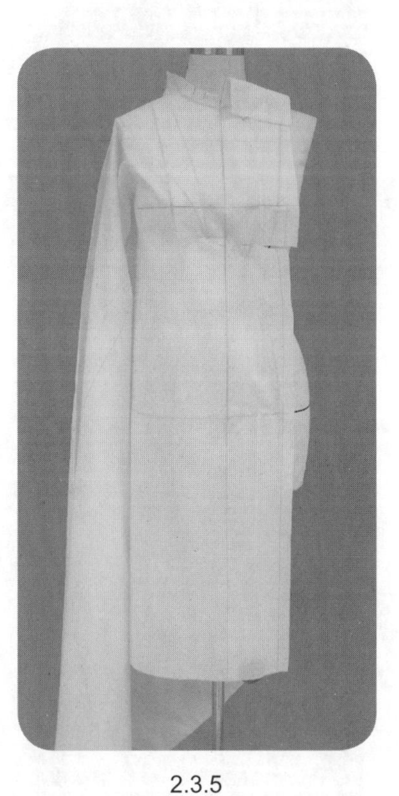

2.3.5

2.3.4 把前片用布固定于人台上。前中心布纹线与人体标示线对齐，保持竖直，用大头针固定前中心线外侧；保持胸围线水平，用大头针固定侧缝、肩颈等处。

2.3.5 修剪领口弧线。

2.3.6

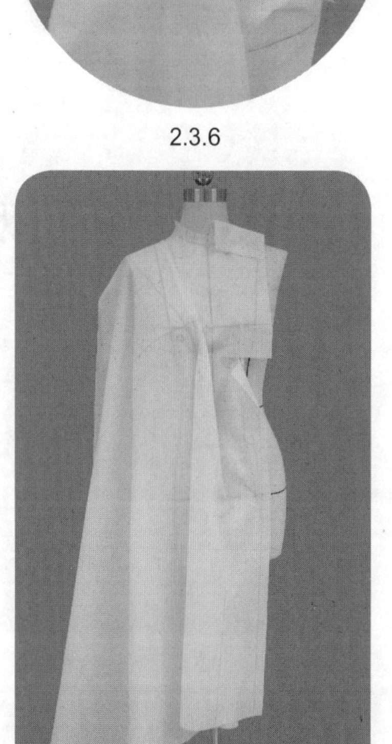

2.3.7

2.3.6、2.3.7 修剪肩线至第一个衣裥指向的位置，用大头针固定用布于人台上，修剪刀口，逆时针旋转用布，设置衣裥。

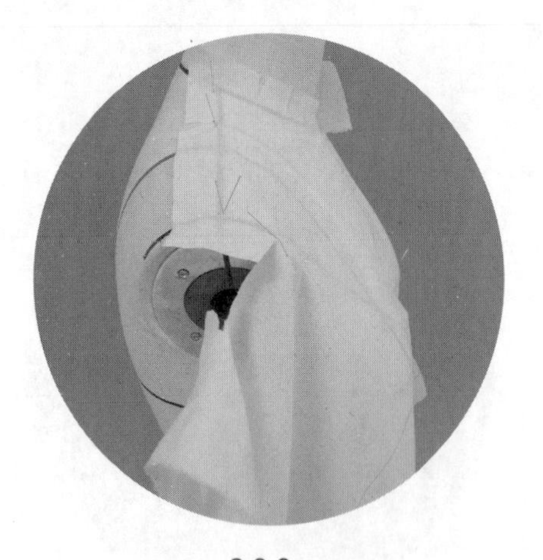

2.3.8

2.3.8~2.3.10 完成肩线修剪，修剪袖窿弧线至第二个衣裥指向的位置，用大头针固定用布于人台上，逆时针旋转用布，设置第二个衣裥。

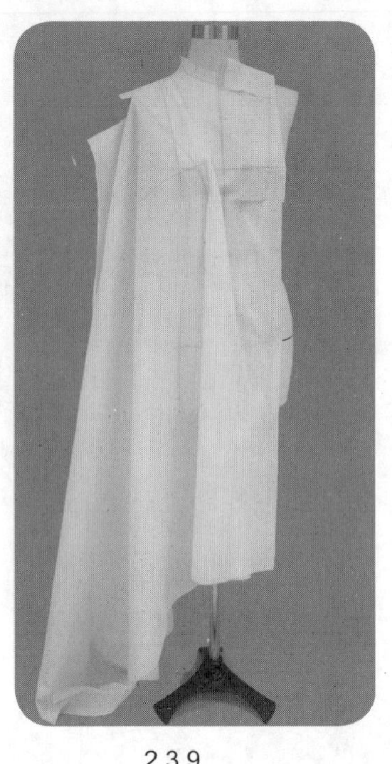

2.3.9

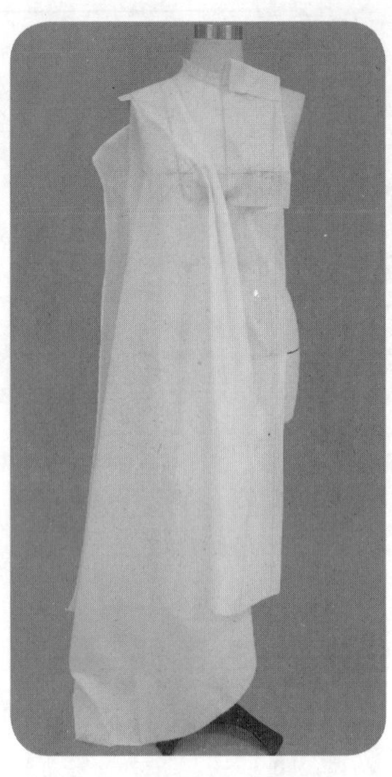

2.3.10

2.3.11

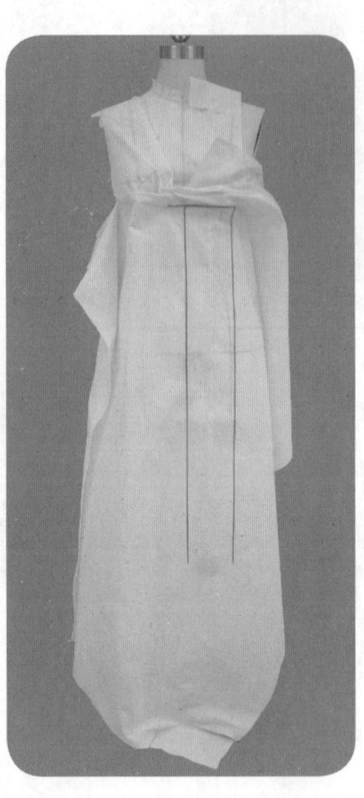

2.3.12

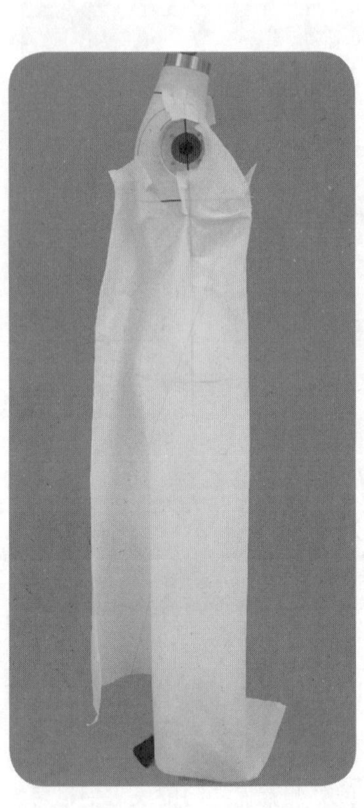

2.3.13

2.3.11~2.3.13 完成前袖窿弧线修剪，修剪侧缝上端至第三个衣裥指向的位置，旋转用布，设置第三个衣裥。

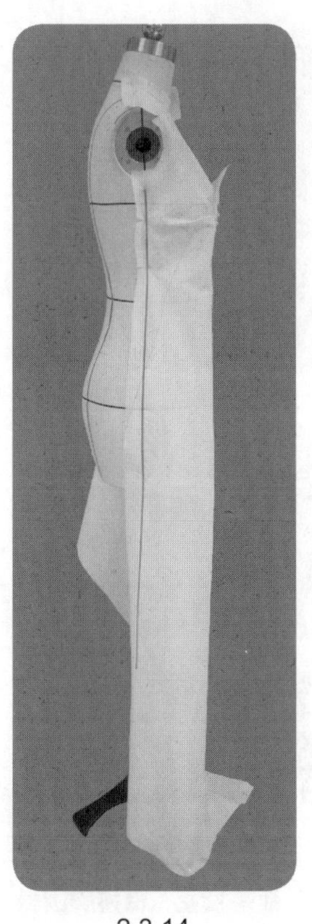

2.3.14

2.3.14　修剪侧缝。

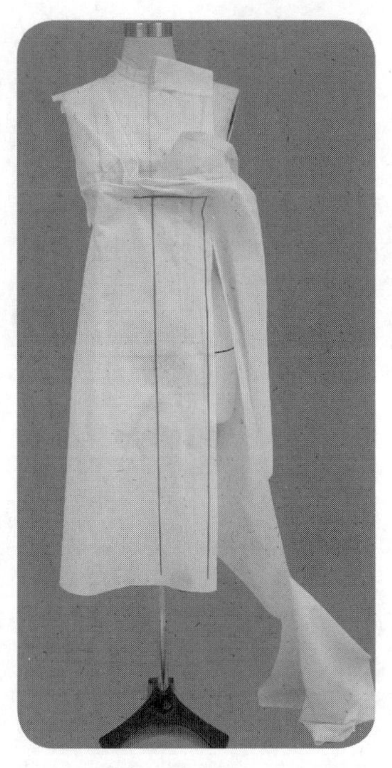

2.3.15

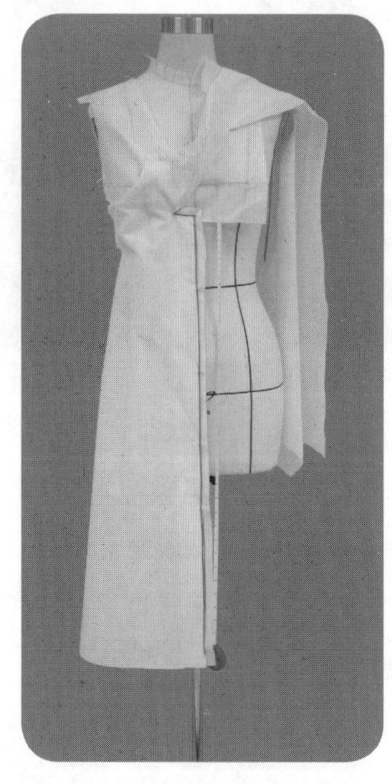

2.3.16

2.3.15、2.3.16　沿第三个衣裥边修剪横向刀口至恰当位置，设置暗裥。

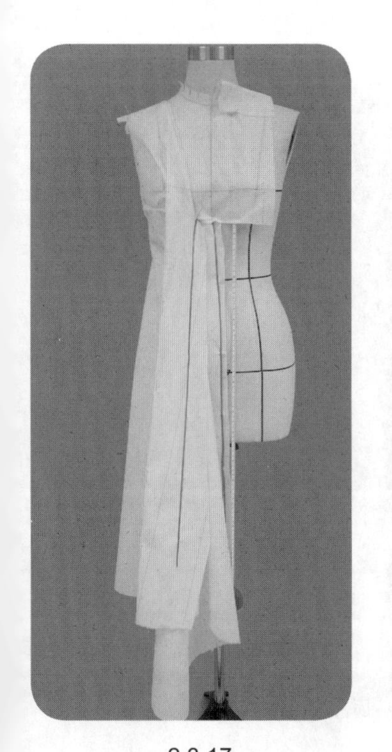

2.3.17

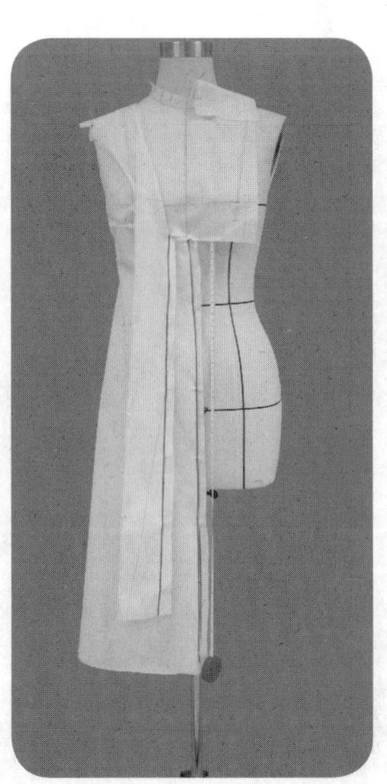

2.3.18

2.3.17、2.3.18　整理衣裥延伸部分，形成蝴蝶状的系带。

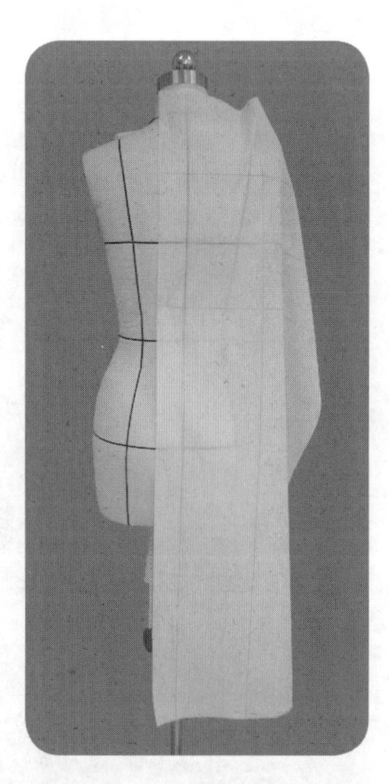

2.3.19

2.3.19　把后片用布固定于人台上。注意后中心布纹线、肩背横向布纹线与人台对应标示线的对齐，以及胸围松量的余留。后中心处、肩背横线处、侧缝处用大头针固定。

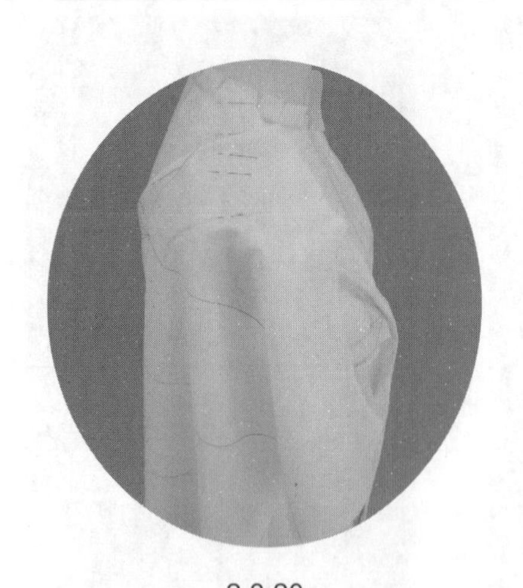

2.3.20

2.3.20 修剪后领口，在SNP点、SP点处用平叠针法别合后片与前片。设置肩省处理肩背曲面量，完成后肩线与前肩线的平叠相拼。

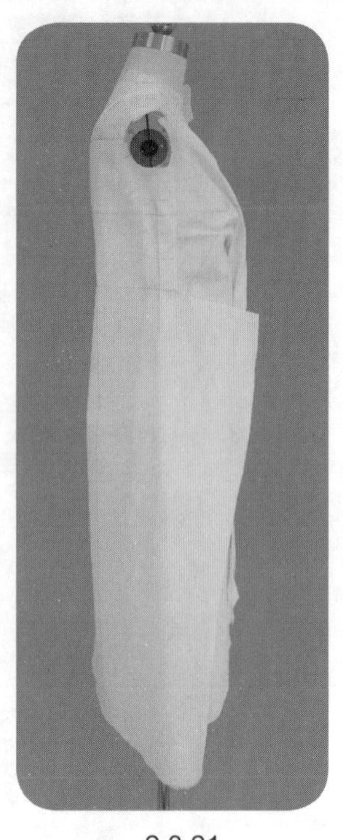

2.3.21

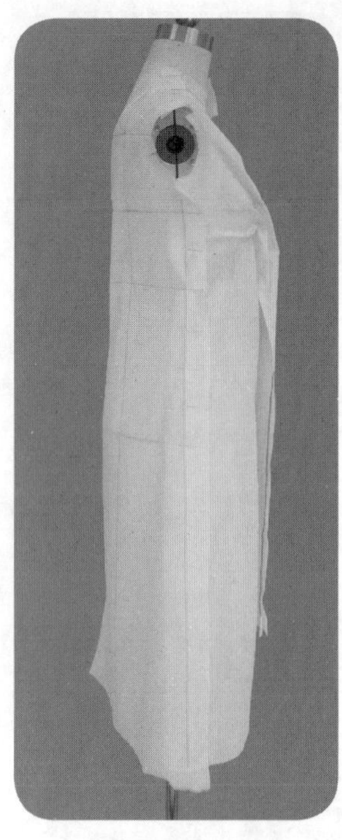

2.3.22

2.3.21、2.3.22 修剪袖窿，确认后袖窿松量，保持胸围松量，自然抚平，用平叠针法别合前后片侧缝。用抓别法别合后腰衣裥，高度5 cm左右。

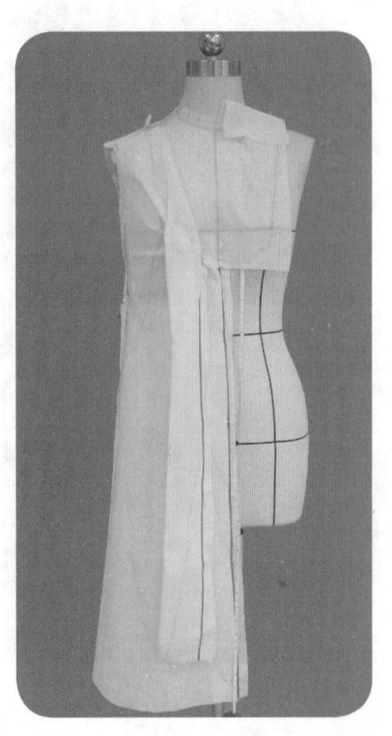

2.3.23

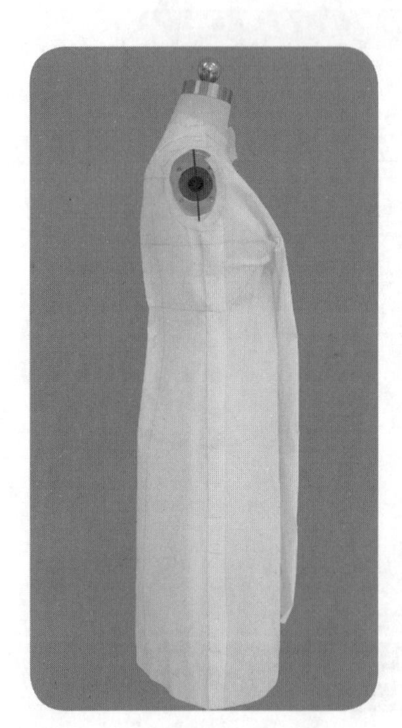

2.3.24

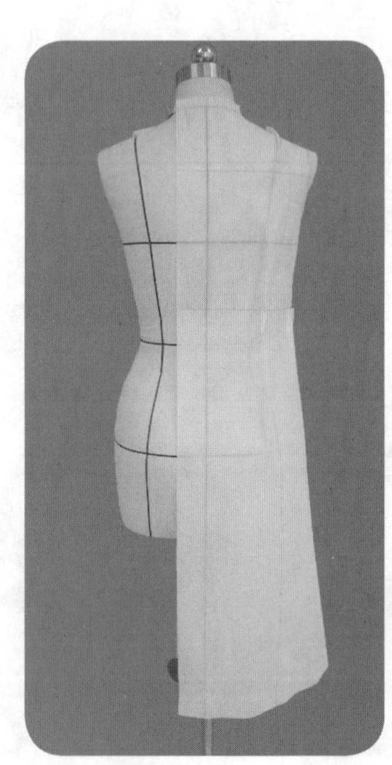

2.3.25

2.3.23~2.3.25 确认造型，标点描线。

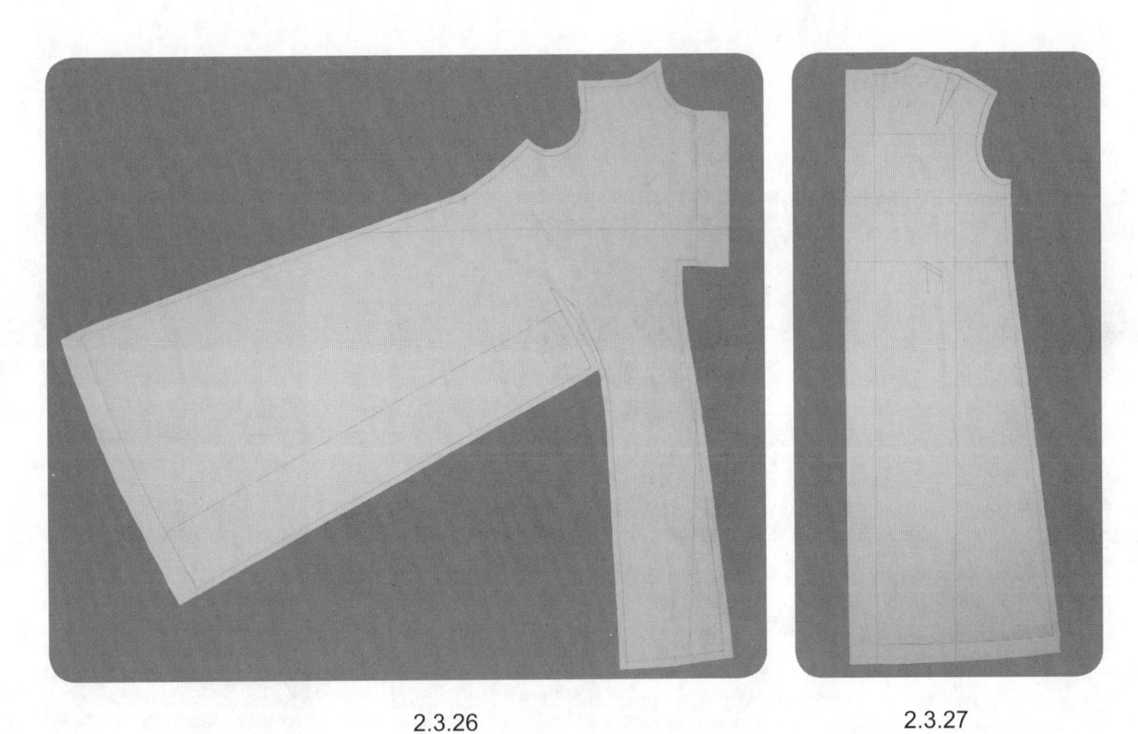

2.3.26　　2.3.27

2.3.26、2.3.27　平面整理，拓印前、后片对称片。

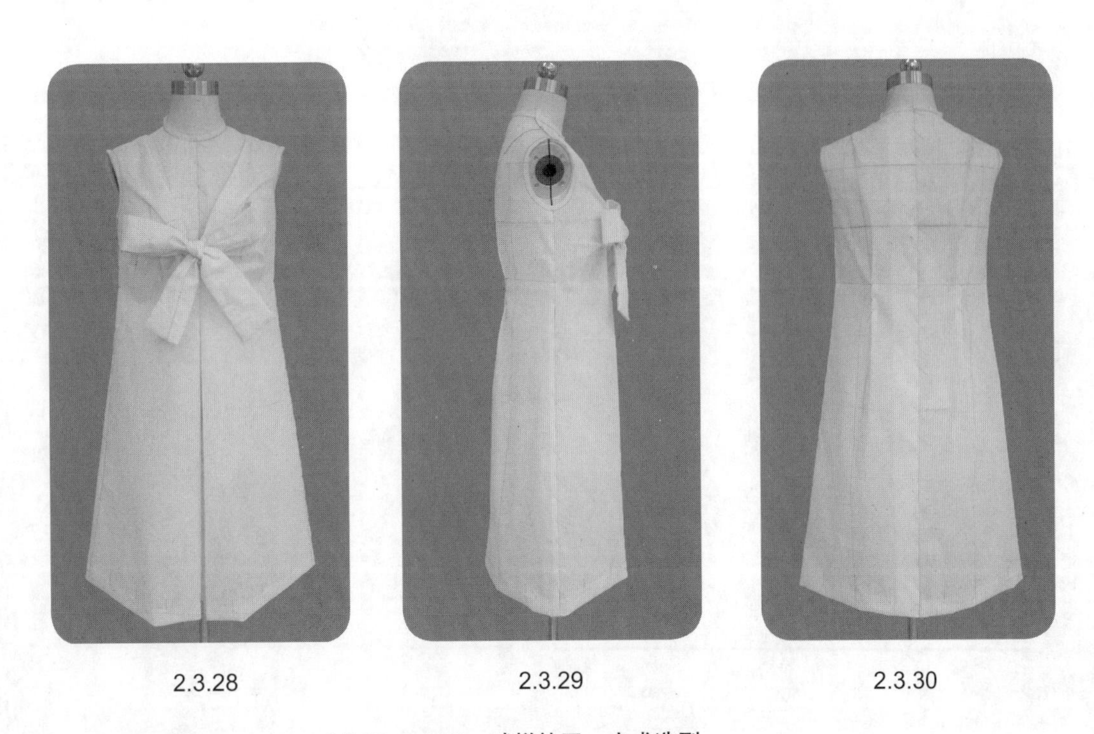

2.3.28　　2.3.29　　2.3.30

2.3.28~2.3.30　试样补正。完成造型。

4 穿套结连衣裙A

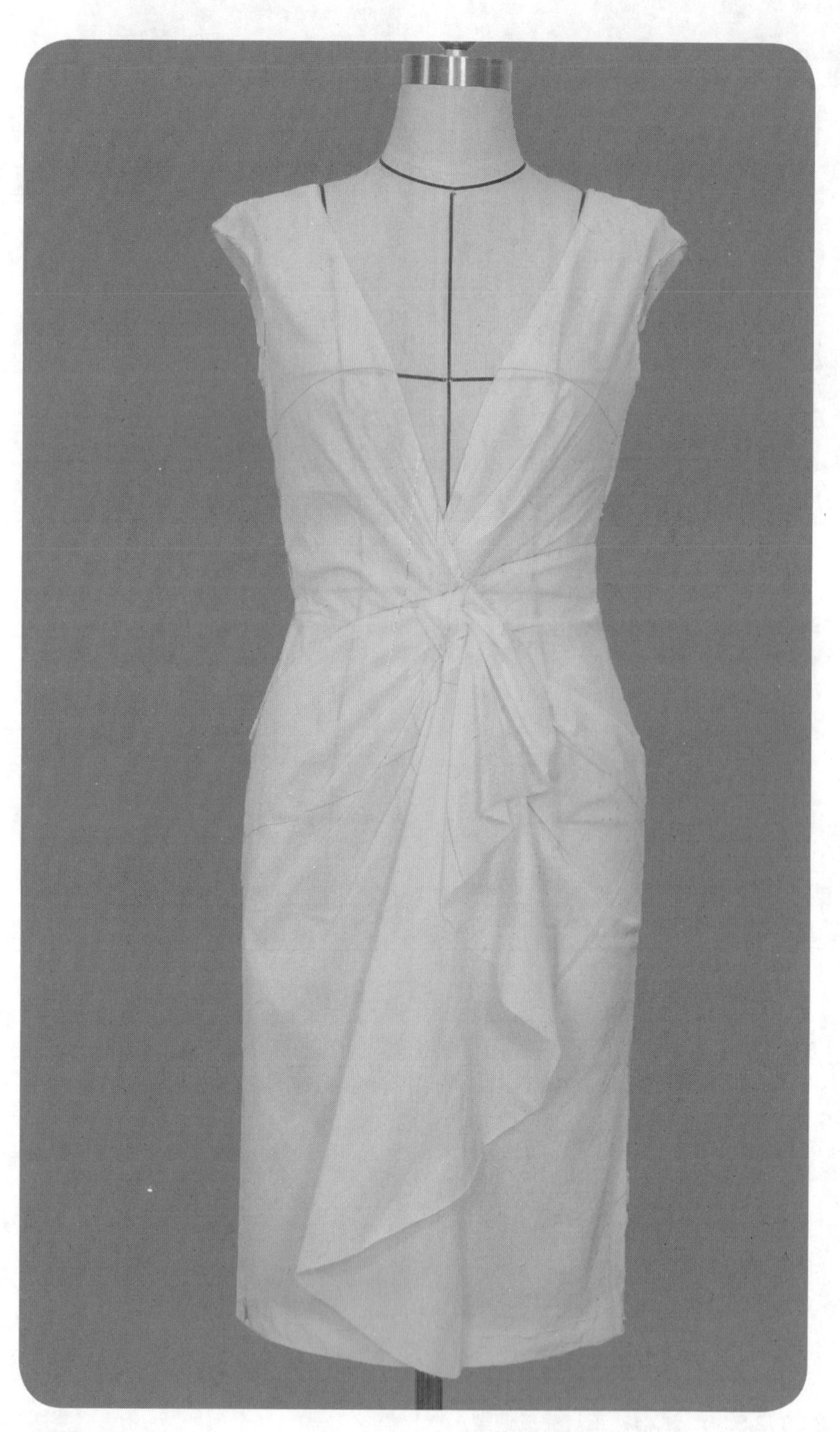

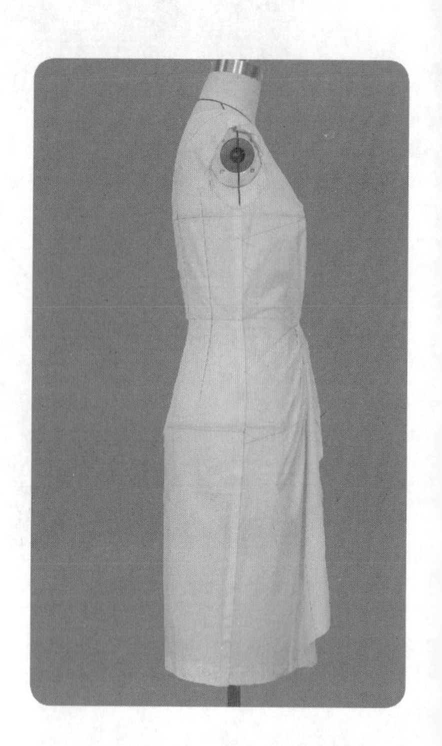

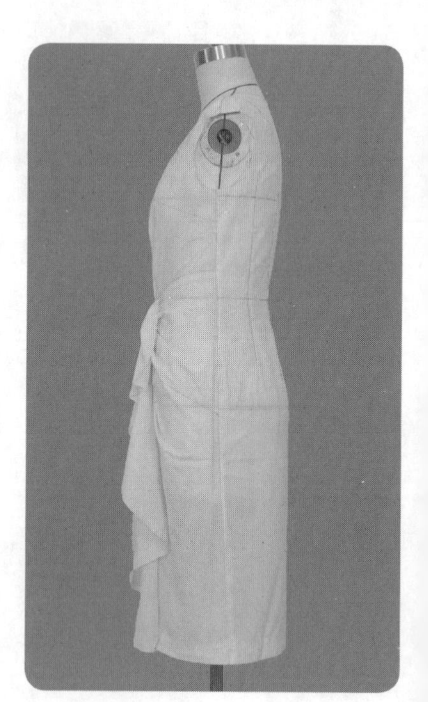

造型要点

上层衣片中间部位开刀口，下层衣片一角由刀口穿出，翻转夹缝于腰线分割线处形成造型整体，视觉中心突出的放射状衣裥穿套结造型，上层衣片边缘形成的悬垂波浪造型更增加了款式的灵动性。胸围松量 4 cm、腰围松量 6 cm。

操作步骤

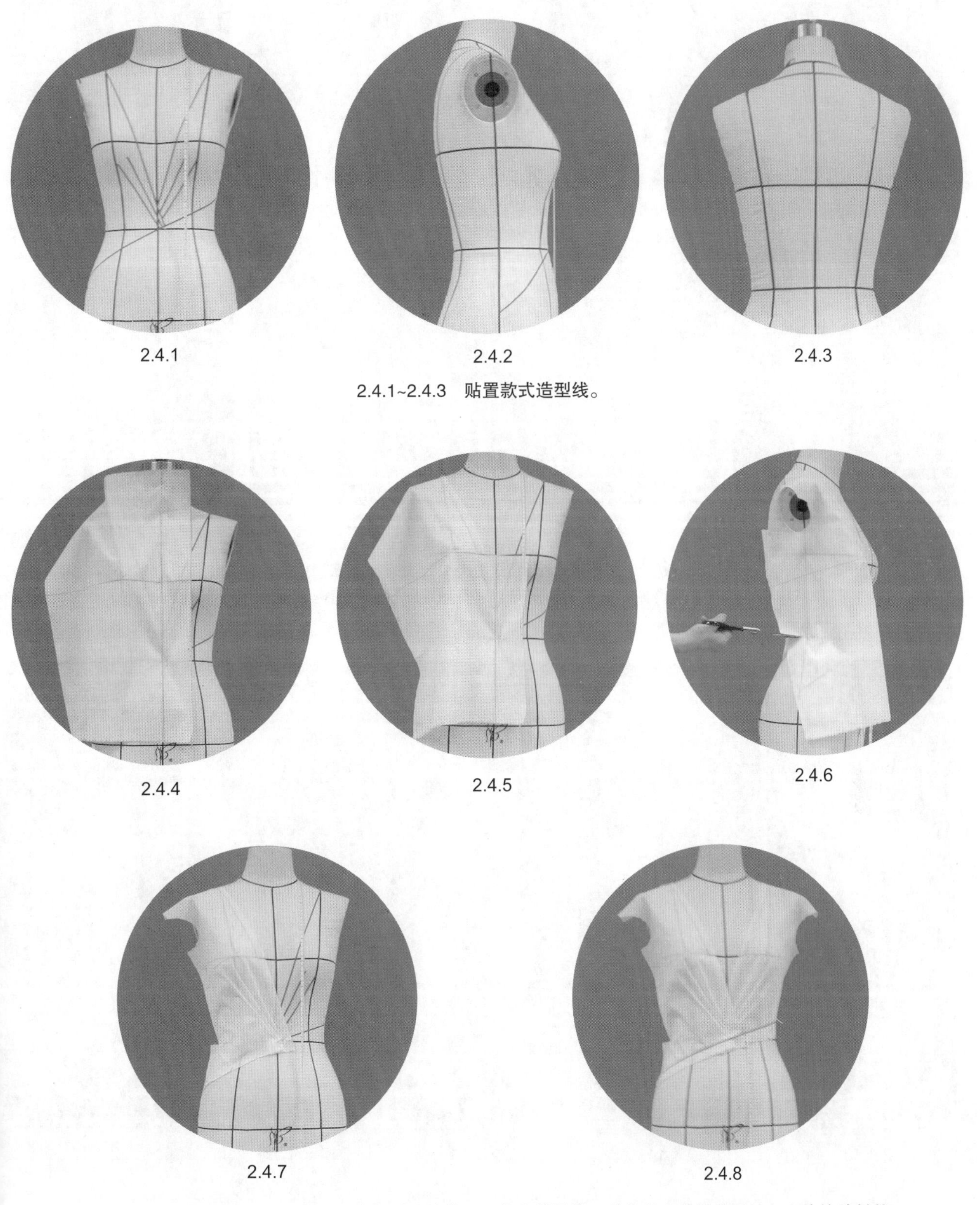

2.4.1 2.4.2 2.4.3

2.4.1~2.4.3　贴置款式造型线。

2.4.4 2.4.5 2.4.6

2.4.7 2.4.8

2.4.4~2.4.8　前片为上下断腰、左右不对称结构，逐片立裁操作。首先从上片操作开始，上片的放射状衣裥量包括领口松量、胸腰曲面量以及一部分装饰量，操作按领口、肩线、袖窿、侧缝、腰线顺序进行。

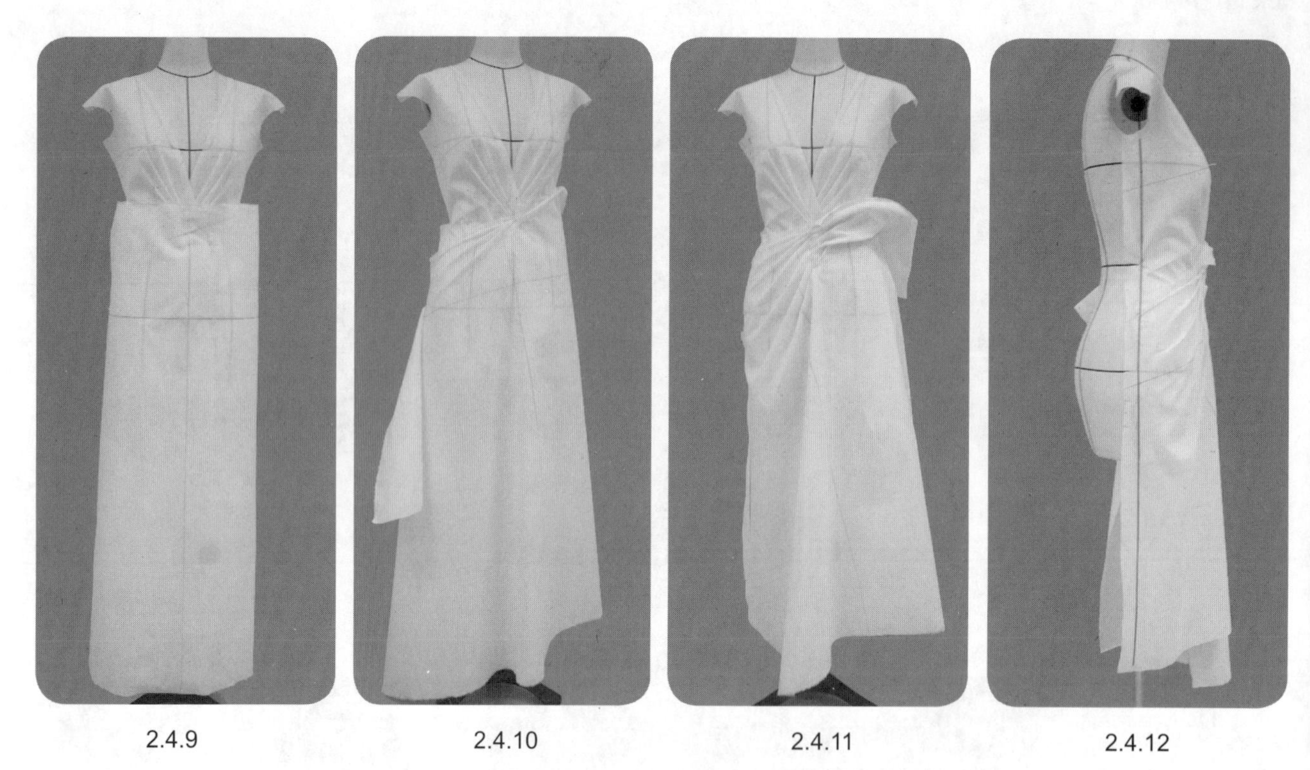

2.4.9　　　　2.4.10　　　　2.4.11　　　　2.4.12

2.4.9~2.4.12　左裙片的放射状衣裥指向侧缝位置，用大头针准确固定衣裥指向的侧缝位置，逐段修剪，提拉旋转用布，设置衣裥造型。保留右侧用布，以备后续悬垂波浪造型之用。

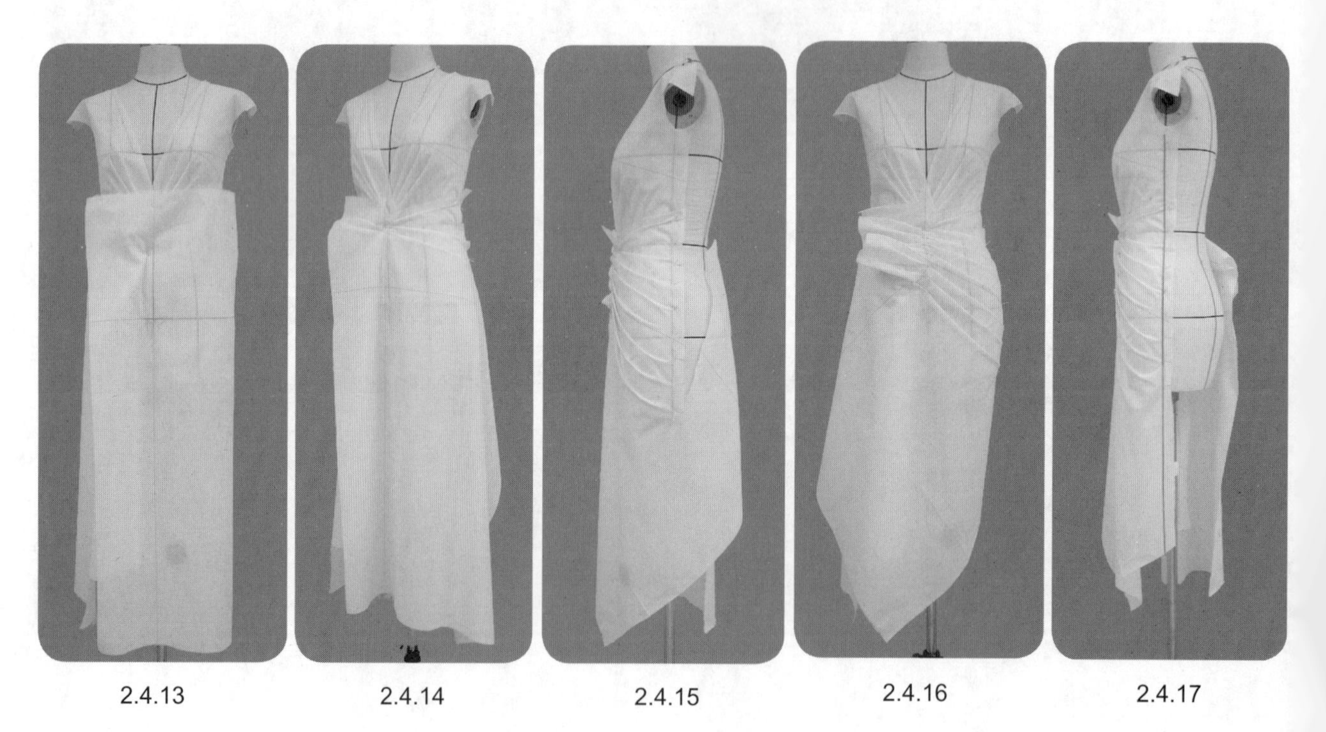

2.4.13　　　　2.4.14　　　　2.4.15　　　　2.4.16　　　　2.4.17

2.4.13~2.4.17　操作右裙片。

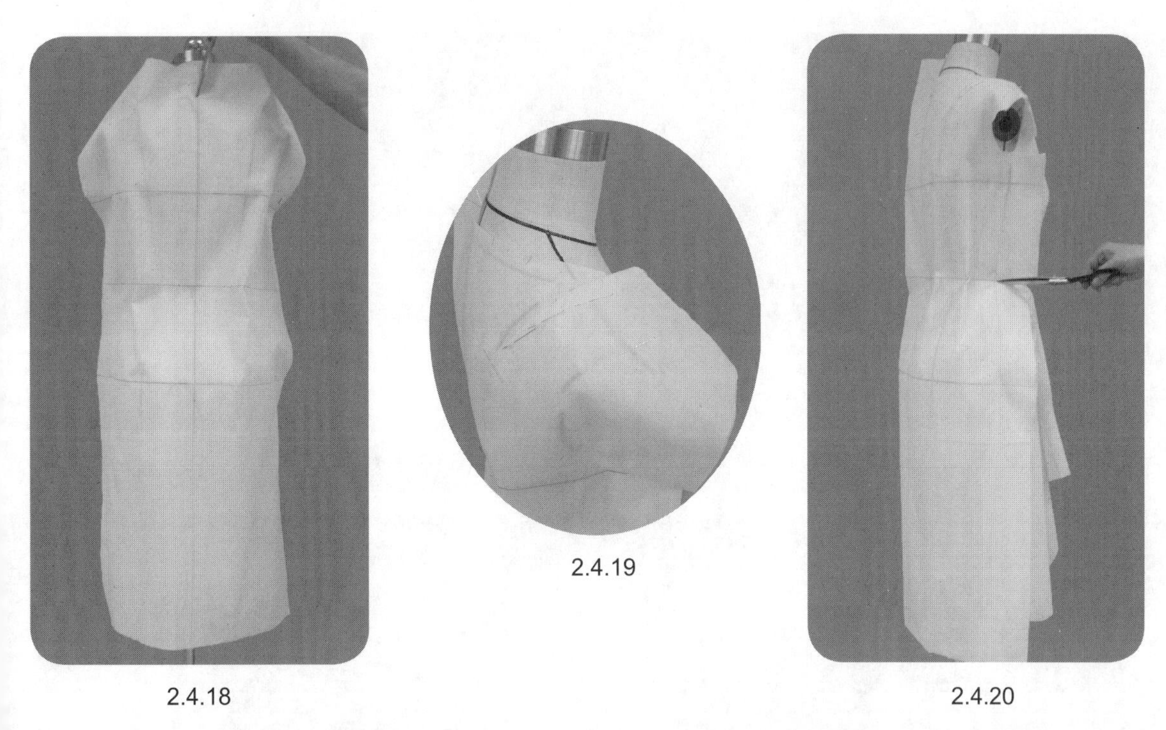

2.4.19

2.4.18

2.4.20

2.4.18~2.4.21　操作后衣片，设置肩省处理肩背部曲面量，设置连腰省处理腰吸量，侧缝处设置少量的缝缩量以塑造直裙造型。

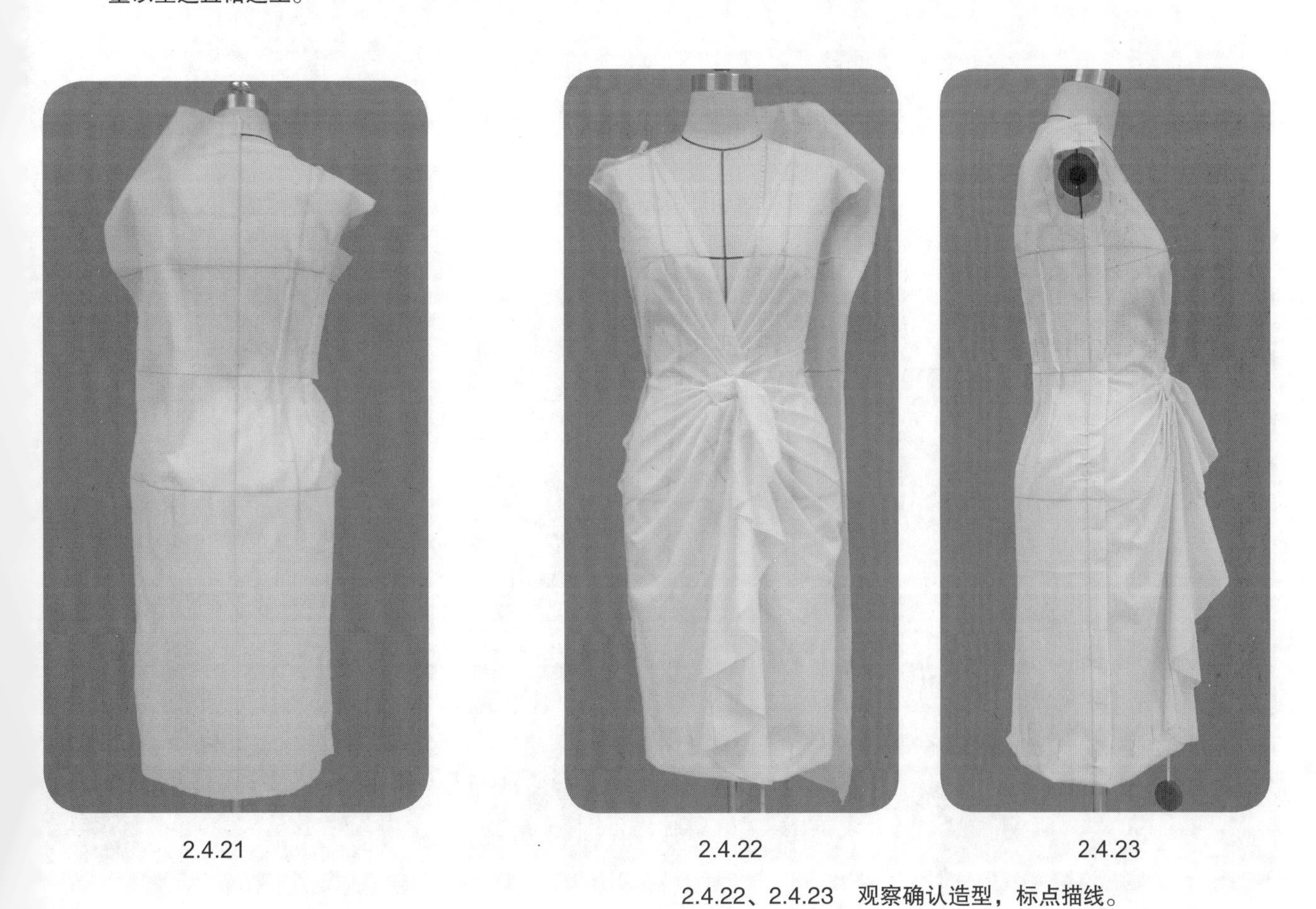

2.4.21

2.4.22

2.4.23

2.4.22、2.4.23　观察确认造型，标点描线。

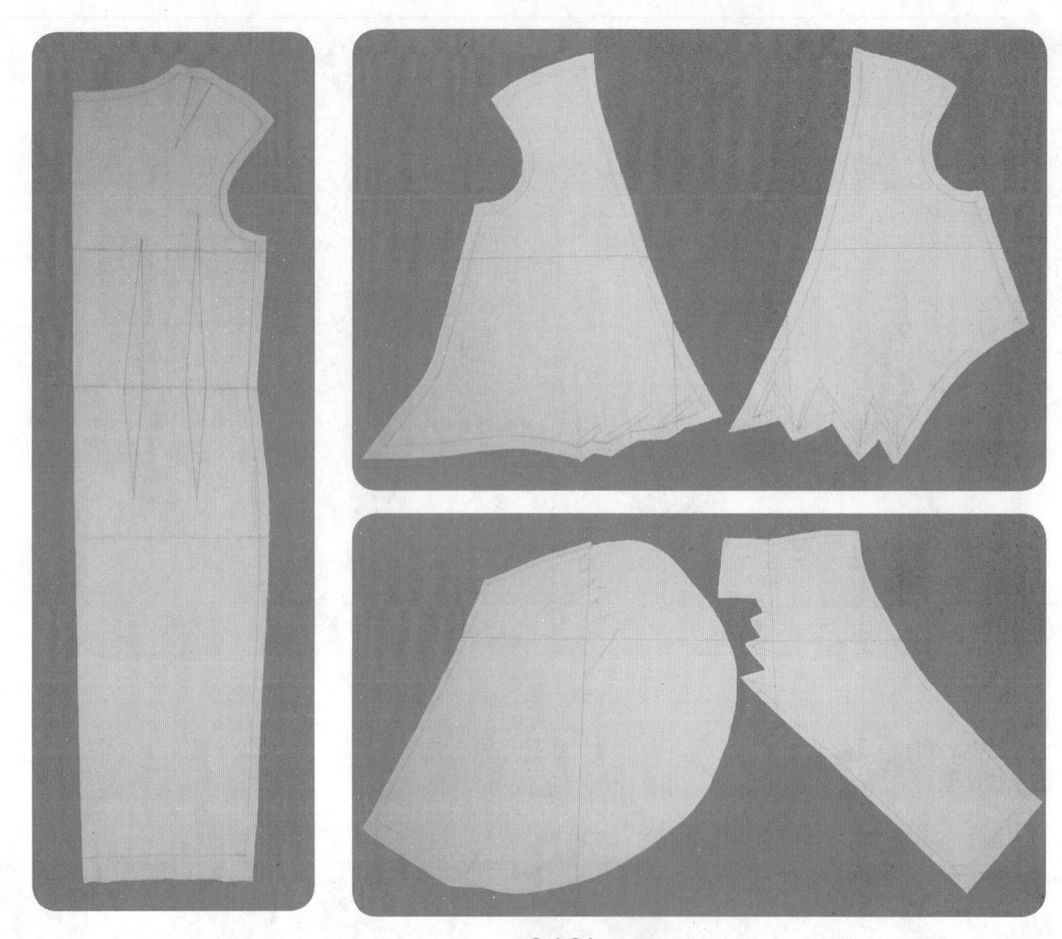

2.4.24

2.4.24　平面整理各样片。

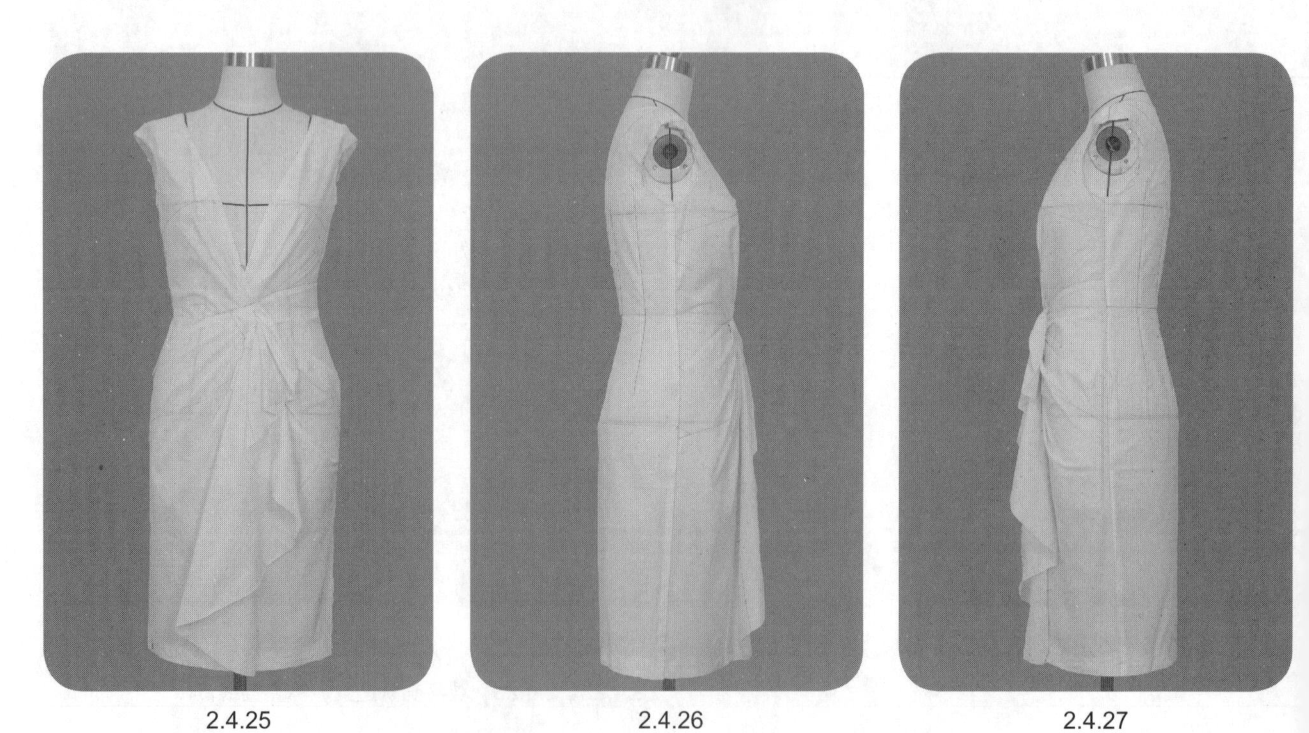

2.4.25　　2.4.26　　2.4.27

2.4.25~2.4.27　用大头针别合，试样补正。造型完成。

5 穿套结连衣裙B

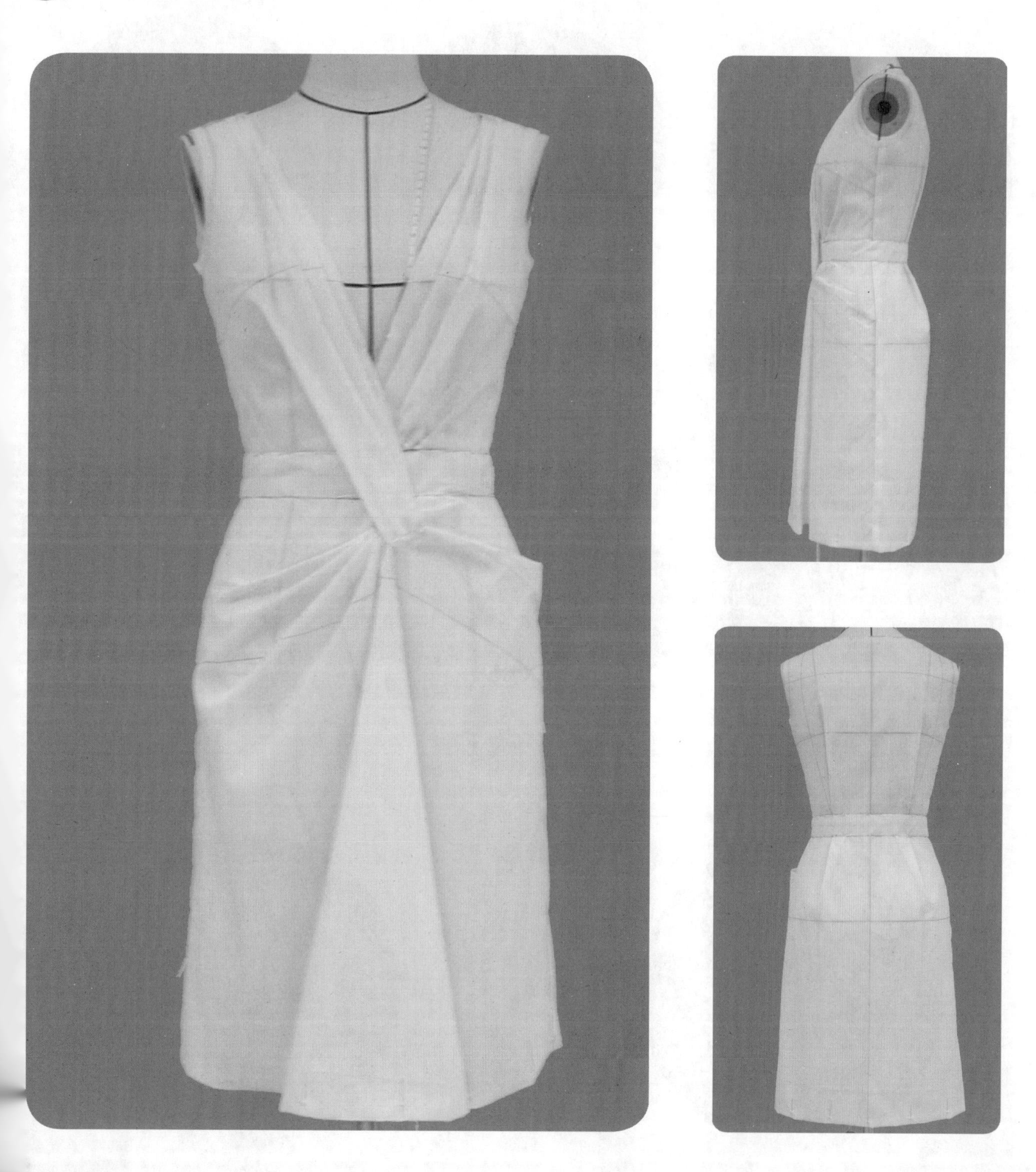

造型要点

上衣片衣裥延伸，从裙片衣裥处开设的刀口向内穿套至腰线，夹缝于其中，形成有层次感的、有自然提拉感的衣裥穿套造型，结构巧妙。侧缝装拉链。胸围松量 4 cm、腰围松量 5 cm。

操作步骤

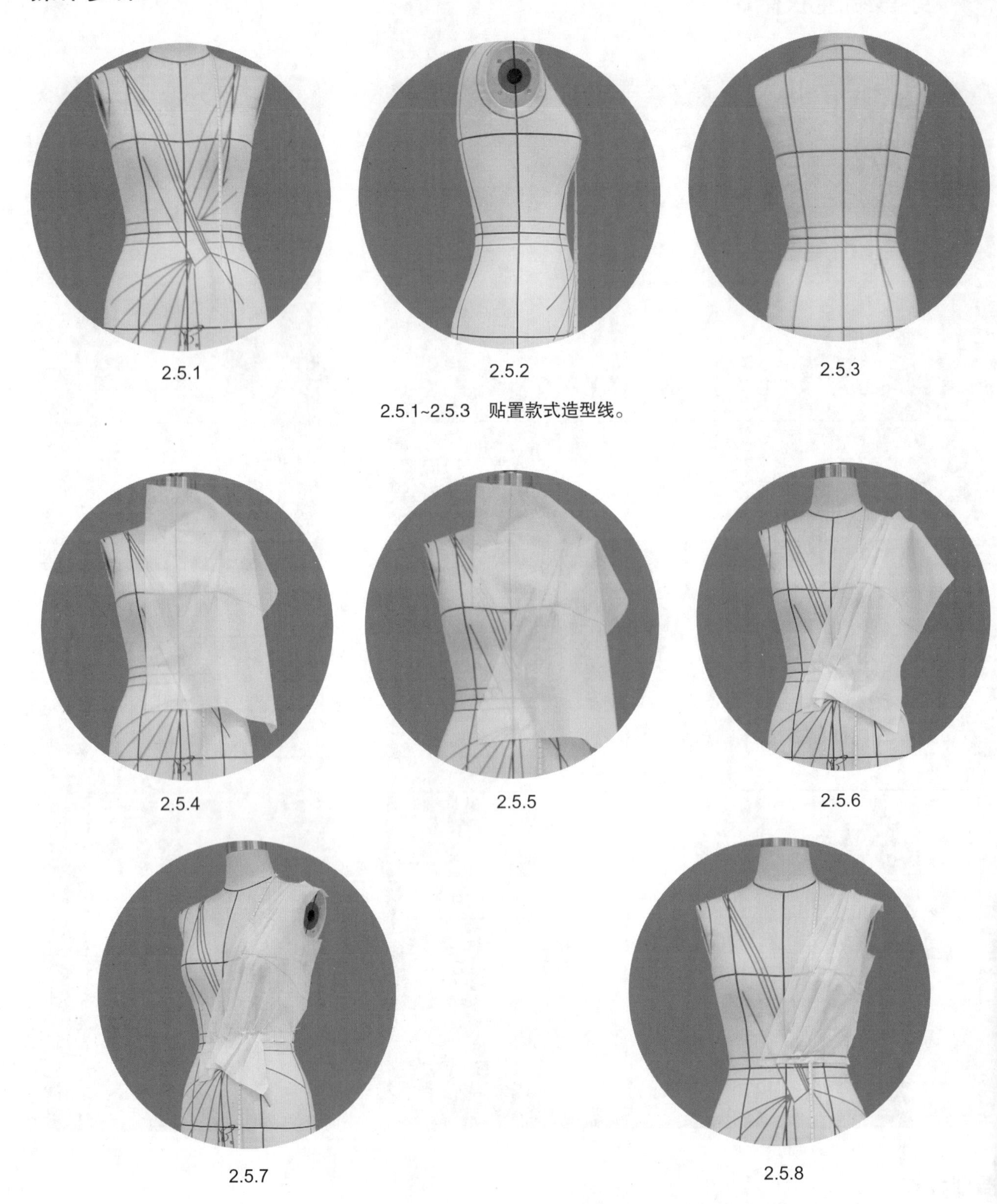

2.5.1~2.5.3　贴置款式造型线。

2.5.4~2.5.8　首先操作下层的右衣片。按领口线、肩线、袖窿弧线、侧缝、腰线的顺序修剪，位于领口的衣裥为双边衣裥，但上下端衣裥量不等，组合指向袖窿的单边衣裥，造型自然。

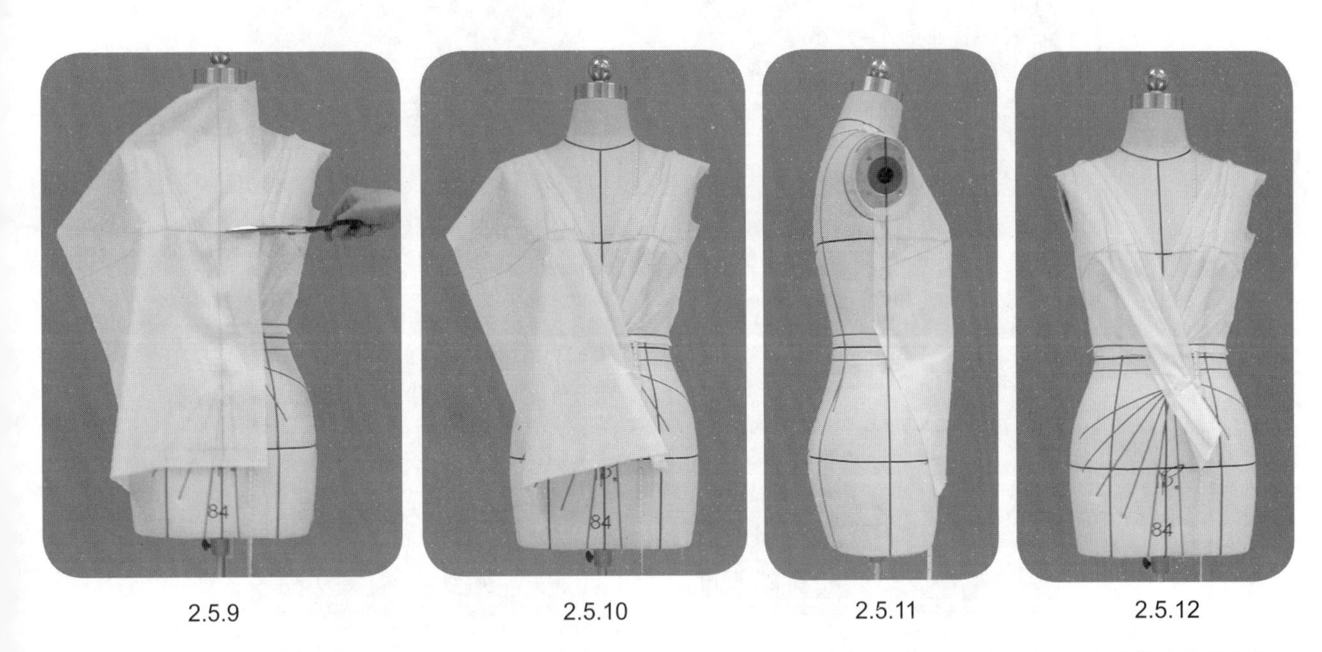

2.5.9 2.5.10 2.5.11 2.5.12

2.5.9~2.5.12 上层左衣片的操作。同右衣片的操作，但注意左、右片衣裥造型的不对称性，并利用左衣片衣裥的折倒方向来掩盖腰线修剪刀口，延伸左衣片衣裥，留出穿套长度，整理修剪。

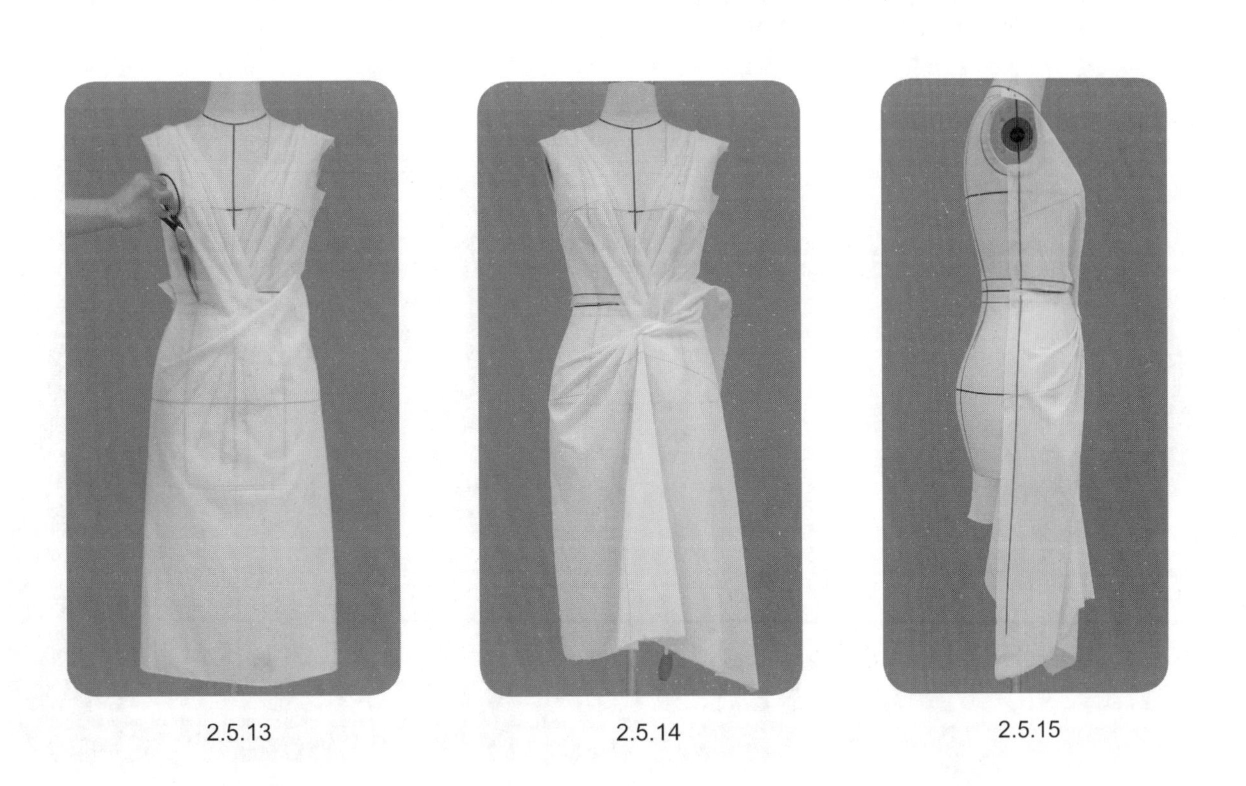

2.5.13 2.5.14 2.5.15

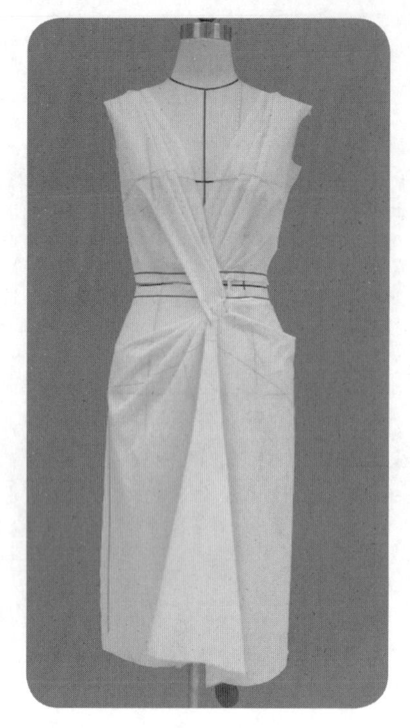

2.5.16

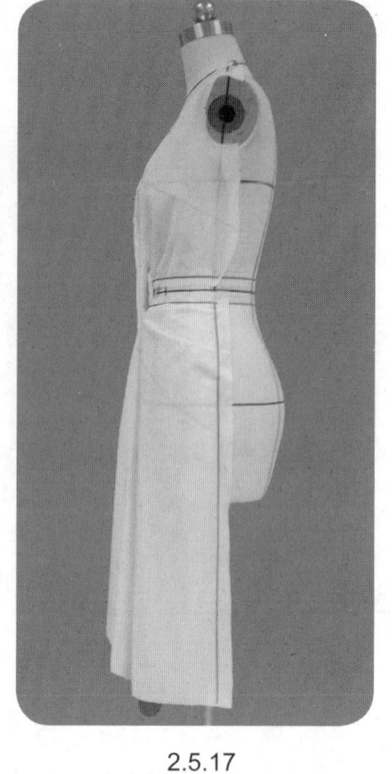

2.5.17

2.5.13~2.5.17　前裙片的操作。从腰线中点开始，按逆时针操作。以穿套位置为中心整理衣裥，并组合波浪造型，于恰当位置开刀口，上衣片延伸量从其中向内穿套，提拉至腰线位置，再继续整理右侧衣裥，修剪侧缝、腰线，完成前裙片操作。

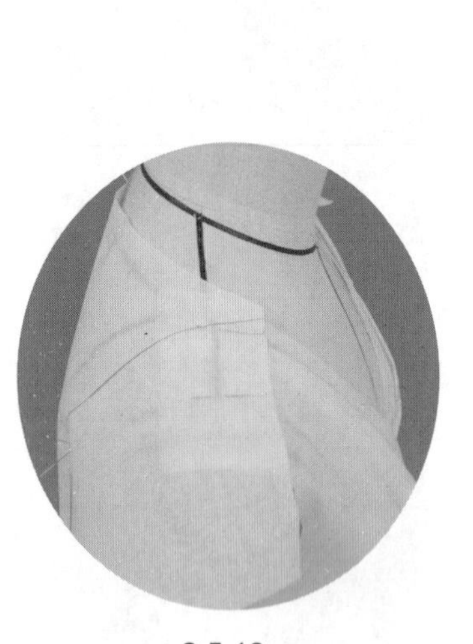

2.5.18

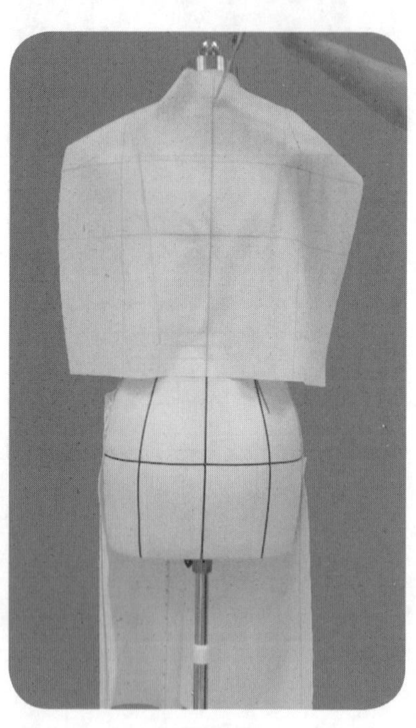

2.5.19

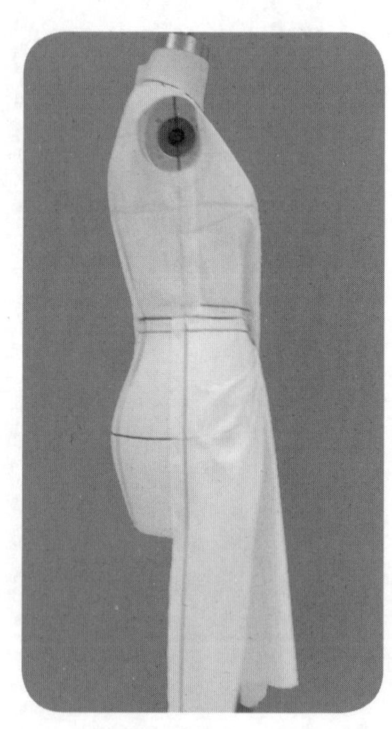

2.5.20

2.5.18~2.5.20　后上衣片的操作。后上衣片为对称造型，故修剪操作一半即可。设置腰线衣裥处理肩背部曲面量和腰吸量。

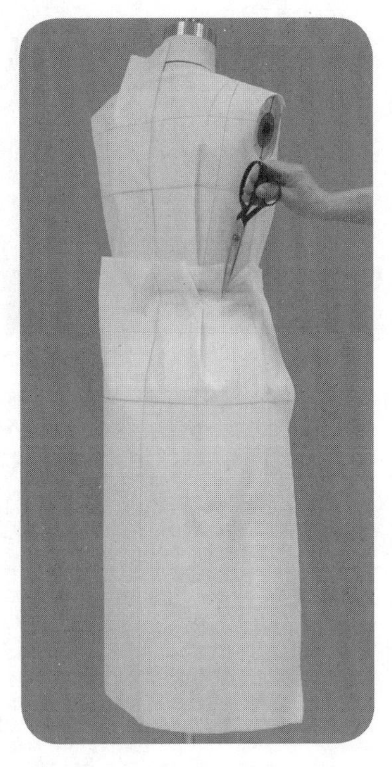

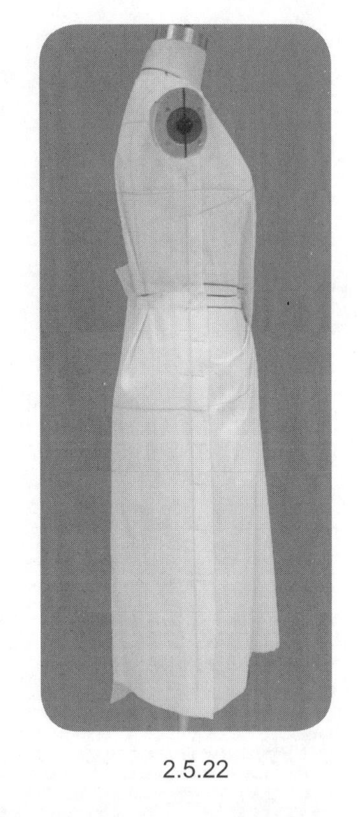

2.5.21　　2.5.22

2.5.21、2.5.22　后裙片的操作。设置腰线衣裥处理臀腰差量，注意上下衣裥的对位性。

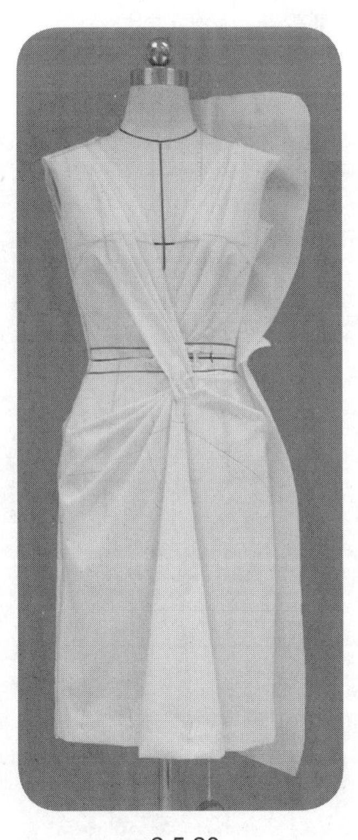

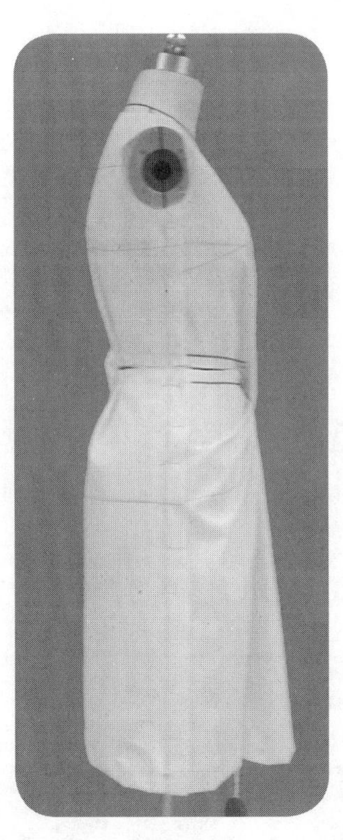

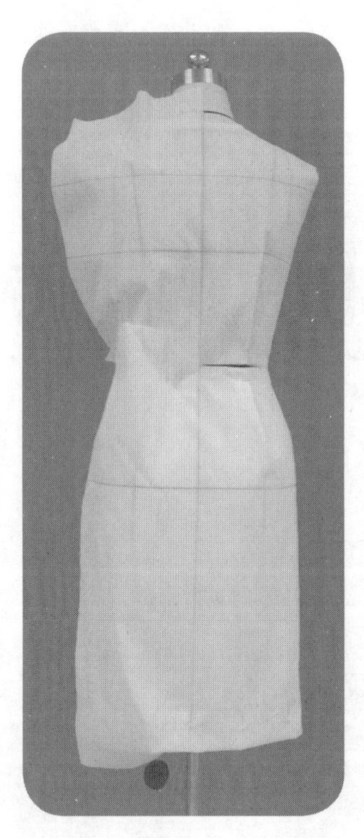

2.5.23　　2.5.24　　2.5.25

2.5.23~2.5.25　完成裙片底边的操作，并审视观察造型，标点描线。

2.5.26

2.5.26　连点成线，修剪缝份，进行各衣片的平面整理，注意衣裥的准确、清晰标注。

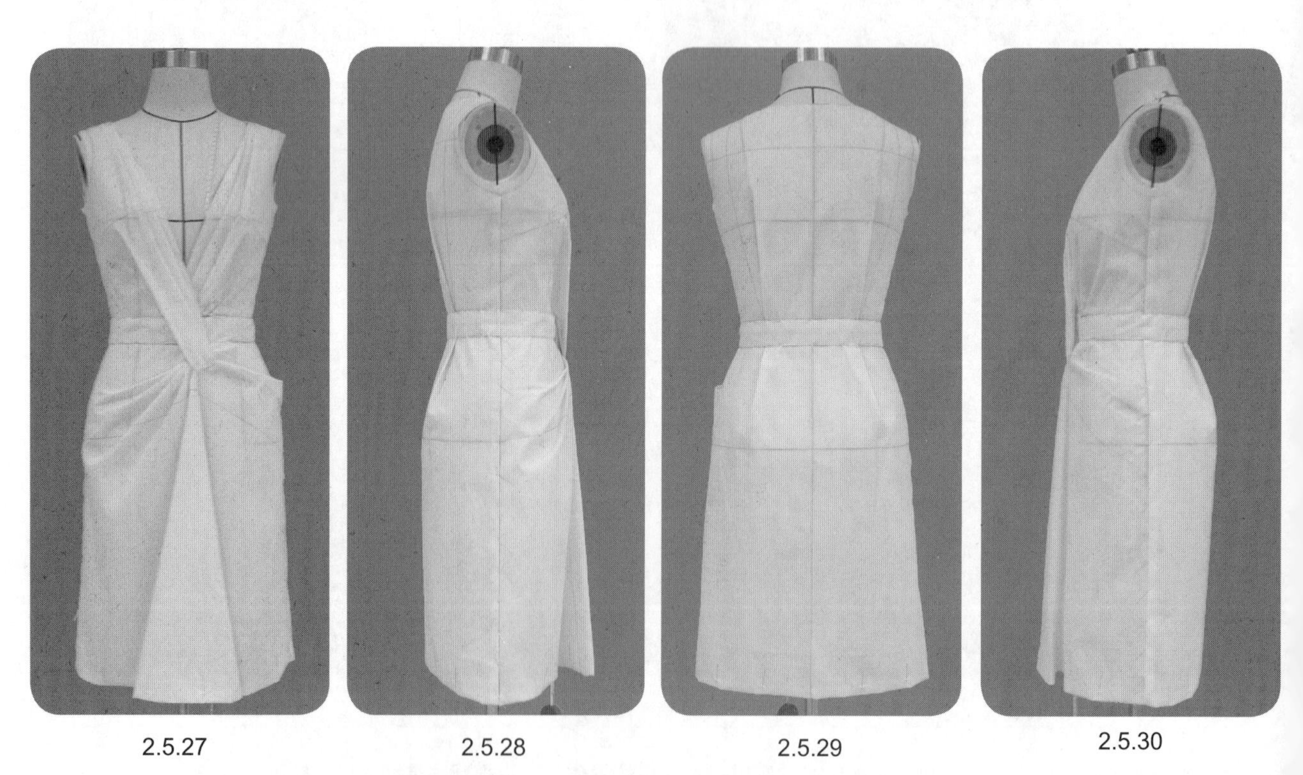

2.5.27　2.5.28　2.5.29　2.5.30

2.5.27~2.5.30　完成腰片的操作。整体造型完成。

6 多片螺旋小礼服裙

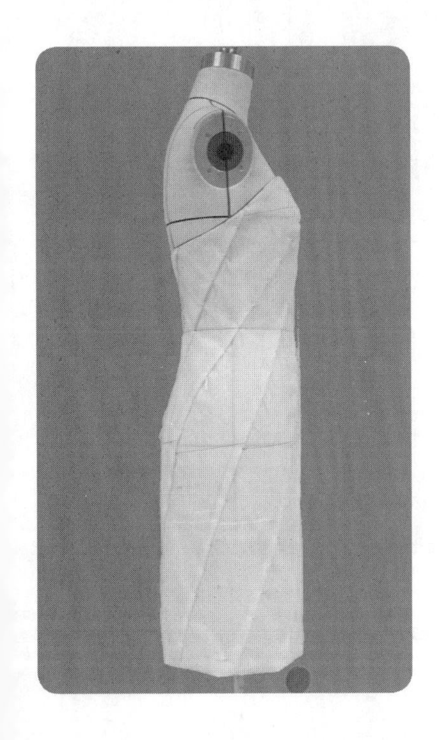

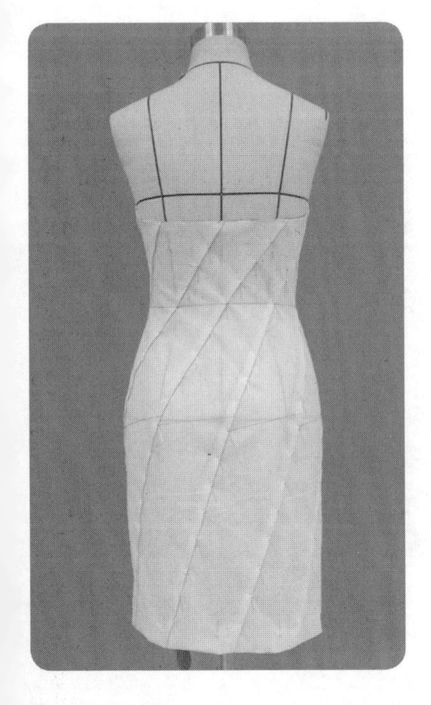

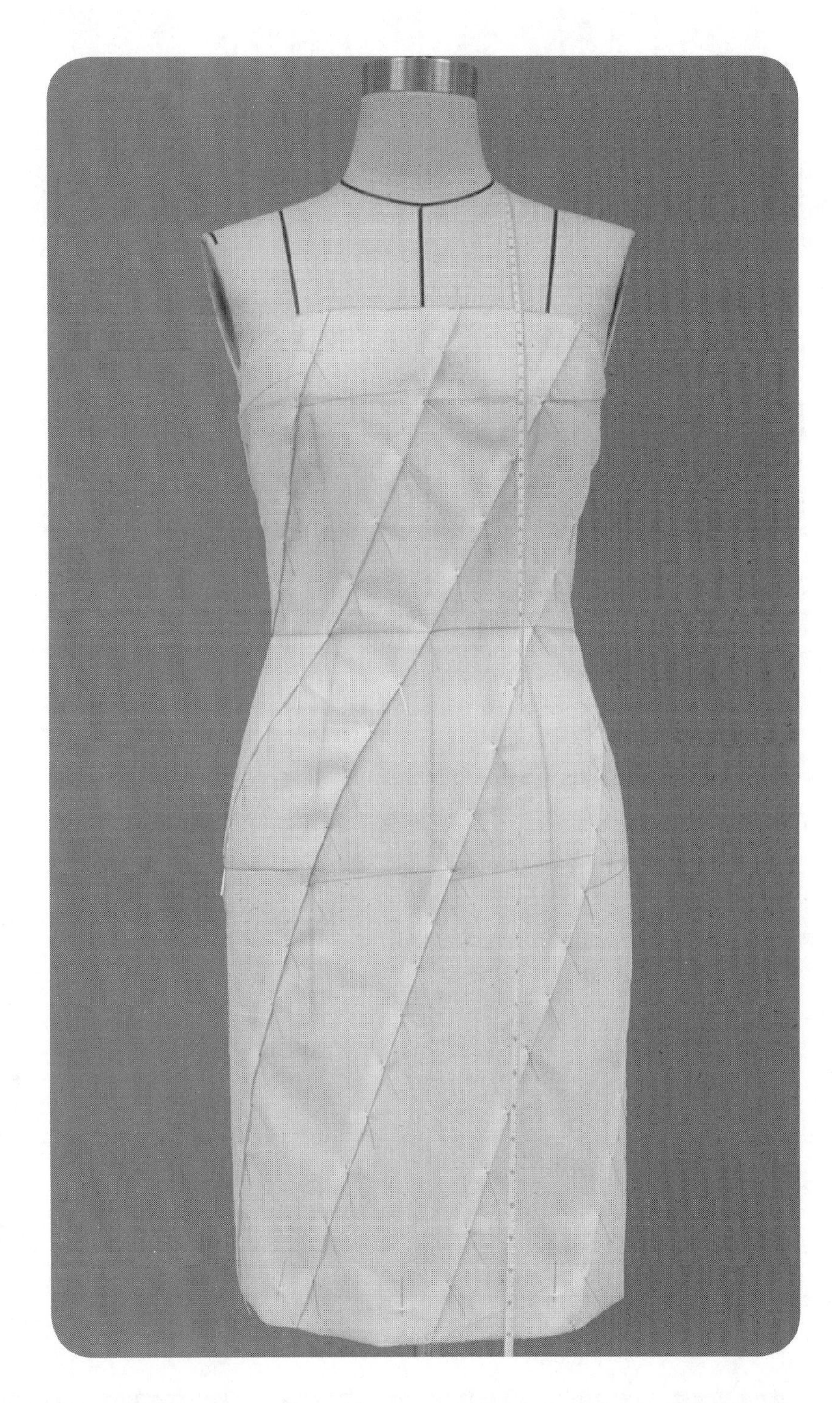

造型要点

多条斜向分割线形成多片螺旋的造型，分割线的设置要注意通过胸部曲面的高点和臀围曲面的高点，避免发生衣片跨越曲面高点的状况。由于衣片上口、胸围、腰围、臀围和底边的不等量以及曲面的立体变化，多片并非相等或对称。胸围松量 1 cm、腰围松量 3 cm、臀围松量 4 cm。

操作步骤

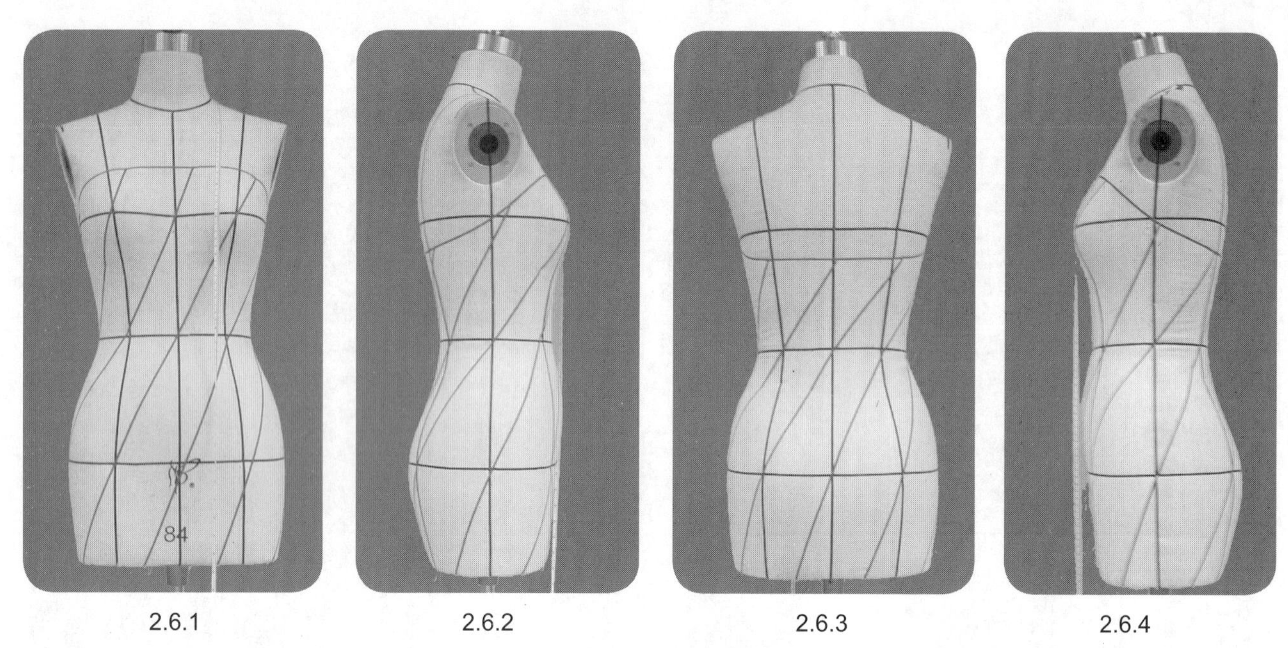

2.6.1　　2.6.2　　2.6.3　　2.6.4

2.6.1~2.6.4　贴置款式造型线。由于衣片上口、胸围、腰围、臀围和底边的不等量以及曲面的立体变化，多片并非相等或对称，注意各线条的设置要通过胸部曲面的高点和臀围曲面的高点，避免发生衣片跨越曲面高点的状况，还要保证线条的整体平衡和美感。

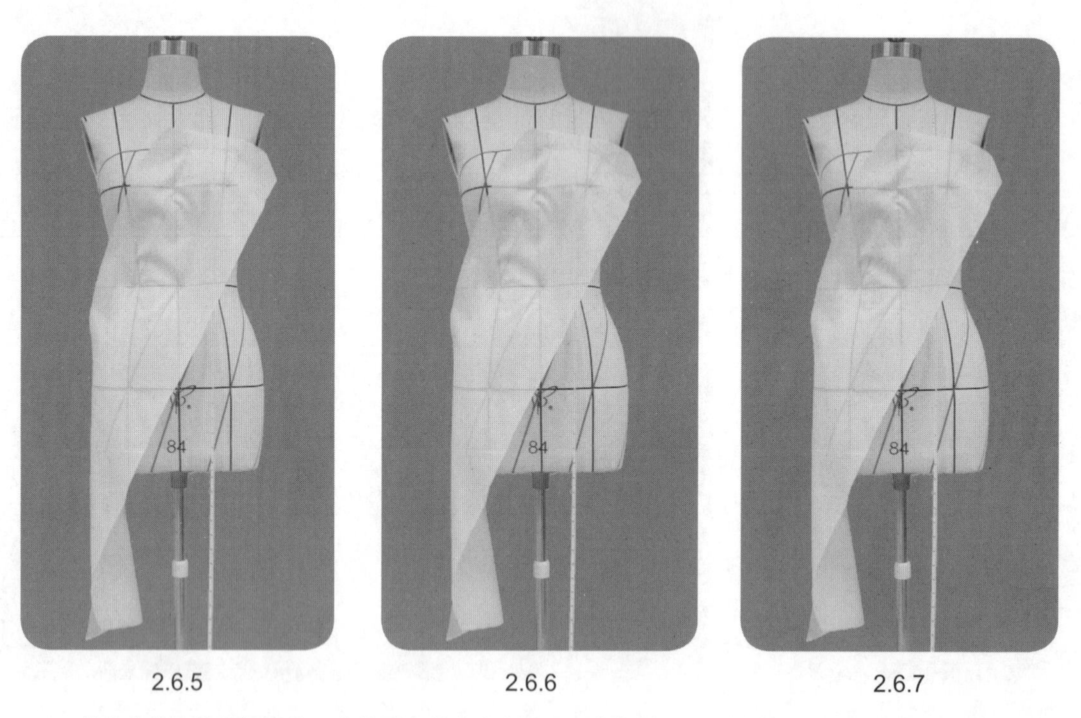

2.6.5　　2.6.6　　2.6.7

2.6.5~2.6.7　从前中片开始逐片操作。衣片用布长度为衣长上下各加放 4 cm余量，用布宽度要根据螺旋片的斜度量取，事先取布为根据螺旋分割线斜度的一定宽度的用布。用布要保持布纹的竖直，在胸围线、腰围线、臀围线处把用布水平固定于人台上。在胸围线、腰围线、臀围线处剪刀口，逐段修剪衣片两边分割线。注意各处适当的松量。用黏带贴置造型线，完成本片操作。

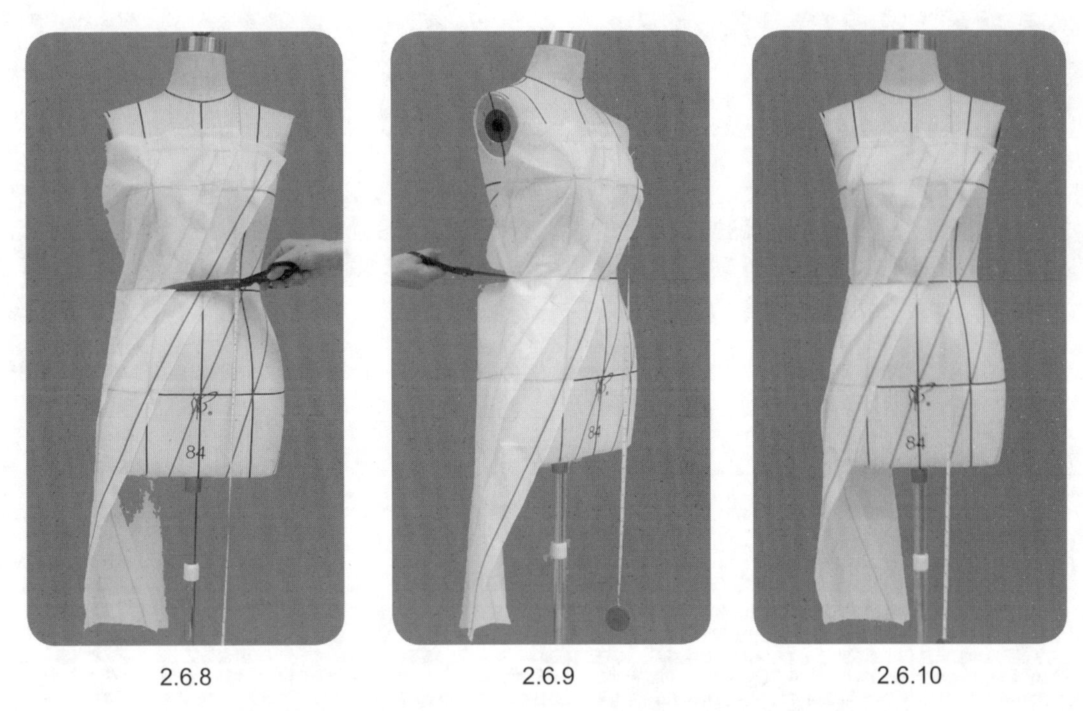

2.6.8　　　　2.6.9　　　　2.6.10

2.6.8~2.6.10　第二片的操作。保持布纹线的竖直和水平，以腰围线保持对齐为原则，修剪刀口，逐段修剪，用大头针盖别法别合右侧分割线的两衣片，把左侧分割线修剪完成后贴置黏带。

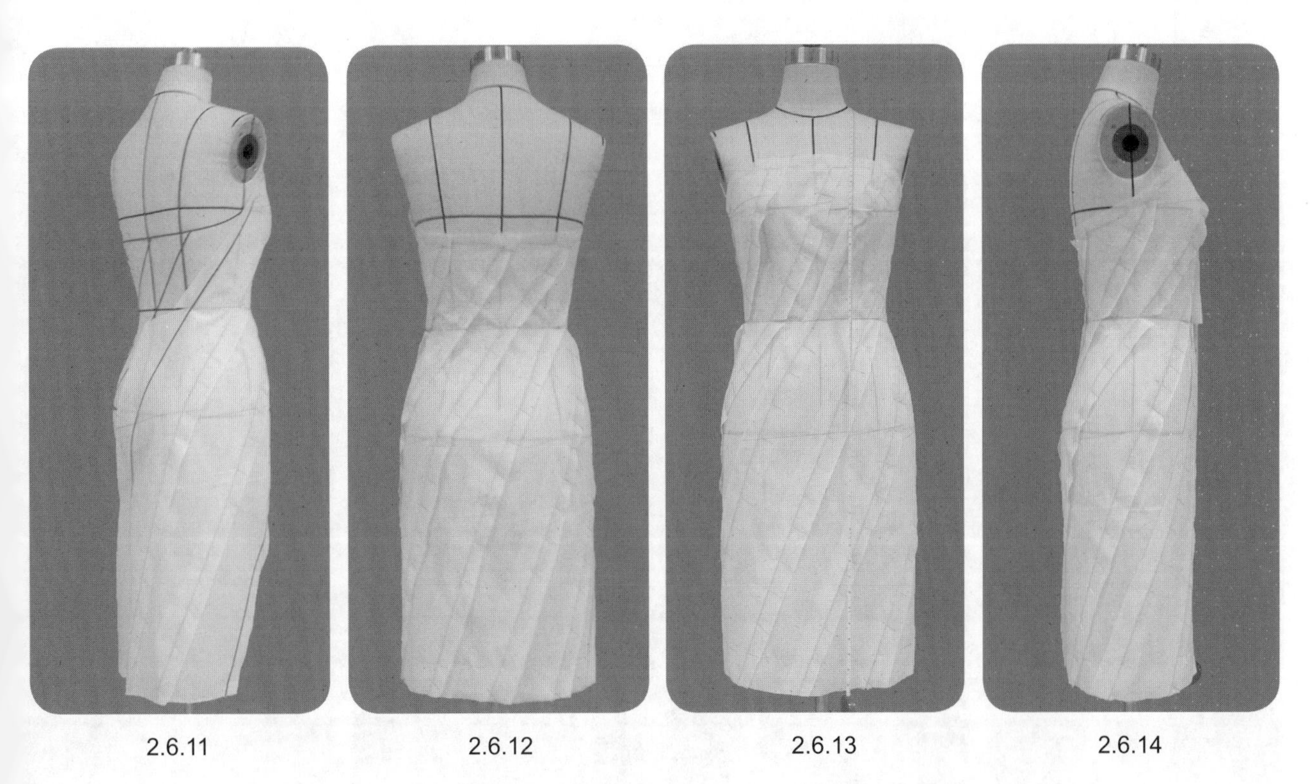

2.6.11　　　　2.6.12　　　　2.6.13　　　　2.6.14

2.6.11~2.6.14　如此逐片操作。注意围度适当以及分割线衣片拼合的平服对位。

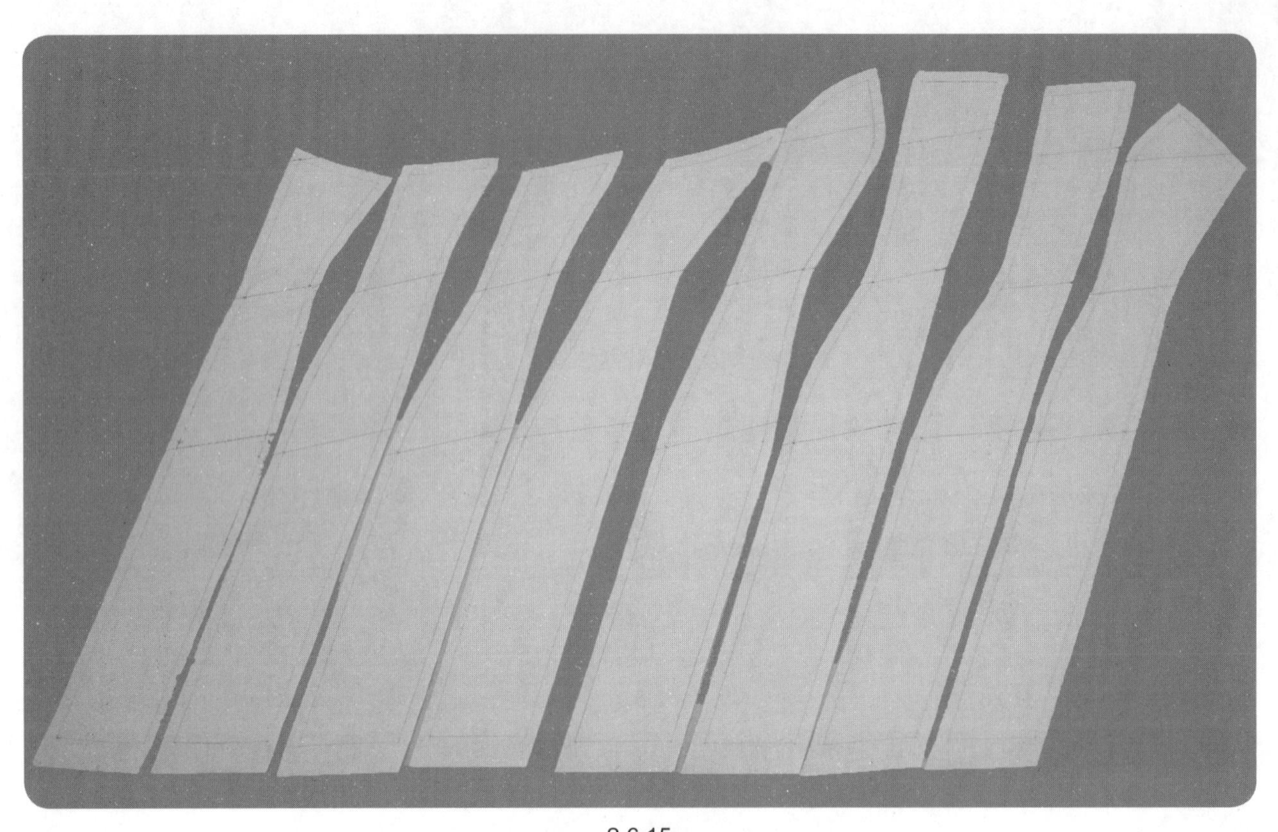
2.6.15

2.6.15　标点描线，平面整理。注意各片名称或编号的标注。

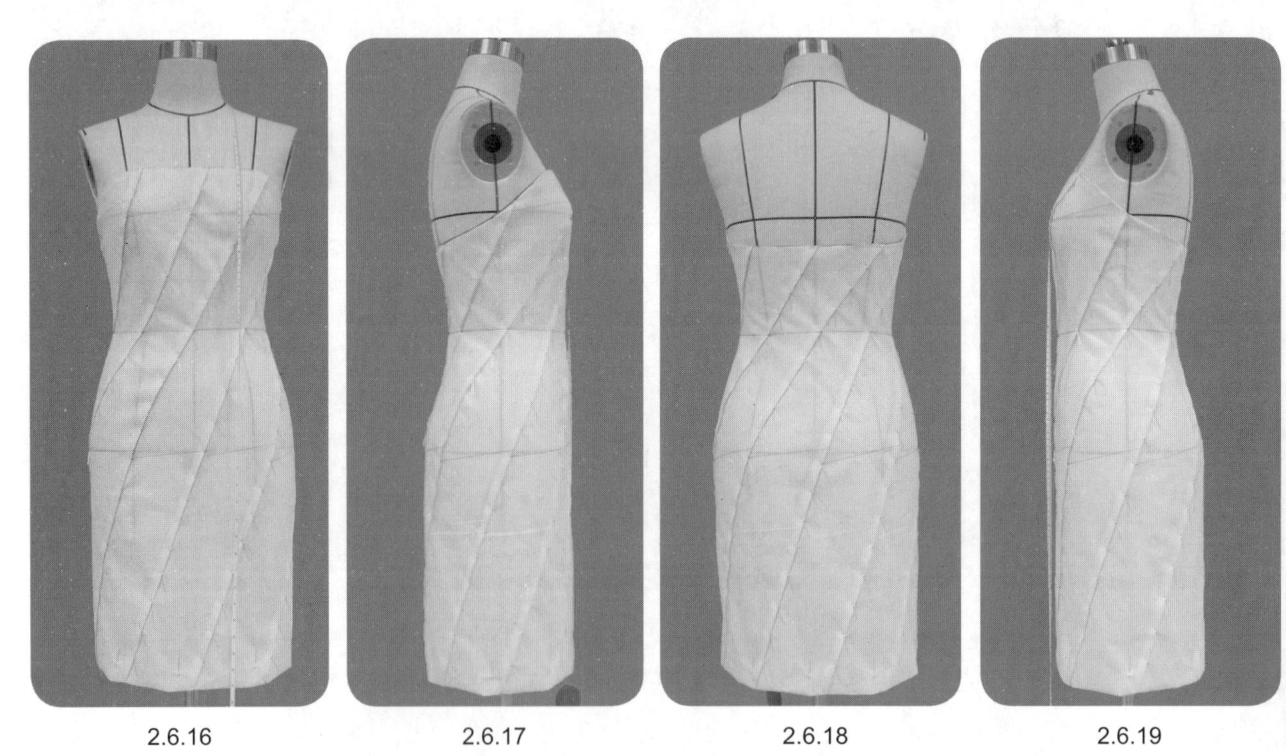
2.6.16　2.6.17　2.6.18　2.6.19

2.6.16~2.6.19　用大头针别合衣片，试样补正。整体造型完成。

7 两片螺旋礼服裙

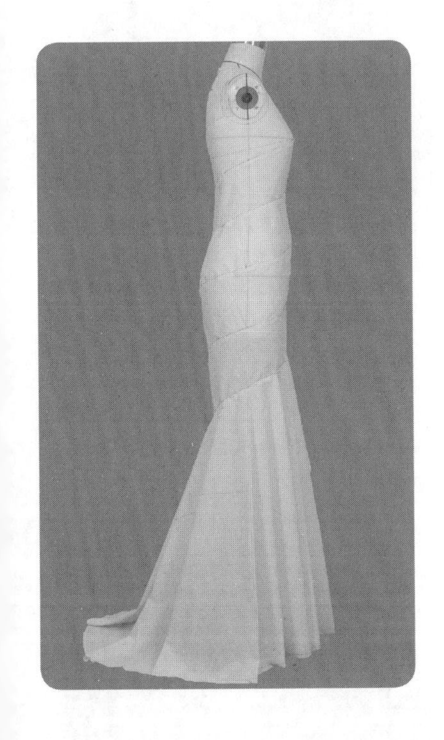

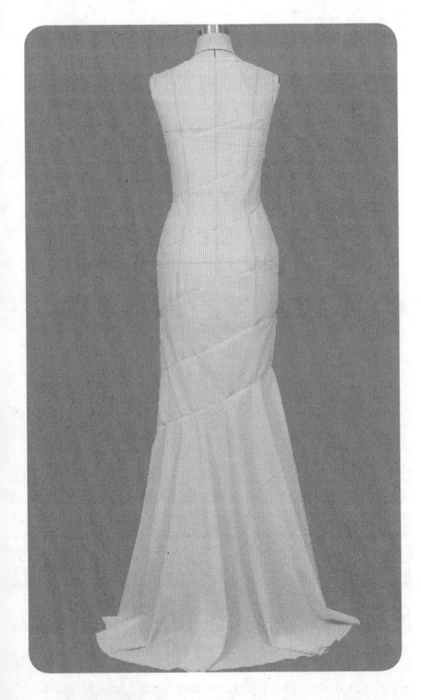

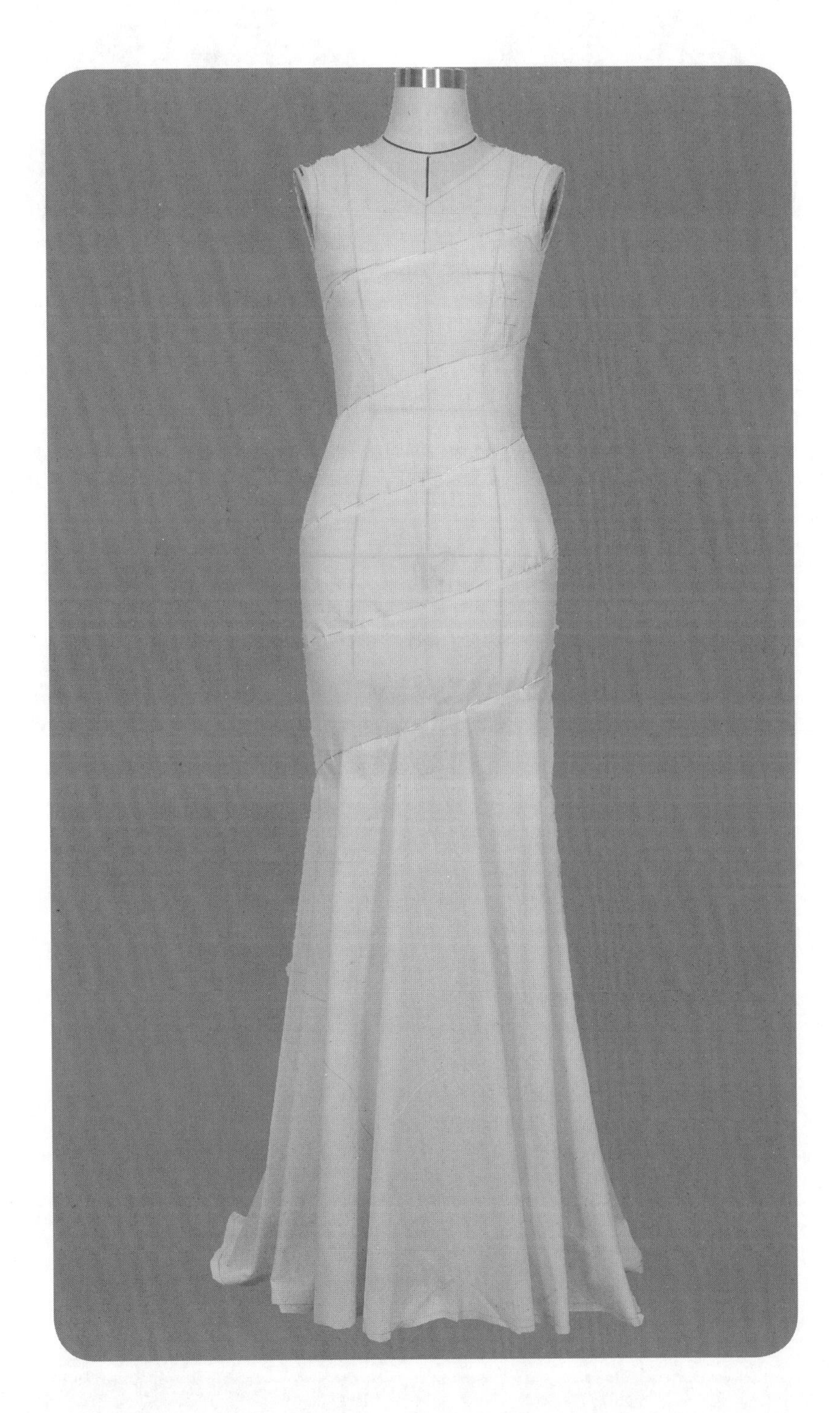

造型要点

两条螺旋分割线自上而下形成螺旋造型。分割线无法处理的曲面量补充了省道结构处理，衣长受到面料门幅的制约，另外拼接了曳地大波浪裙片，大大增加了服装的华丽感。胸围松量 3 cm、腰围松量 3 cm、臀围松量 3 cm。

操作步骤

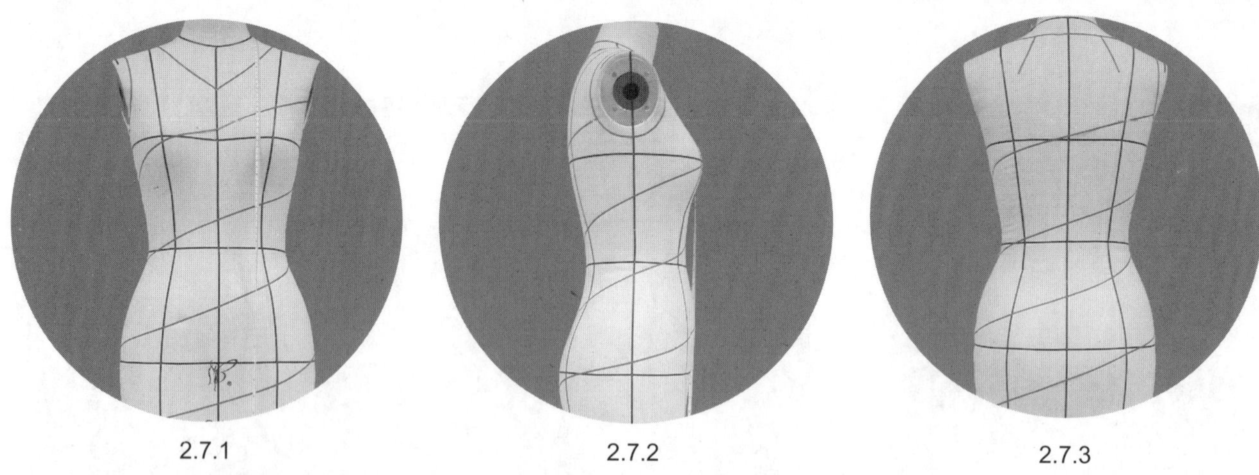

2.7.1　　　　2.7.2　　　　2.7.3

2.7.1~2.7.3　贴置款式造型线。把两条螺旋分割线缠绕而下，注意尽量通过曲面高点，但并非可全部通过，又由于胸、腰、臀的曲面变化特征，螺旋线并非完全平行，故需注意整体的平衡协调。

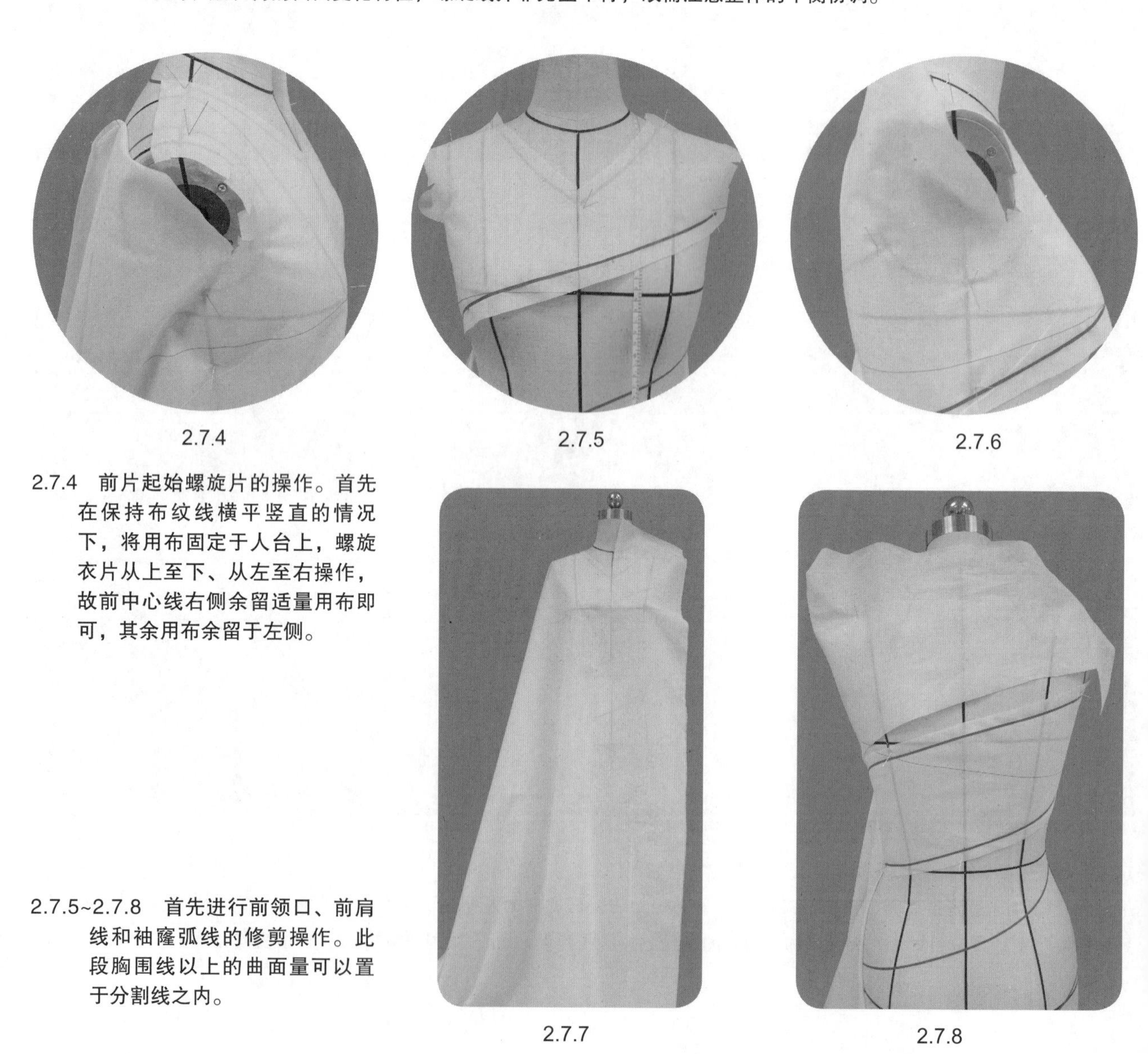

2.7.4　　　　2.7.5　　　　2.7.6

2.7.4　前片起始螺旋片的操作。首先在保持布纹线横平竖直的情况下，将用布固定于人台上，螺旋衣片从上至下、从左至右操作，故前中心线右侧余留适量用布即可，其余用布余留于左侧。

2.7.5~2.7.8　首先进行前领口、前肩线和袖窿弧线的修剪操作。此段胸围线以上的曲面量可以置于分割线之内。

2.7.7　　　　2.7.8

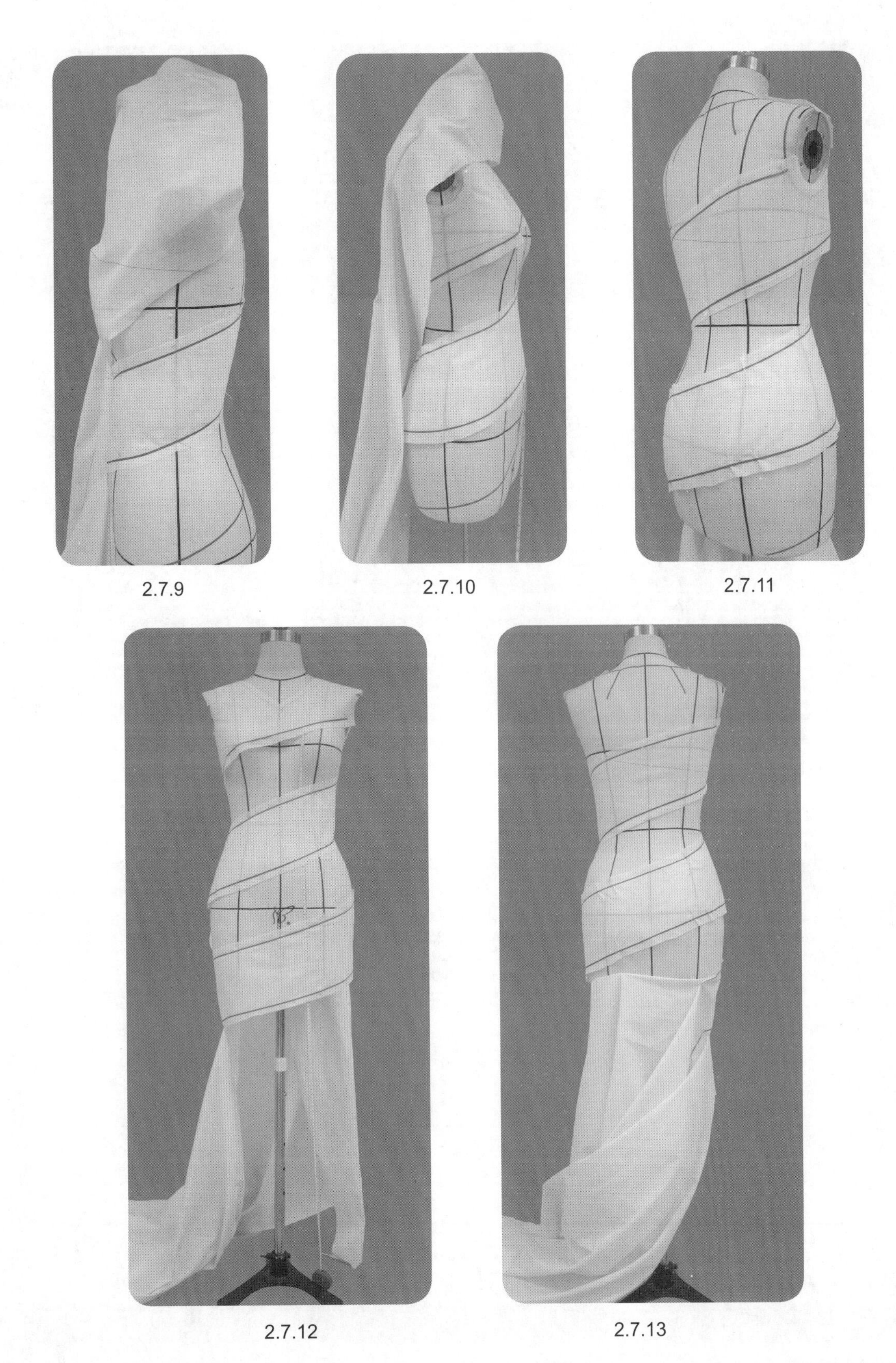
2.7.9 2.7.10 2.7.11

2.7.12 2.7.13

2.7.9~2.7.13 螺旋而下，逐段修剪操作。后臀处衣片跨越了曲面的高点，对应后臀高点位置的螺旋分割线需要设置适当的缝缩量。整体上仍要注意围度松量的适度把握。

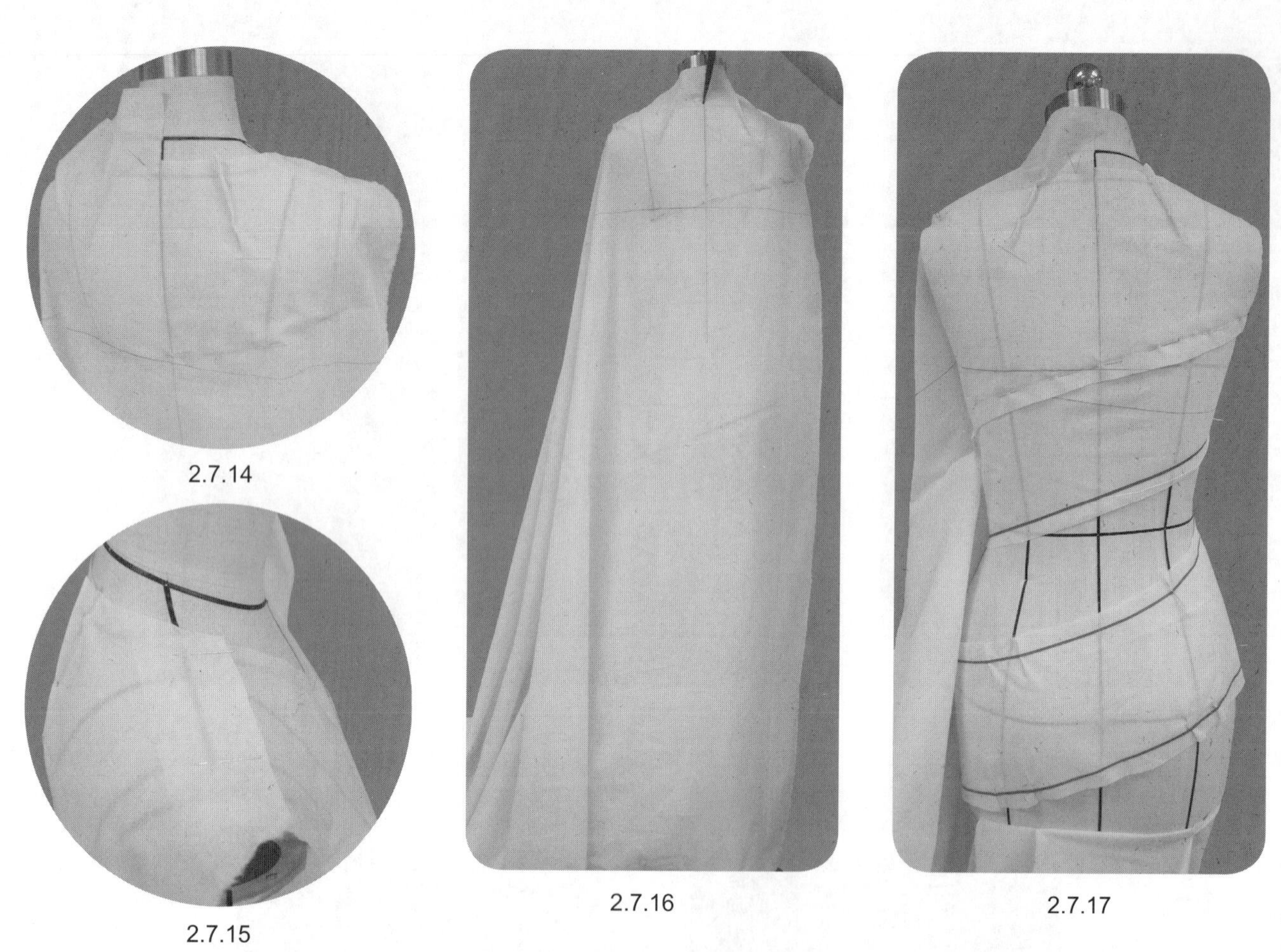

2.7.14

2.7.15

2.7.16

2.7.17

2.7.14~2.7.17　后片开始螺旋衣片的操作。后领口设置领口省处理肩背部的曲面量。

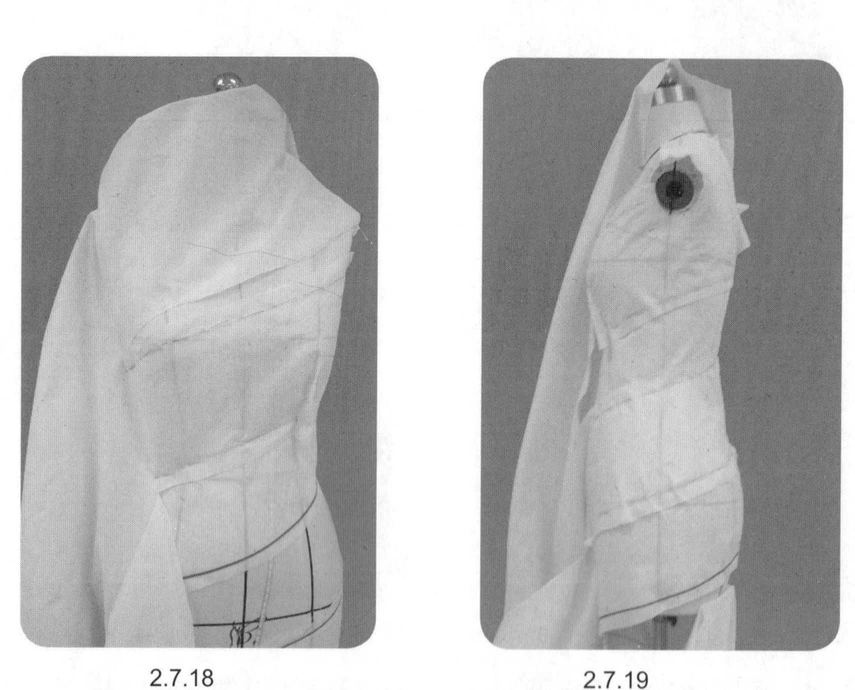

2.7.18

2.7.19

2.7.18~2.7.20　旋转至前胸腰部，需要设置省道处理曲面量，逐渐修剪拼合，完成两片的组合。

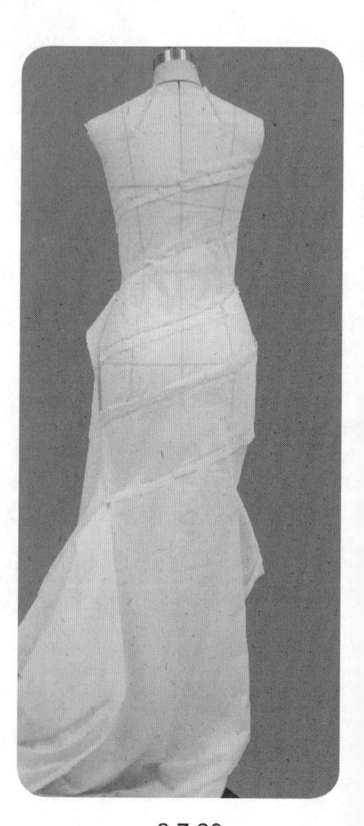

2.7.20

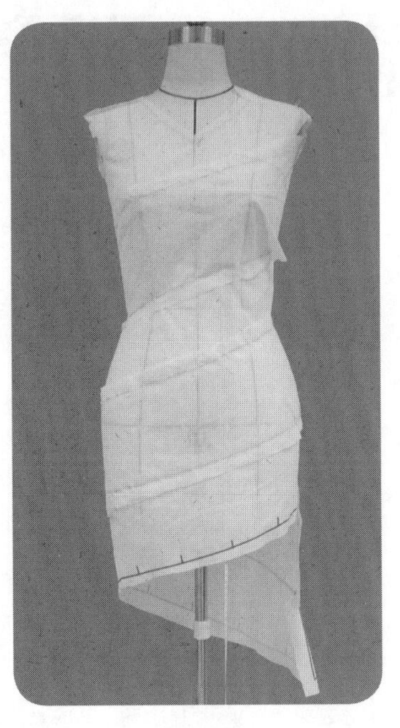

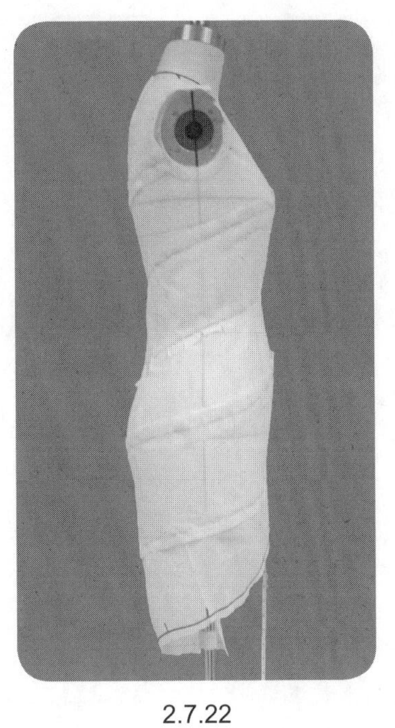

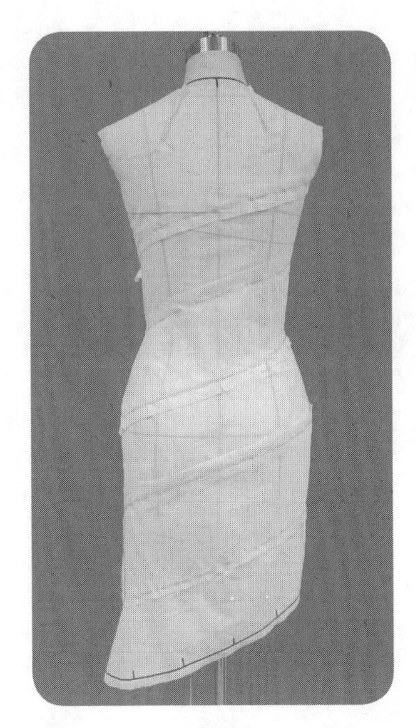

2.7.21　　2.7.22　　2.7.23

2.7.21~2.7.23　设置起波浪的位置。

2.7.24　　2.7.25　　2.7.26　　2.7.27　　2.7.28

2.7.24~2.7.28　曳地波浪裙摆的操作。沿螺旋分割线逐段拼合，剪刀口，旋转用布设置定位波浪，注意波浪量的控制和造型把握。

2.7.29　　2.7.30　　2.7.31　　2.7.32

2.7.29~2.7.32　确定裙长和曳地长度，修剪和翻折底边。观察整体造型，标点描线。

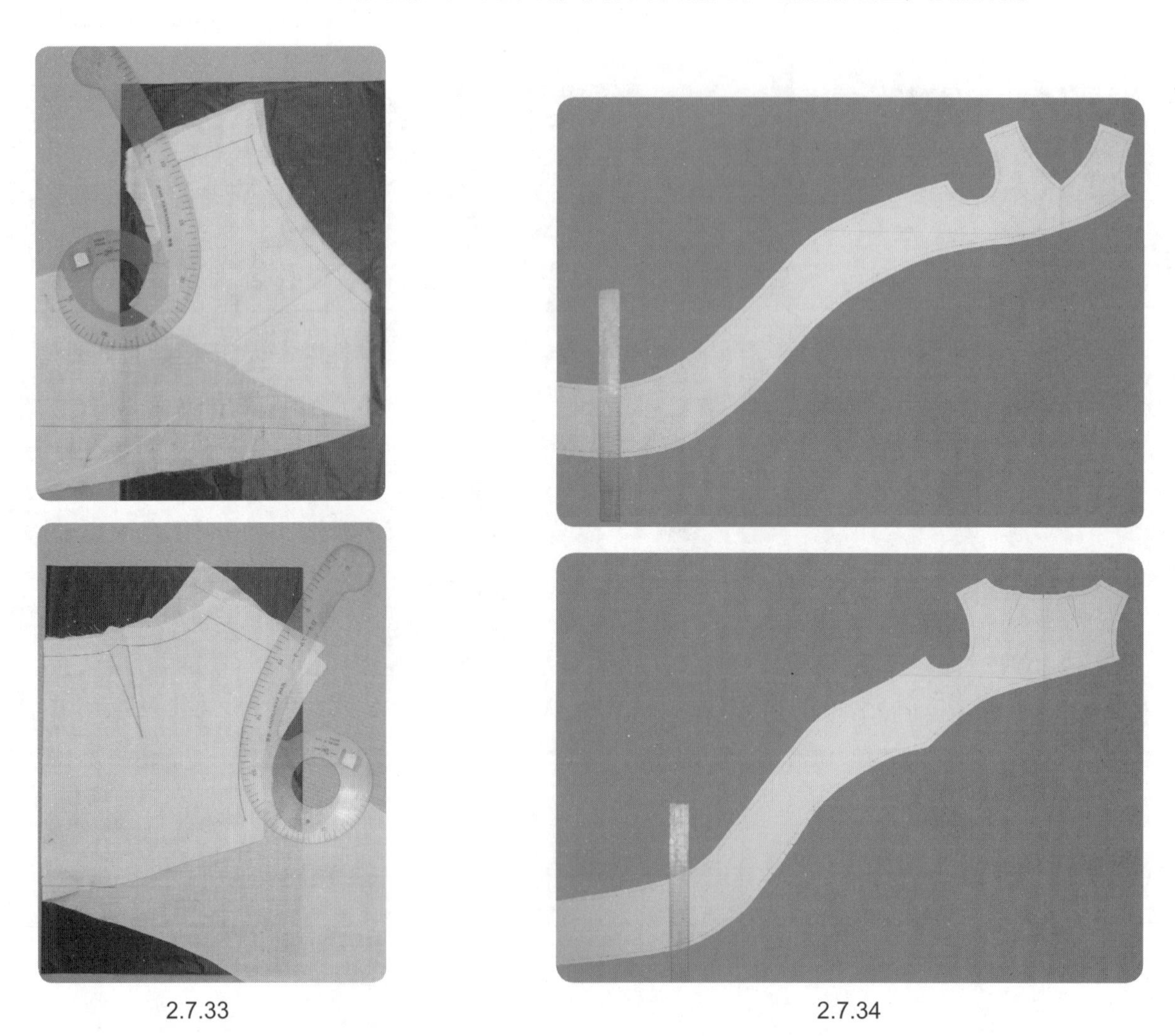

2.7.33　　2.7.34

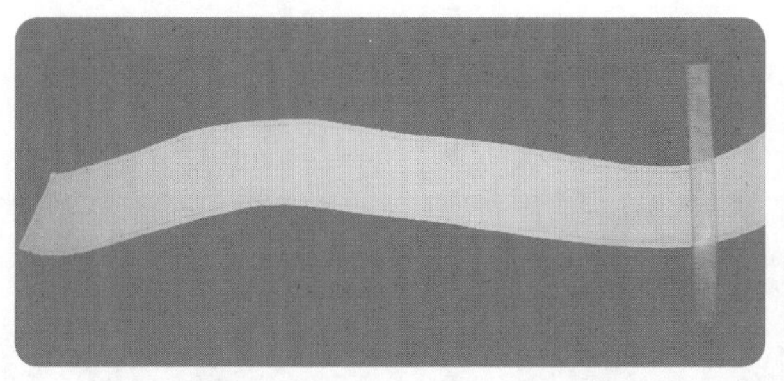
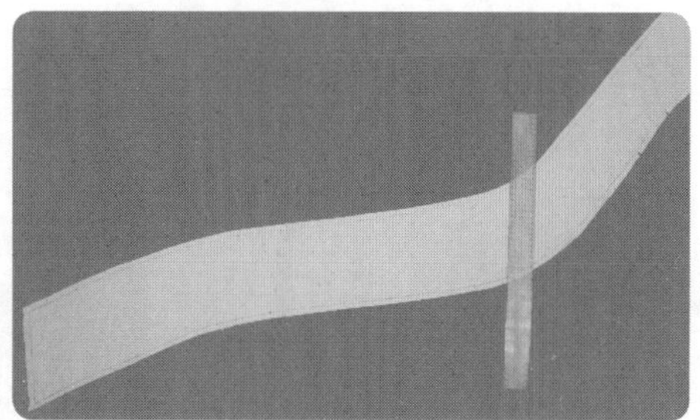

2.7.35

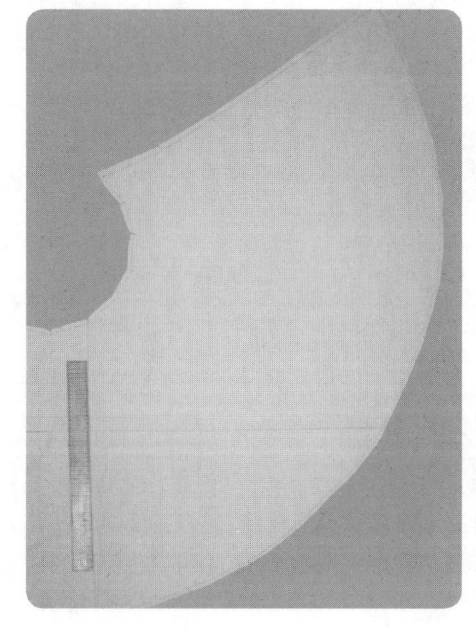
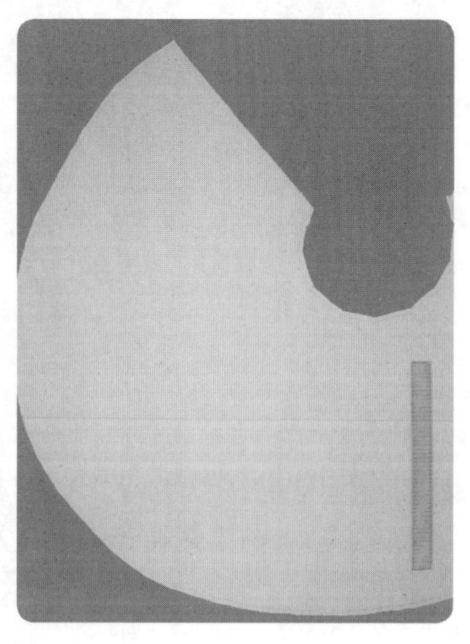

2.7.36

2.7.33~2.7.36　连点成线，平面整理。袖窿可用复印画法，保证对称性。

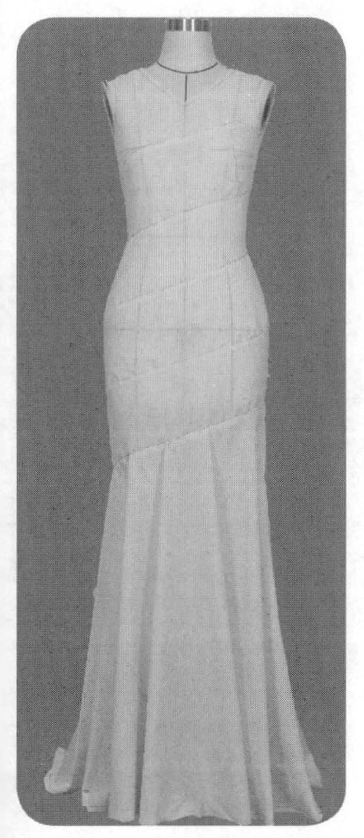

2.7.37

2.7.38

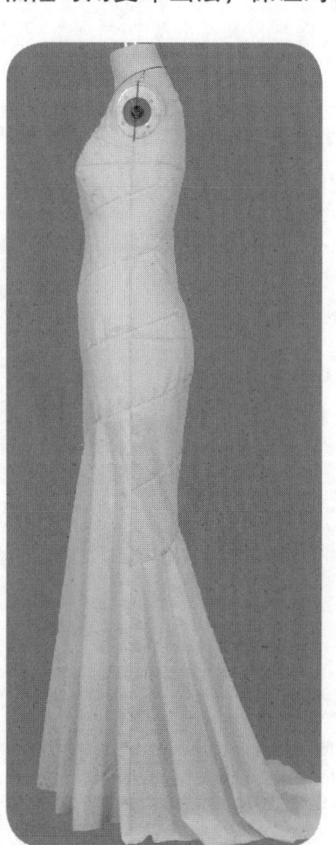

2.7.39

2.7.40

2.7.37~2.7.40　试样补正。整体造型完成。

8 螺旋衣袖衬衣

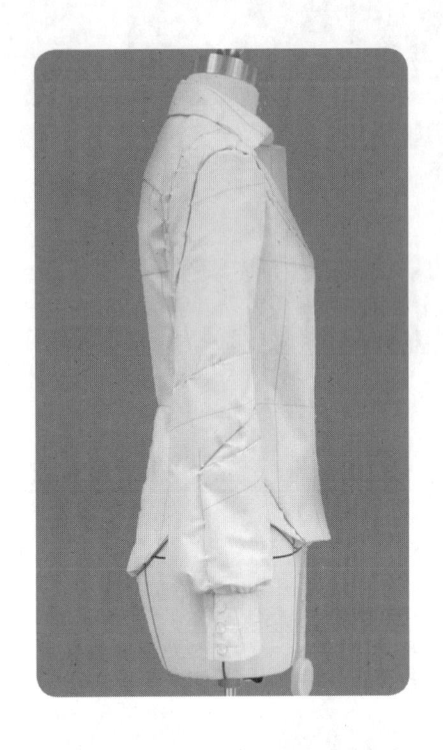

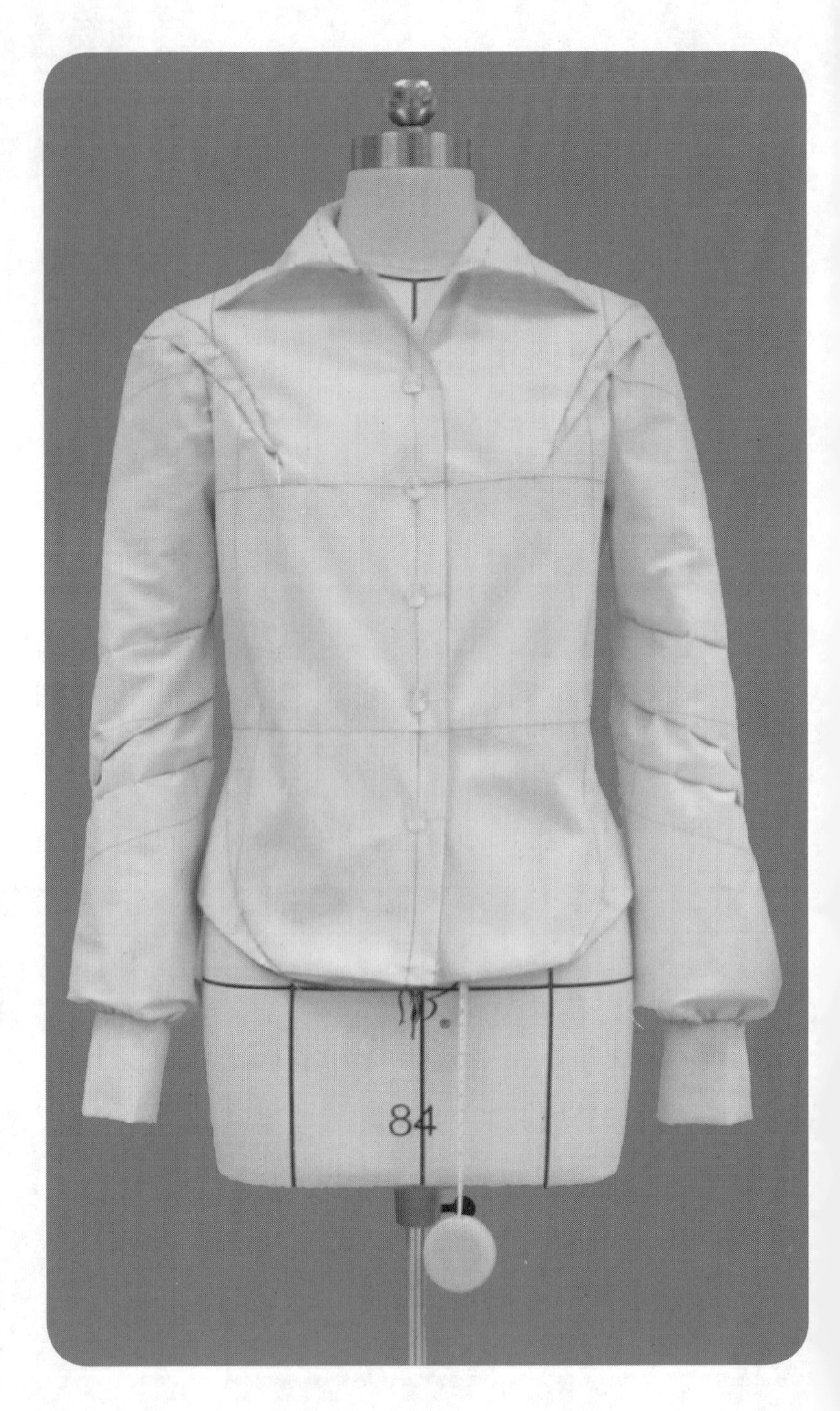

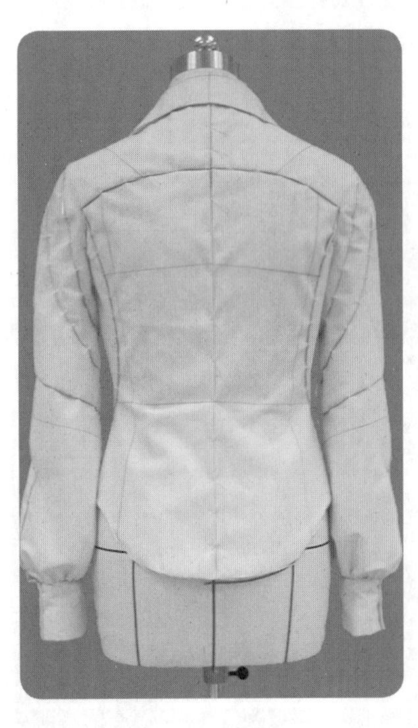

造型要点

看似基本款式的衬衫，却是难度极高的螺旋造型设计。衣袖的螺旋造型由两片相绕而成，一片为相连后育克的前衣片延伸螺旋缠绕而下，一片为插角前衣片的饰片，组合袖克夫收口。衣领为分领脚的翻领造型。主要技术规格为胸围松量 10 cm，下摆松量 8 cm，腰围少量收腰，袖肥 31 cm，袖克夫宽度 7 cm、围度 19 cm 等。

操作步骤

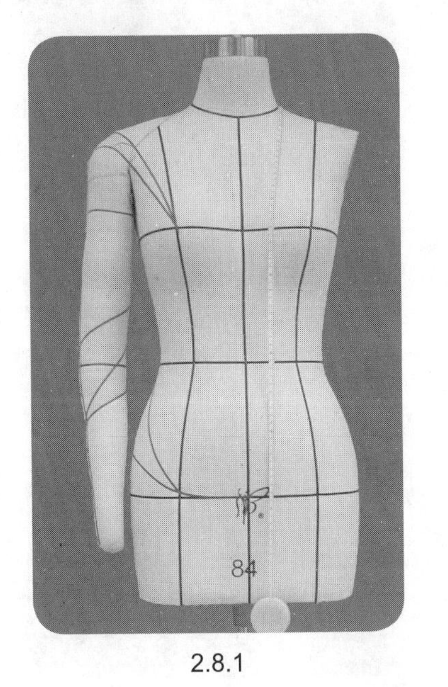

2.8.1

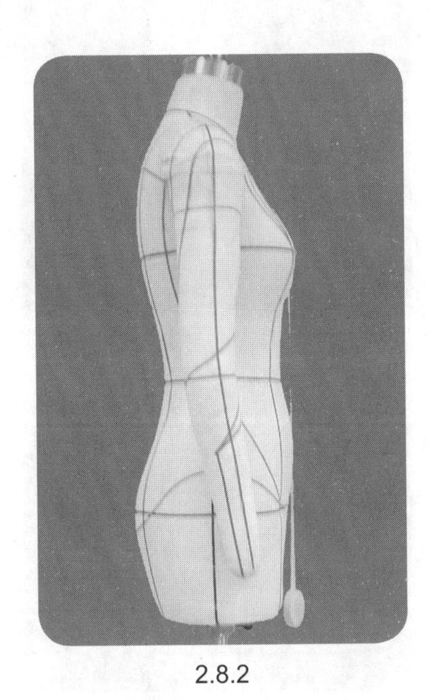
2.8.2

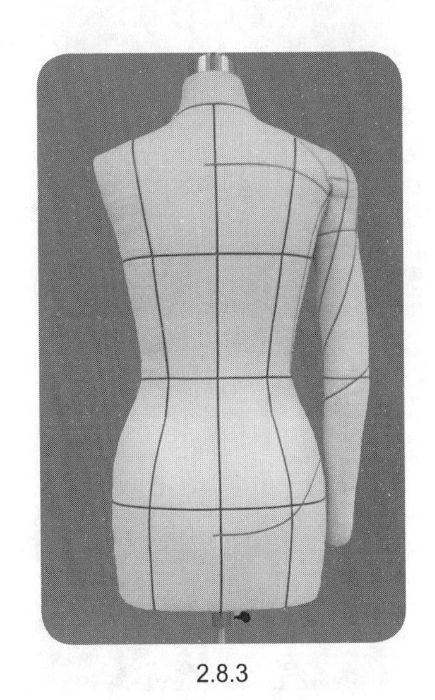
2.8.3

2.8.1~2.8.3 贴置款式造型线。袖片与衣片相连，为连袖结构，需要先将布手臂装置于人台后，再根据款式造型贴置造型线，结构比较复杂，需要认真理清结构关系。

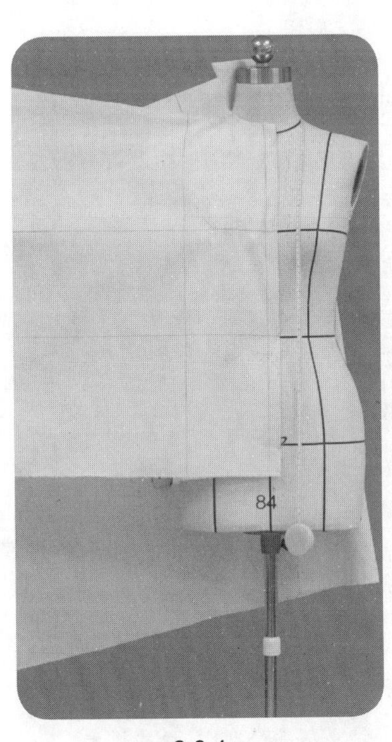

2.8.4

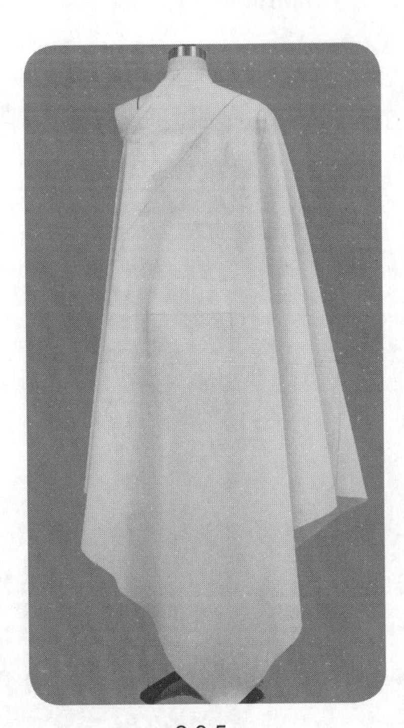
2.8.5

2.8.6

2.8.4~2.8.6 前中心向内翻折适量用布，形成连门襟，保持前中心、胸围、腰围布纹线的横平竖直与人台标示线对齐，固定用布于人台上，然后从领口线处开始修剪操作。

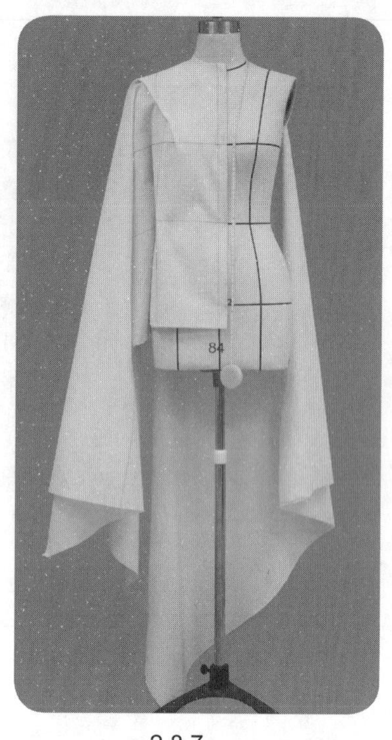

2.8.7

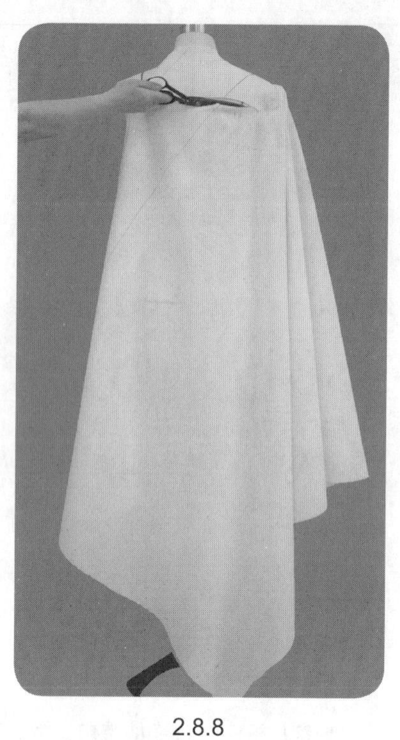

2.8.8

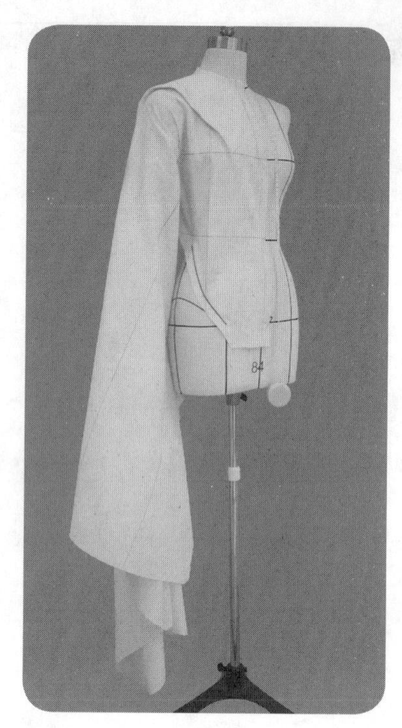

2.8.9

2.8.7 前衣片肩头处抓别省道，处理前胸处曲面量。

2.8.8 余留缝份后沿育克造型线剪开用布至后袖窿。

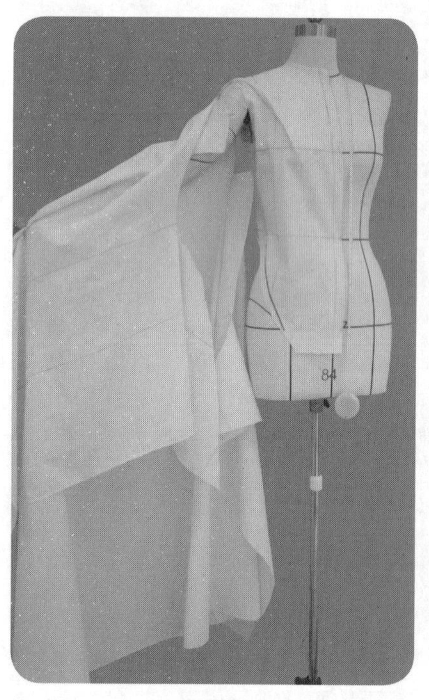

2.8.10

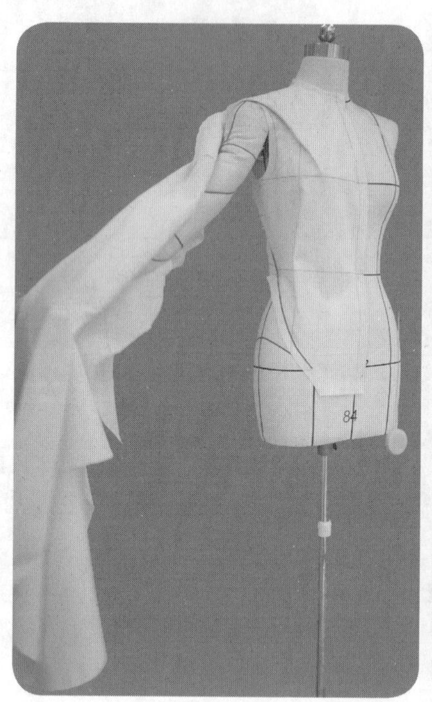

2.8.11

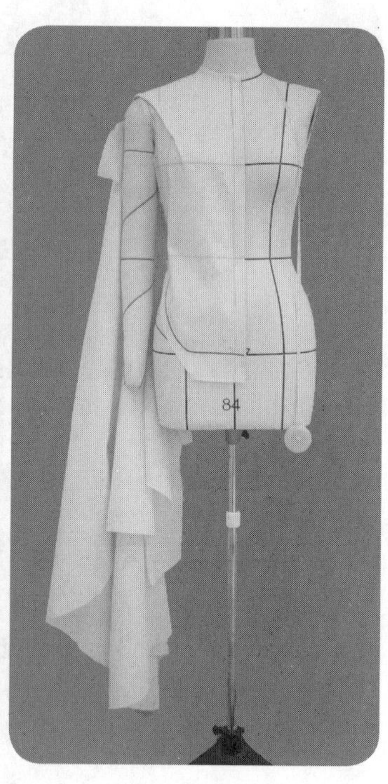

2.8.12

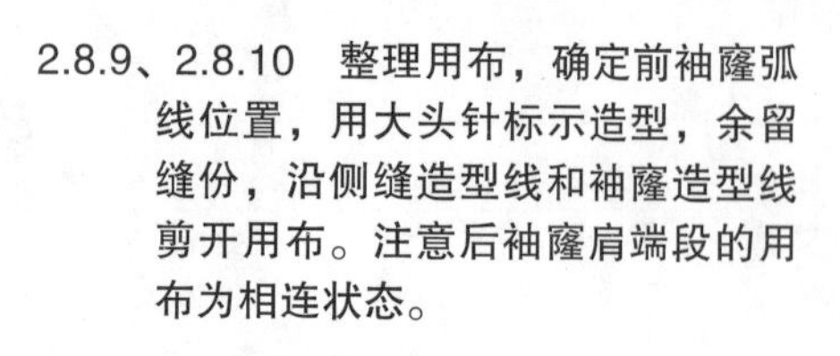

2.8.9、2.8.10 整理用布，确定前袖窿弧线位置，用大头针标示造型，余留缝份，沿侧缝造型线和袖窿造型线剪开用布。注意后袖窿肩端段的用布为相连状态。

2.8.11、2.8.12 适当标点描线，取下用布，连点成线，绘制袖窿弧线，以便后续的衣袖准确操作。

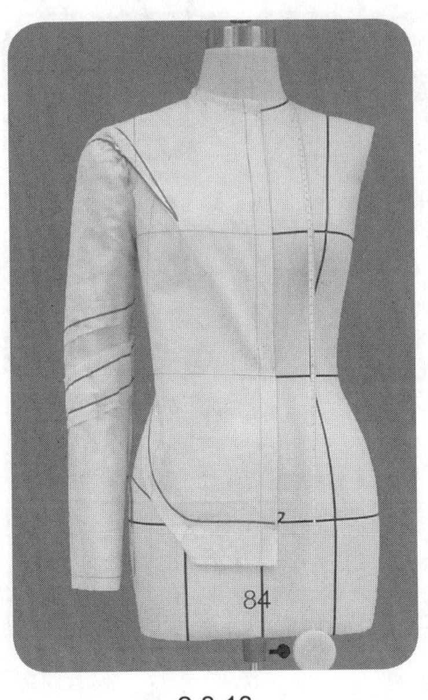

2.8.13

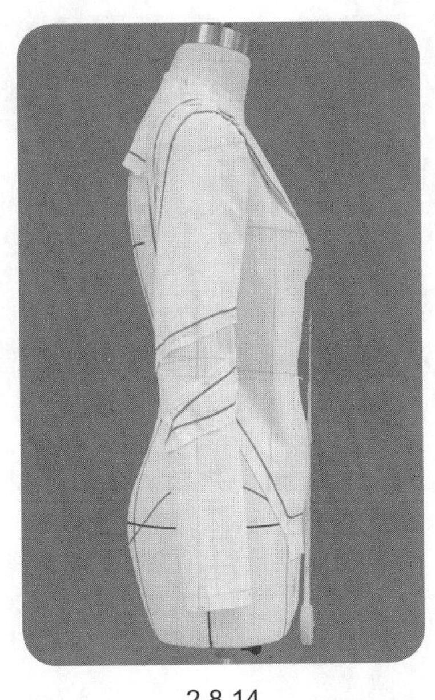

2.8.14

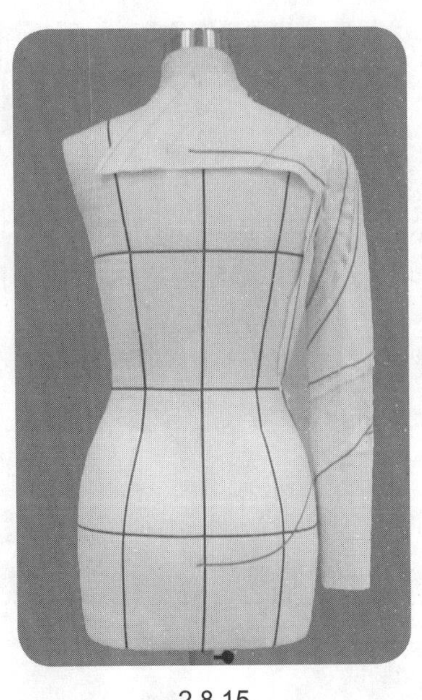

2.8.15

2.8.13~2.8.15　为了控制螺旋片的围度松量，需要配置辅助用一片袖衣袖。依据袖窿弧线，平面配置袖长55 cm、袖肥31 cm、袖口20 cm、袖山缝缩量为1 cm的一片袖，并装置于衣身袖窿。完成前片连片的衣袖螺旋部分操作。

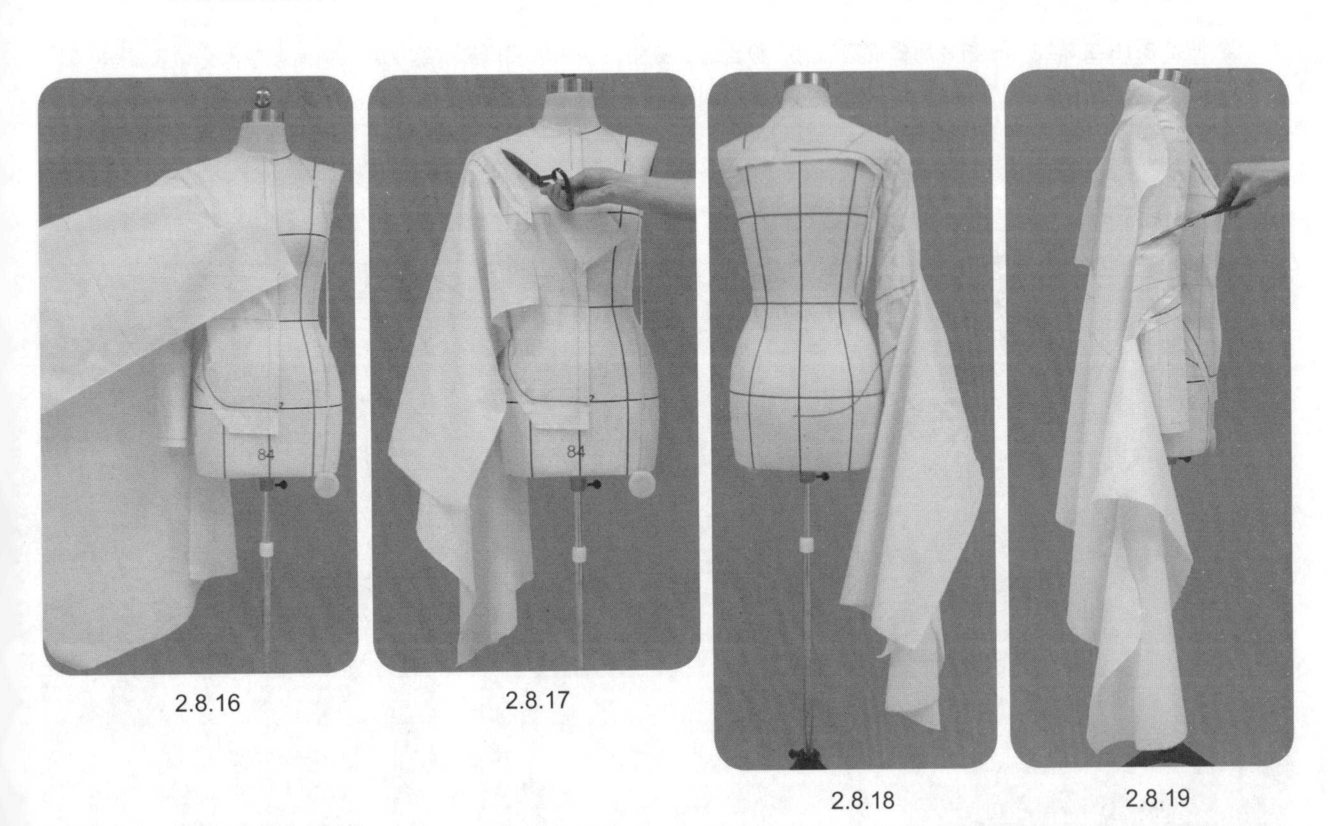

2.8.16　2.8.17　2.8.18　2.8.19

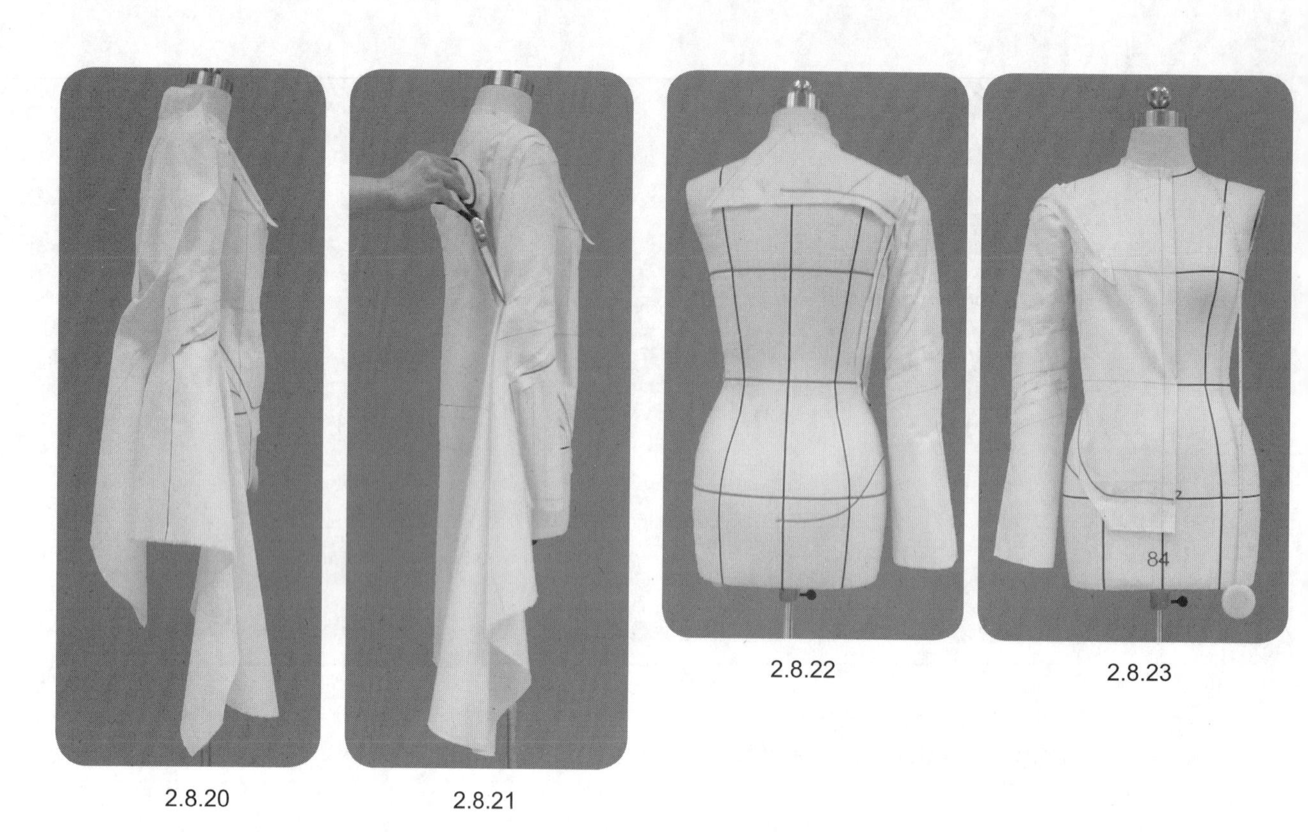
2.8.20 2.8.21 2.8.22 2.8.23

2.8.16~2.8.23 于前片肩省位置插片，拟合螺旋分割线，修剪操作另一螺旋片。袖肘以下部分设置适当的喇叭量，形成袖口的放大。

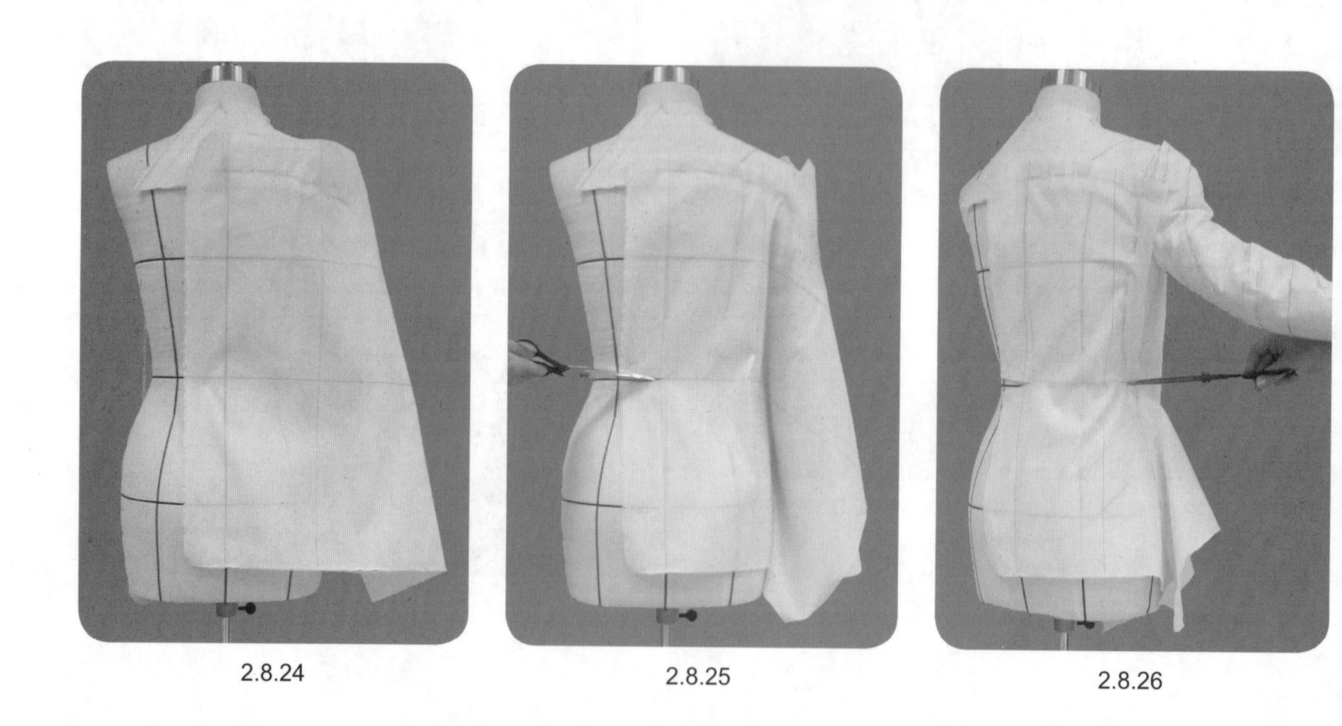
2.8.24 2.8.25 2.8.26

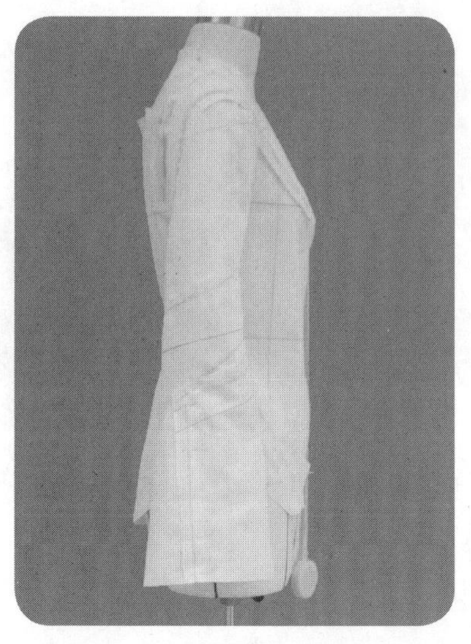

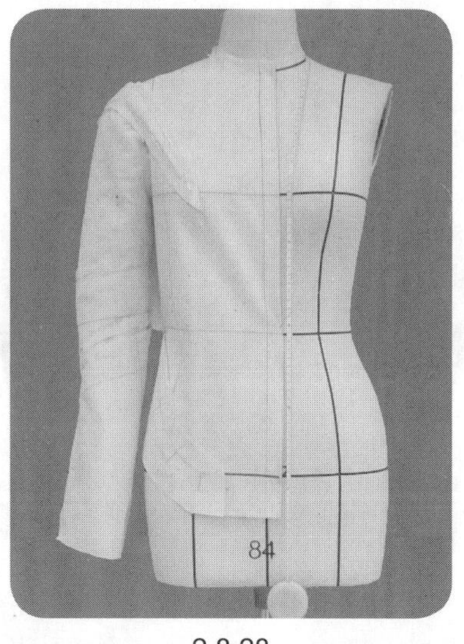

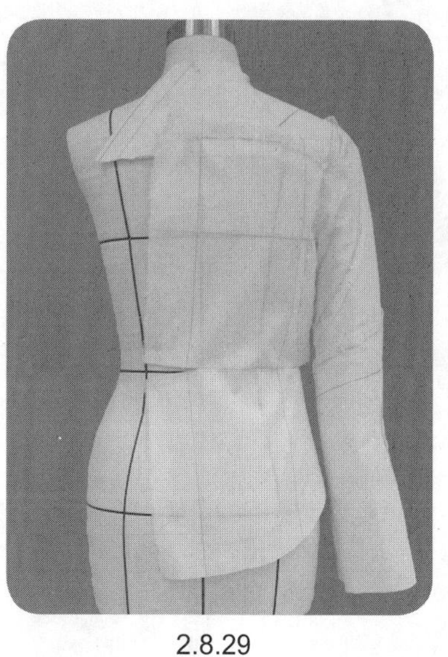

2.8.27 2.8.28 2.8.29

2.8.24~2.8.29 完成后片的操作，后衣片中缝和侧缝处适当设置吸腰量。

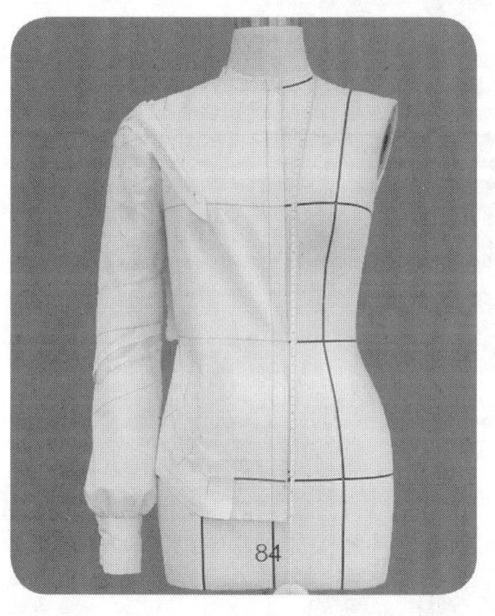

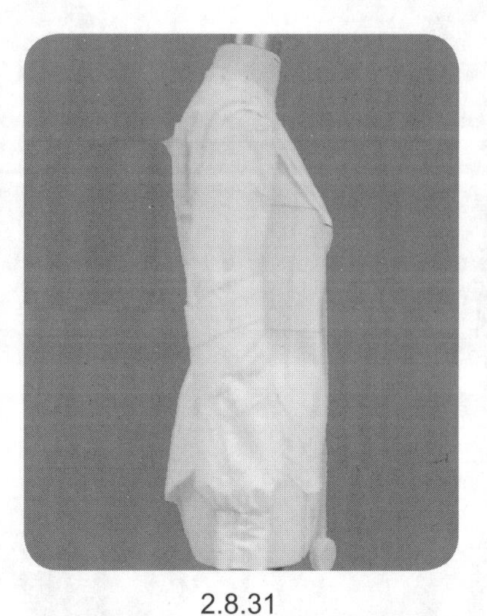

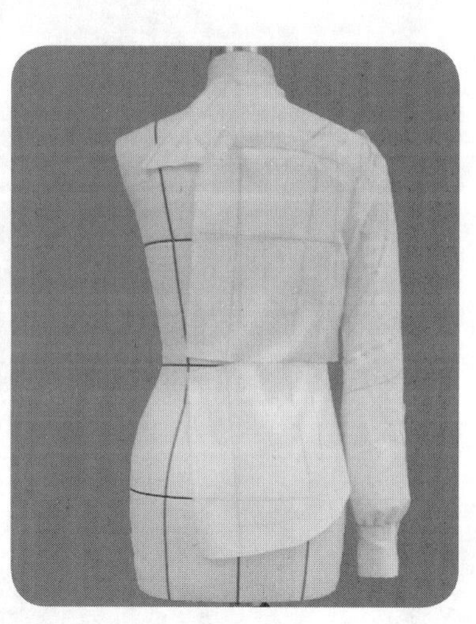

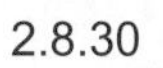

2.8.30 2.8.31 2.8.32

2.8.30~2.8.32 完成袖克夫的操作。

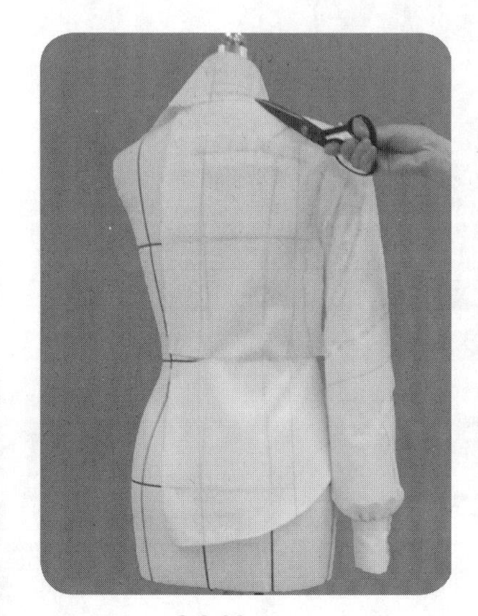

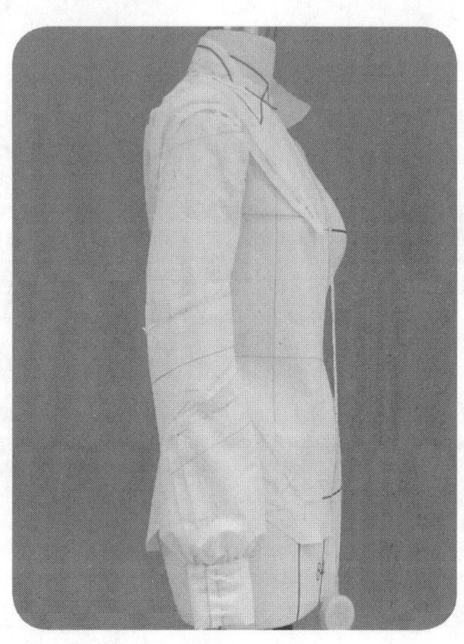

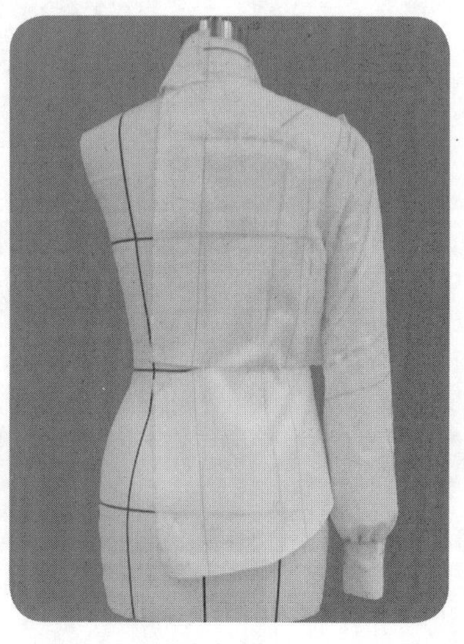

2.8.33 2.8.34 2.8.35

2.8.33~2.8.35 进行立领部分的操作。

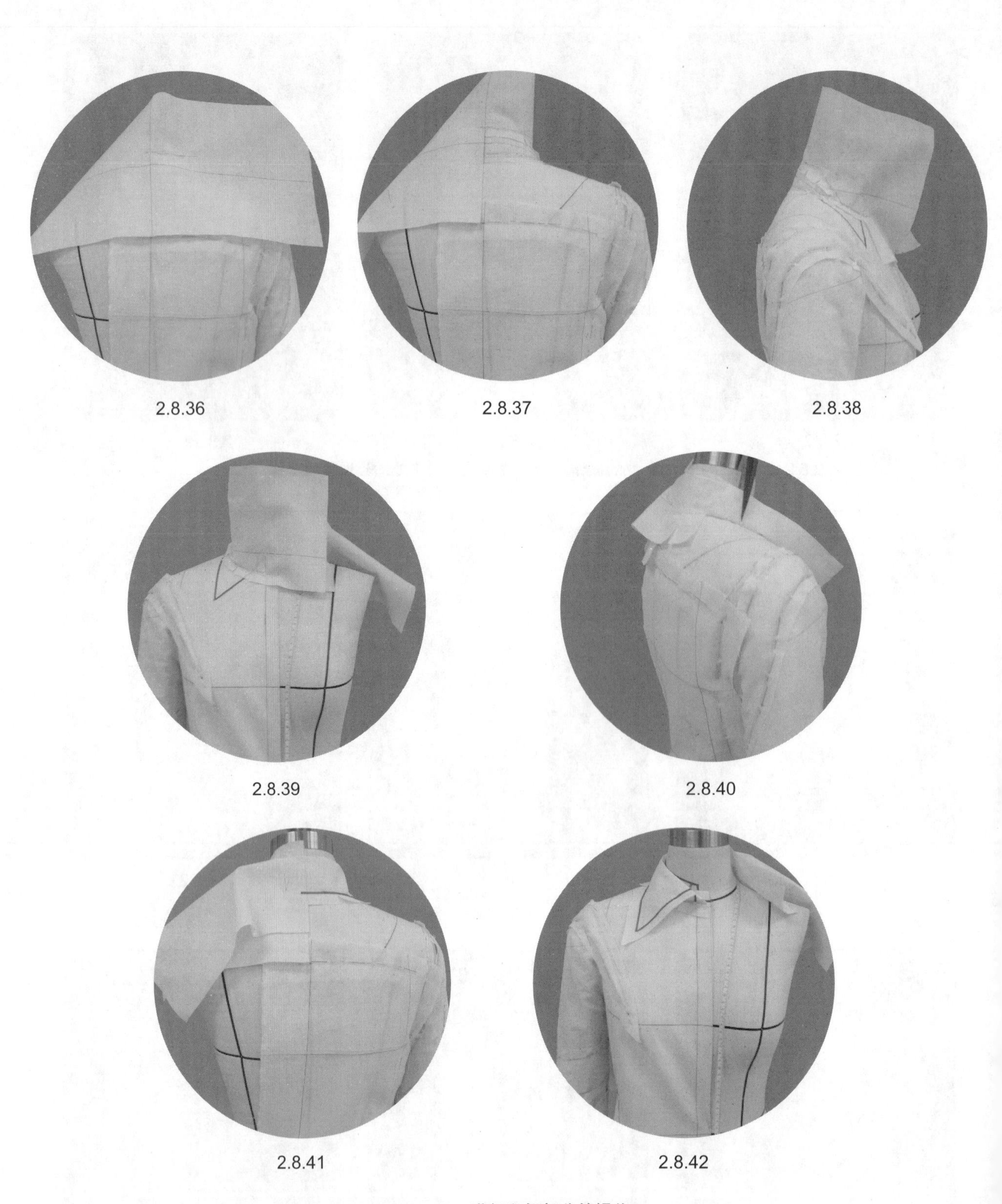

2.8.36 2.8.37 2.8.38

2.8.39 2.8.40

2.8.41 2.8.42

2.8.36~2.8.42　进行翻领部分的操作。

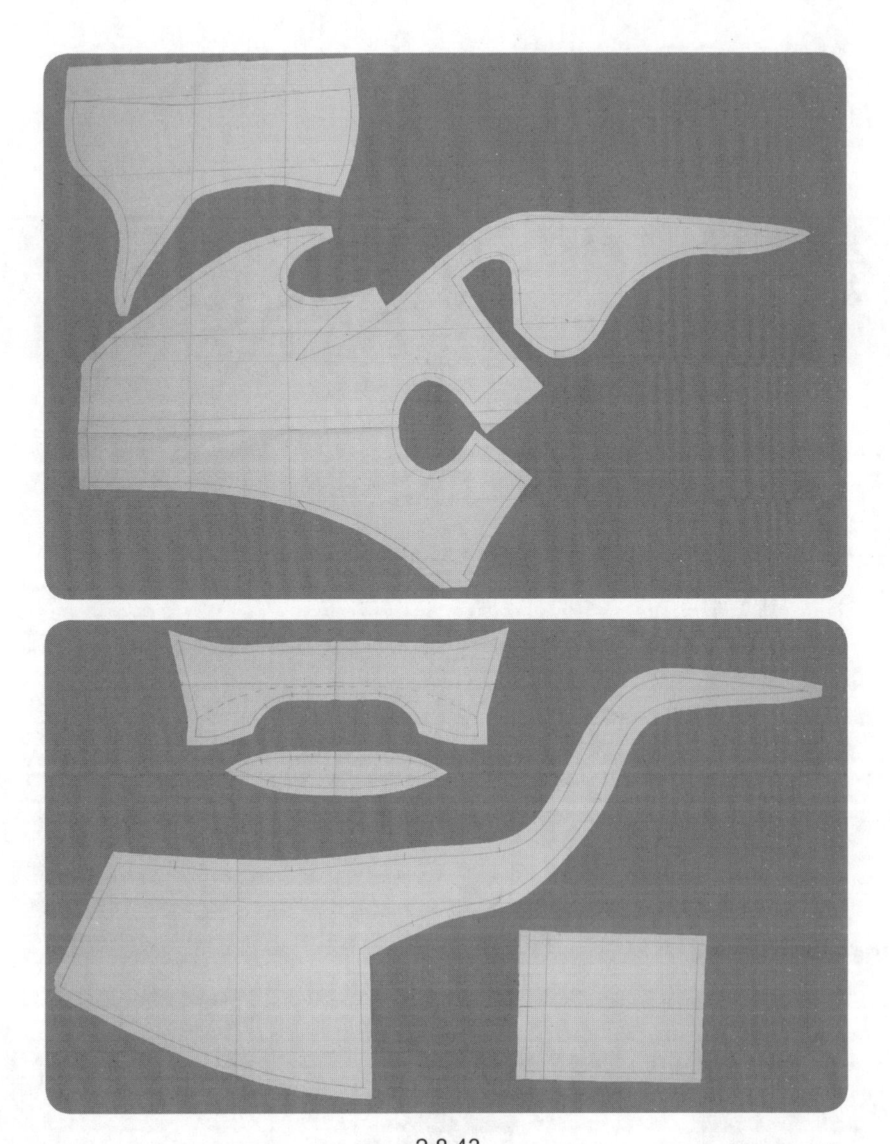

2.8.43

2.8.43　标点描线，连点成线，修剪缝份，平面整理。注意对位点的标注。

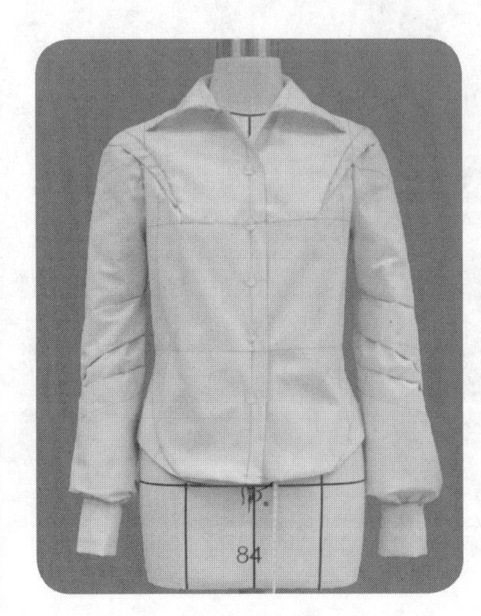

2.8.44

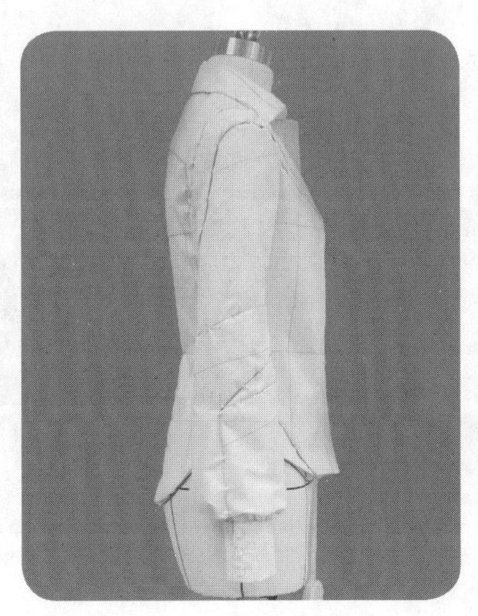

2.8.45

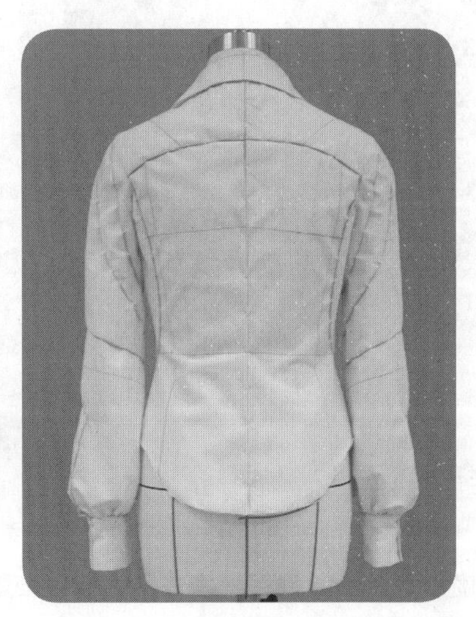

2.8.46

2.8.44~2.8.46　试样补正。完成整体造型。

9 连身领、连身短袖衬衣

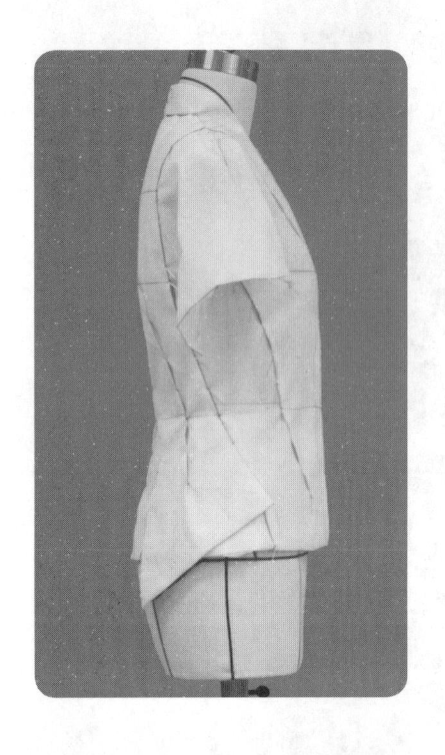

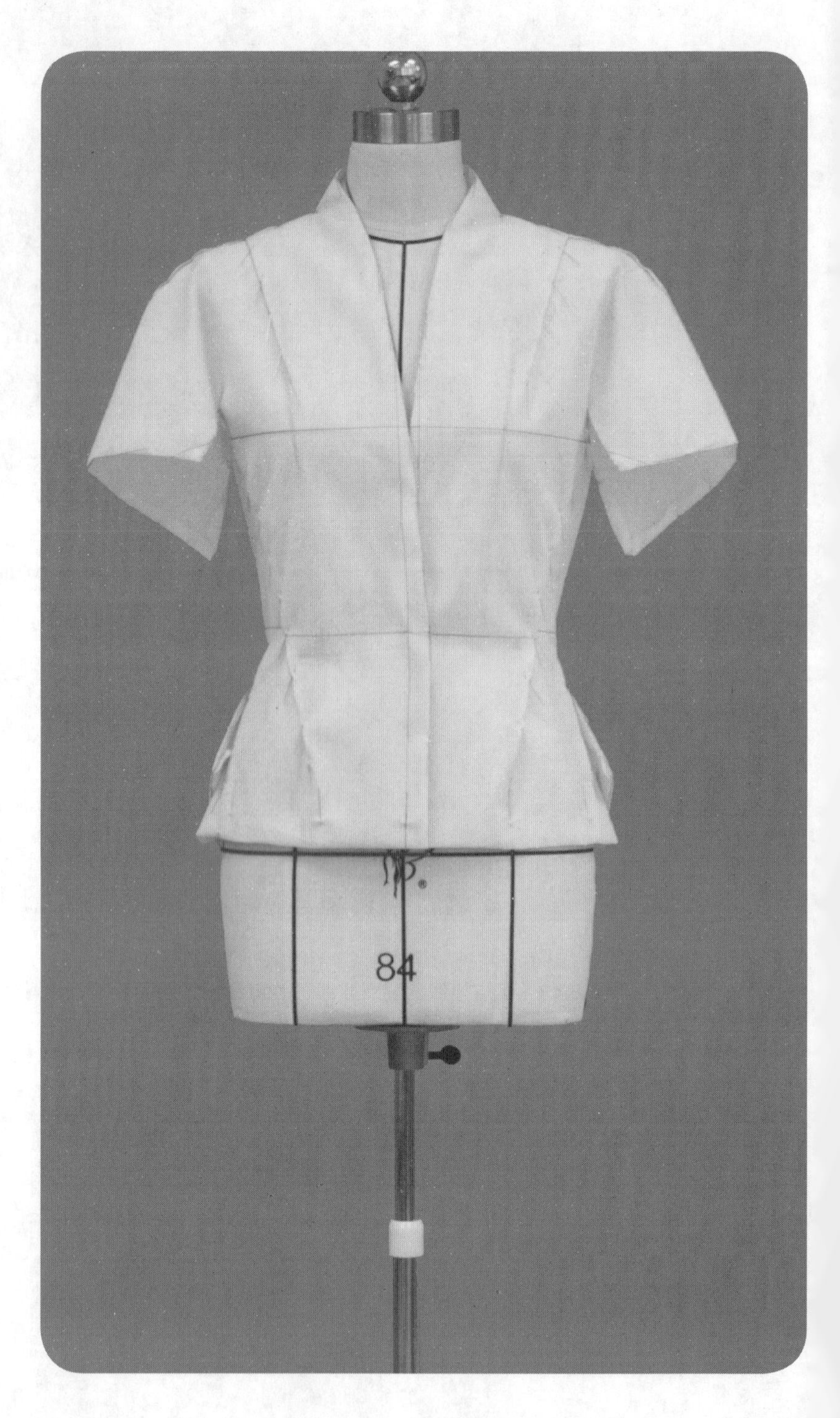

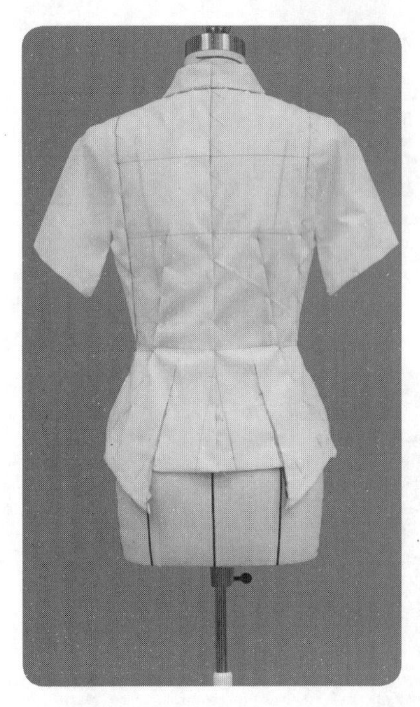

造型要点

衣领、衣袖与衣片相连，衣袖的斜边袖口和后衣片的外层斜边，与衣身的斜向分割线和省道巧妙的相映设计，堪称经典。胸围松量 8 cm、腰围松量 8 cm、臀围松量 6 cm。

操作步骤

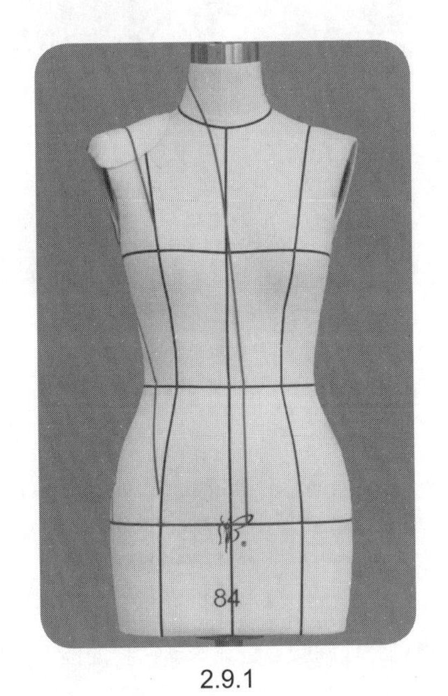

2.9.1

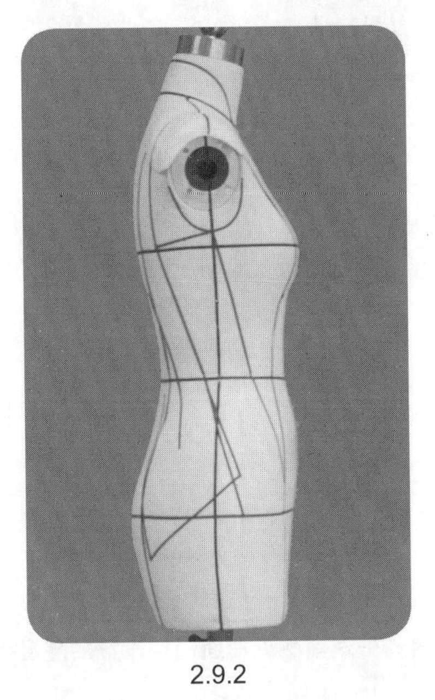

2.9.2

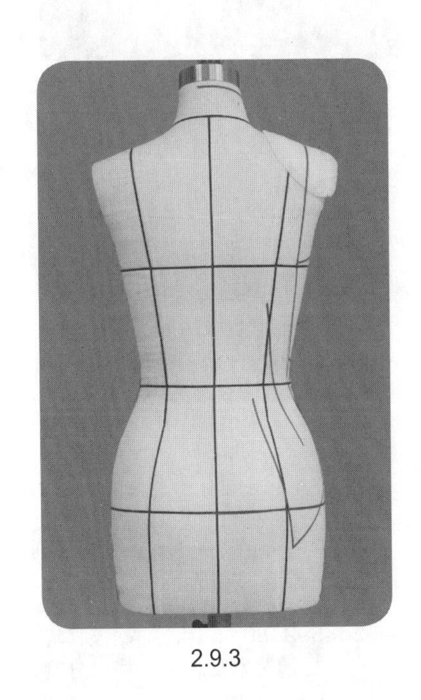

2.9.3

2.9.1~2.9.3 贴置款式造型线。

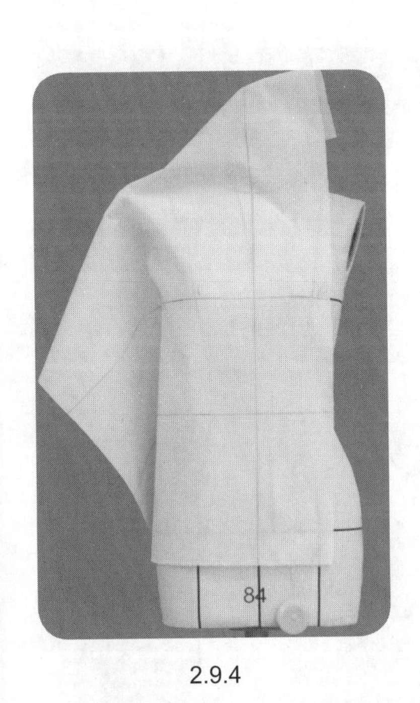

2.9.4

2.9.5

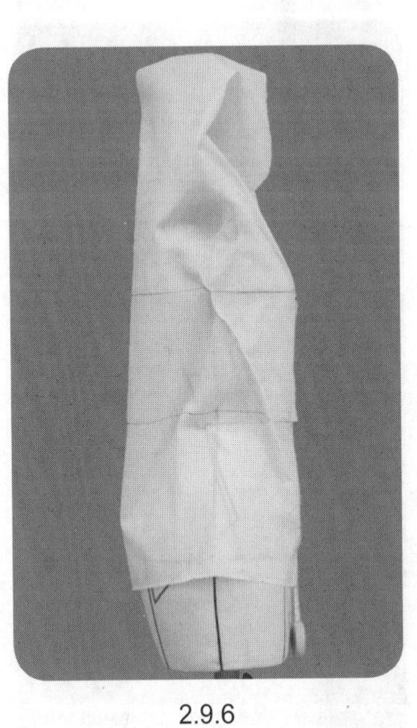

2.9.6

2.9.4 从前片开始操作，把前片用布的纵横布纹线和对应的人台标示线对齐，固定用布于人台上。上方和左外侧余留连身领和连身袖的用布量。

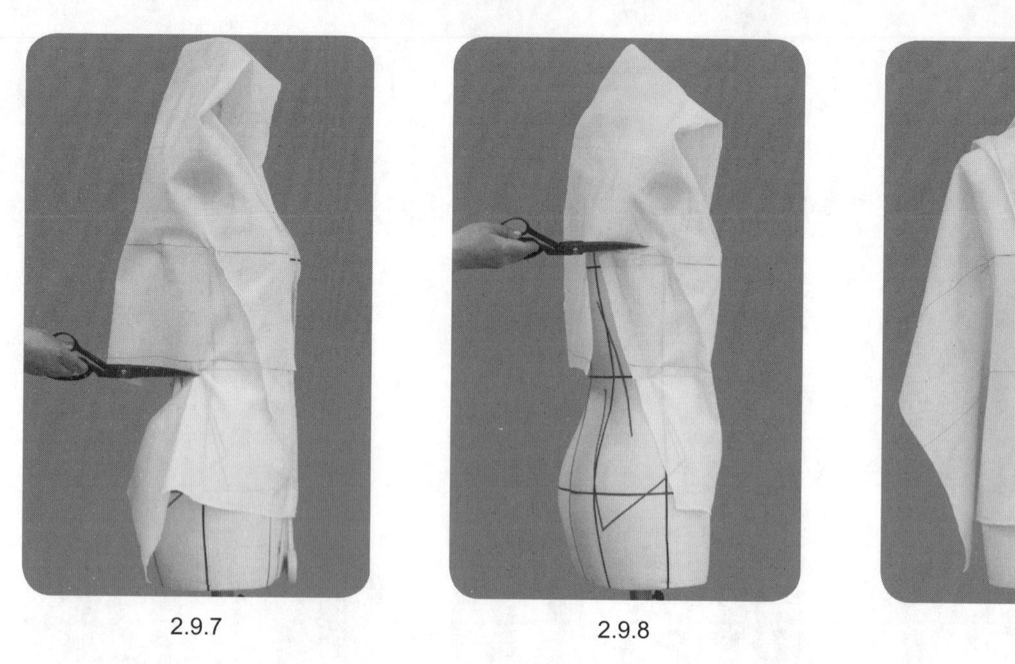

2.9.7 2.9.8 2.9.9

2.9.5~2.9.9 适当修剪前领口，设置肩省处理前胸处曲面量，设置袖窿起始的腰省处理胸腰差量，修剪后移的侧缝分割线，并沿横向分割线修剪刀口。

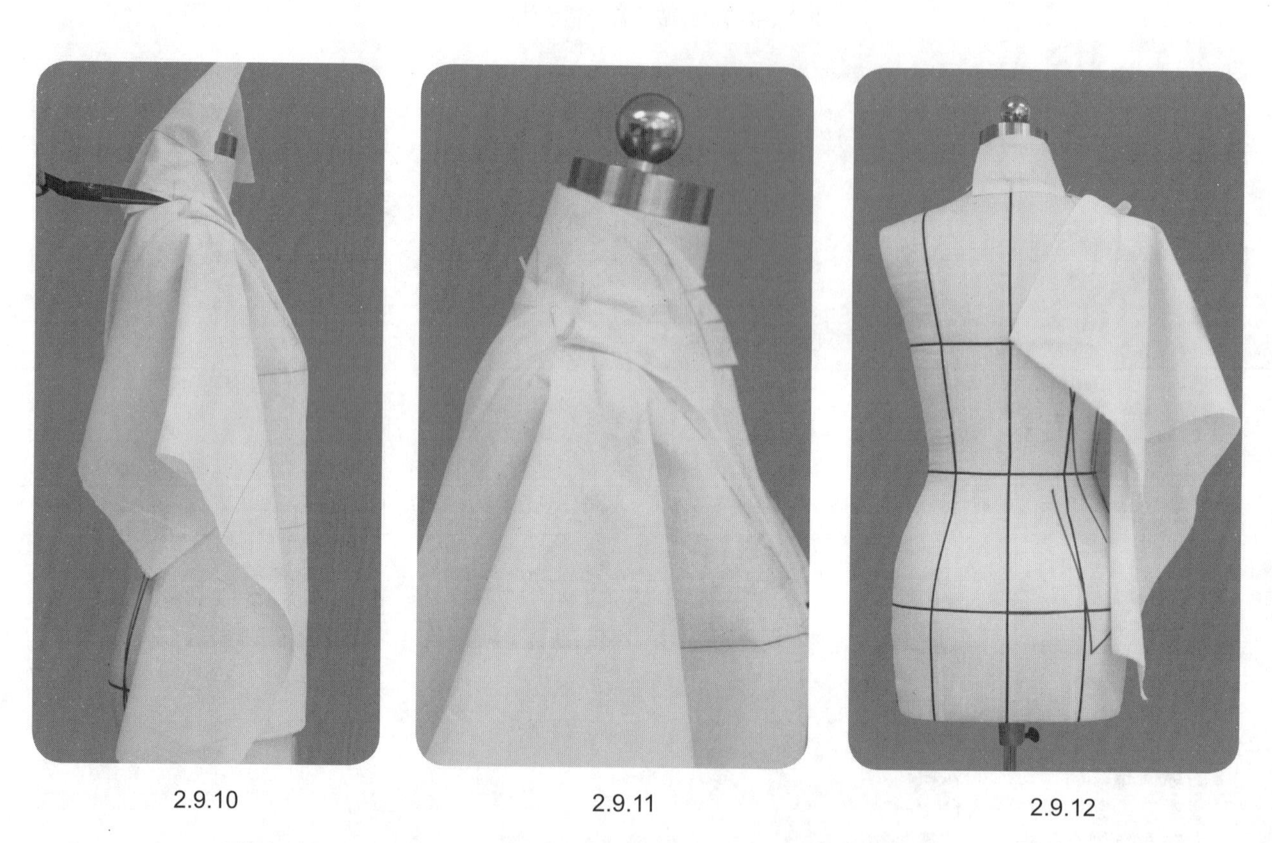

2.9.10 2.9.11 2.9.12

2.9.10~2.9.12 前连后断形式的连身立领操作，注意外领口的剪刀口逐步修剪的操作方法。后领口线至肩线转折位置的SNP处需剪刀口，以实现平服转折。肩线修剪至纵向分割线处即止。

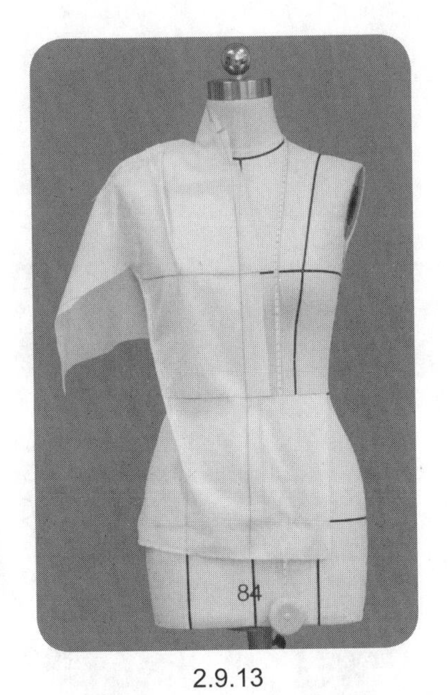

2.9.13

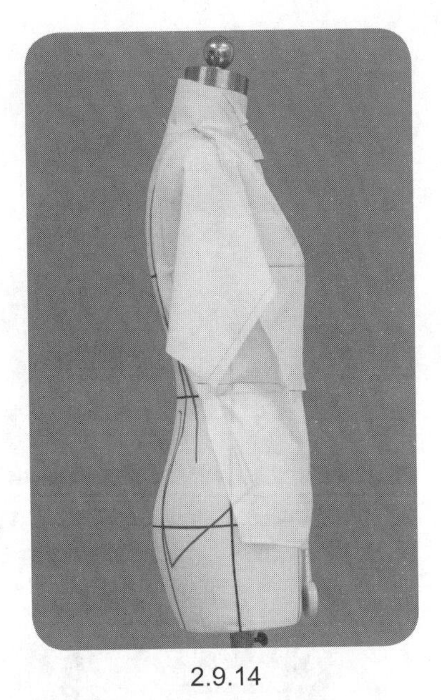

2.9.14

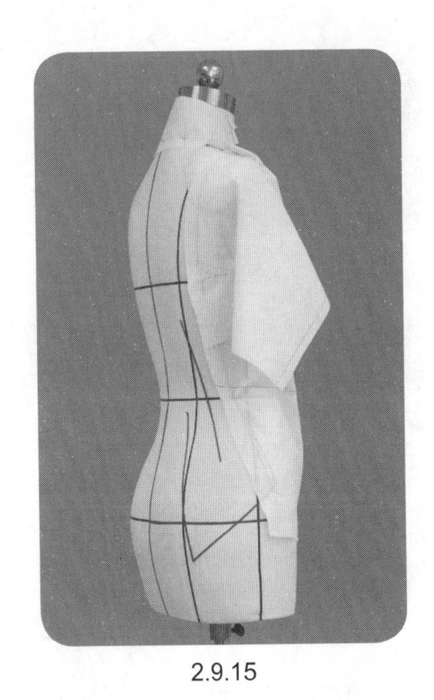

2.9.15

2.9.13~2.9.15　肩线处抓别省道，操作袖底缝处开放的连身袖造型。

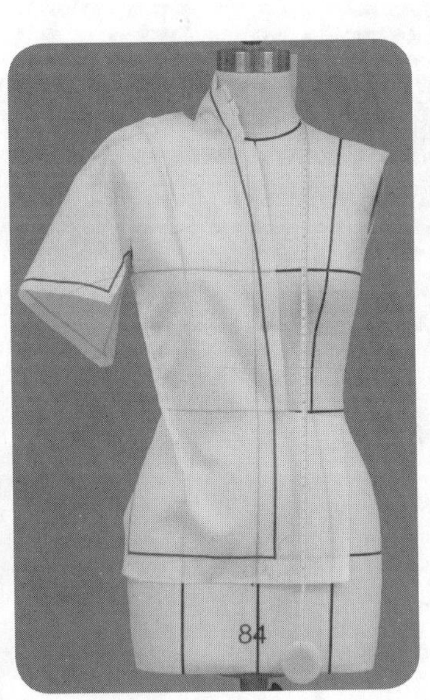

2.9.16

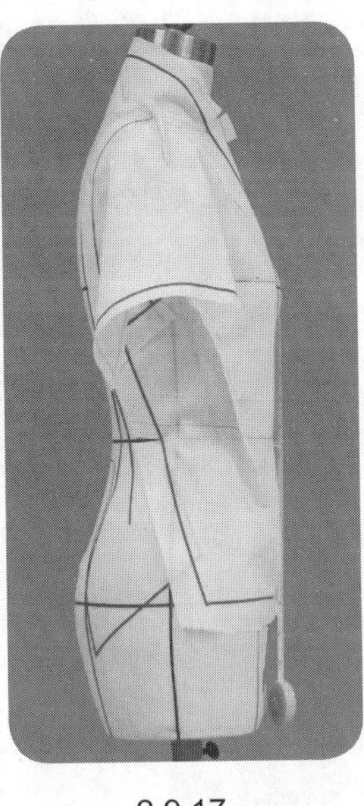

2.9.17

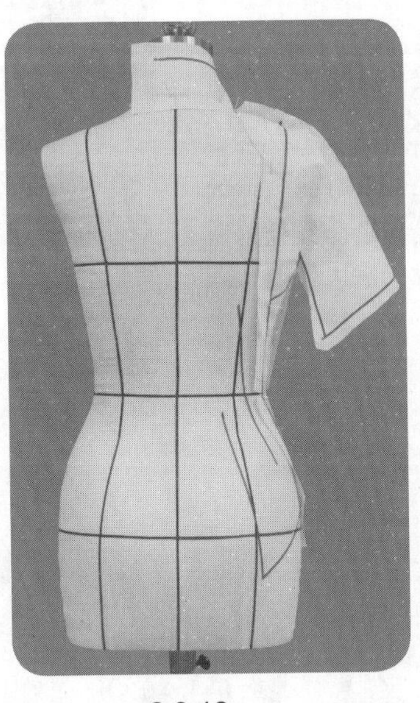

2.9.18

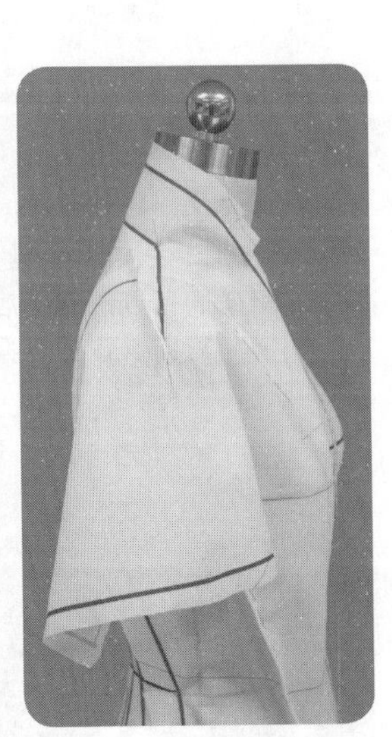

2.9.19

2.9.16、2.9.17　整理用布，确定前袖窿弧线位置，用大头针标示造型，余留缝份沿侧缝造型线和袖窿造型线剪开用布。注意后袖窿肩端段的用布为相连状态。

2.9.18、2.9.19　贴置造型线，修剪袖口边、底边等处，完成前片的操作。

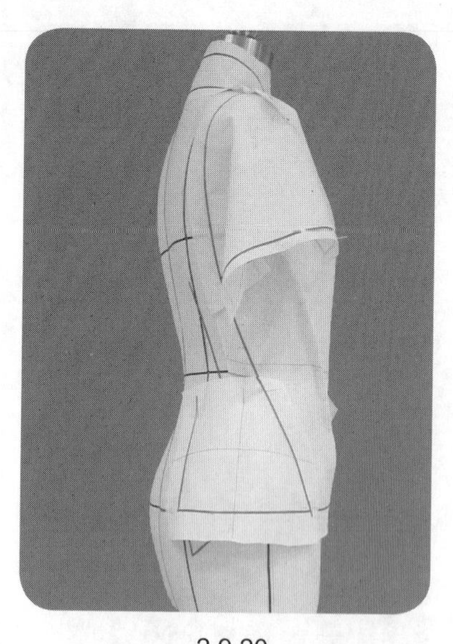

2.9.20

2.9.20　后片内饰片的操作。

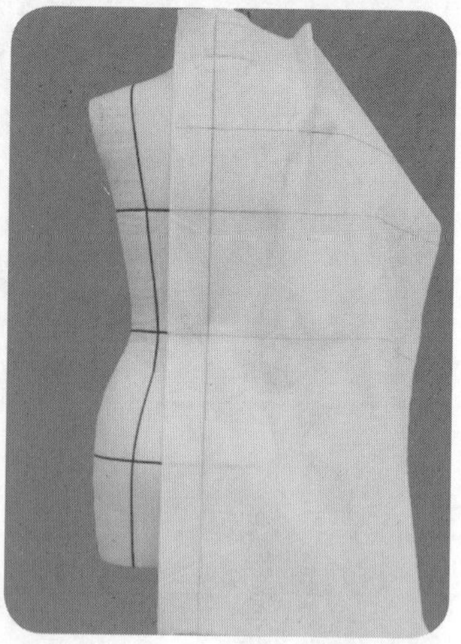

2.9.21

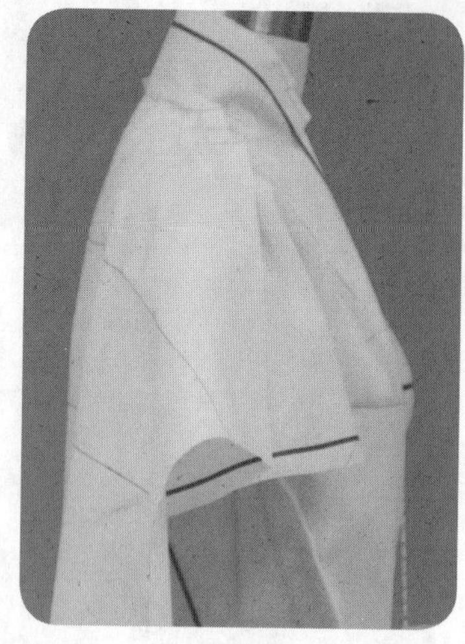

2.9.22

2.9.21~2.9.24　后片的操作。顺时针修剪拼合领口线、肩线、纵向分割线，抓别斜向肩背连腰省，后中缝腰线处修剪横向刀口，设置下摆的放大量以及底边臀腰省。

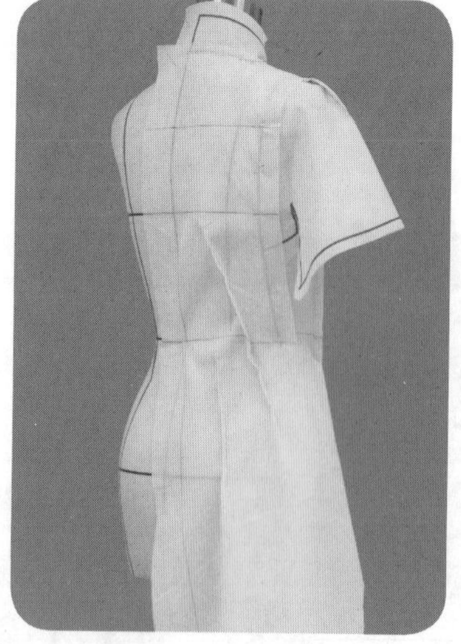

2.9.23

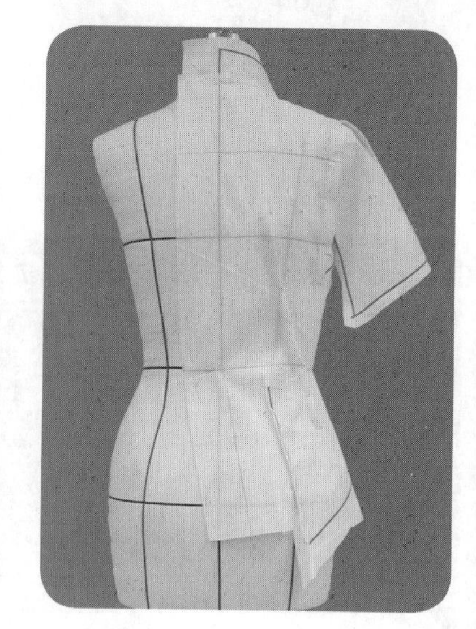

2.9.24

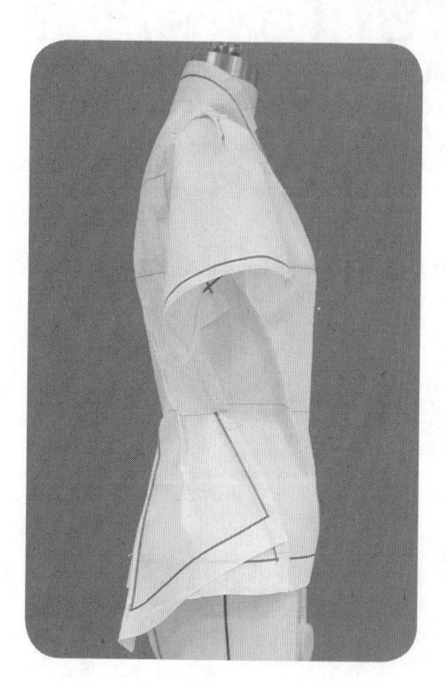

2.9.25

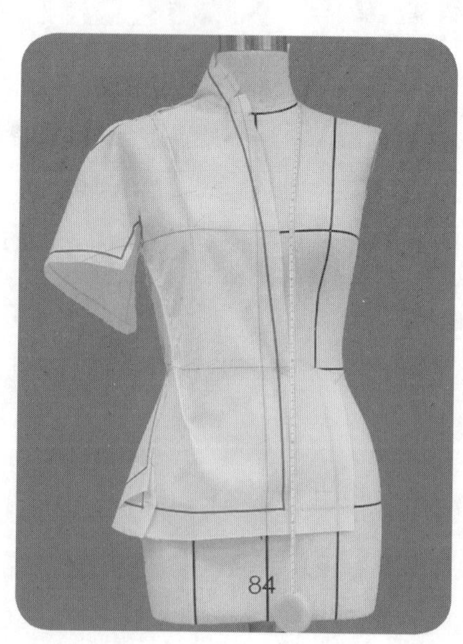

2.9.26

2.9.25、2.9.26　观察确认初步造型。

2.9.27

2.9.27　标点描线，平面整理衣片。

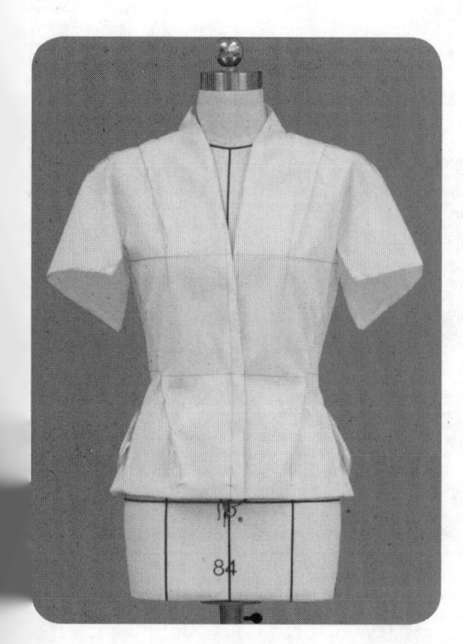

2.9.28

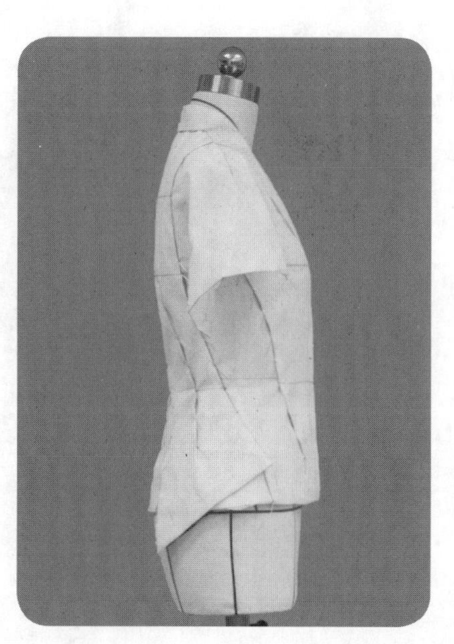

2.9.29

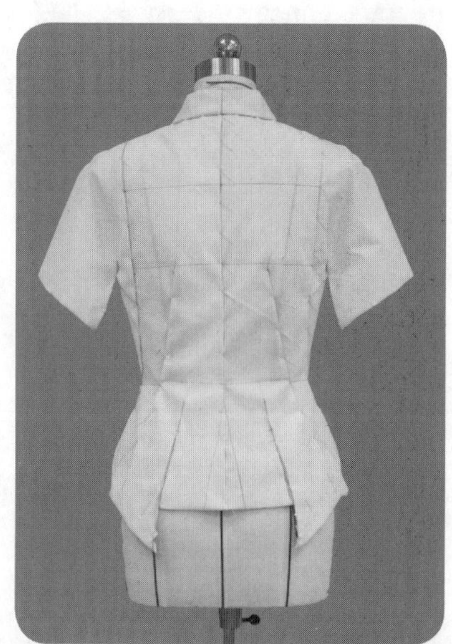

2.9.30

2.9.28~2.9.30　试样补正。整体造型完成。

10 圆片领外套

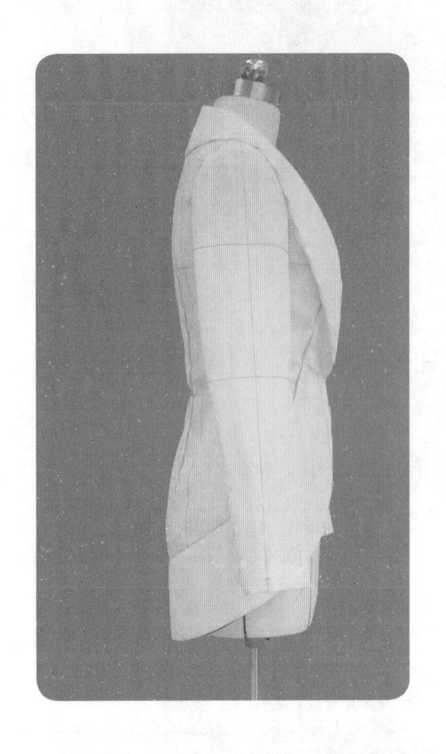

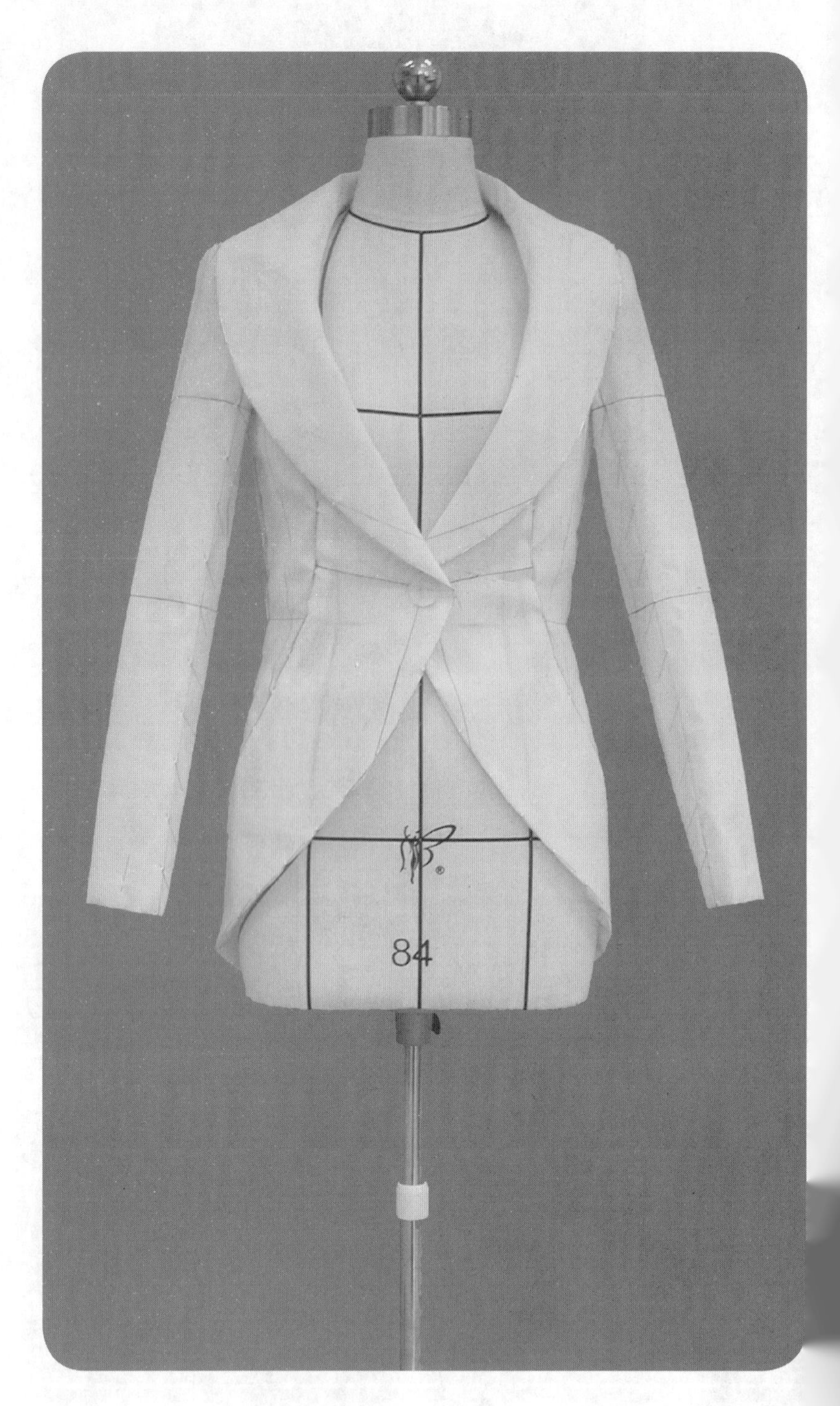

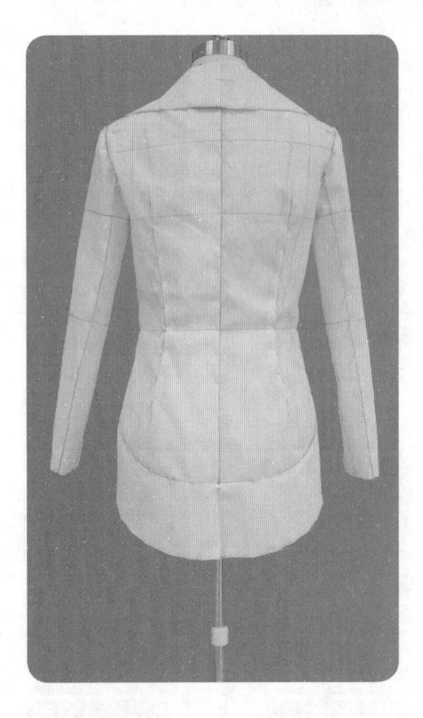

造型要点

近乎半圆弧的衣片，巧妙地形成了与衣片相连的青果领造型，不禁令人赞叹服装造型与人体的巧妙拟合。主要技术规格为胸围松量 8 cm、腰围松量 8 cm、臀围松量 6 cm、袖长 57 cm、袖肥 32 cm、袖口 22 cm。

操作步骤

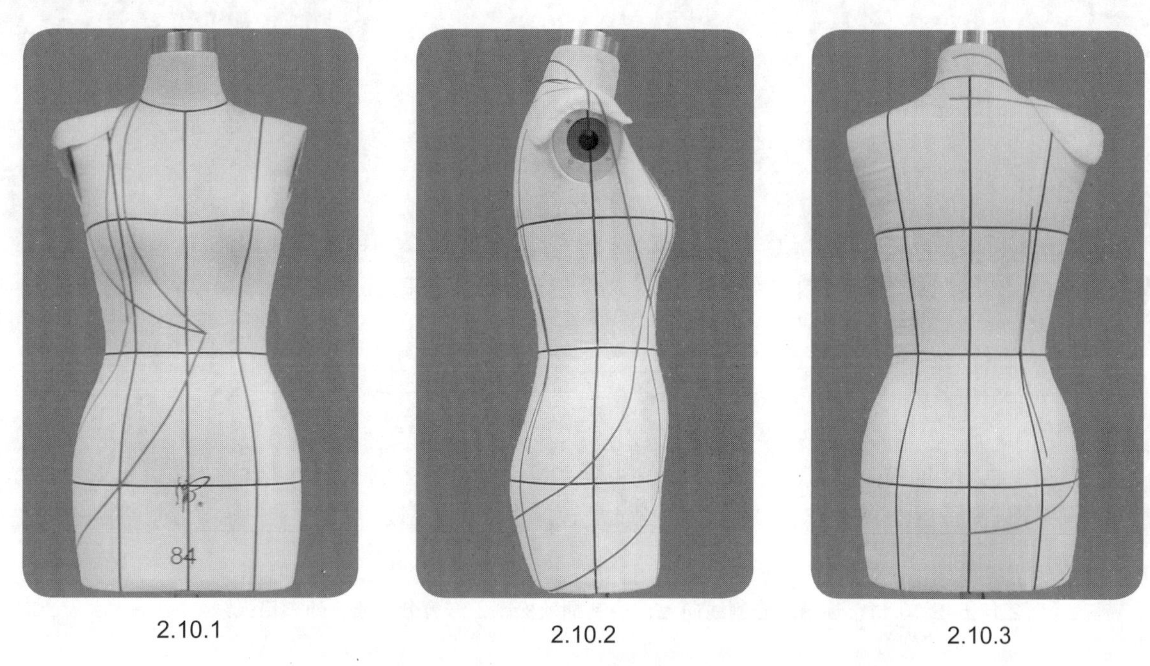

2.10.1　　2.10.2　　2.10.3

2.10.1~2.10.3　贴置款式造型线。成衣中使用的垫肩要装置于人台肩部。

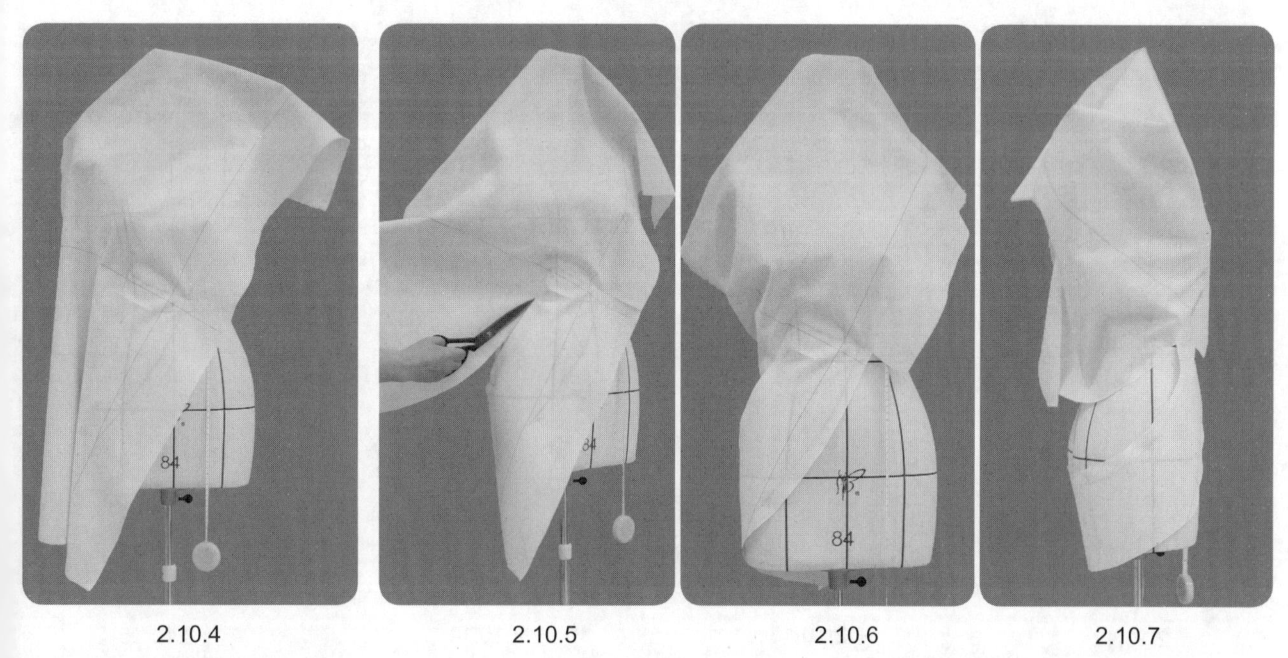

2.10.4　　2.10.5　　2.10.6　　2.10.7

2.10.4　从前片开始操作，前片采取直丝缕与衣摆位置一致的丝缕方向，保证了门襟衣摆的稳定性，衣领翻折线位置也最好为斜丝缕布纹，有利于衣领的圆顺翻折。

2.10.5~2.10.7　从后中心线开始，先操作圆弧片的下摆部分。控制下摆松度和分割线处的松度，从后中线处开始逐渐修剪分割线和下摆弧线，用大头针适当固定分割线的关键点位置。

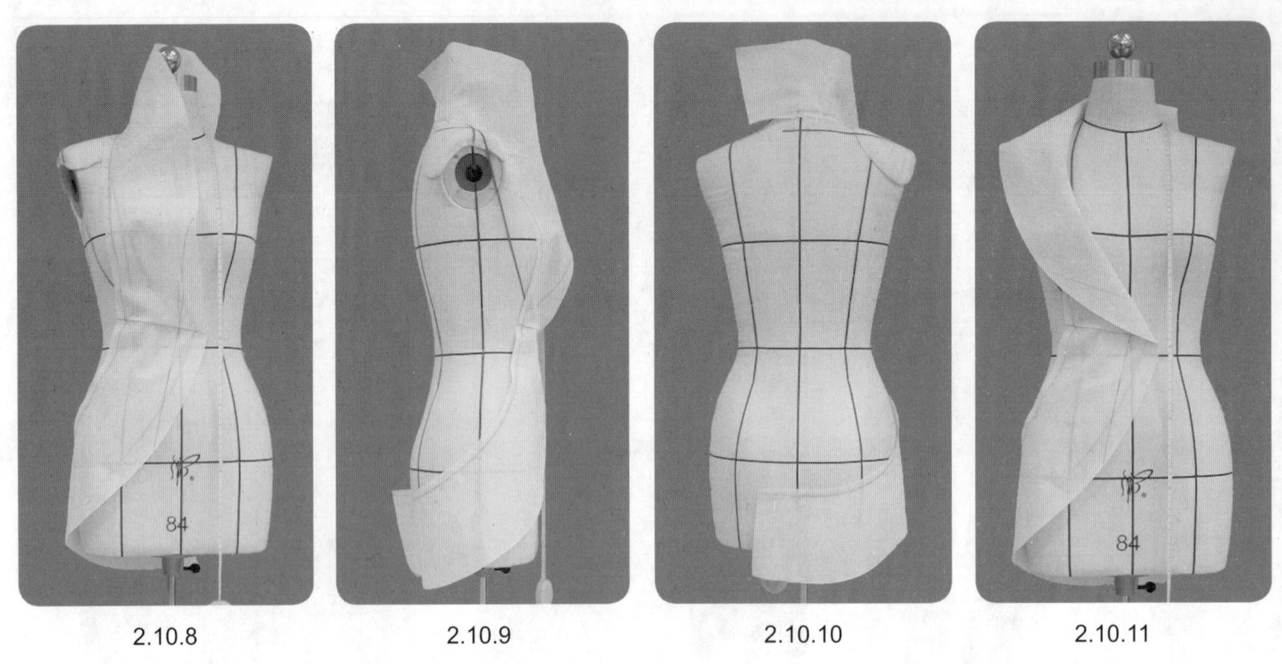

2.10.8 2.10.9 2.10.10 2.10.11

2.10.8~2.10.11 逐渐沿分割线向上，控制翻领松度，修剪分割线和外领口弧线。

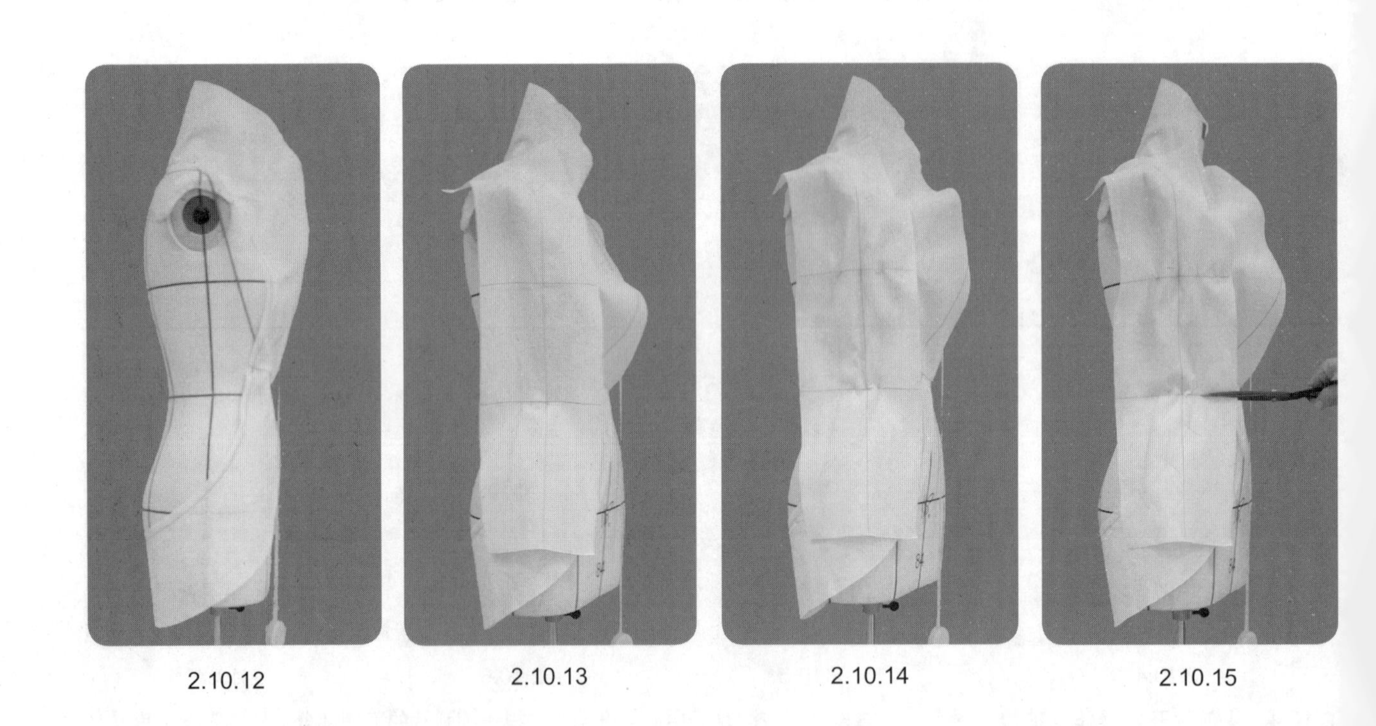

2.10.12 2.10.13 2.10.14 2.10.15

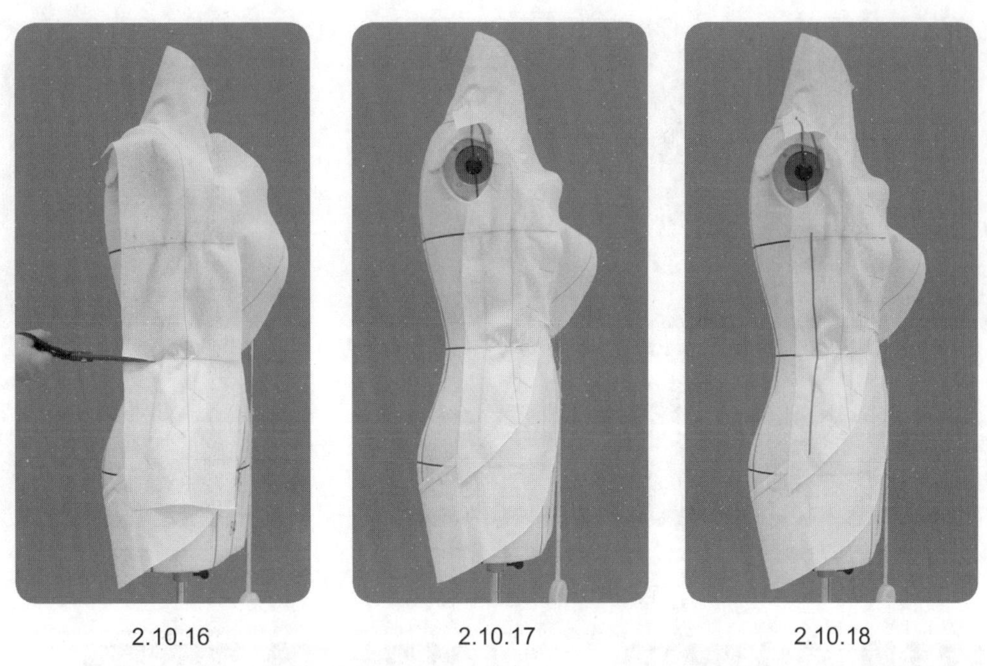

2.10.16　　2.10.17　　2.10.18

2.10.12~2.10.18　前侧片的操作。保持纵向中线的竖直以及两边松量的平衡是侧片操作的关键。

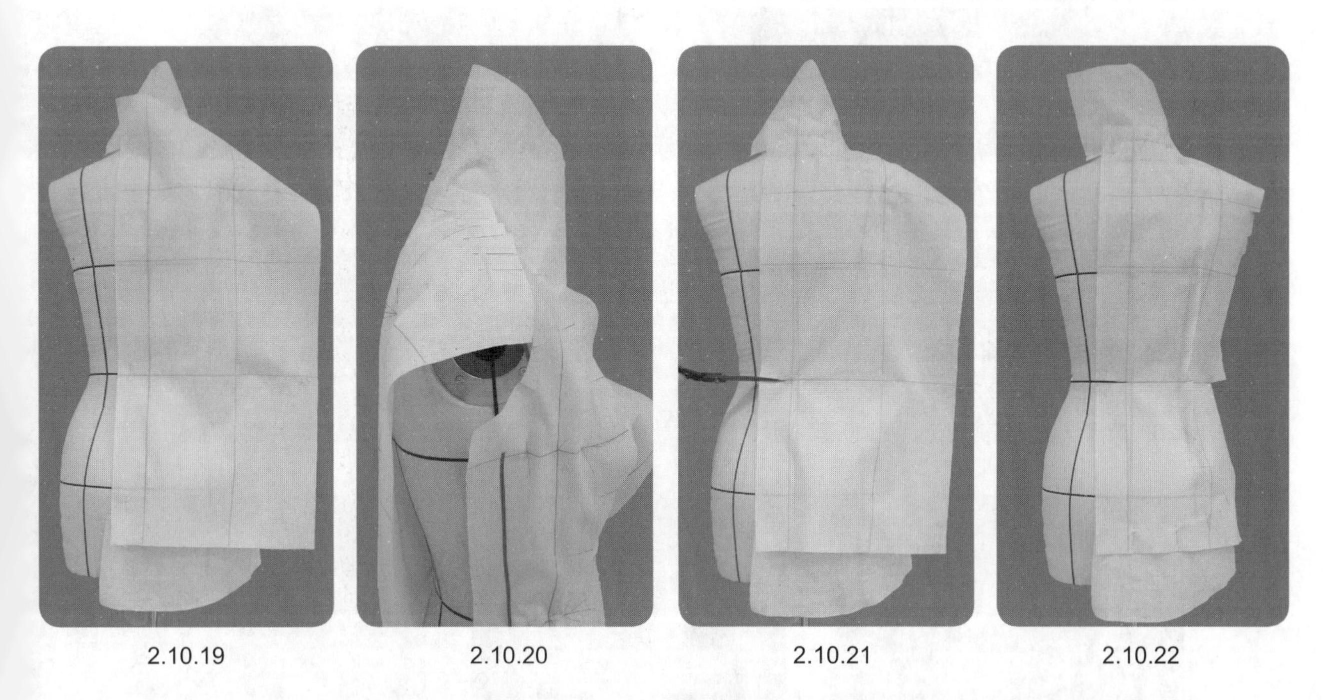

2.10.19　　2.10.20　　2.10.21　　2.10.22

2.10.19~2.10.22　后片的操作。后领口弧线和肩线适当设置缝缩量处理肩背部的曲面量，设置连腰省处理细腰量。

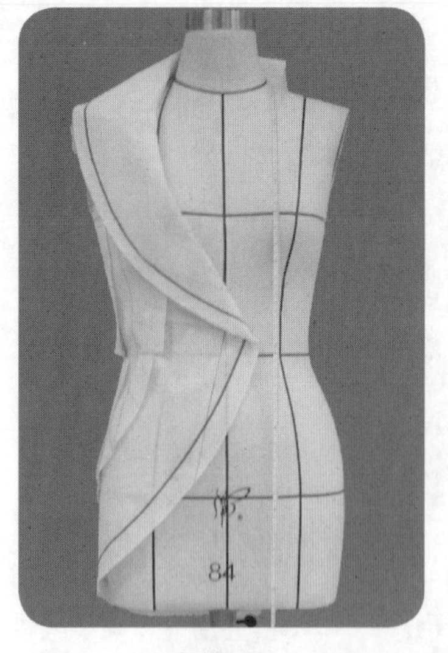

2.10.23

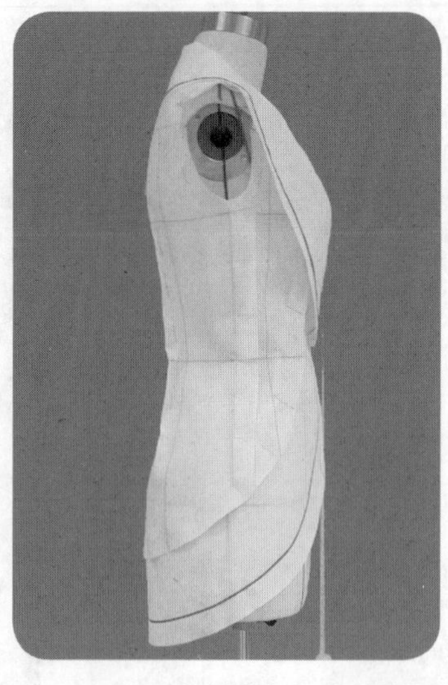

2.10.24

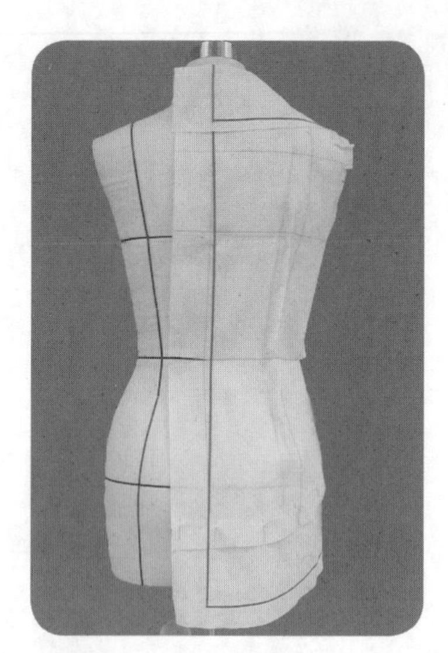

2.10.25

2.10.23~2.10.25　观察确认衣身造型，标点描线。

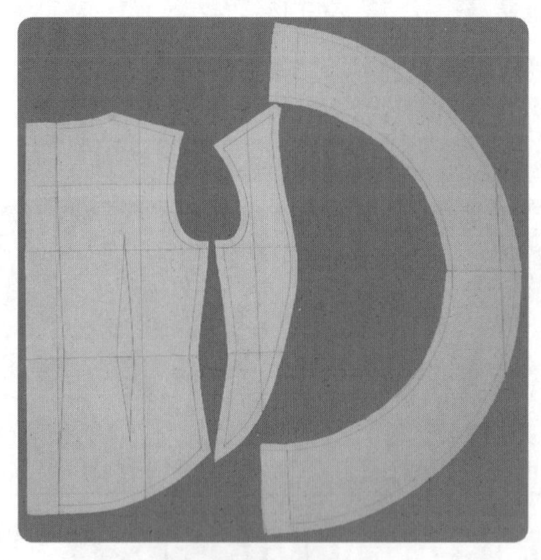

2.10.26

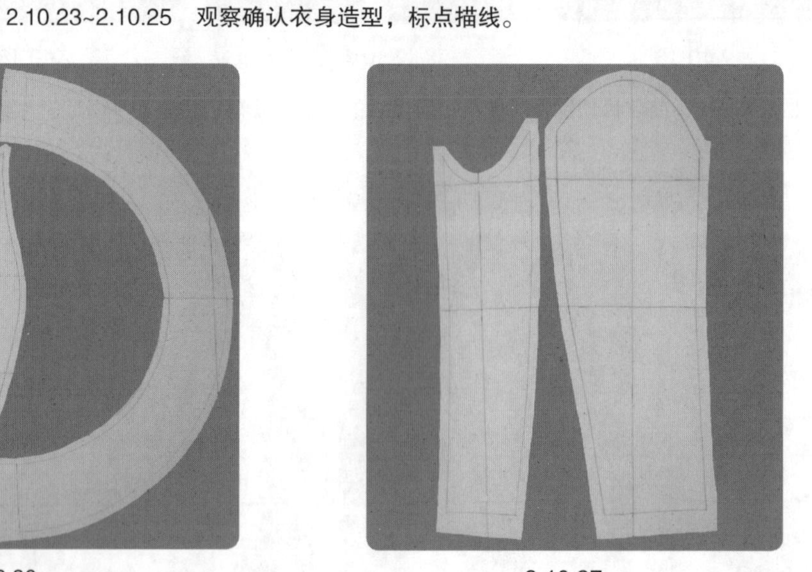

2.10.27

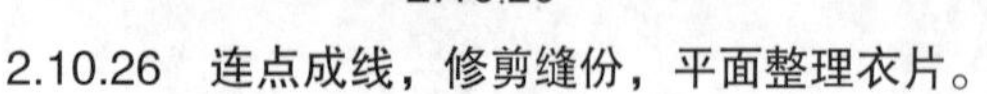

2.10.26　连点成线，修剪缝份，平面整理衣片。

2.10.27　基于袖窿，平面配制两片圆装袖。

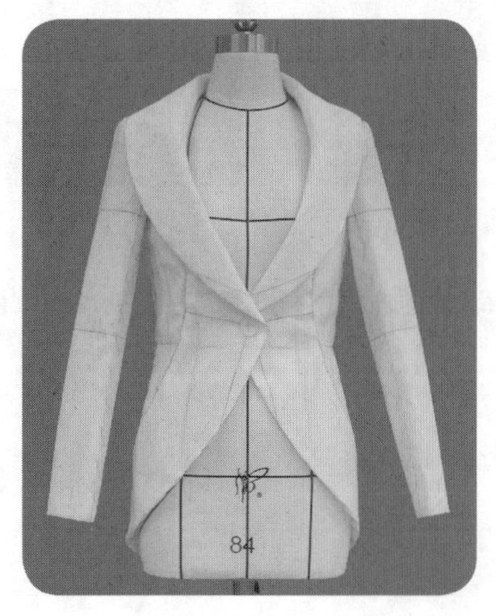

2.10.28

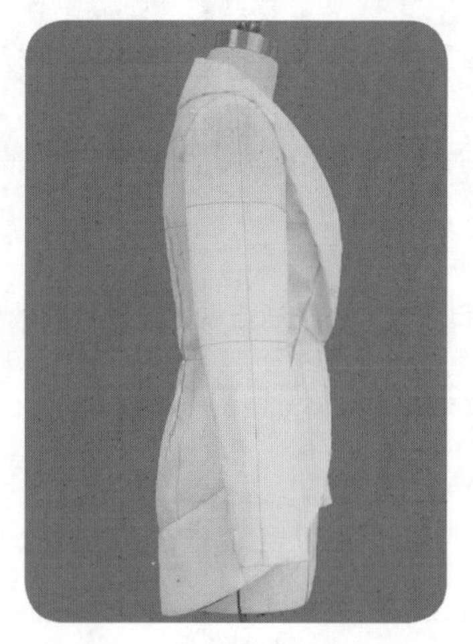

2.10.29

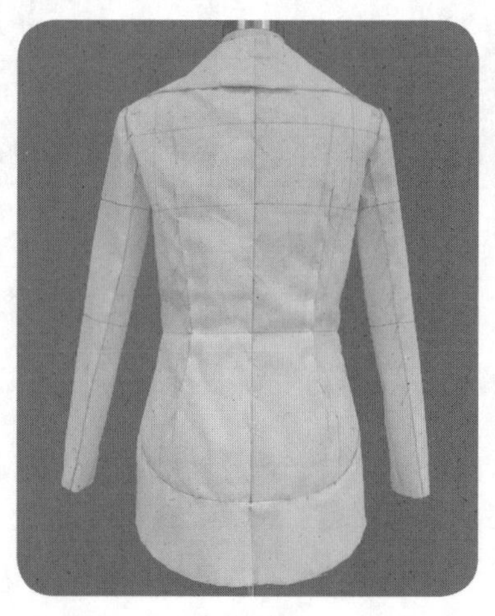

2.10.30

2.10.28~2.10.30　试样补正。整体造型完成。

11 斜向分割线组合省道外套

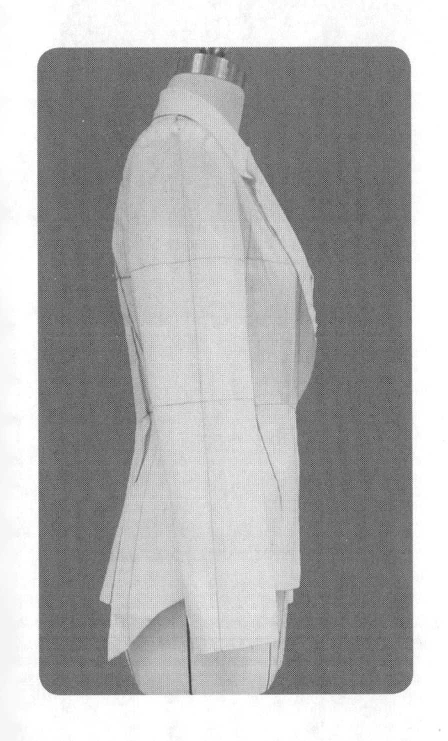

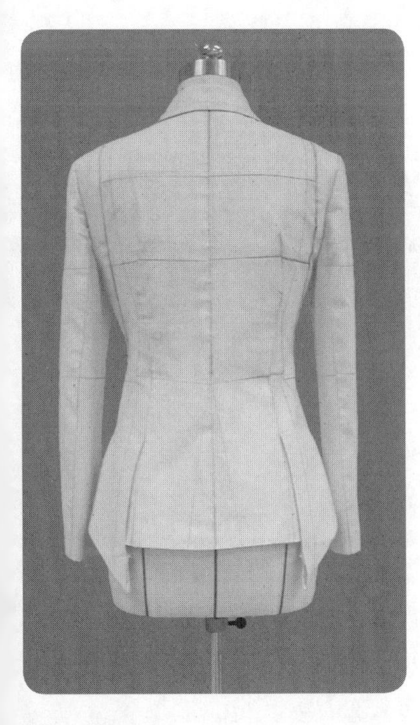

造型要点

省道和分割线是现代服装最基本的构成元素，省道和分割线拟合人体曲面，构成服装的立体造型，位置、方向、量是省道和分割线的变化因素。斜向变化的前、后片分割线设计，组合前、后片斜向省道，以及斜向底边衣摆的层次感，使得经典外套造型的创意设计令人赞叹。主要技术规格为胸围松量 8 cm、腰围松量 8 cm、臀围松量 6 cm、袖长 57 cm、袖肥 32 cm、袖口 22 cm。

操作步骤

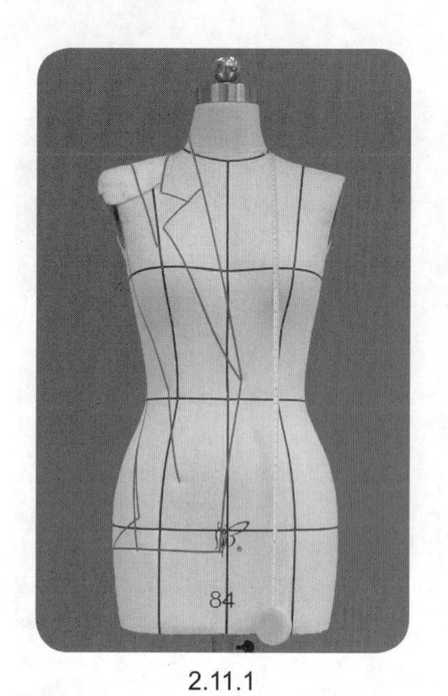

2.11.1

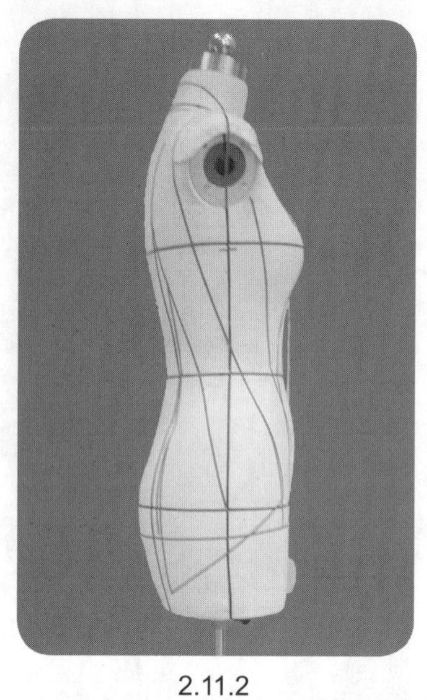

2.11.2

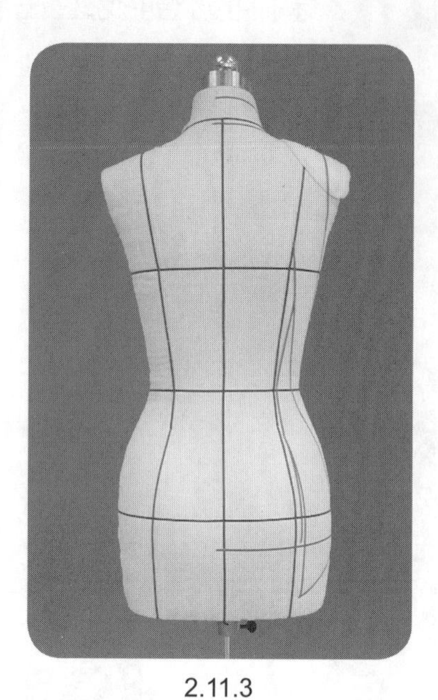

2.11.3

2.11.1~2.11.3　贴置款式造型线。成衣中使用的垫肩要装置于人台肩部。

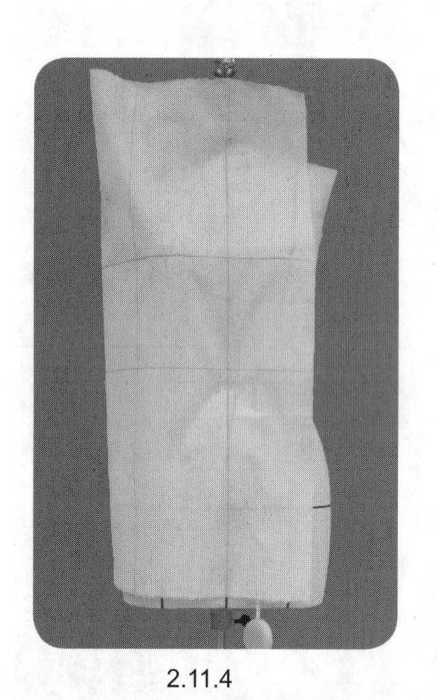

2.11.4

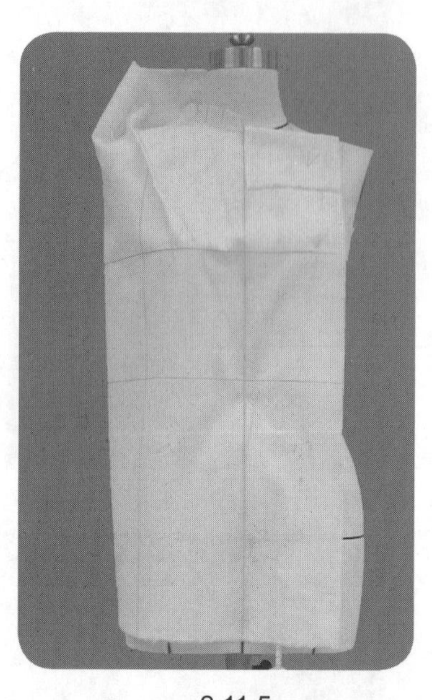

2.11.5

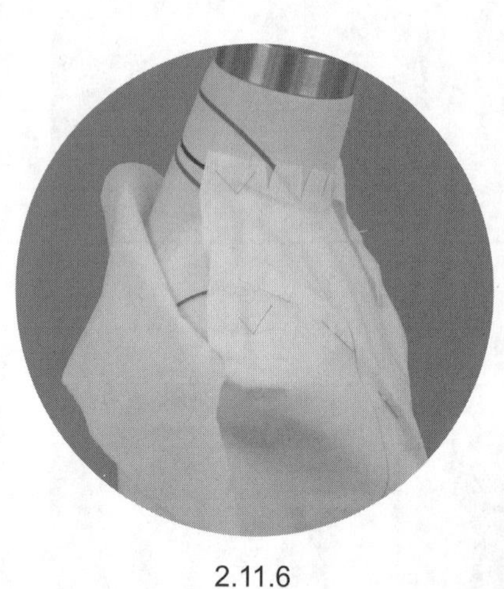

2.11.6

2.11.4　把前片用布固定于人台上，布纹线与对应的人台标示线对齐。

2.11.5、2.11.6　前片操作总体上按从领口开始的逆时针次序进行。首先参考基础领口线修剪前领口部位，设置肩省处理前片胸围线以上的曲面量，修剪前肩线。

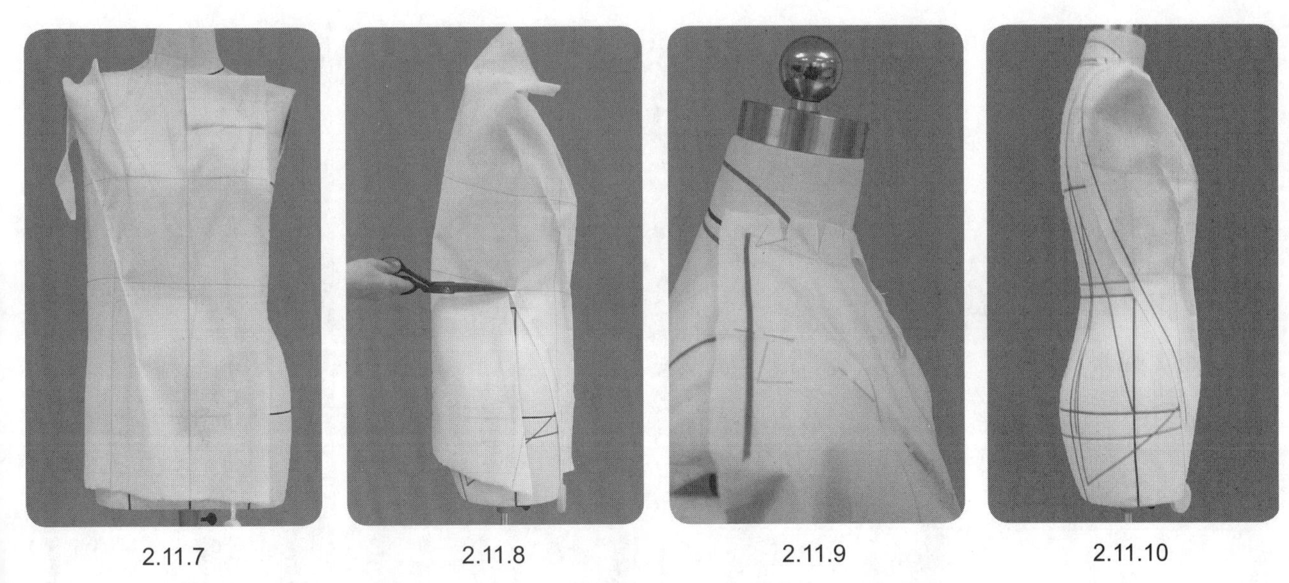

2.11.7　2.11.8　2.11.9　2.11.10

2.11.7~2.11.10　设置从袖窿底部开始且指向腹部的连腰省，袖窿底部为开口省形式。自下向上逐段修剪位置后移的前、后片斜向分割线，延伸至肩线，用平叠法别合。

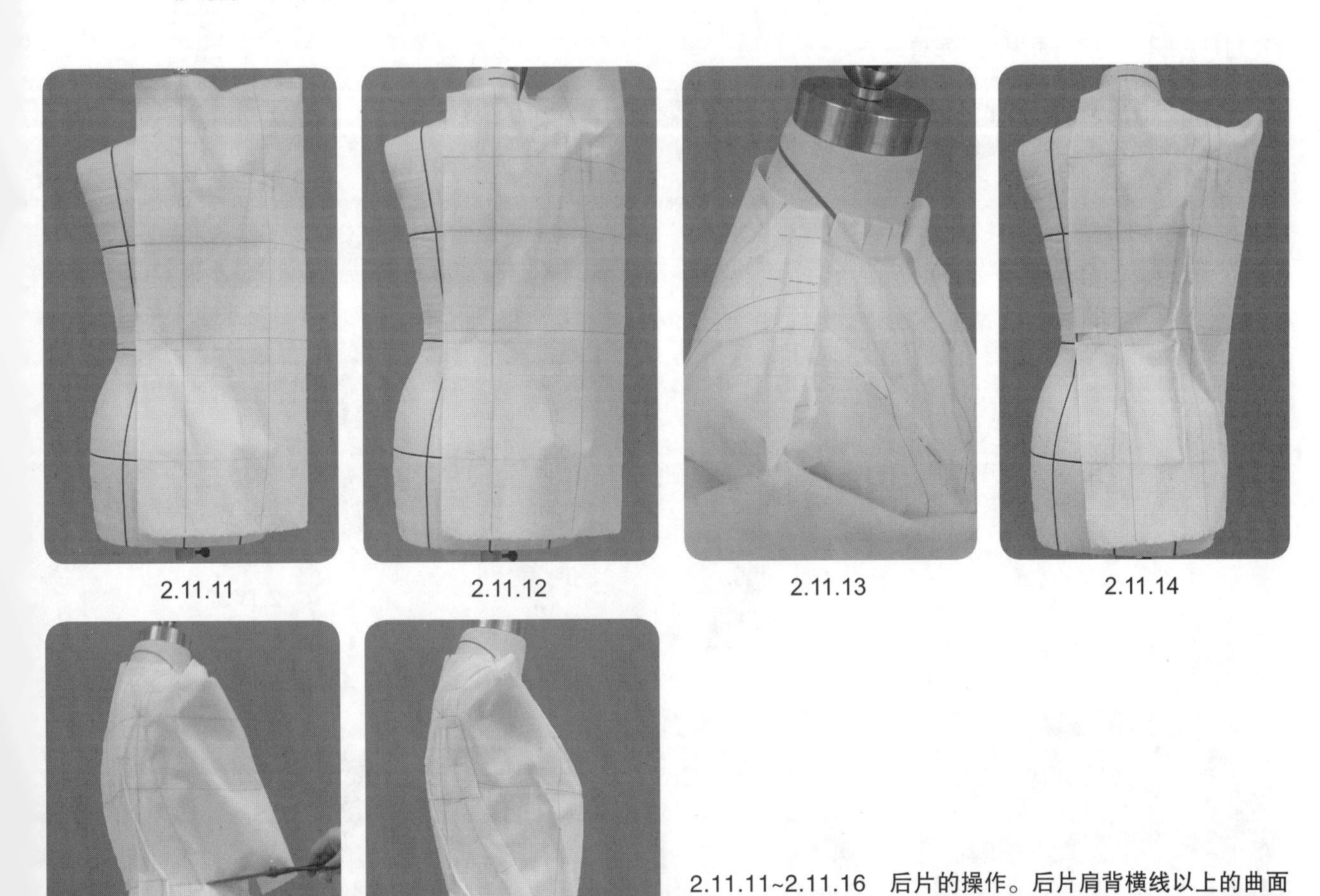

2.11.11　2.11.12　2.11.13　2.11.14

2.11.11~2.11.16　后片的操作。后片肩背横线以上的曲面量分配为：0.2 cm的后领口松量、0.4~0.6 cm的肩线缝缩量、适当的袖窿松量，其余的转移至下摆，形成下摆的放松量，多余的设置为下摆连腰省的省道开口量。用大头针抓别斜向连腰省，下口处为开花省造型。逐段修剪，别合前、后片分割线。

2.11.15　2.11.16

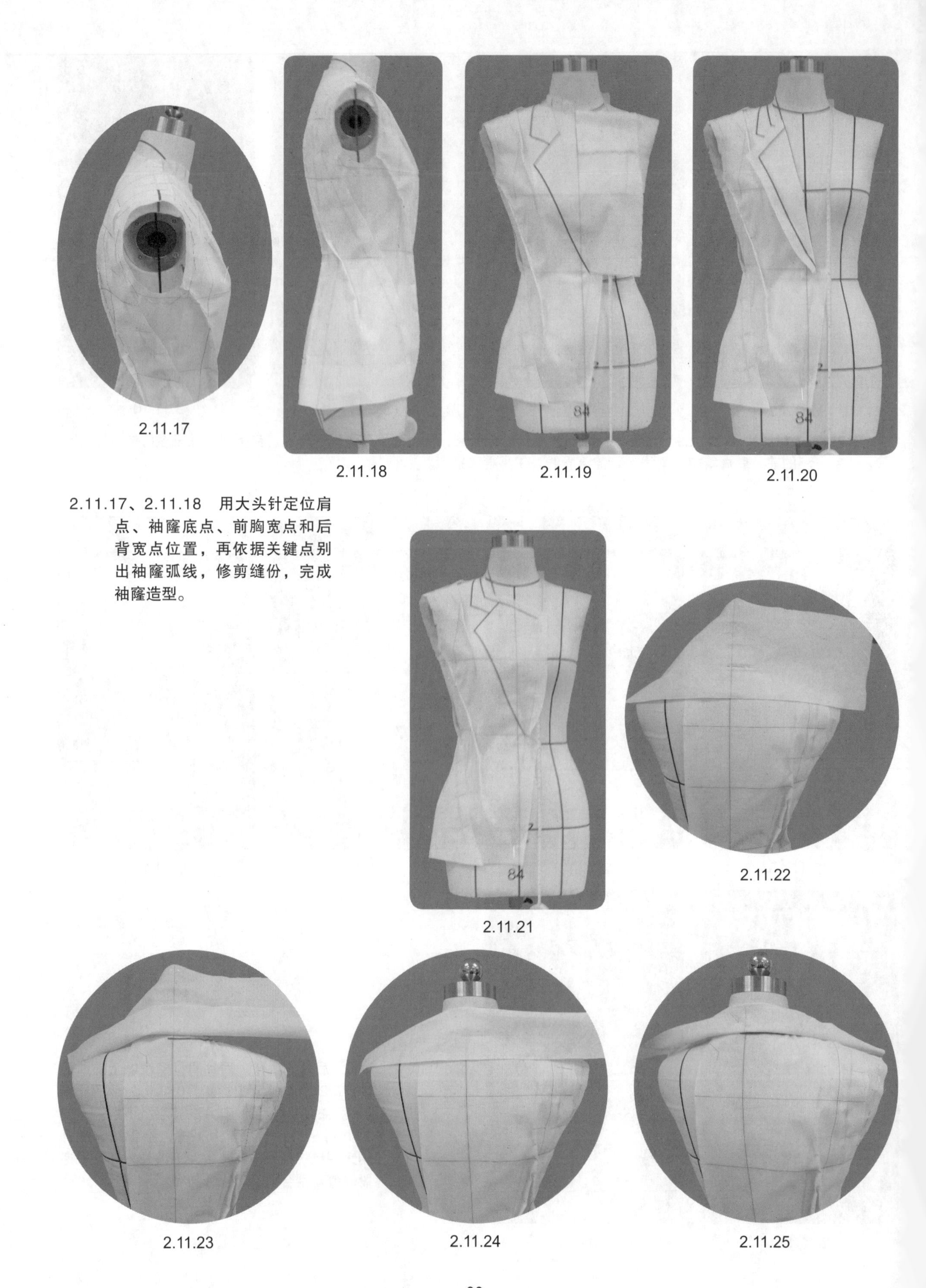

2.11.17

2.11.18

2.11.19

2.11.20

2.11.17、2.11.18　用大头针定位肩点、袖窿底点、前胸宽点和后背宽点位置，再依据关键点别出袖窿弧线，修剪缝份，完成袖窿造型。

2.11.21

2.11.22

2.11.23

2.11.24

2.11.25

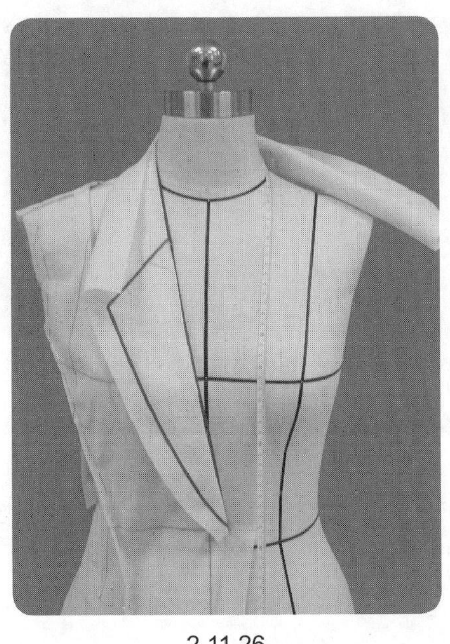

2.11.26

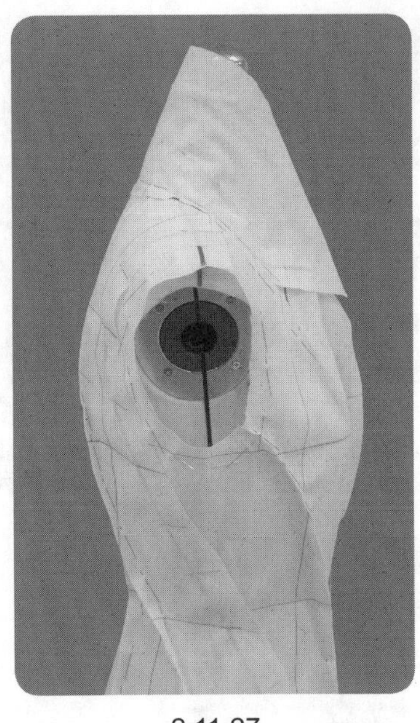

2.11.27

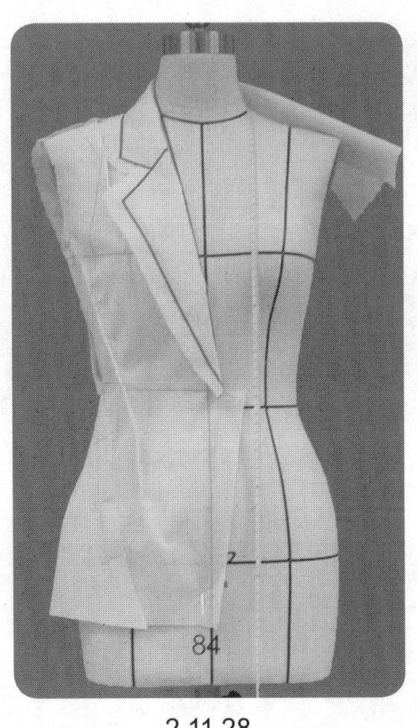

2.11.28

2.11.19~2.11.28　驳折领造型。驳折领为部分的衣身翻折组合连翻领领片的领型。前半部分为完成衣身翻折部分和领口线，后半部分为连翻领领片的操作。连翻领领片的操作要点为“三翻”的方法，可采用领下口弧线适当拔开的方法满足领片翻折的平服性要求。

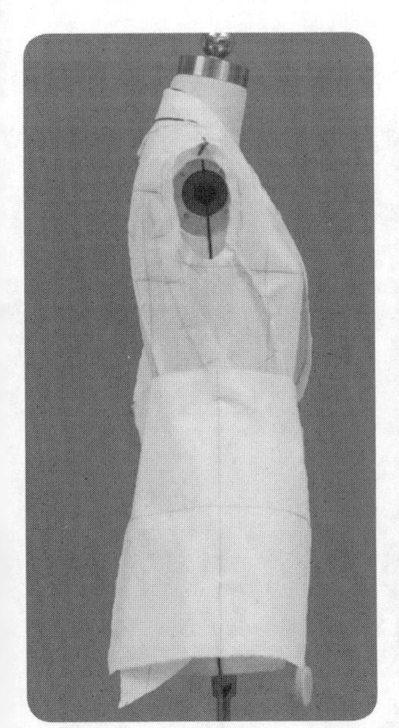

2.11.29

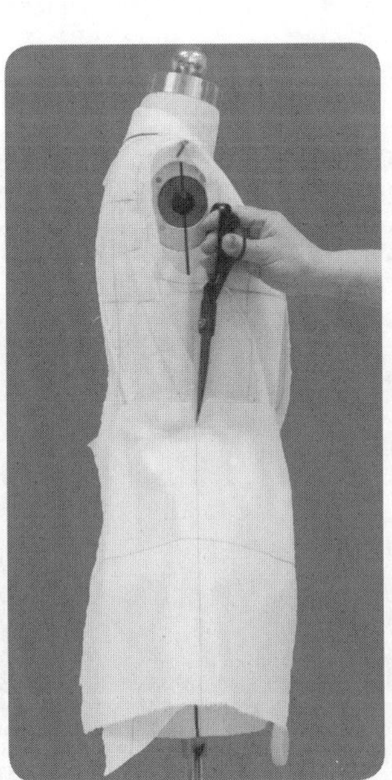

2.11.30

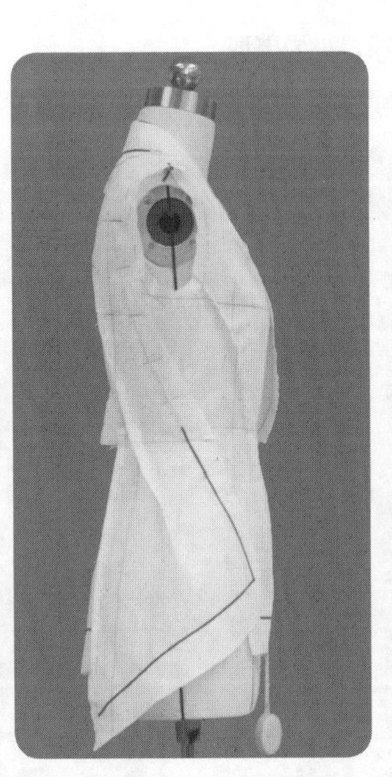

2.11.31

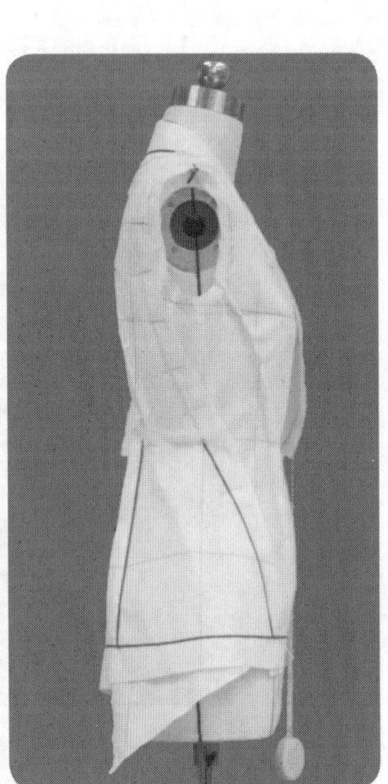

2.11.32

2.11.29~2.11.32　侧片内层饰片的操作。

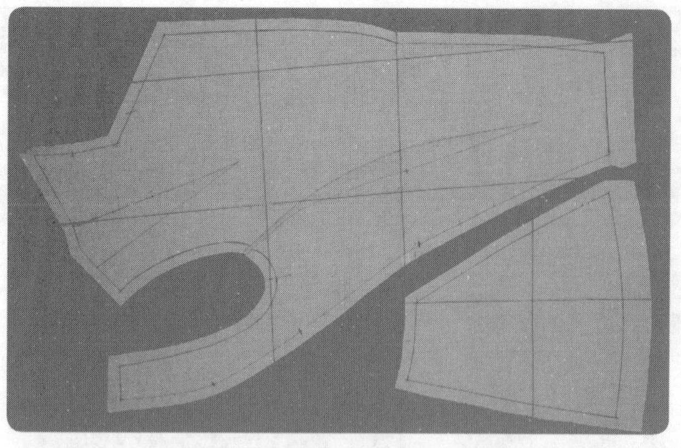

2.11.33(1)

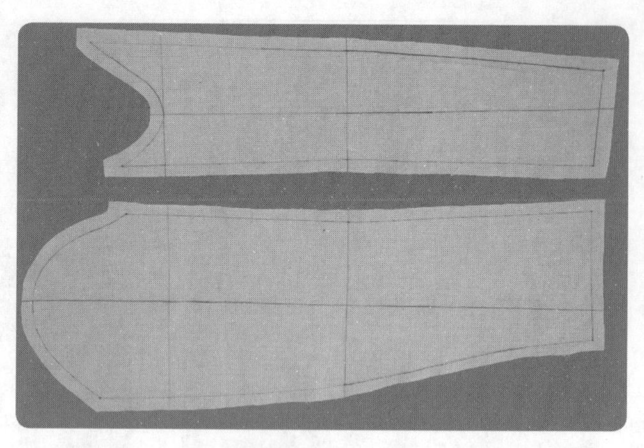

2.11.34

2.11.34 基于袖窿弧线，平面配置袖长 57 cm、袖肥 32 cm、袖口 22 cm、袖山缝缩量为 2 cm的两片弯身袖。

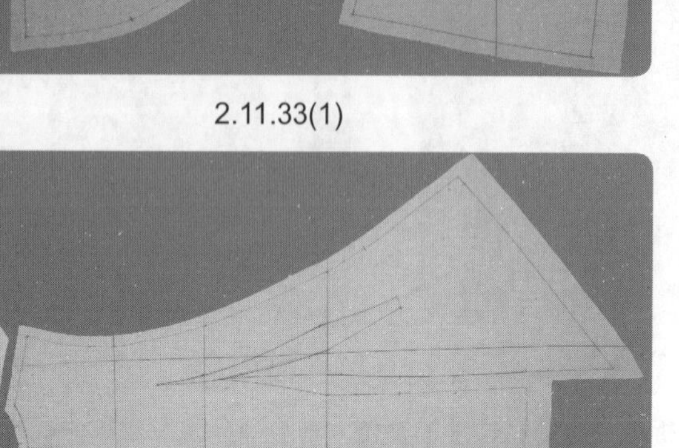

2.11.33(2)

2.11.33 标点描线，平面整理。

2.11.35

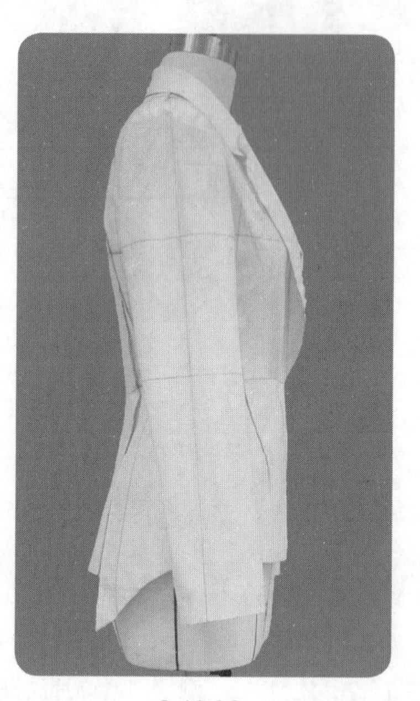

2.11.36

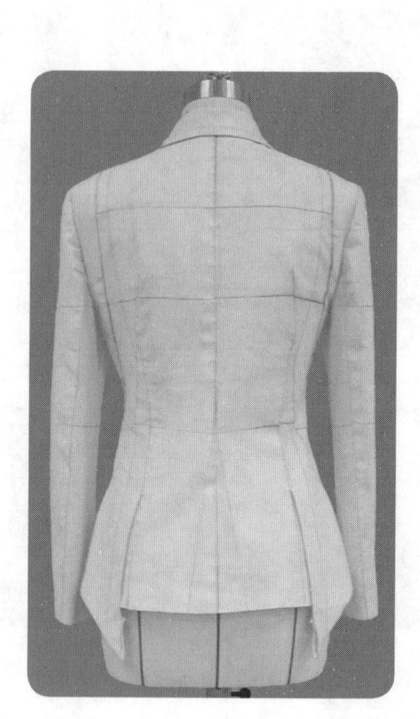

2.11.37

2.11.35~2.11.37 试样补正。整体造型完成。

12 折叠立领大衣

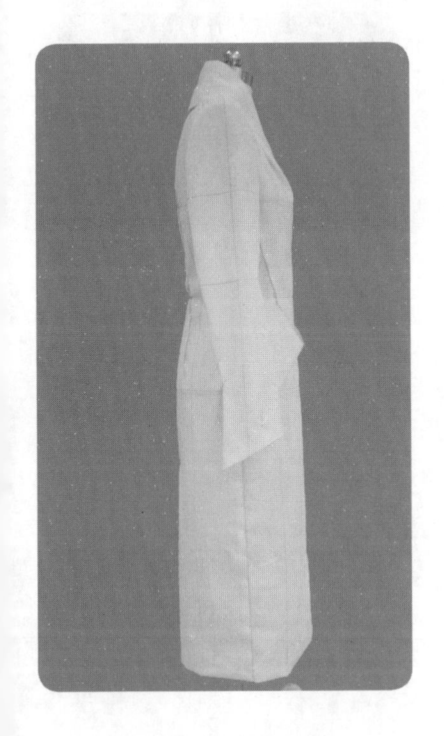

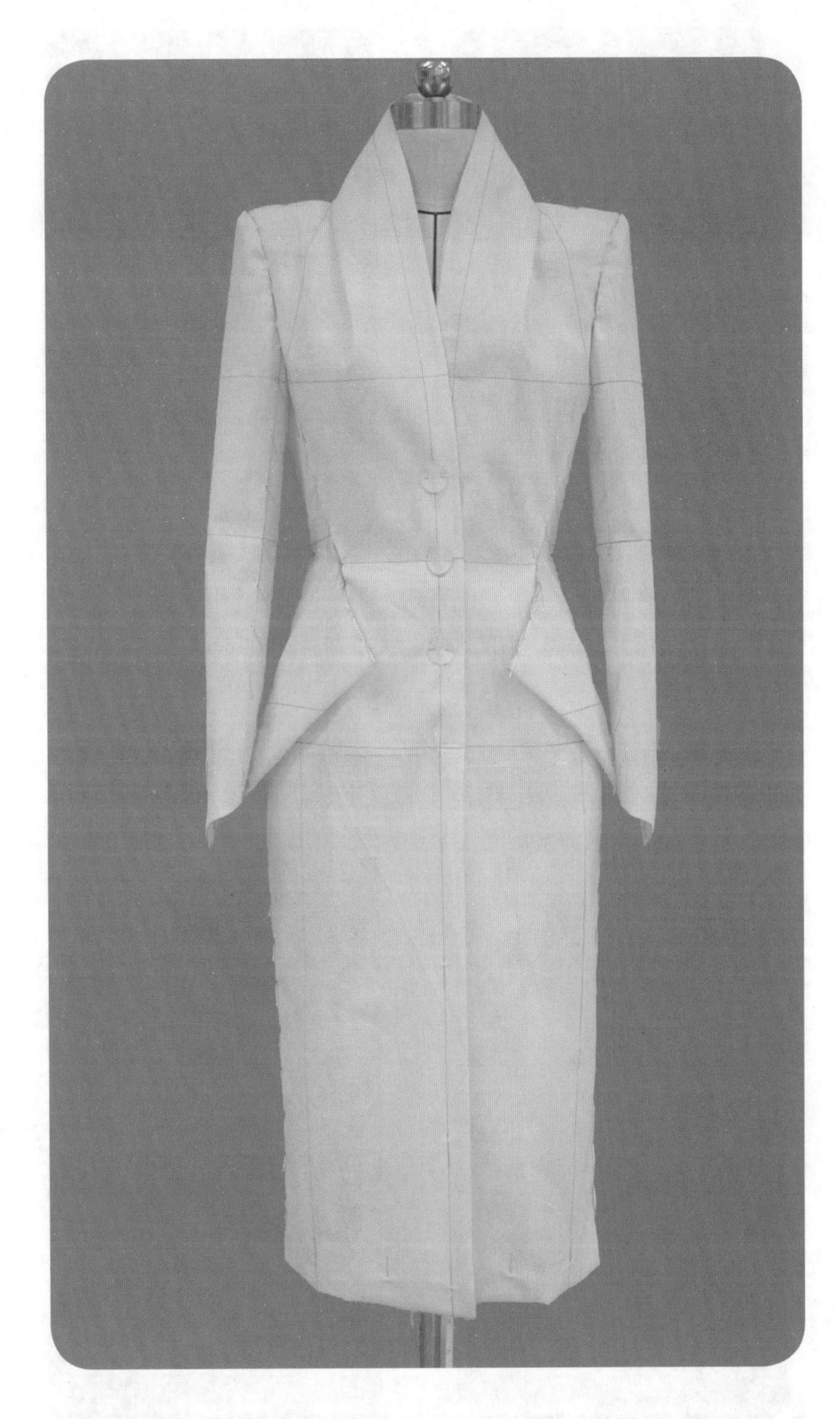

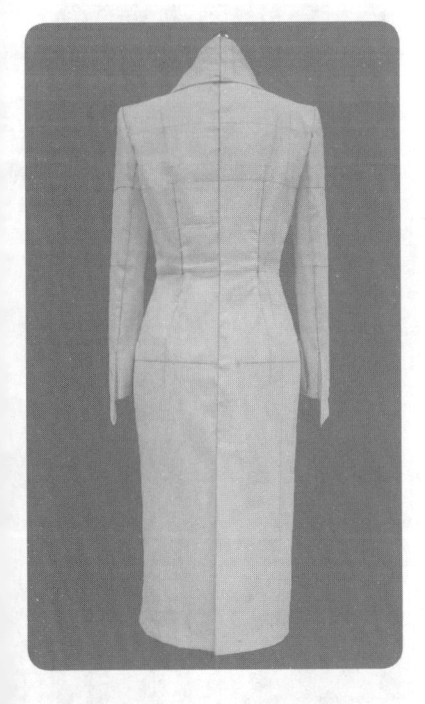

造型要点

基于领口省的连片折叠巧妙形成连身立领结构，基于袖窿斜向连腰开口省道和后移的前、后衣片分割线连片折叠形成大袋盖造型，斜向袖口线与斜向袋盖线的配合，以及平肩的夸张肩部造型，形成巧妙运用结构线进行造型设计的典范作品。主要技术规格为胸围松量 10 cm、腰围松量 10 cm、臀围松量 10 cm、袖长 62 cm、袖肥 33 cm、袖口 24 cm。

操作步骤

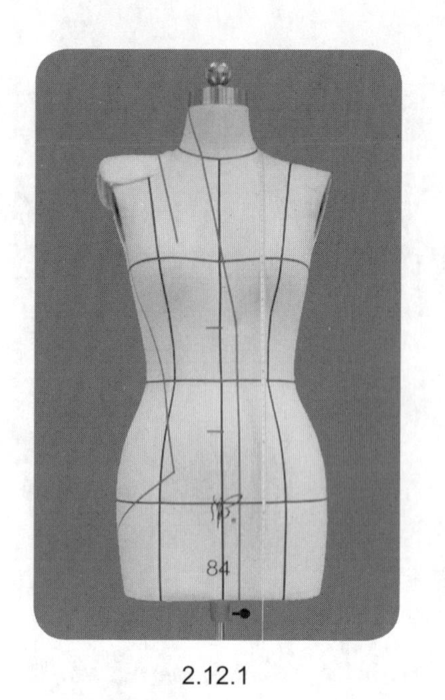

2.12.1

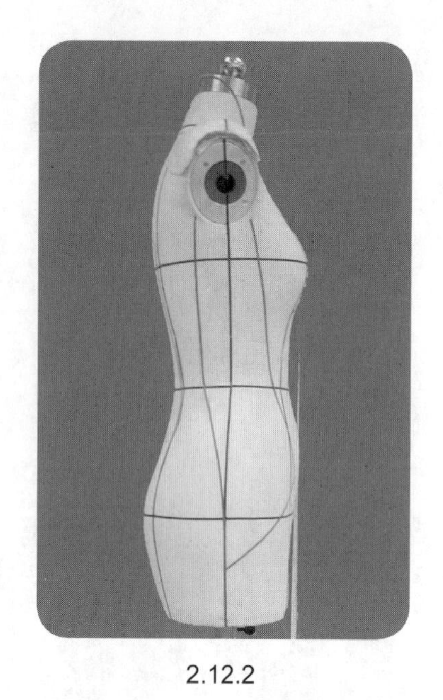

2.12.2

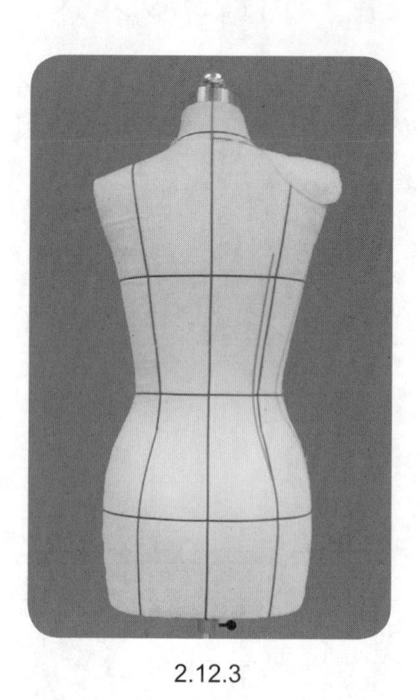

2.12.3

2.12.1~2.12.3　贴置款式造型线。垫肩厚度1.5 cm，且增大肩宽，塑造平肩夸张肩部造型。

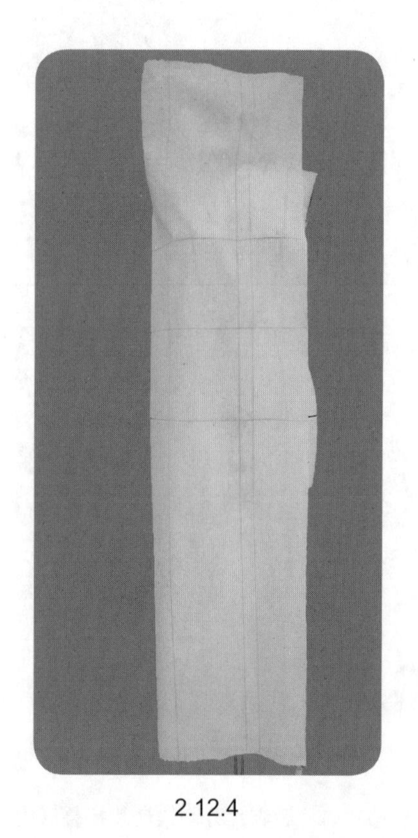

2.12.4

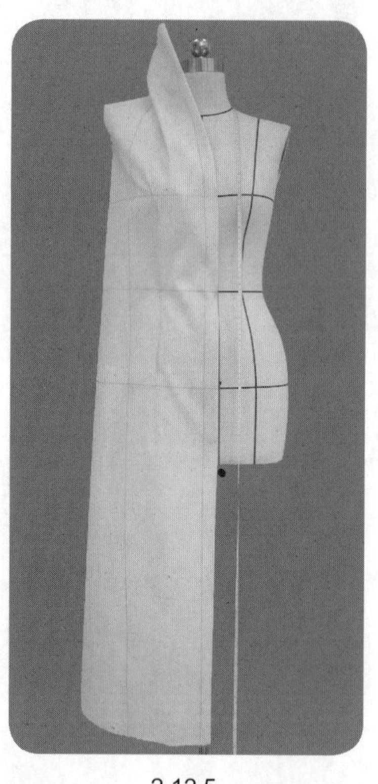

2.12.5

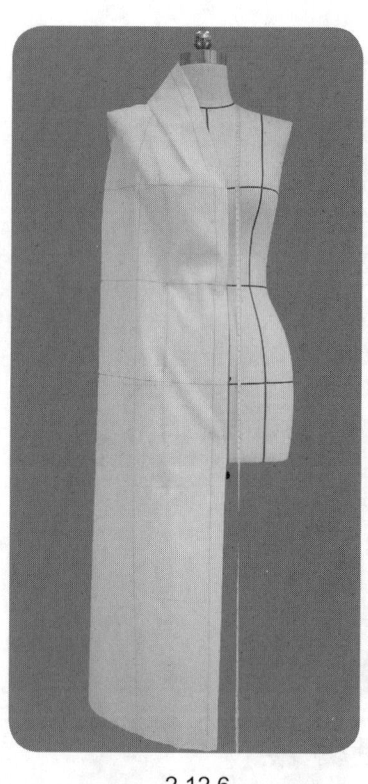

2.12.6

2.12.4　把前片用布固定于人台上，布纹线与对应的人台标示线对齐。

2.12.5、2.12.6　前片操作总体上按从领口开始的逆时针次序进行。首先设置对应SNP位置的肩省处理前片胸围线以上的曲面量，且将挂面量内翻，形成连挂面的连身立领造型，注意调整立领的恰当宽度。

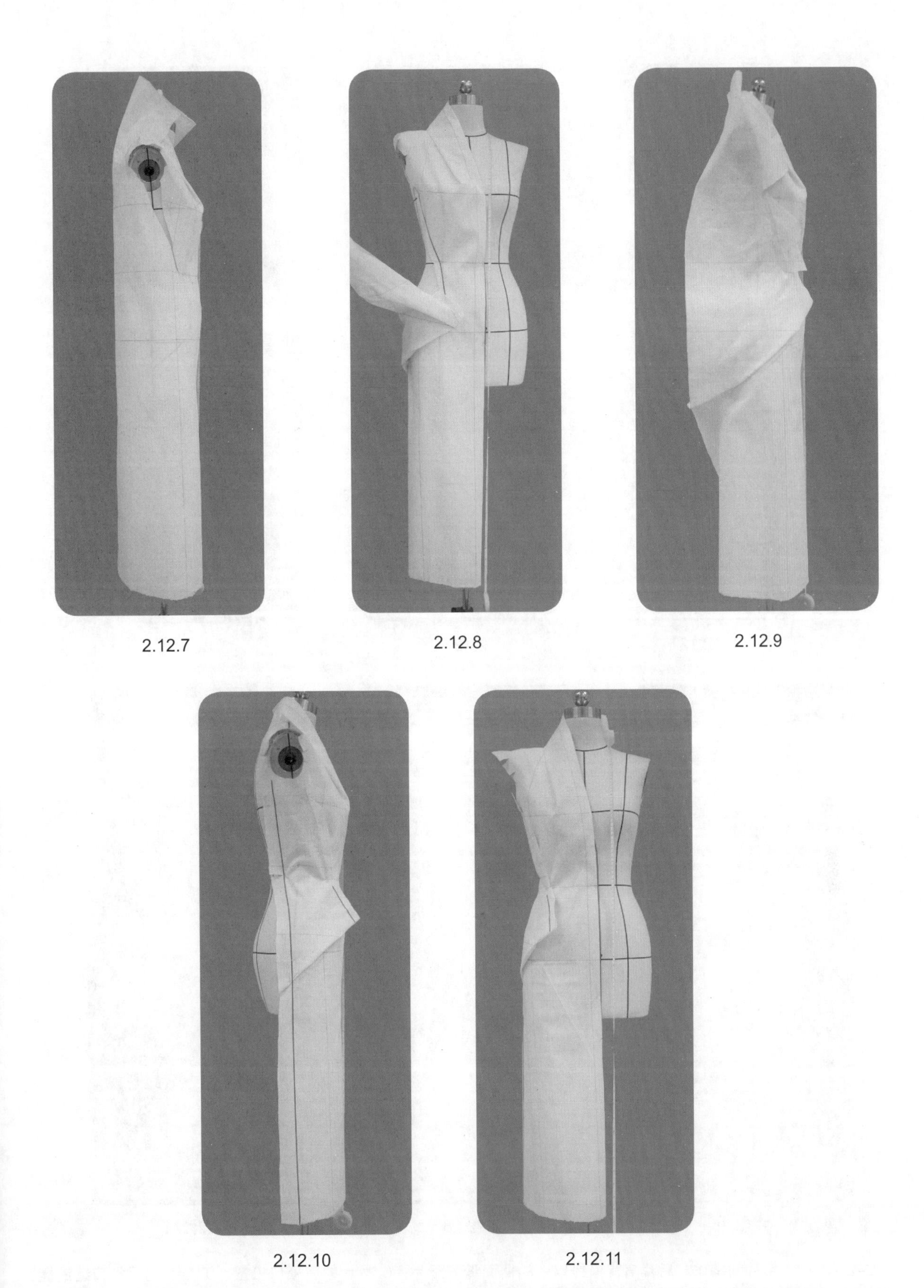

2.12.7　2.12.8　2.12.9

2.12.10　2.12.11

2.12.7~2.12.11　修剪前肩线、前袖窿，余留胸围松量固定袖窿起始的连腰省省边；折叠用布形成袋盖造型；平叠法别合袖窿起始的连腰省；逐段修剪侧缝线。初步完成前片的操作。

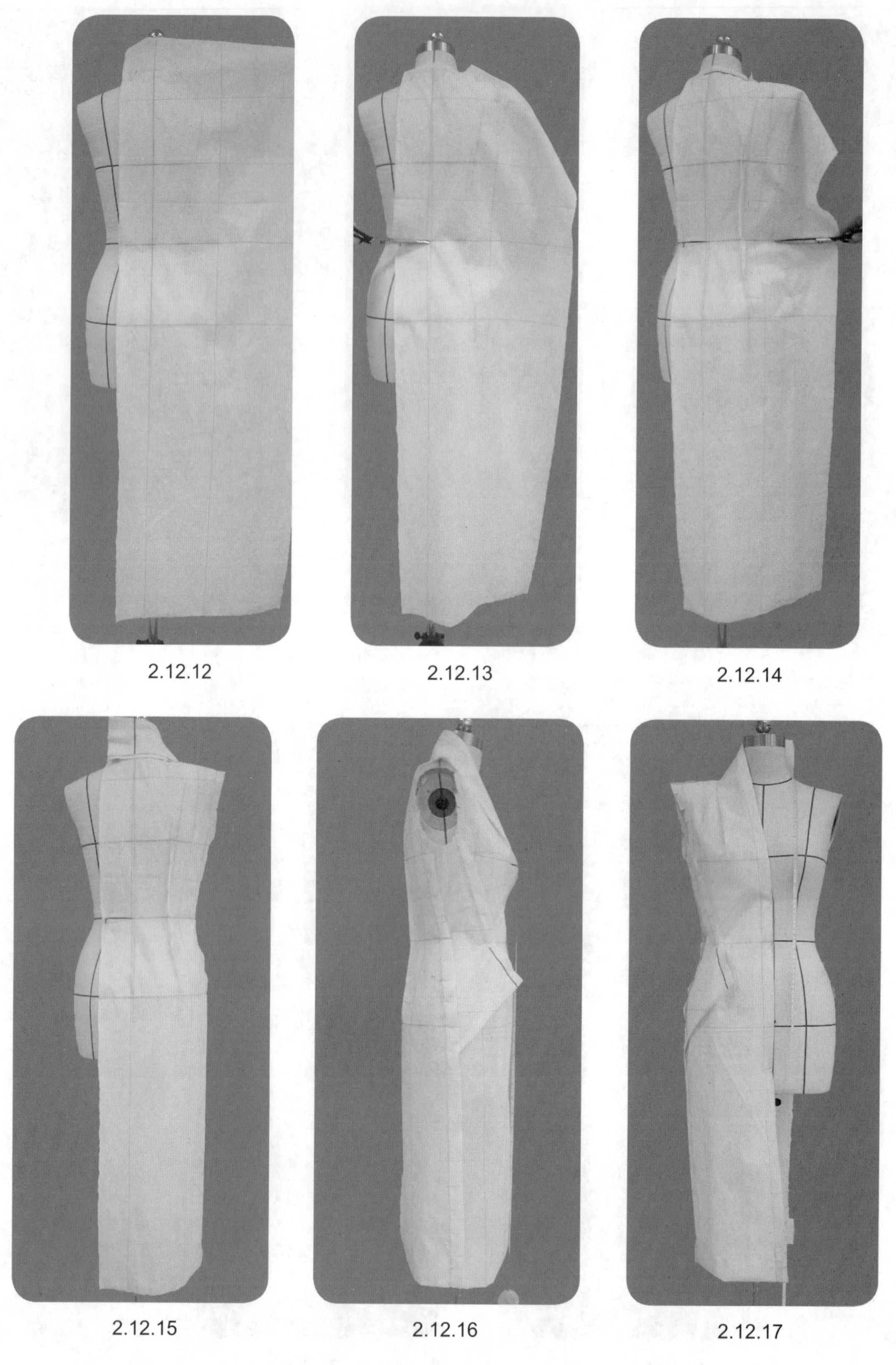

2.12.12 2.12.13 2.12.14

2.12.15 2.12.16 2.12.17

2.12.12~2.12.17　后片的操作。后片肩背横线以上的曲面量分配为：0.2 cm的后领口松量、0.2 cm的后领口缝缩量、0.7 cm的肩线缝缩量、适当的袖窿松量。后片吸腰量处理于后中心线和后连腰省。

2.12.18

2.12.18 标点描线，平面整理。

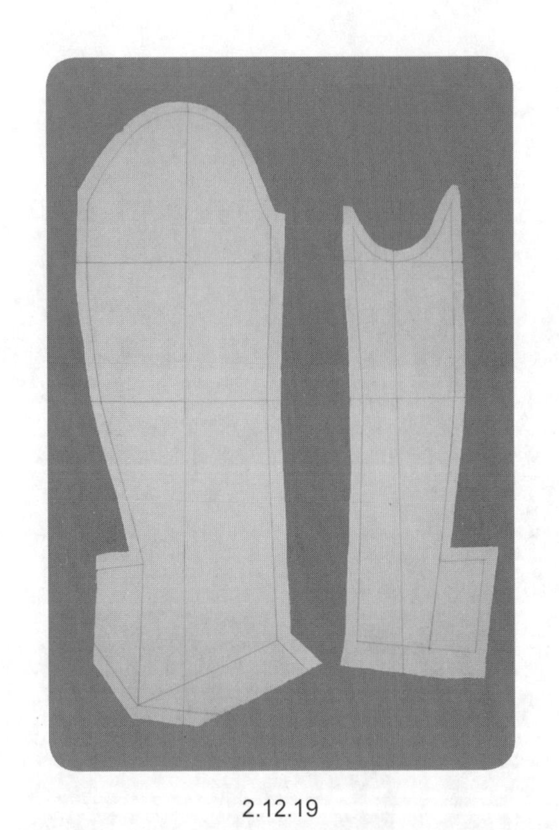

2.12.19

2.12.19 基于袖窿弧线，平面配置袖长62 cm、袖肥33 cm、袖口24 cm、袖山缝缩量为2.5 cm的两片弯身袖。注意袖口的喇叭造型。

2.12.20

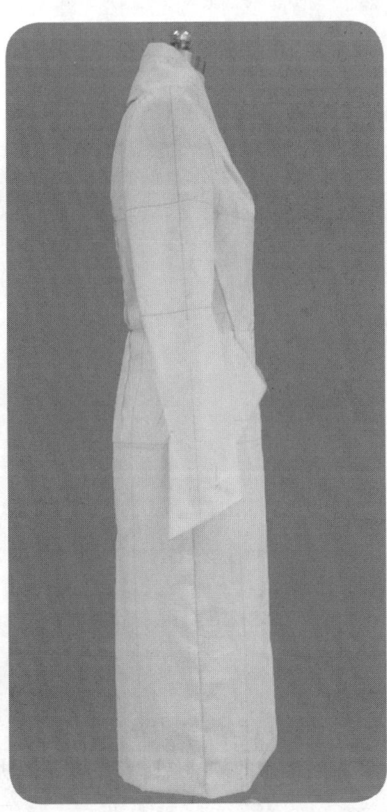

2.12.21

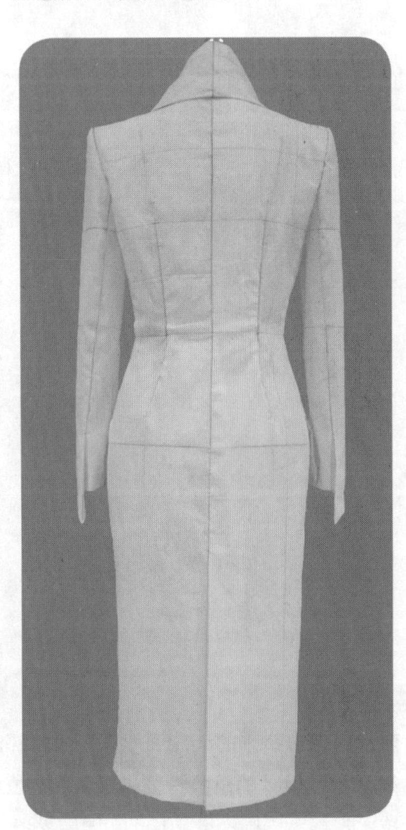

2.12.22

2.12.20~2.12.22 试样补正。整体造型完成。

13 折叠衣片外套

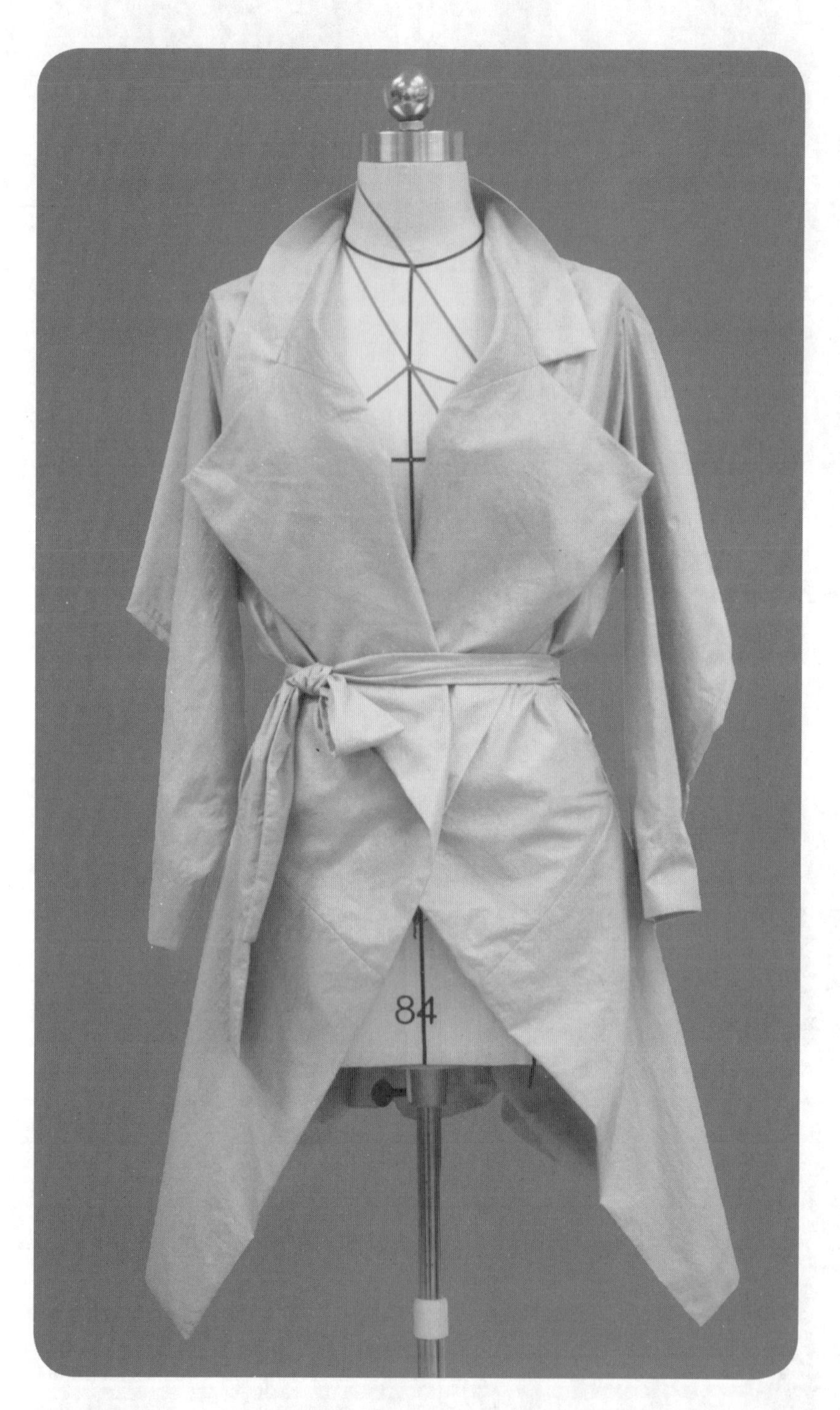

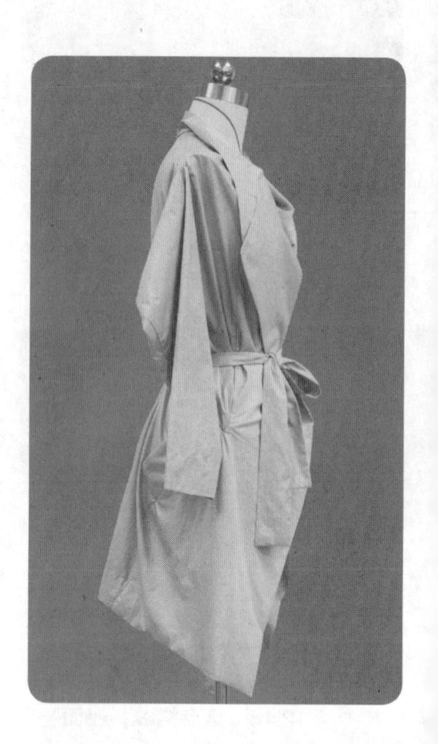

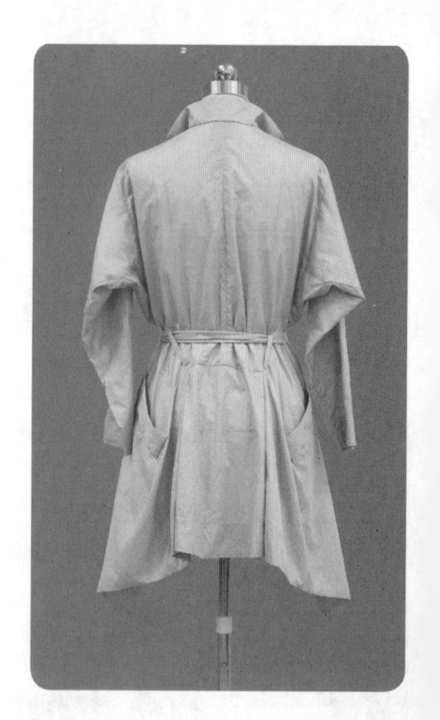

造型要点

前片为向内折叠的连挂面形式，但腰部的部分断开横向分割线调整了上、下段的折叠量。整体的直线型省道、直线型分割线是服装设计的重要特征，直条状的立领和直线插角的衣袖造型与整体造型协调，是东方造型元素运用的大师之作。主要技术规格为胸围松量 20 cm、腰围松量 16 cm、袖长 57 cm、袖肥 36 cm、袖口 24 cm。

操作步骤

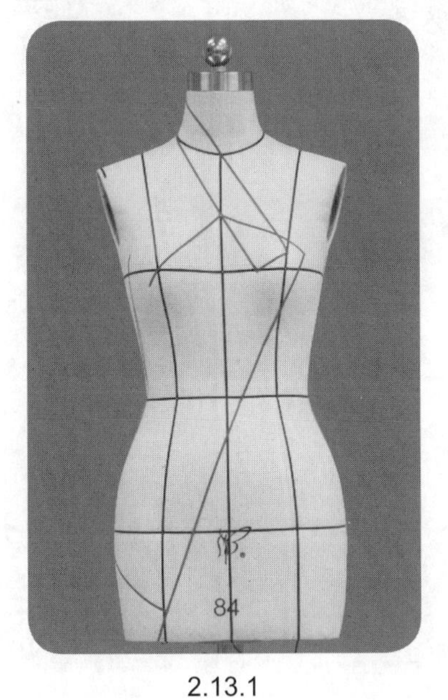

2.13.1

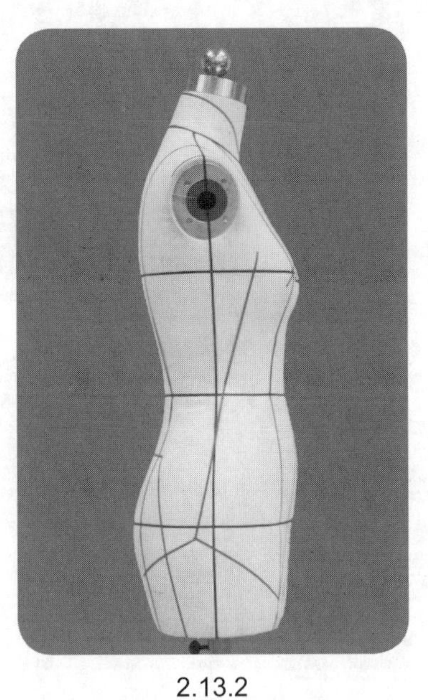

2.13.2

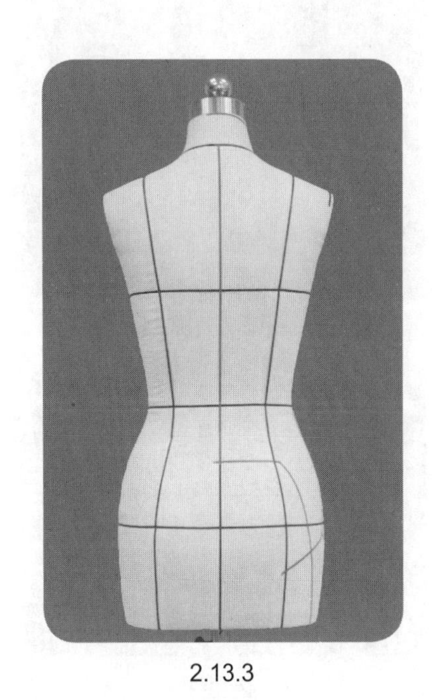

2.13.3

2.13.1~2.13.3　贴置款式造型线。

2.13.4　前片斜门襟利用直丝缕，且用布向内折叠适当宽度，形成连挂面形式。向内折叠的宽度超过肩宽5 cm。

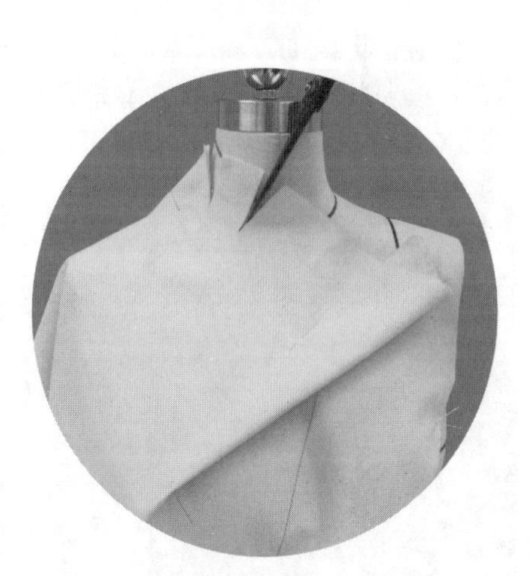

2.13.4

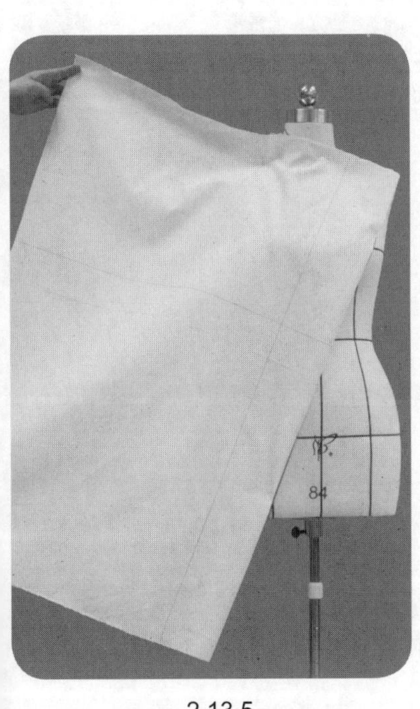

2.13.5

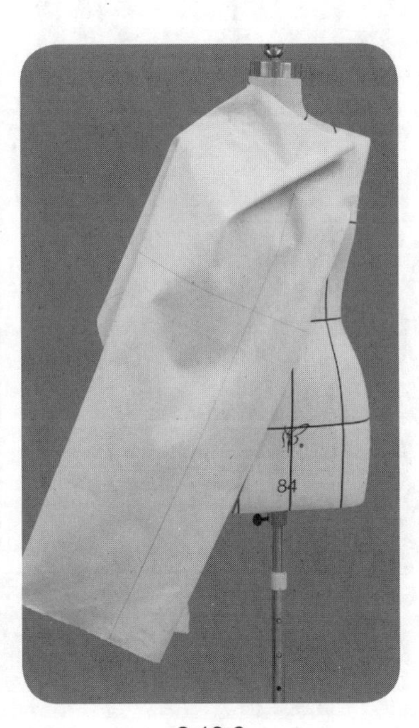

2.13.6

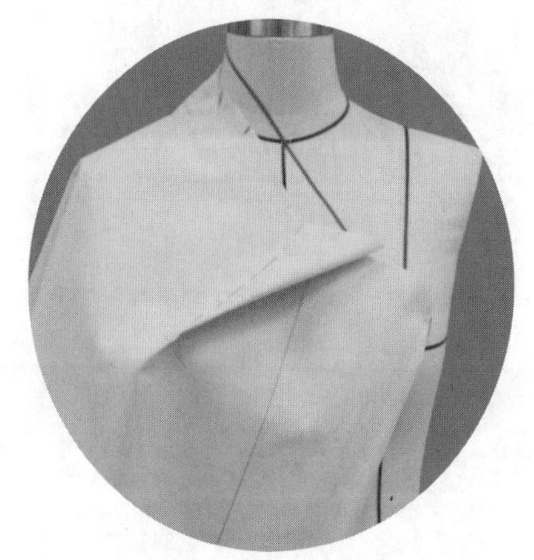

2.13.7

2.13.5~2.13.7　设置前领口省，修剪前领口弧线。此部位为双层用布同时操作。

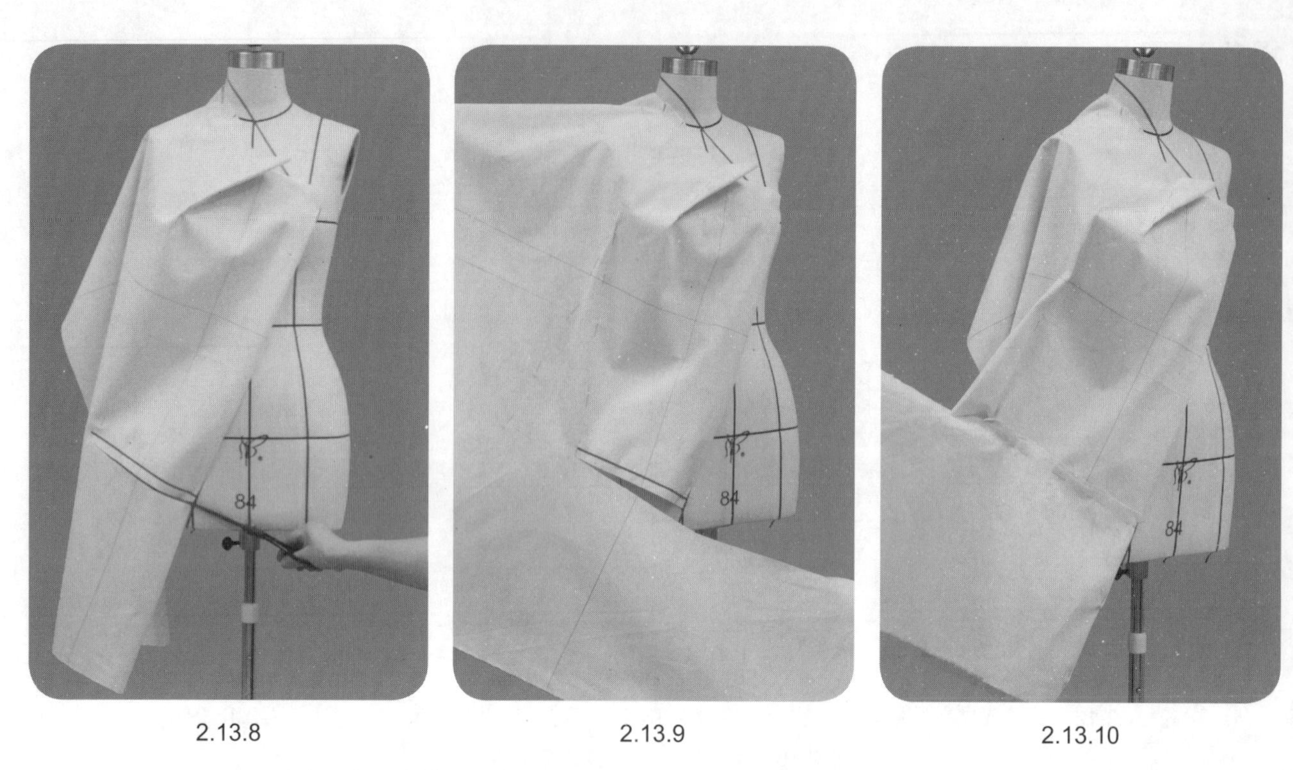

2.13.8　　2.13.9　　2.13.10

2.13.8~2.13.11　确定部分断开的横向分割线位置，余留缝份，剪开至侧省位置。抓别直线省边的侧省。向内折叠用布，调整宽度，对位别合横向分割线。

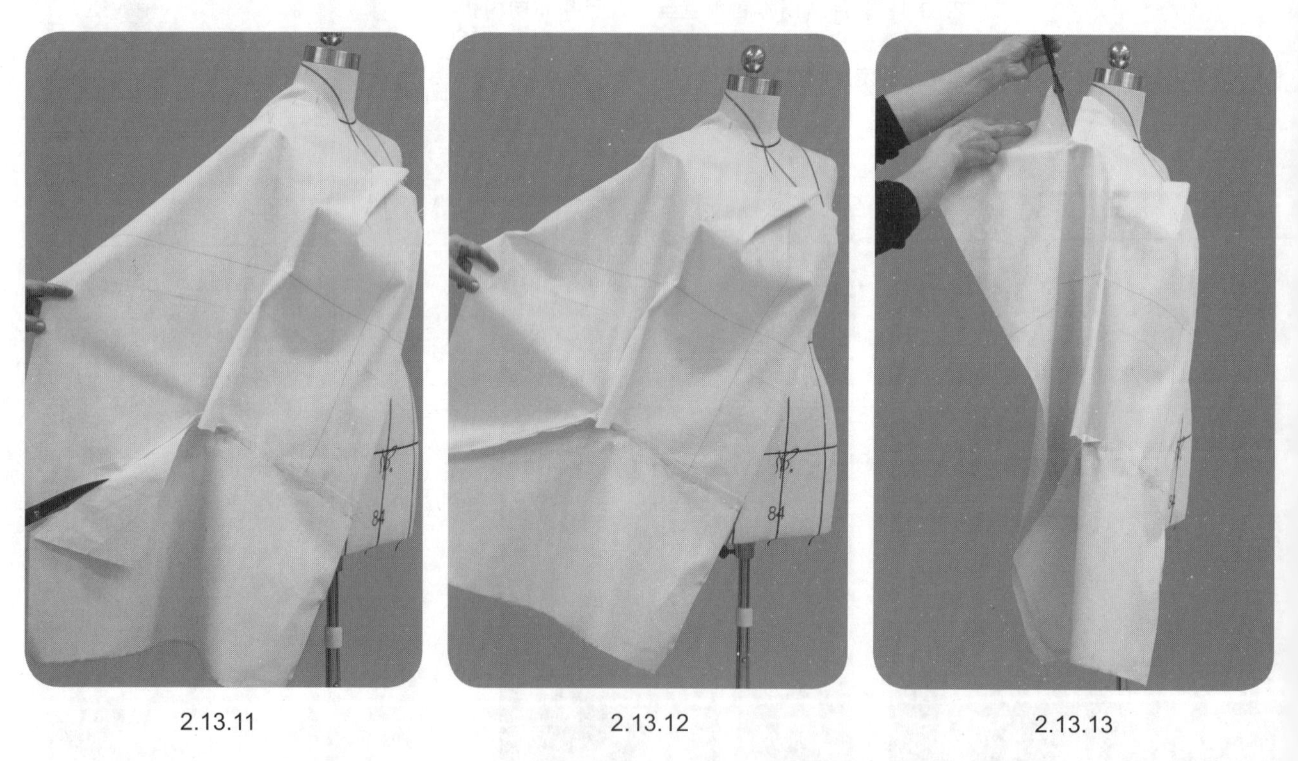

2.13.11　　2.13.12　　2.13.13

2.13.12~2.13.15　别合后侧分割线，修剪肩线和侧缝线，注意分割线的直线特征。

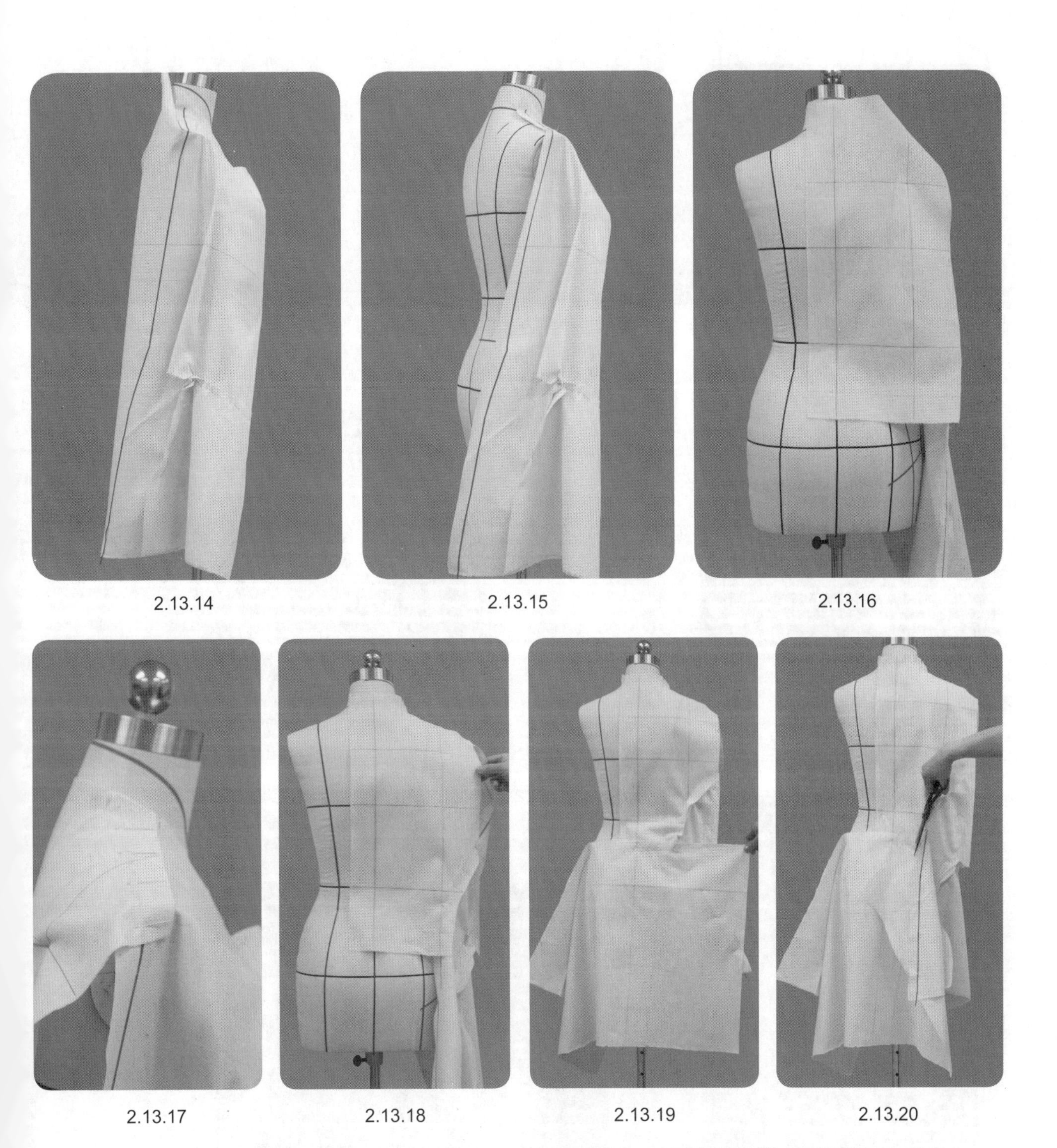

2.13.14　2.13.15　2.13.16

2.13.17　2.13.18　2.13.19　2.13.20

2.13.16~2.13.20　后上片的操作。后领口留0.2 cm松量，肩线不设置缝缩量，其余松量设置于后袖窿处，且后袖窿为直线状。

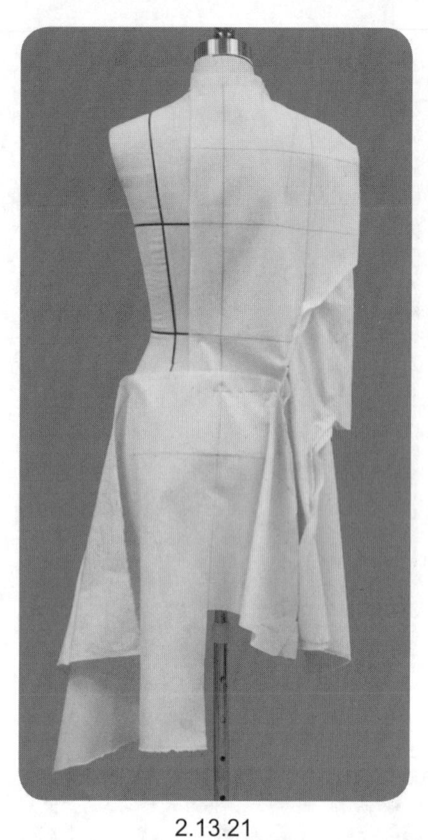

2.13.21

2.13.21　后下片的操作。

2.13.22

2.13.23

2.13.24

2.13.22~2.13.24　领片的操作。领片为连口直条状造型。

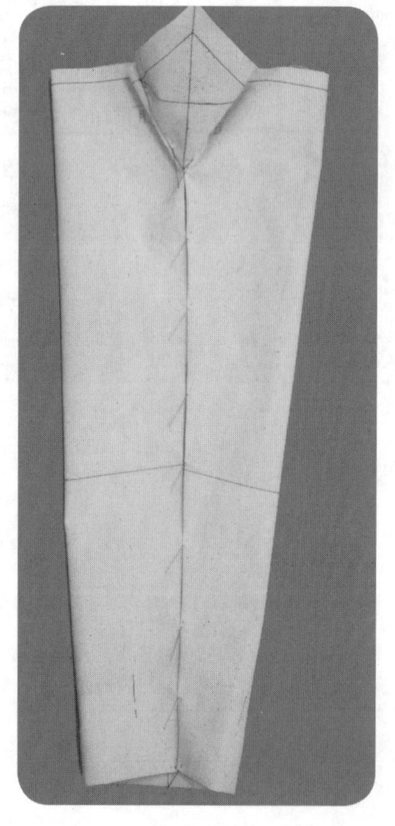

2.13.25

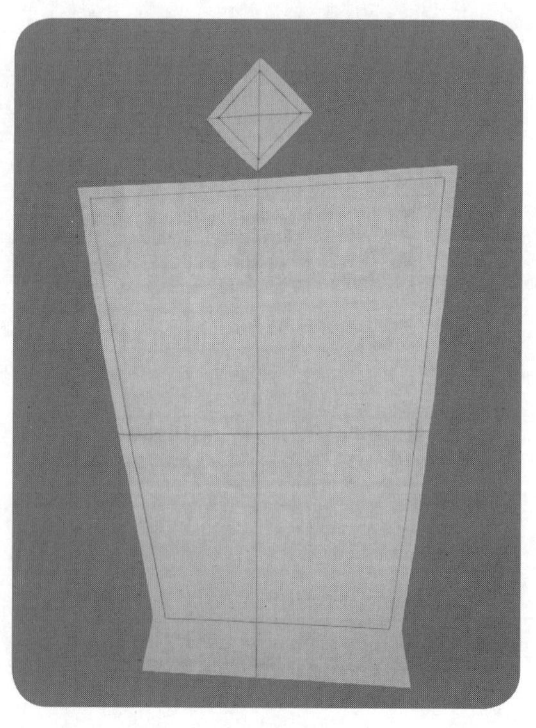

2.13.26

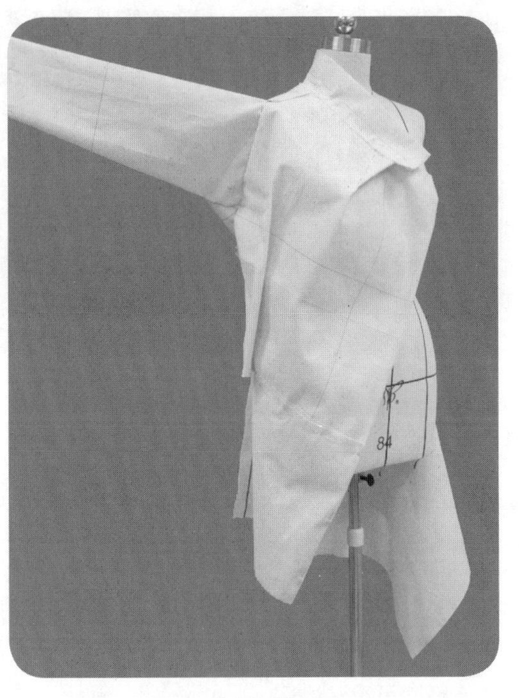

2.13.27

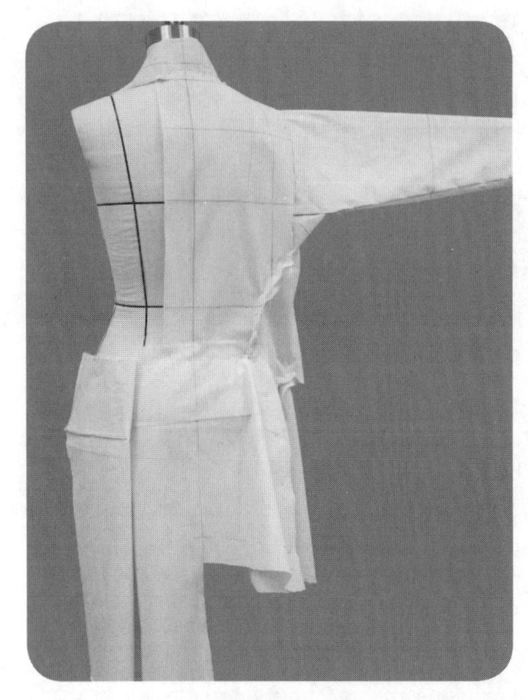

2.13.28

2.13.25~2.13.28　根据袖长、袖肥、袖口尺寸平面绘制直线状衣袖片，量取前袖窿长度、后袖窿长度，比对差值绘制插角片，别合调整，完成衣袖造型。

2.13.29(1)

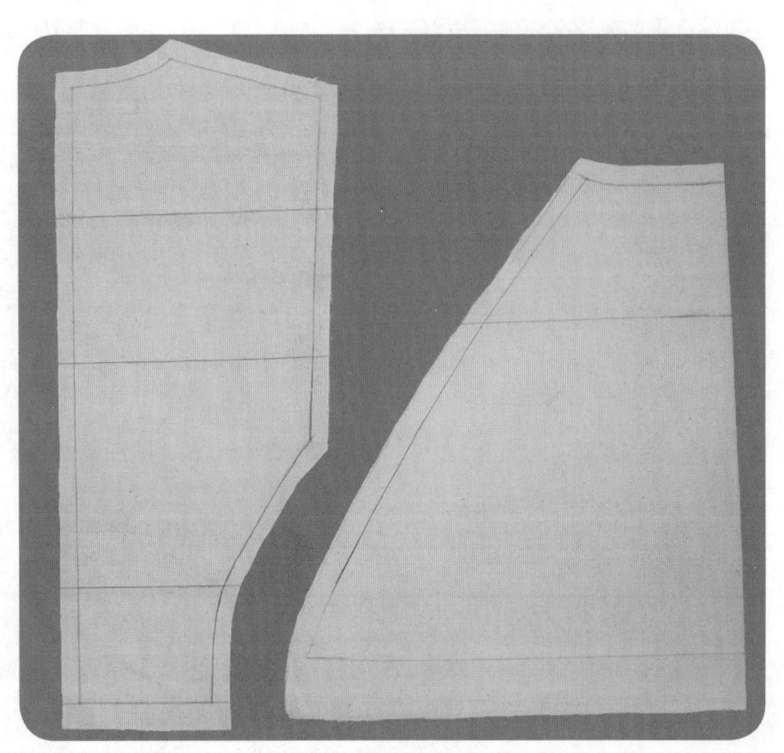

2.13.29(2)

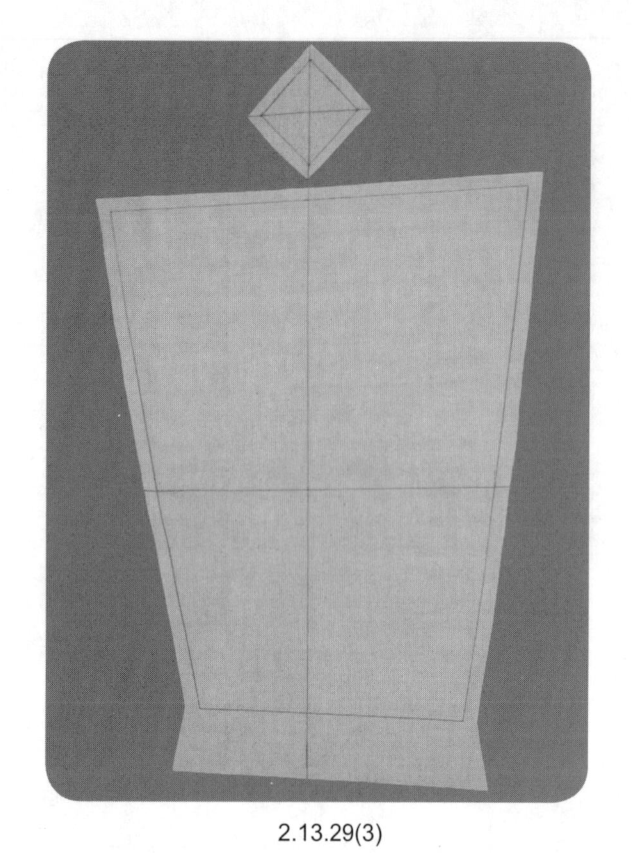

2.13.29(3)

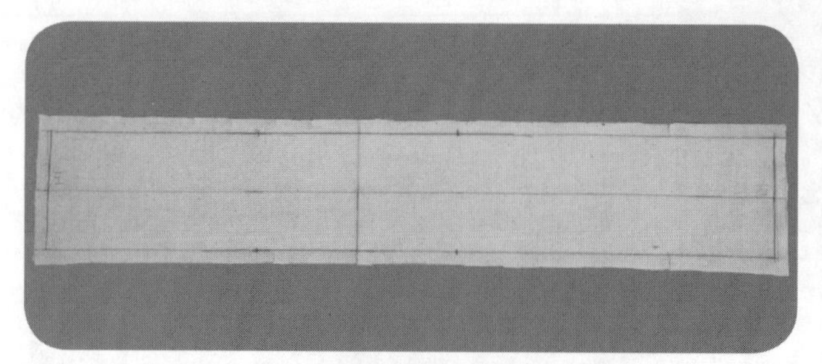

2.13.29(4)

2.13.29　标点描线，平面整理。

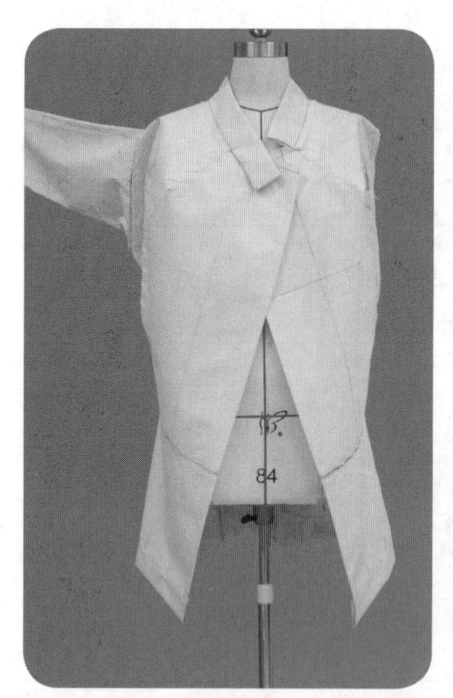

2.13.30

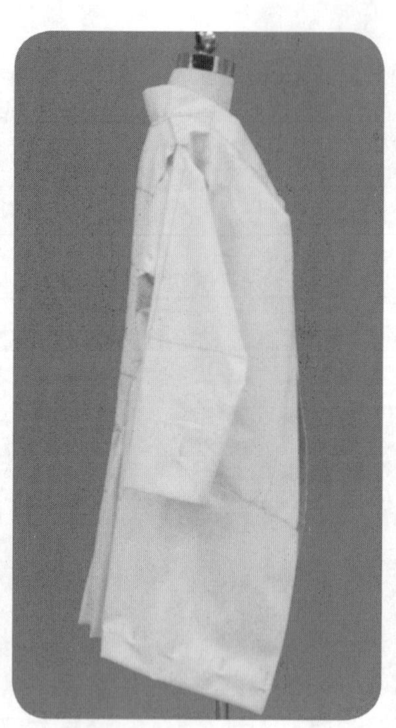

2.13.31

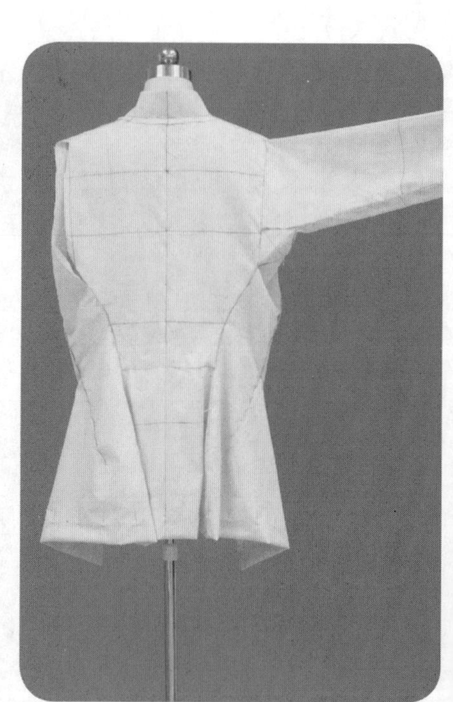

2.13.32

2.13.30~2.13.32　用大头针别合衣片，试样补正。

14 分割衣袖外套

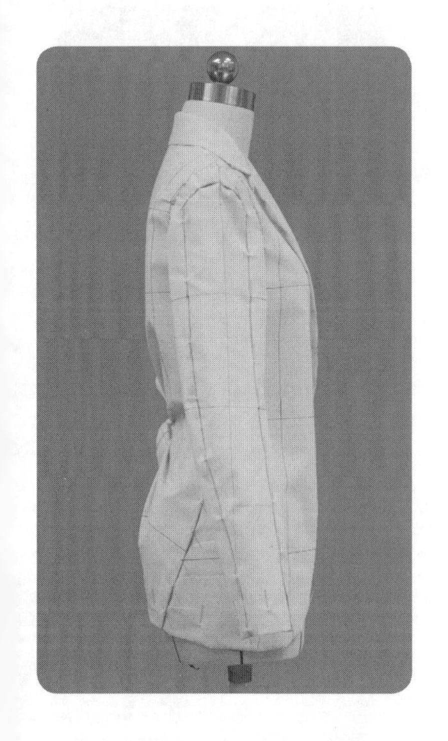

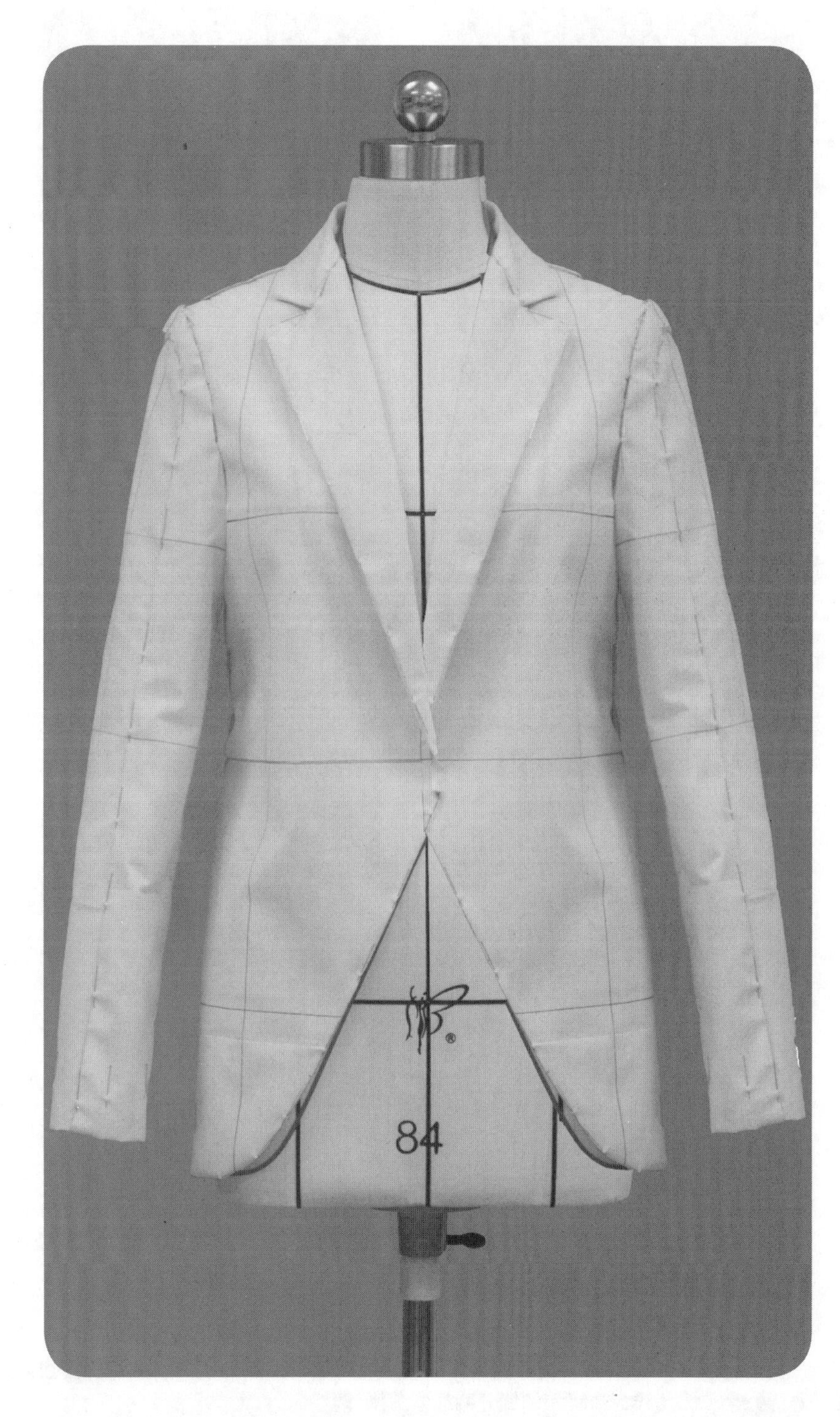

造型要点

前片无省道直身造型、后片中缝衣裥的收腰设计、后偏的侧缝分割线、衣袖的 U 型分割，配以驳折领样式的连翻领，塑造了蕴含女性气质的干练外套。主要技术规格为胸围松量 8 cm、腰围松量 14 cm、臀围松量 8 cm、袖长 57 cm、袖肥 32 cm、袖口 22 cm。

操作步骤

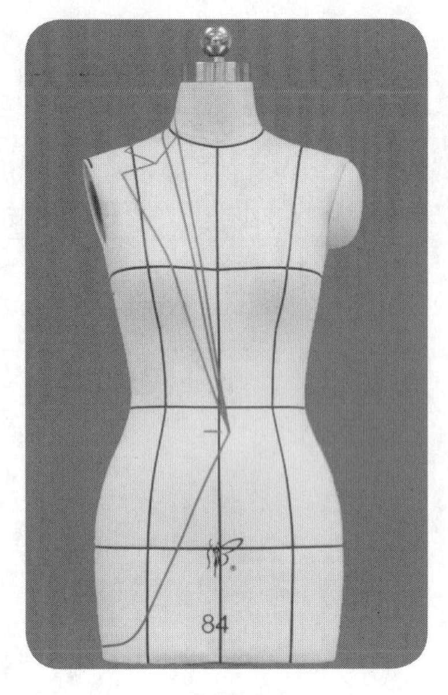

2.14.1

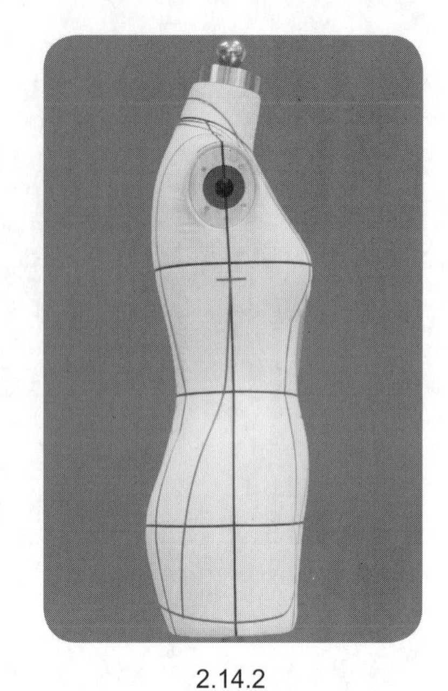
2.14.2

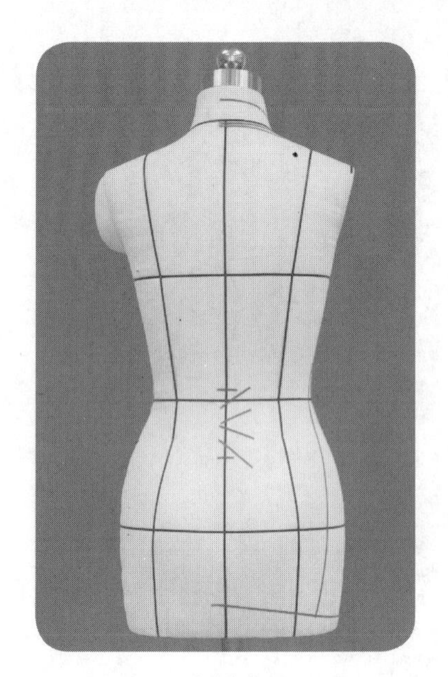
2.14.3

2.14.1~2.14.3　贴置款式造型线。

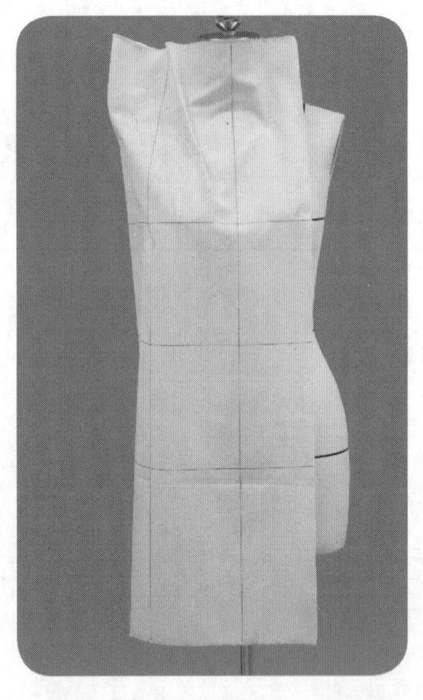
2.14.4

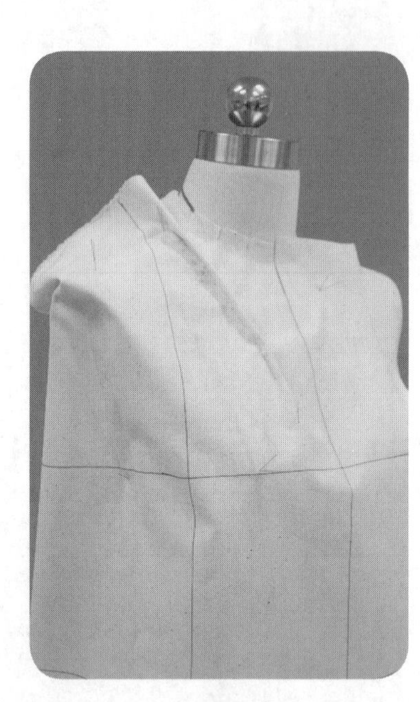
2.14.5

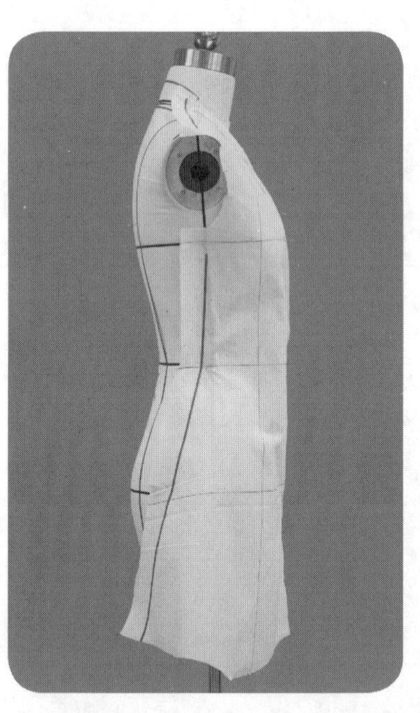
2.14.6

2.14.4~2.14.6　前片的操作。前片以对应SNP点的领口省处理胸围线以上的曲面量，再依次按领口、肩线、袖窿和侧缝分割线修剪操作。

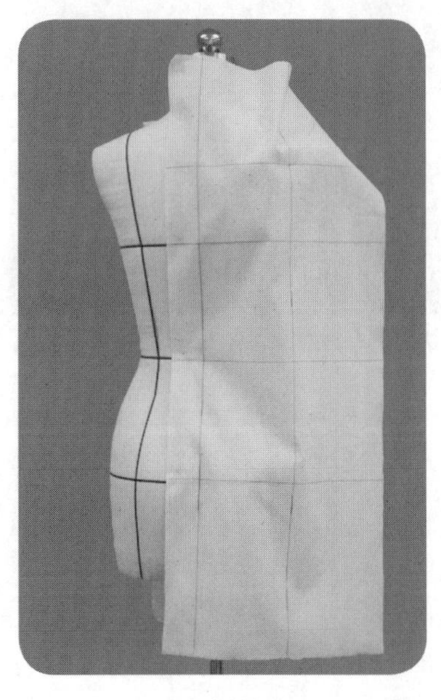

2.14.7

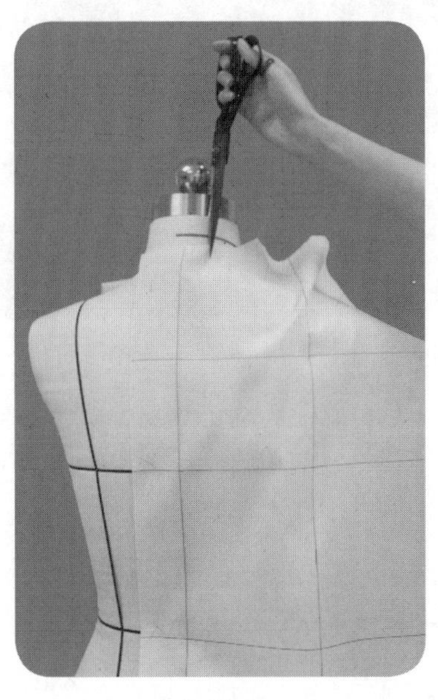

2.14.8

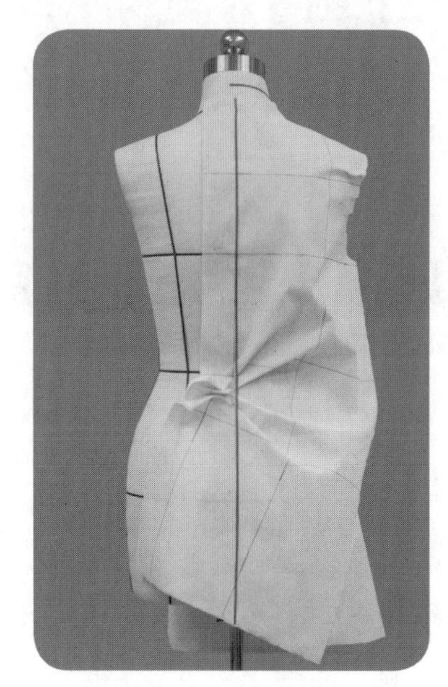

2.14.9

2.14.7~2.14.9　后片的操作。后片的肩背曲面量适当设置于后领口松量、肩线缝缩0.5 cm和袖窿松量以及缝缩0.3 cm，其余转移至后中心线腰线处衣褶。衣褶为单边衣褶，侧缝保持与前片的对位等长。

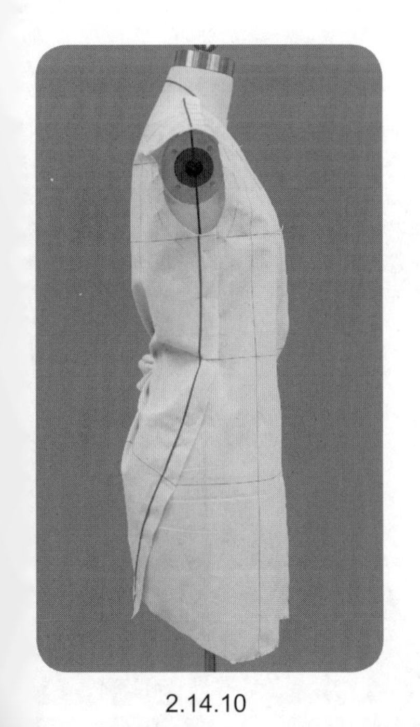

2.14.10

2.14.10　用大头针别出袖窿弧线造型。

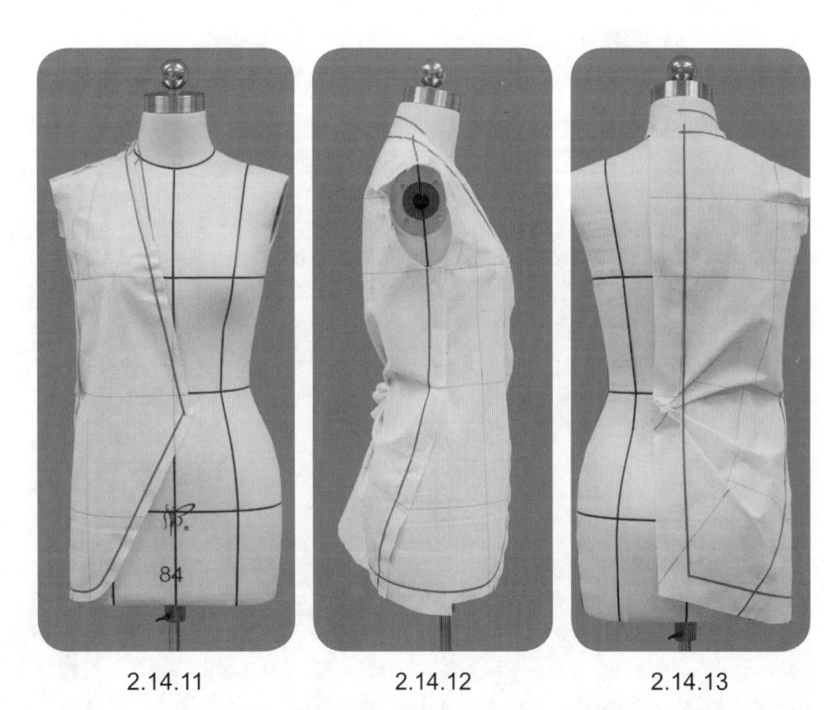

2.14.11　2.14.12　2.14.13

2.14.11~2.14.13　贴置前领口造型线和下摆造型线，并完成修剪。注意前领口弧线胸围线位置设置适当缝缩量来适当收紧领口。

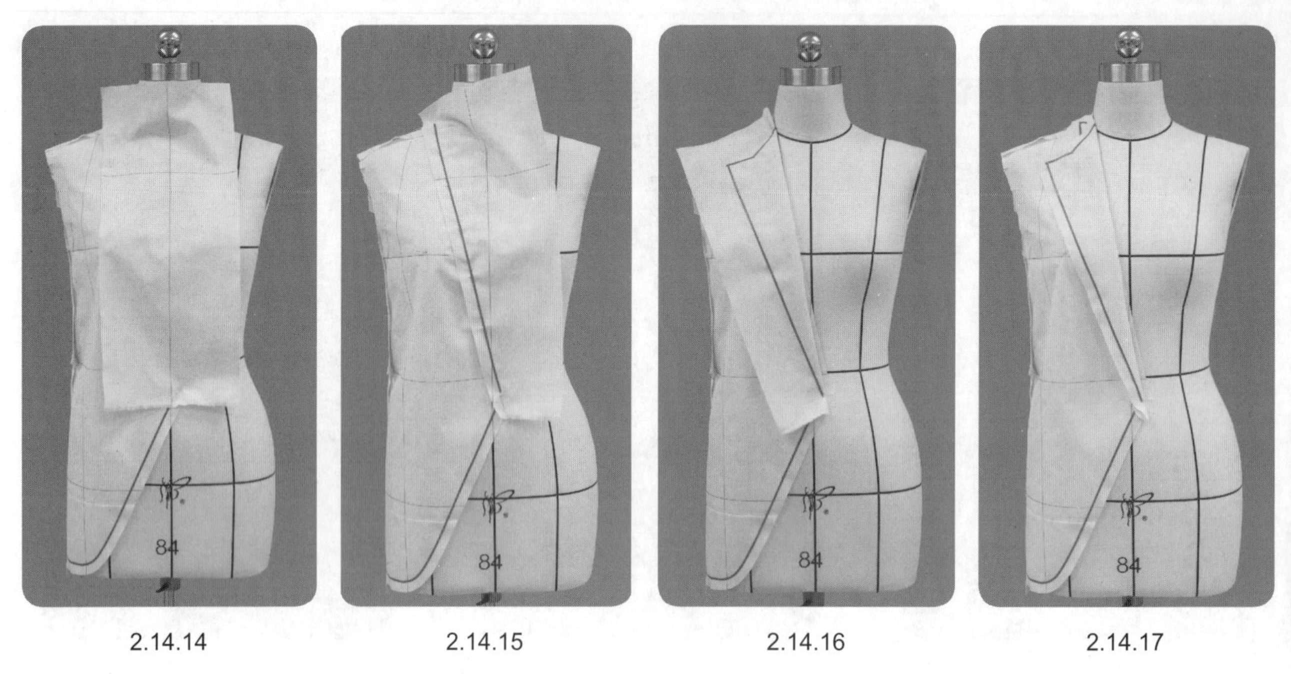

2.14.14　　2.14.15　　2.14.16　　2.14.17

2.14.14~2.14.17　前翻领片的操作。此款领型看上去是驳折领，实质上是连翻领，依次可以适当处理前片的胸围线以上的曲面量。

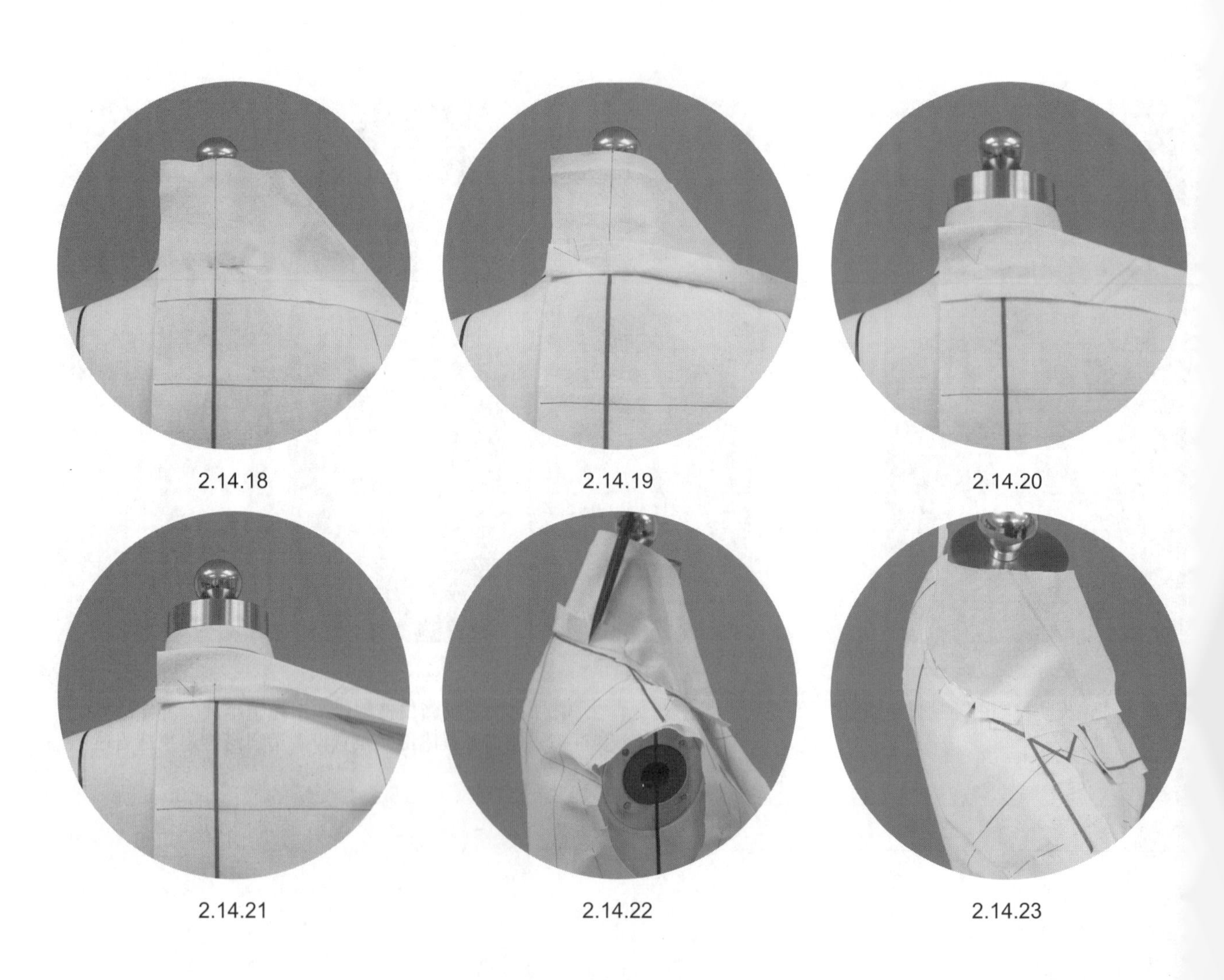

2.14.18　　2.14.19　　2.14.20

2.14.21　　2.14.22　　2.14.23

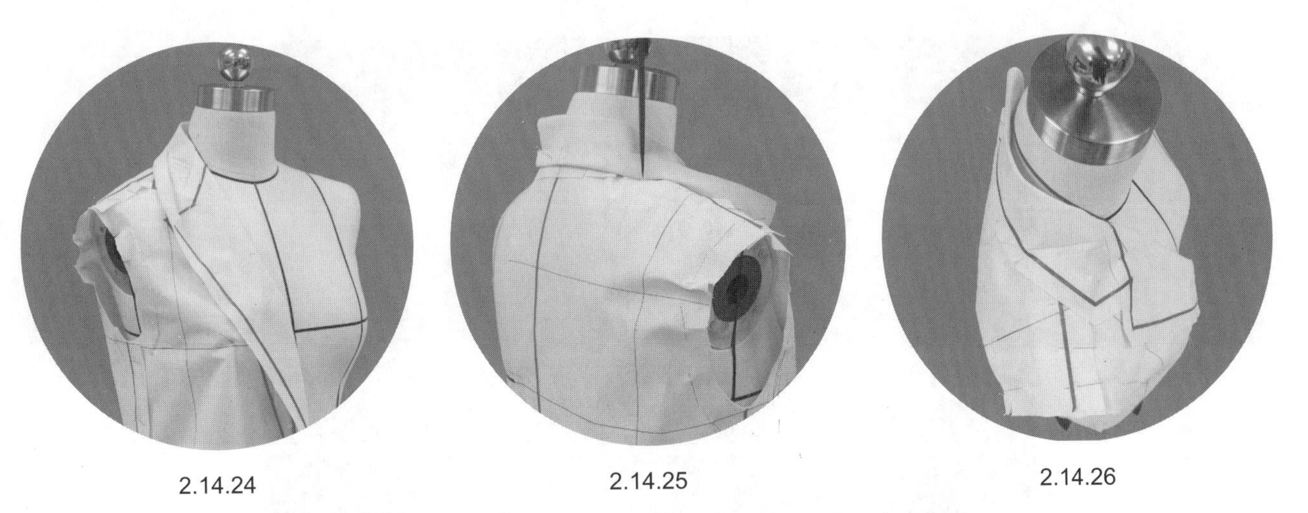

2.14.24 2.14.25 2.14.26

2.14.18~2.14.26 后翻领片的操作。与驳折领翻领部分的操作方法相同。

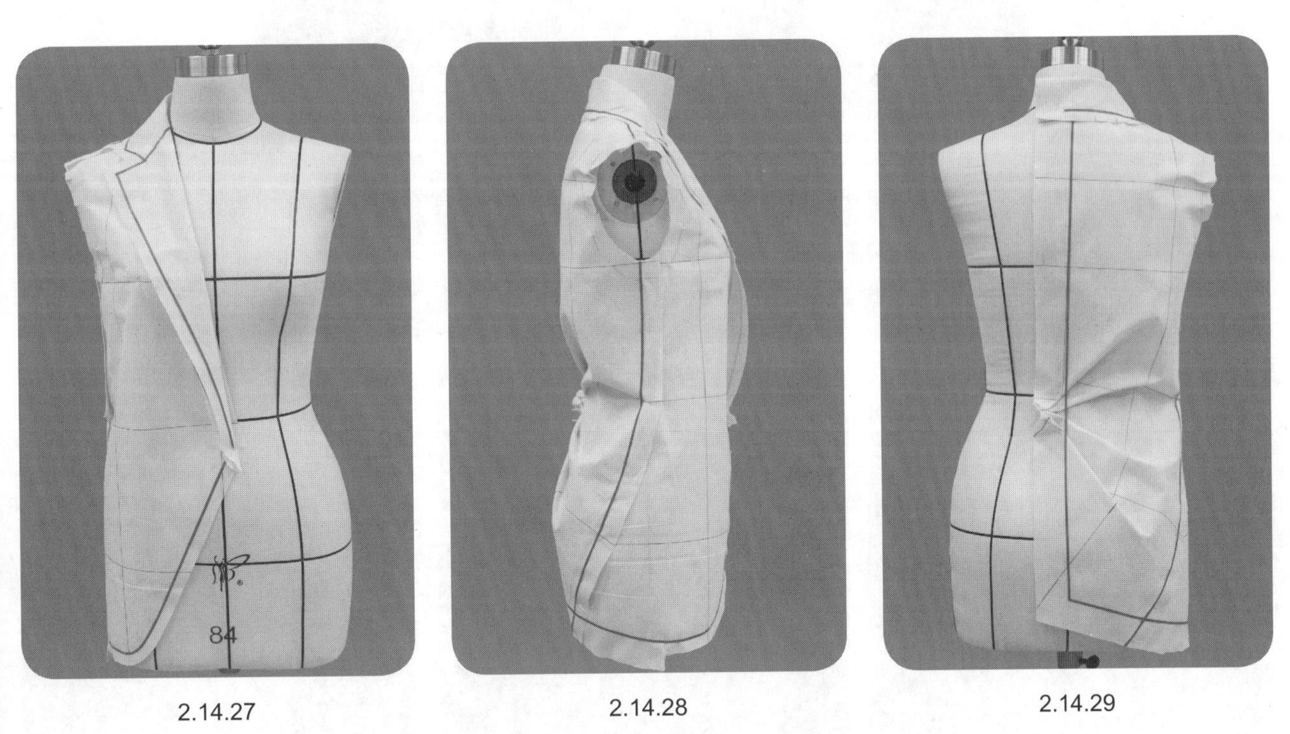

2.14.27 2.14.28 2.14.29

2.14.27~2.14.29 衣身和衣领的初步造型完成。

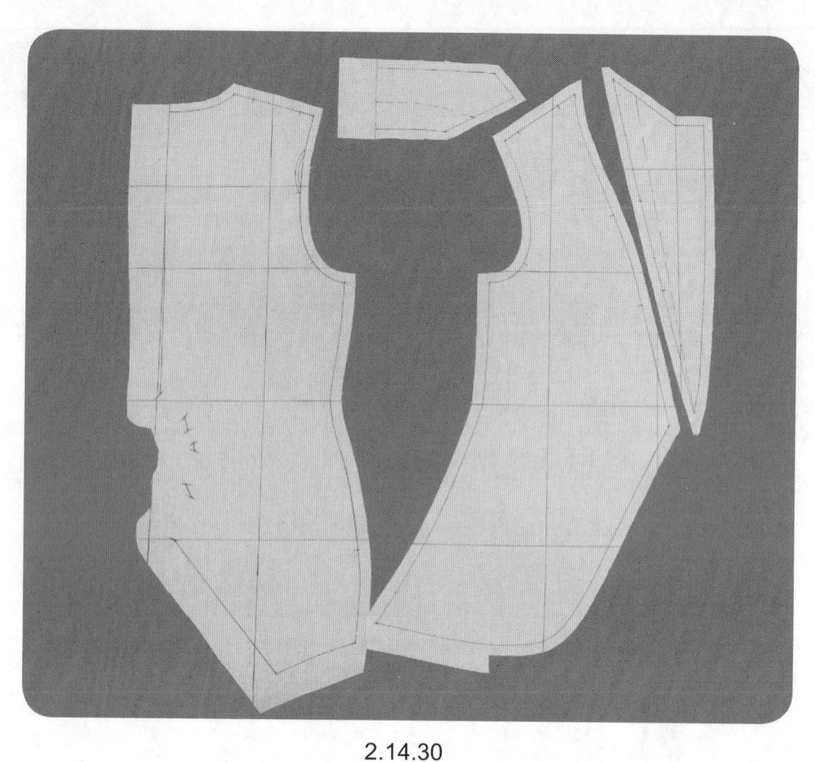

2.14.30

2.14.30　进行衣身和衣领片的标点描线和平面整理。

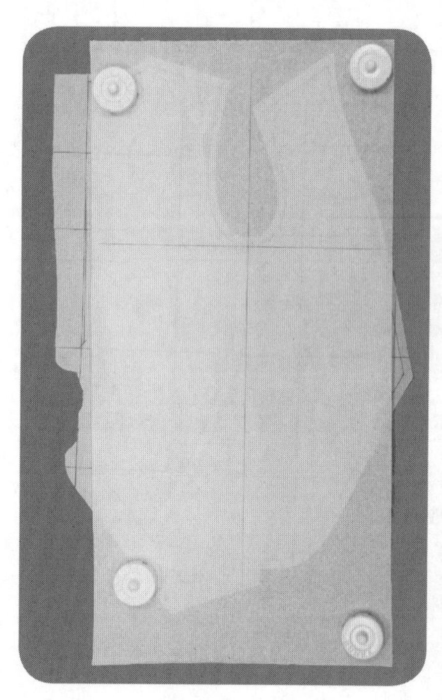

2.14.31

2.14.31　拓印袖窿弧线。

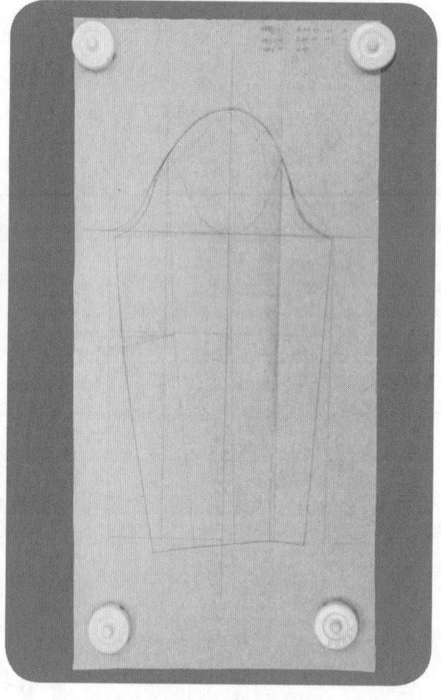

2.14.32

2.14.32　依据袖窿弧线，平面配置袖长57 cm、袖肥32 cm、袖口22 cm、袖山缝缩量为2 cm的一片式衣袖。

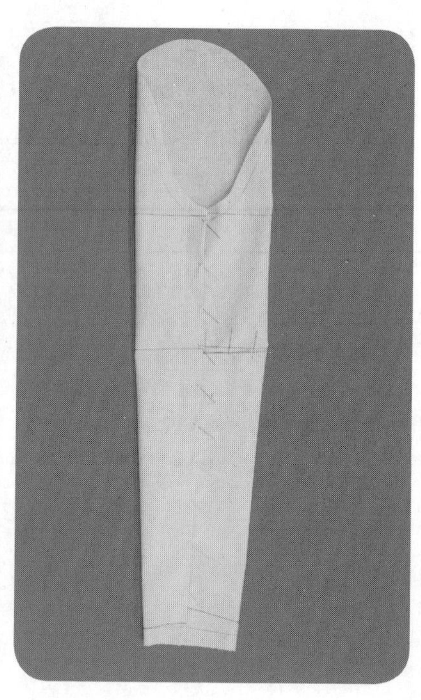

2.14.33

2.14.33　拓印衣袖布样，并完成省道和袖底缝的大头针别合。

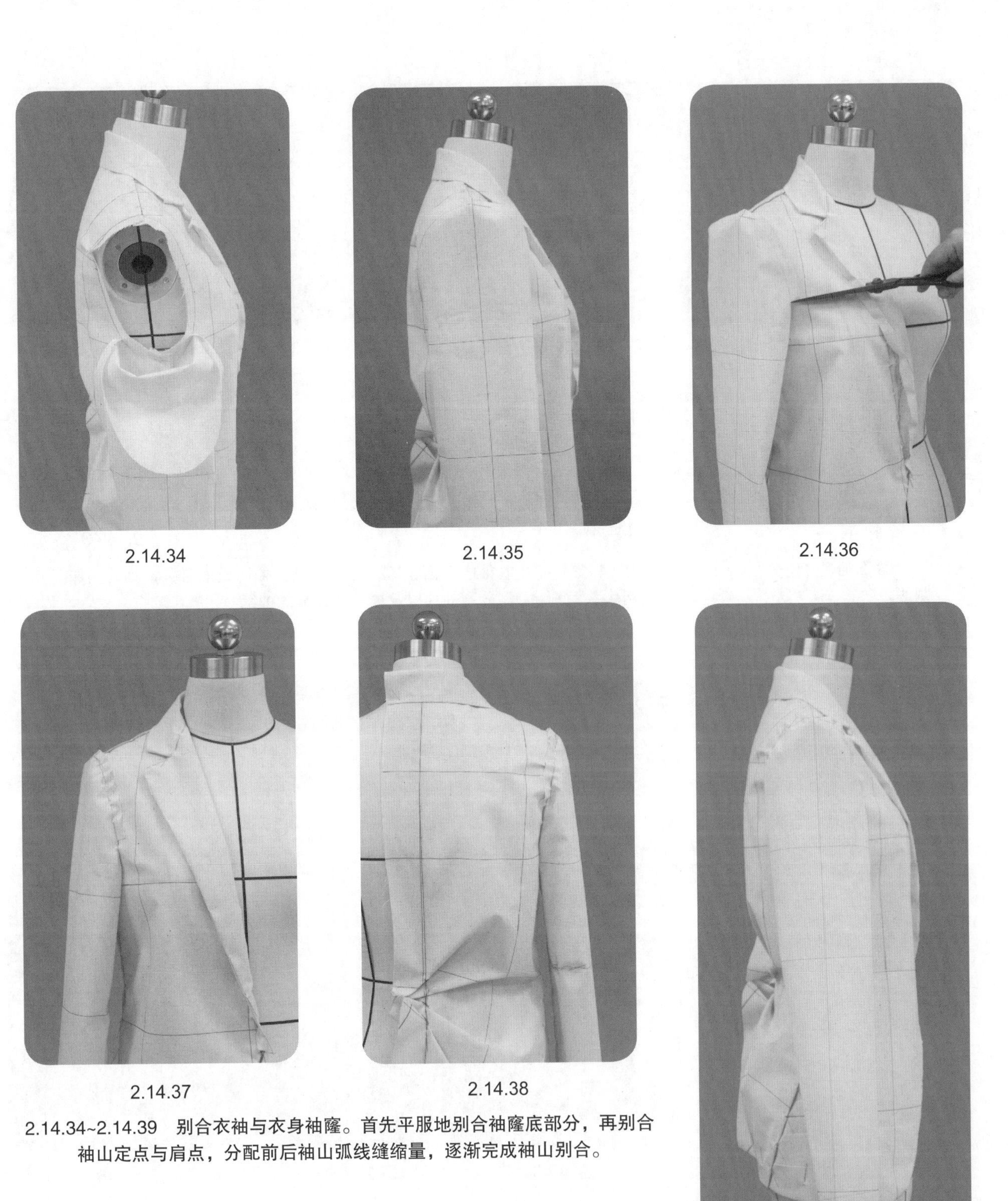

2.14.34

2.14.35

2.14.36

2.14.37

2.14.38

2.14.39

2.14.34~2.14.39　别合衣袖与衣身袖窿。首先平服地别合袖窿底部分，再别合袖山定点与肩点，分配前后袖山弧线缝缩量，逐渐完成袖山别合。

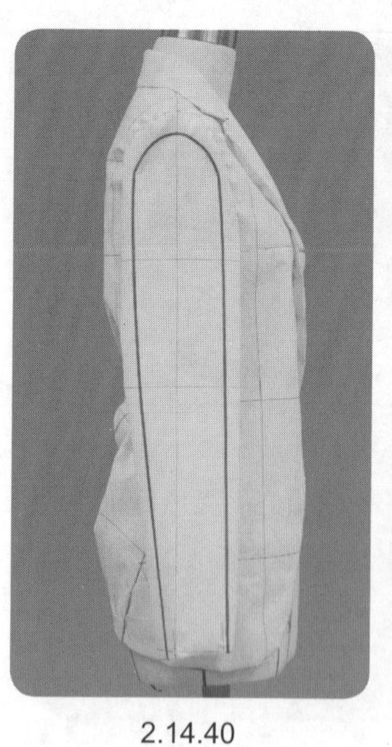

2.14.40

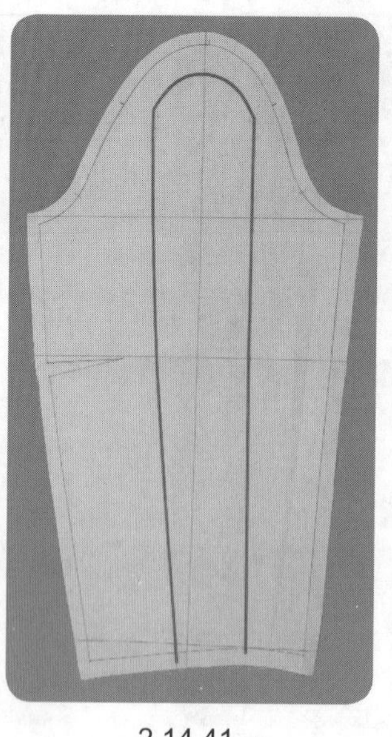

2.14.41

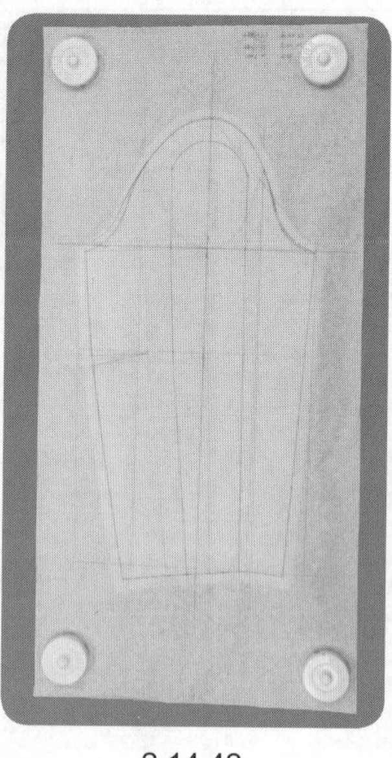

2.14.42

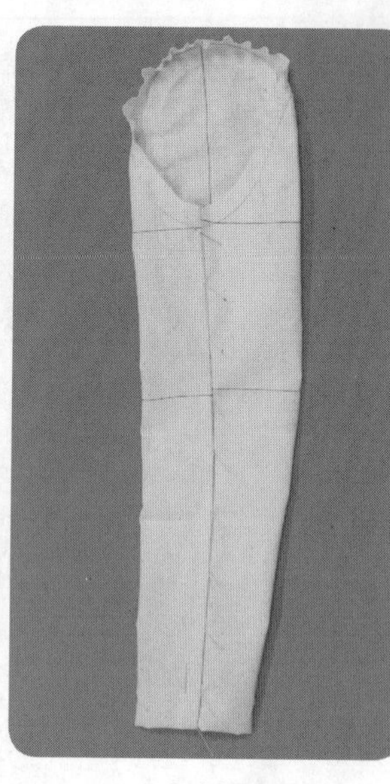

2.14.43

2.14.40　贴置袖身U型分割线。

2.14.41~2.14.43　完成衣袖的平面整理，袖身分割，袖肘省的合并，袖片拓印。完成用大头针别合U型分割袖片以及袖山缝缩量的抽缩。

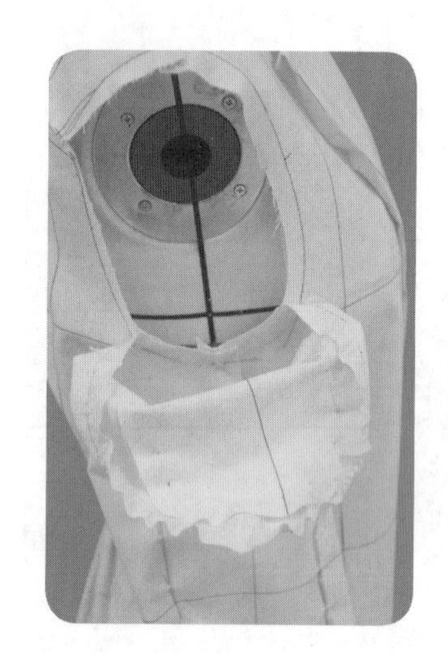

2.14.44

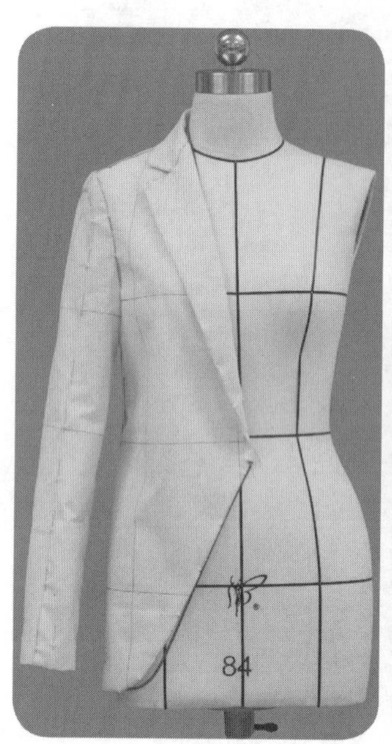

2.14.46

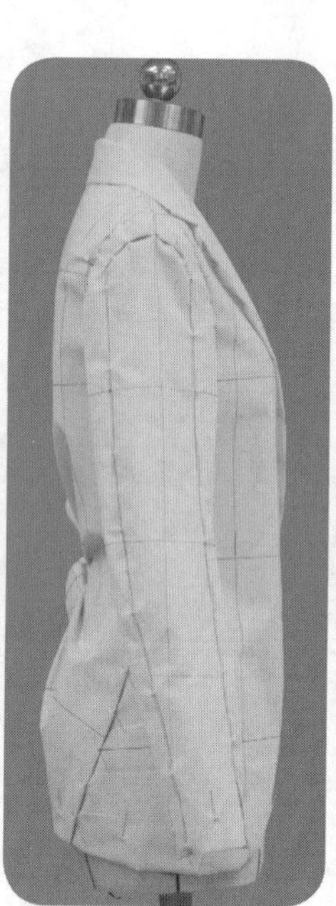

2.14.47

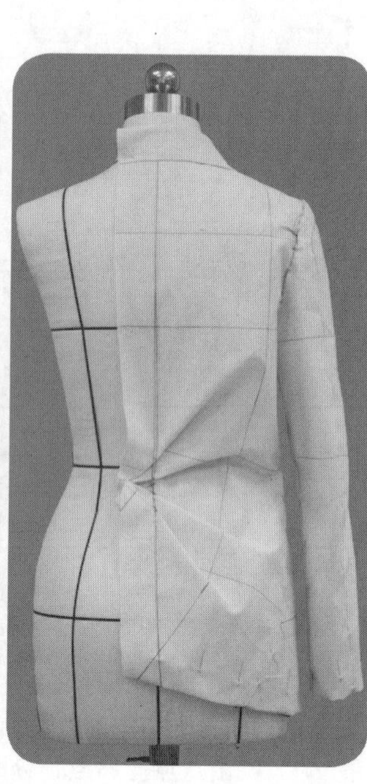

2.14.48

2.14.46~2.14.48　整体试样补正，造型完成。

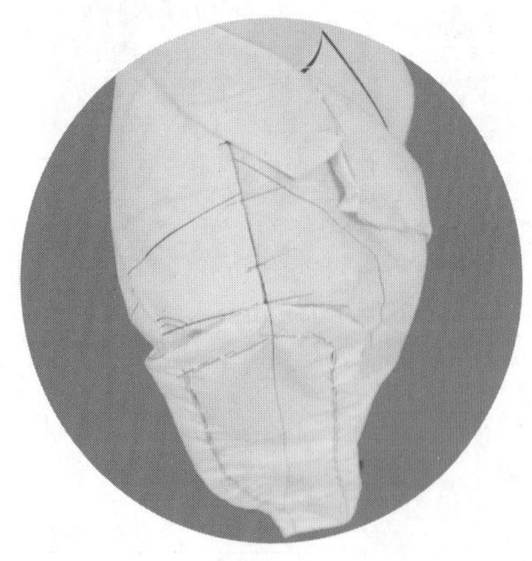

2.14.45

2.14.44、2.14.45　用大头针别合衣袖。

15 分割衣袖连衣裙

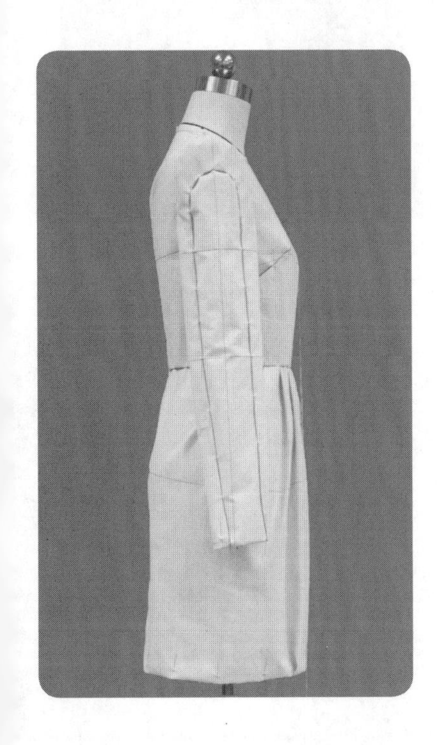

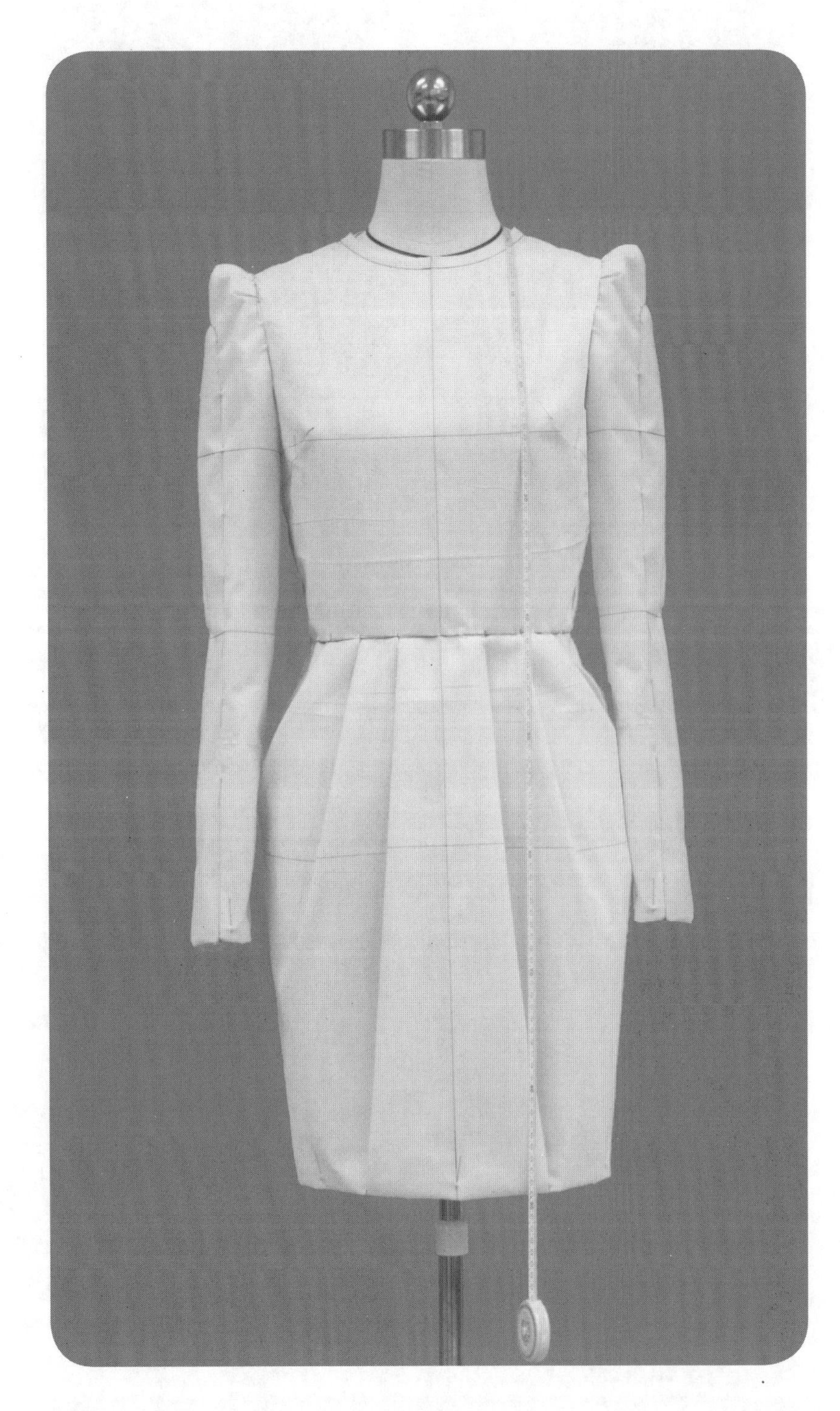

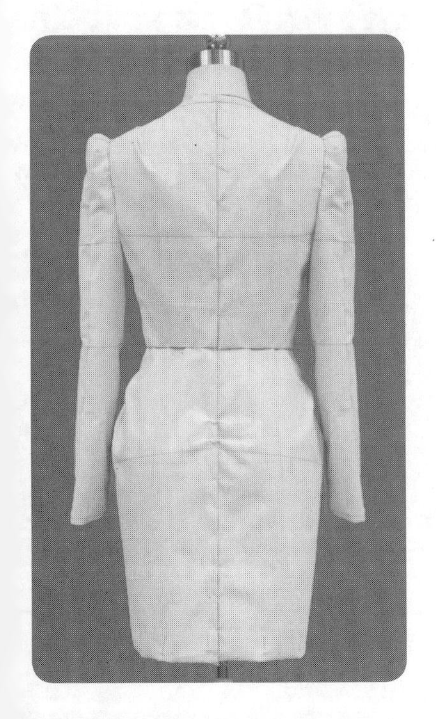

造型要点

裙身为前后相连的一片式结构，以衣裥处理来塑造裙身造型，上身简洁合体，凸出了衣袖的设计重点，袖身U型分割，袖山设置衣裥，整件服装协调统一，美感十足。主要技术规格为胸围松量 6 cm、腰围松量 6 cm、臀围松量 4 cm、袖长 57 cm、袖肥 32 cm、袖口 22 cm。

操作步骤

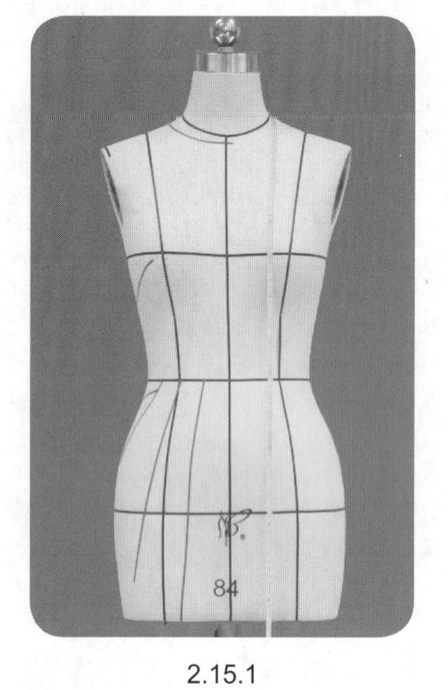

2.15.1

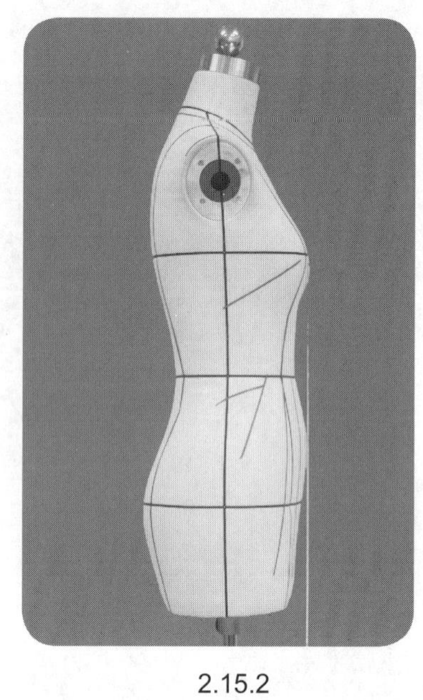

2.15.2

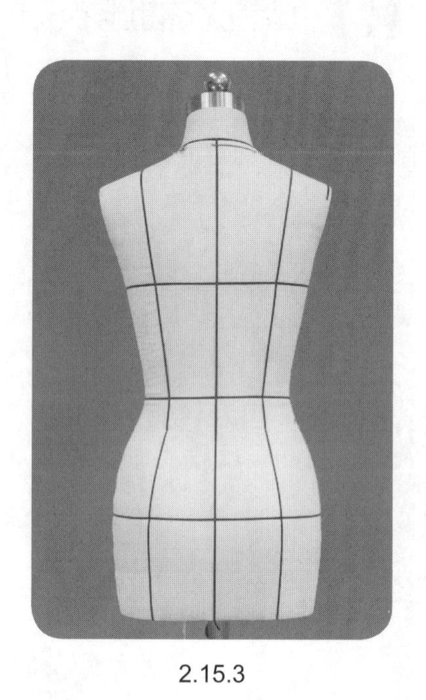

2.15.3

2.15.1~2.15.3　贴置款式造型线。

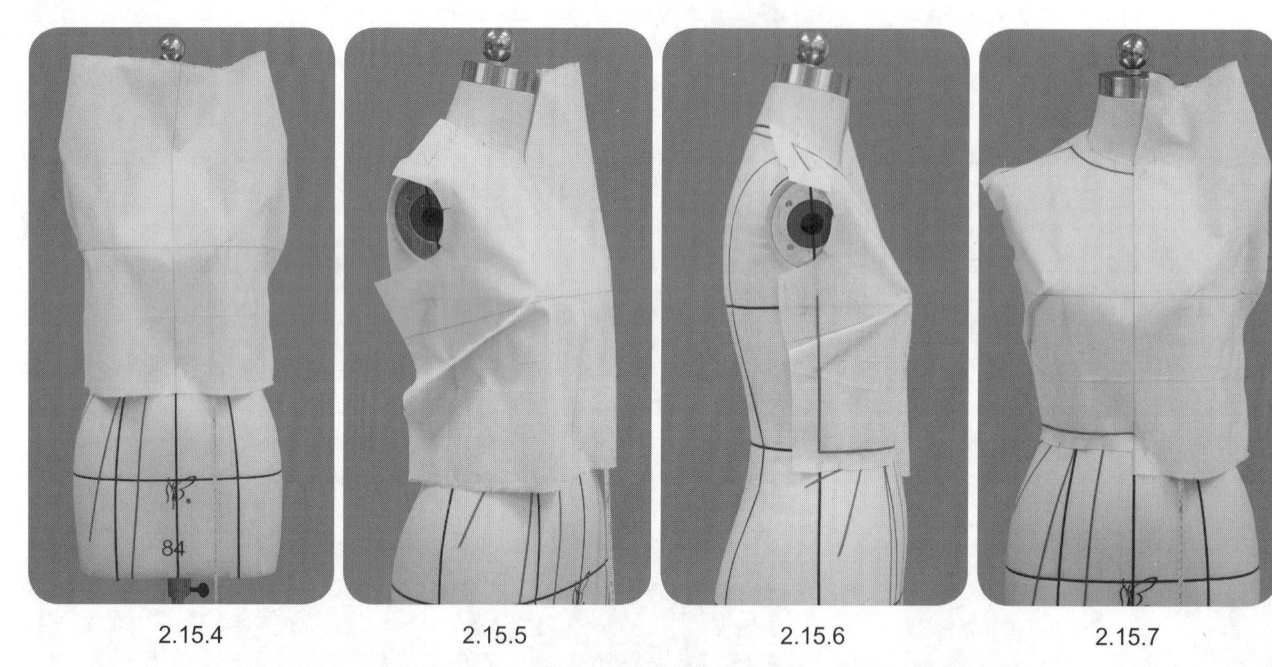

2.15.4　2.15.5　2.15.6　2.15.7

2.15.4~2.15.7　上衣前片的操作。前片以侧缝省处理胸围线以上的曲面量和吸腰量。

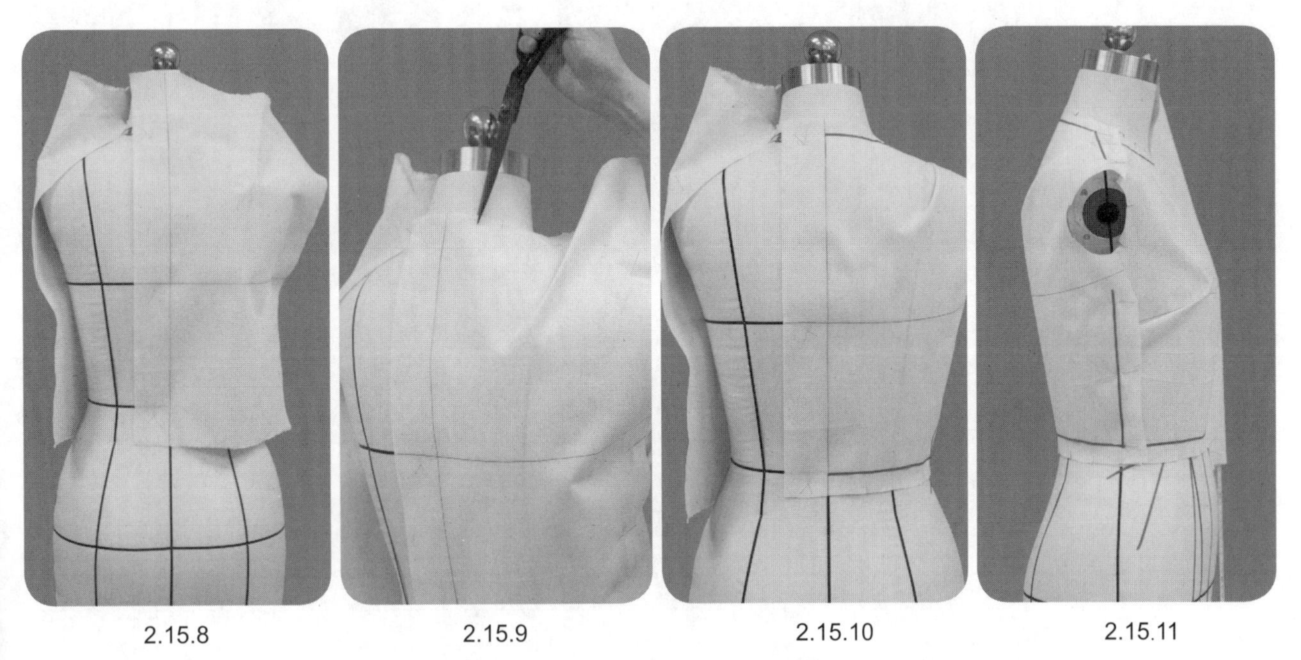

2.15.8 2.15.9 2.15.10 2.15.11

2.15.8~2.15.11 上衣后片的操作。后片肩线处设置衣裥处理肩背曲面量以及吸腰量。

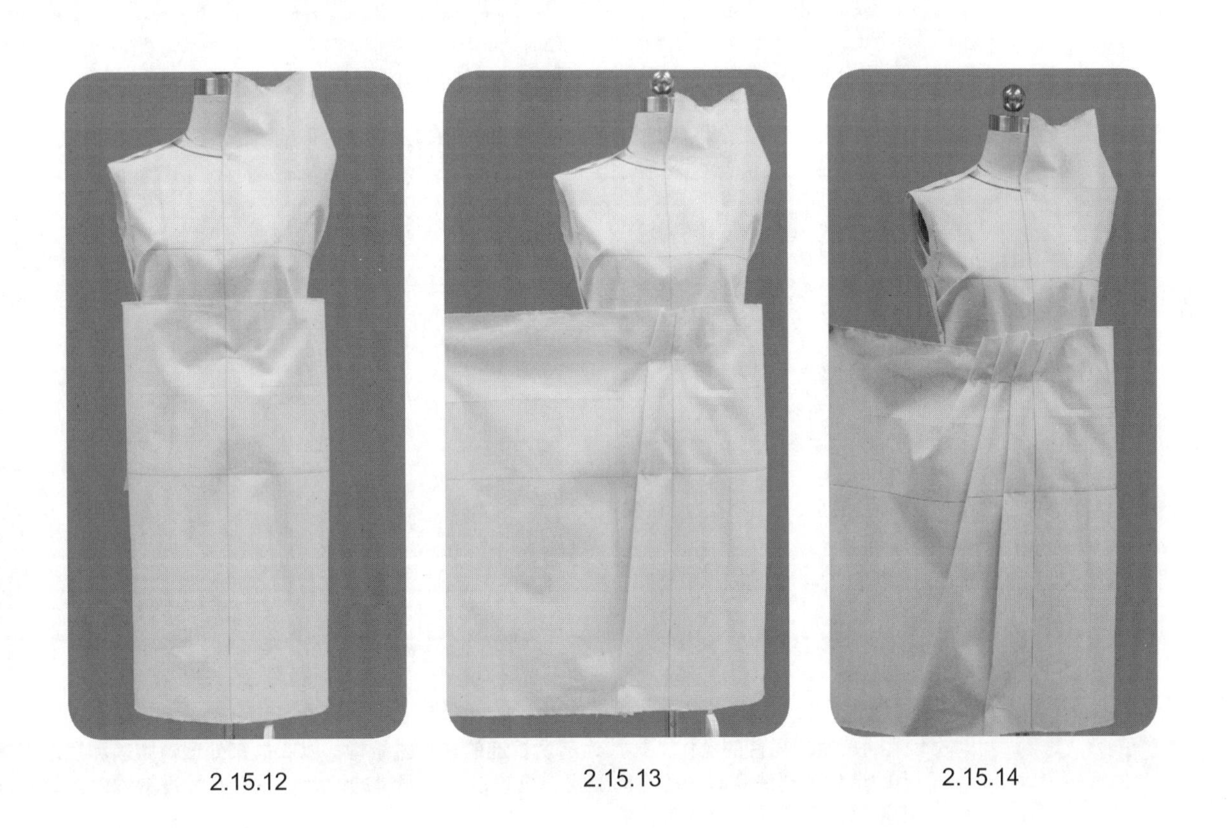

2.15.12 2.15.13 2.15.14

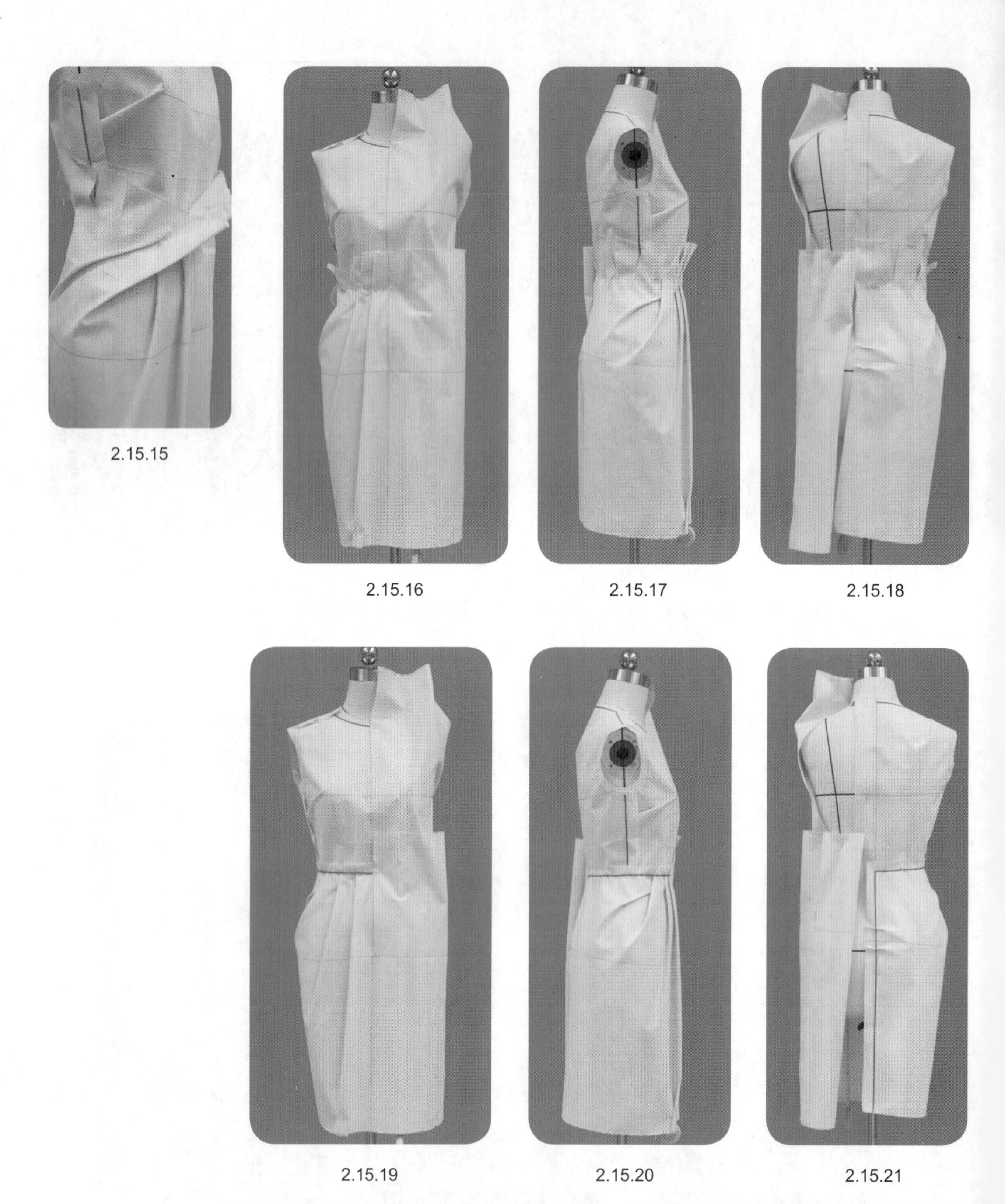

2.15.15　2.15.16　2.15.17　2.15.18

2.15.19　2.15.20　2.15.21

2.15.12~2.15.21　裙片的操作。裙片为前后相连的一片式结构，以衣裥来处理臀腰差和塑造下摆收小的造型。要注意衣裥的方向变化、位置以及衣裥量的设计。后中心线臀围线以上位置适当设置缝缩量来满足造型的要求。

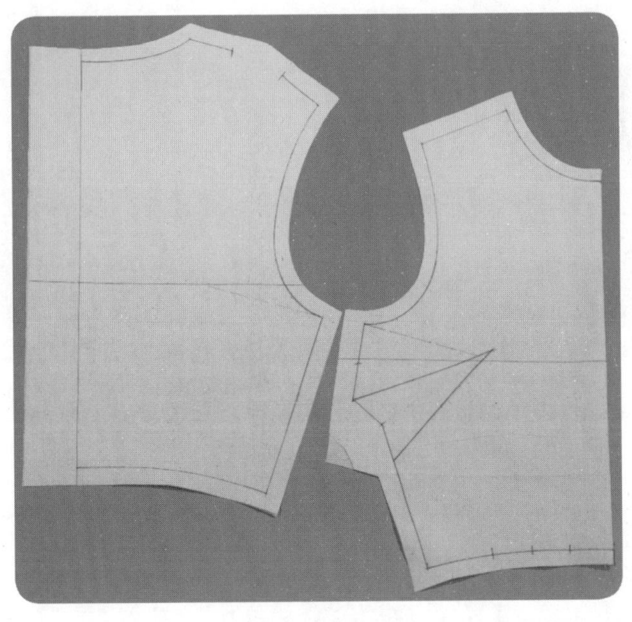

2.15.22(1) 2.15.22(2)

2.15.22 标点描线，平面整理，拓印对称衣片。完成拓印袖窿弧线，待用。

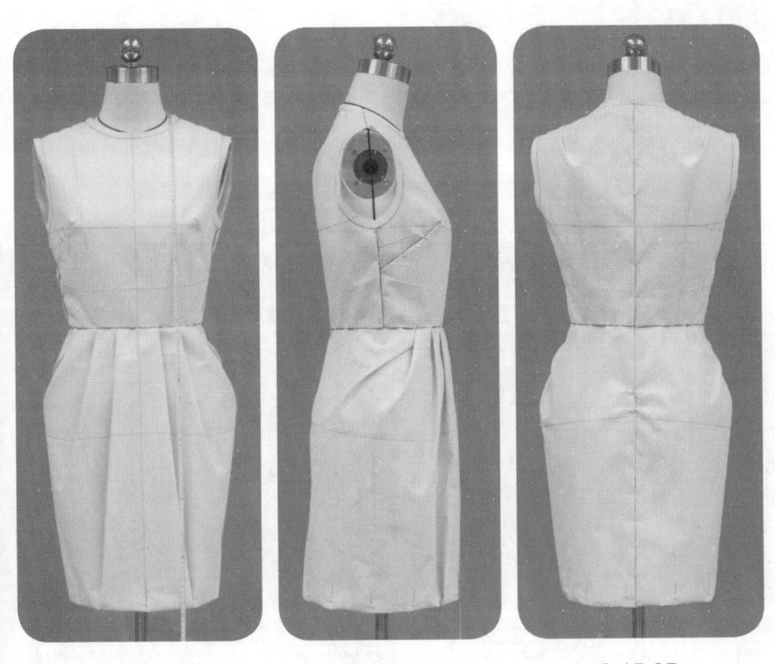

2.15.23 2.15.24 2.15.25

2.15.23~2.15.25 衣身造型的试样补正，进行造型确认。

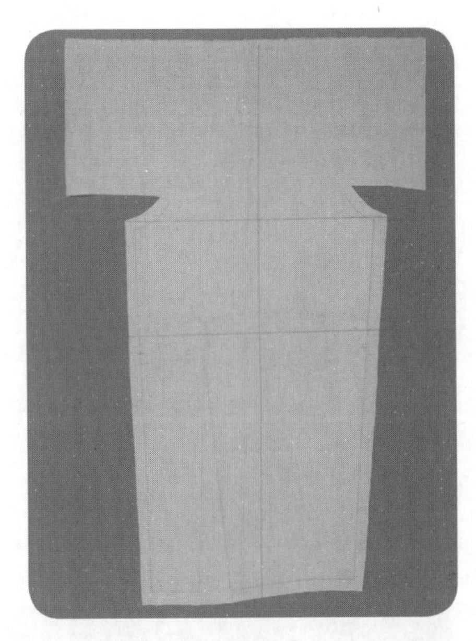

2.15.26

2.15.26 依据袖窿弧线，平面配置袖长57 cm、袖肥32 cm、袖口22 cm、袖山缝缩量为2 cm的一片式衣袖，但保留袖山头用布。

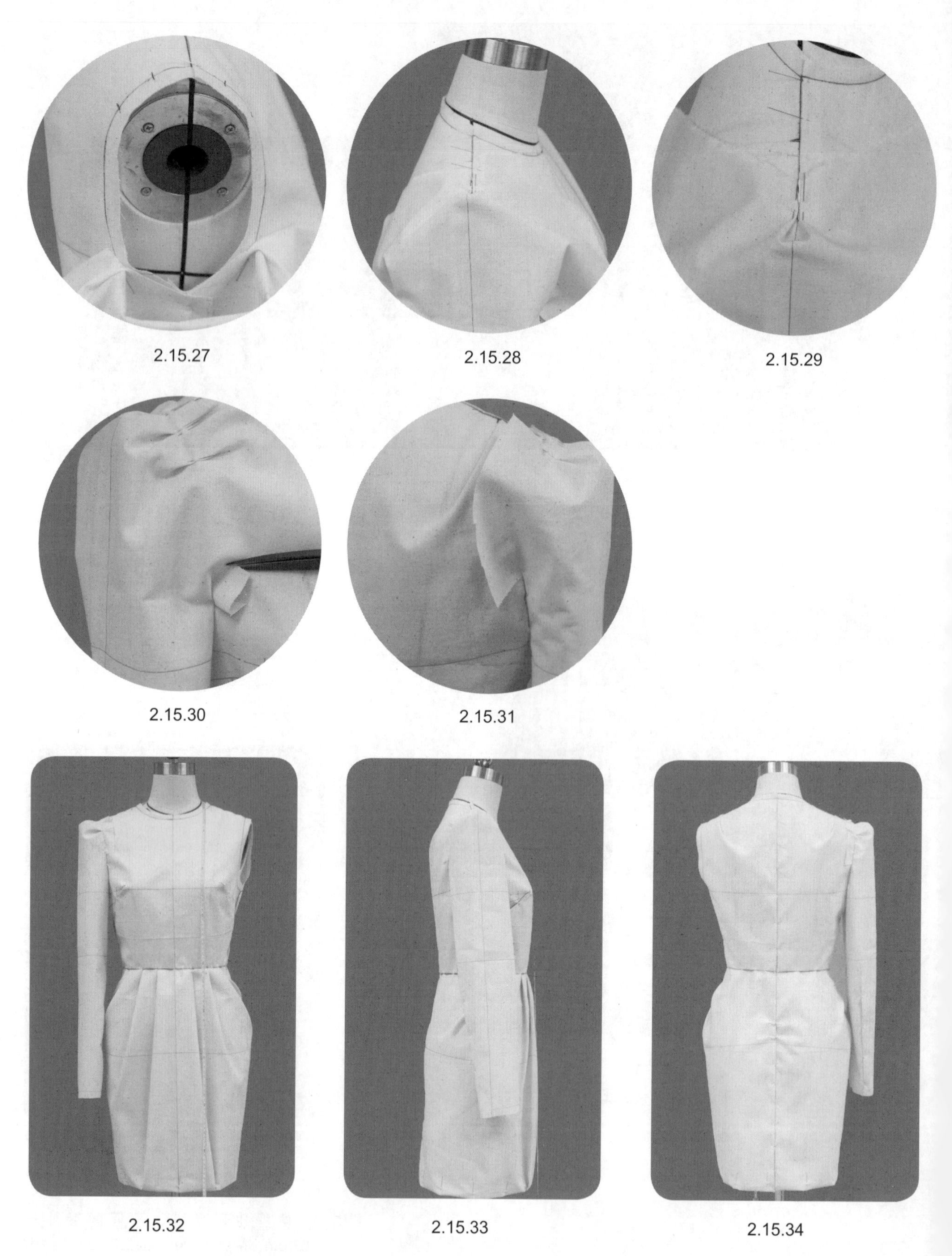
2.15.27 2.15.28 2.15.29
2.15.30 2.15.31
2.15.32 2.15.33 2.15.34

2.15.27~2.15.34　调整设置袖山衣袖，完成袖山造型。

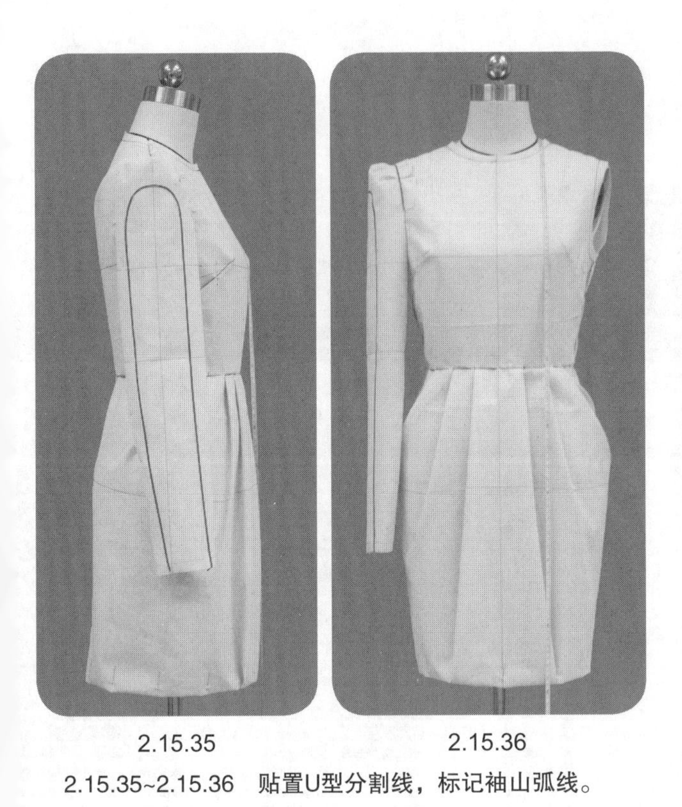

2.15.35　　2.15.36

2.15.35~2.15.36　贴置U型分割线，标记袖山弧线。

2.15.37

2.15.37　衣袖片的平面整理。

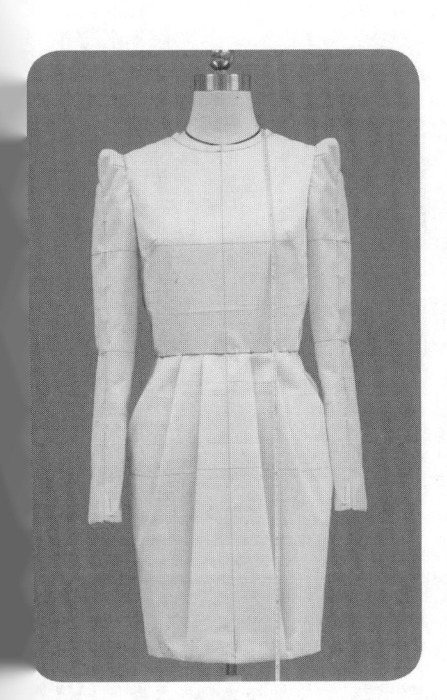

2.15.38

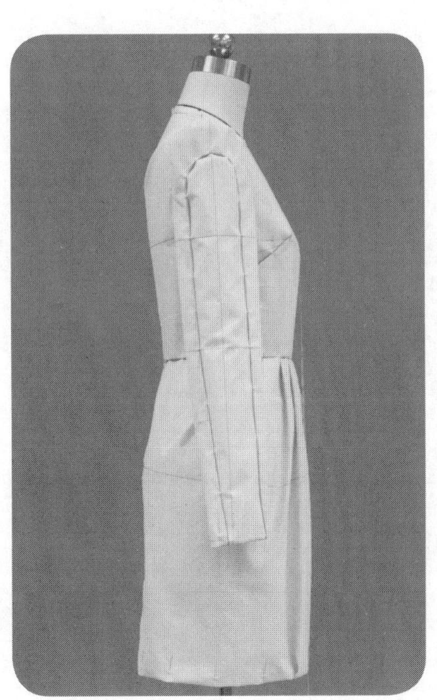

2.15.39

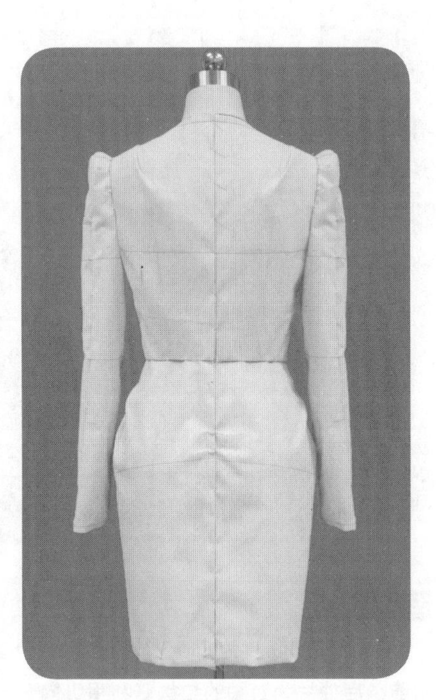

2.15.40

2.15.38~2.15.40　整体试样补正，造型完成。

16 前连后断衣袖外套

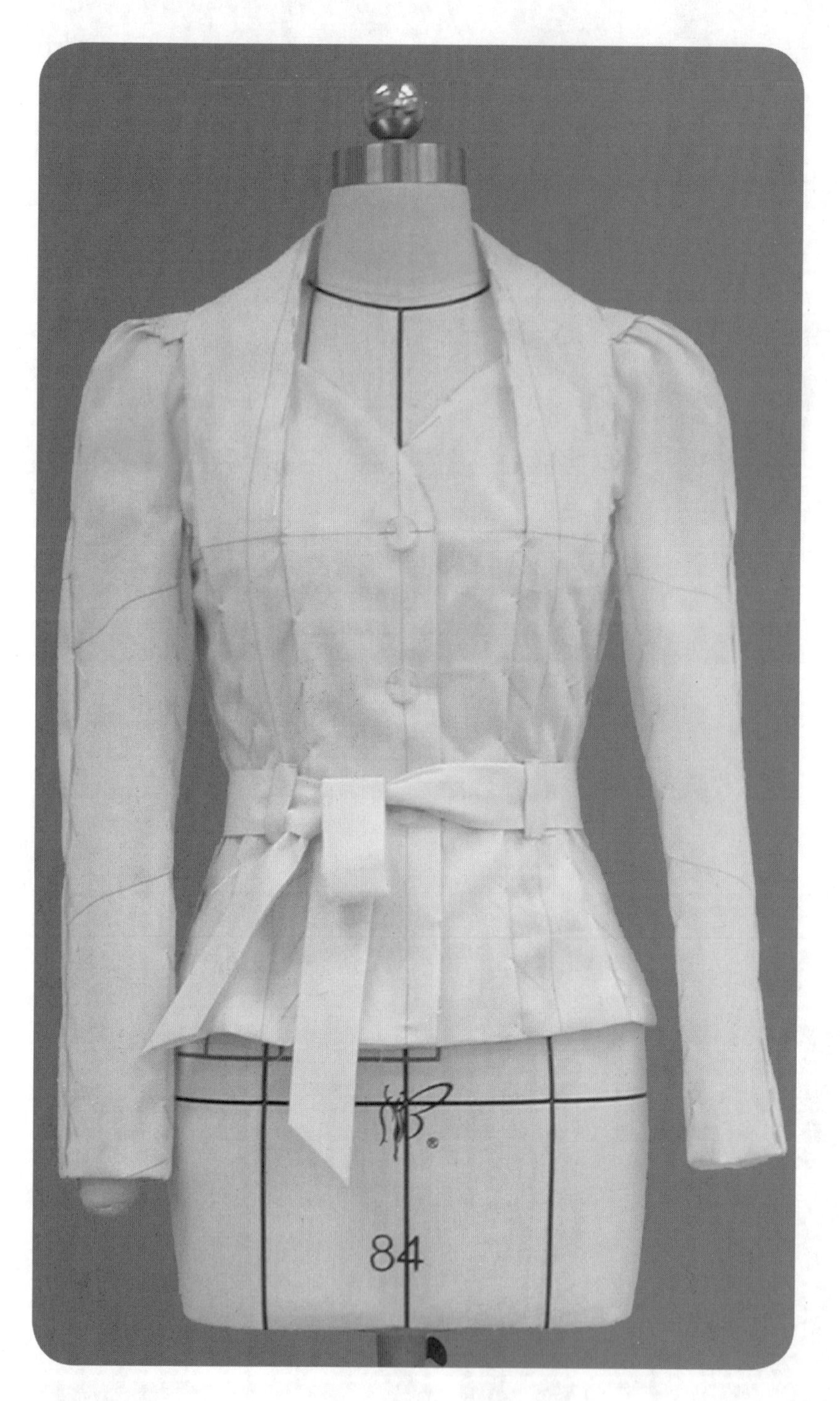

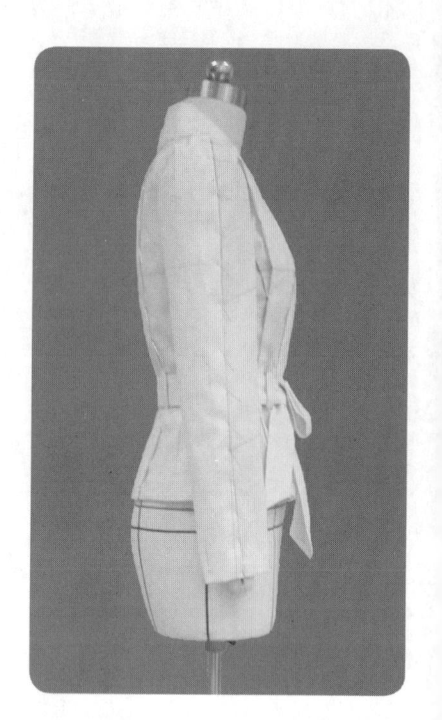

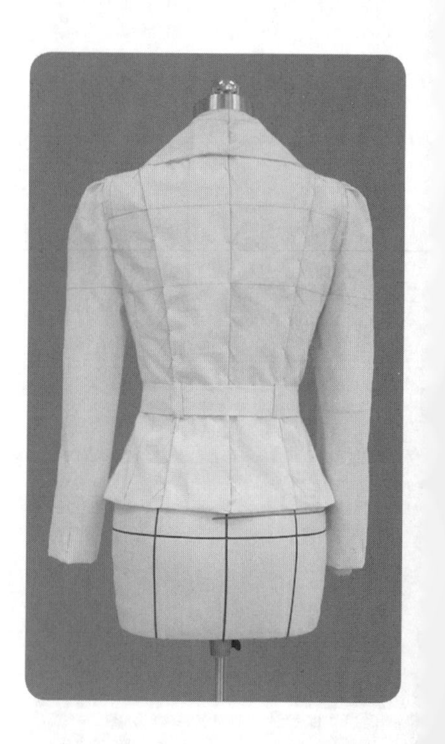

造型要点

John Galliano 为 Dior 品牌设计的经典的外套作品。连身袖是 Dior 女装的典型袖型，本作品的连身袖为前袖片与衣身相连，后袖片为装袖的结构。利用纵向分割线形成的有空间层次的连身领也是经典的设计重点。主要技术规格为胸围松量 8 cm、腰围松量 8 cm、下摆松量 8 cm、袖长 56 cm、袖肥 33 cm、袖口 22 cm。

操作步骤

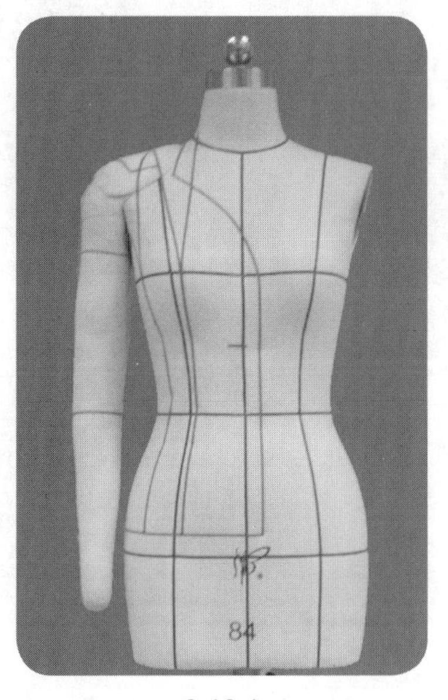

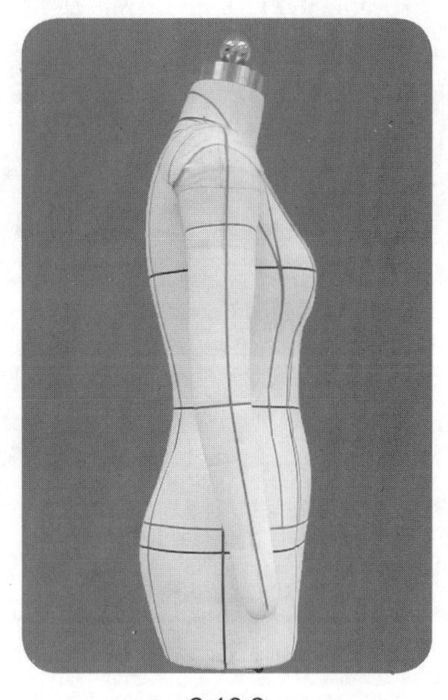

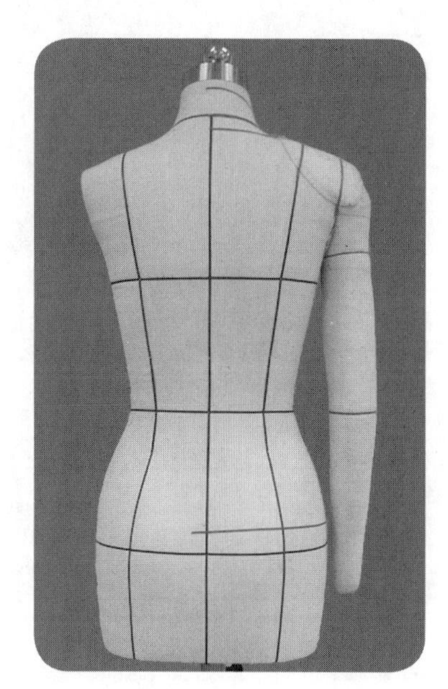

2.16.1　　2.16.2　　2.16.3

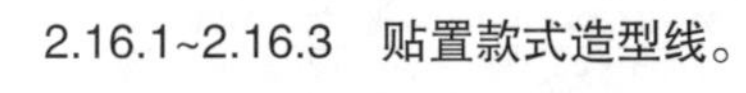

2.16.1~2.16.3　贴置款式造型线。

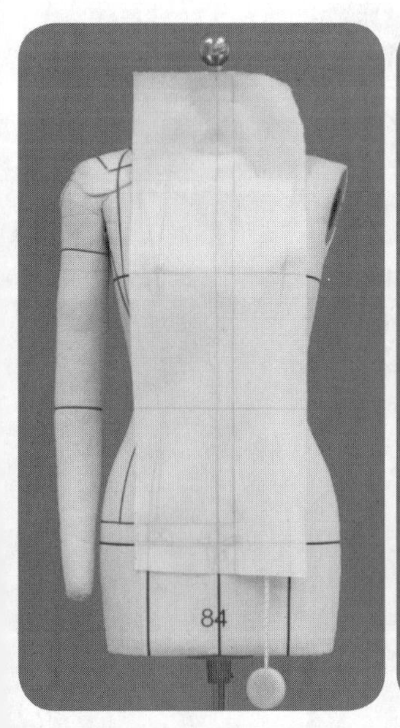

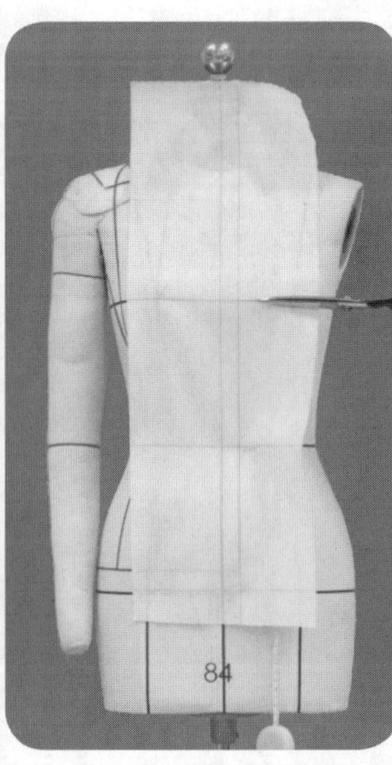

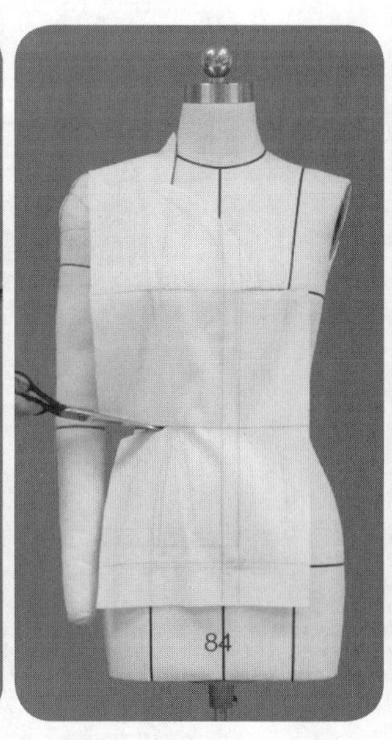

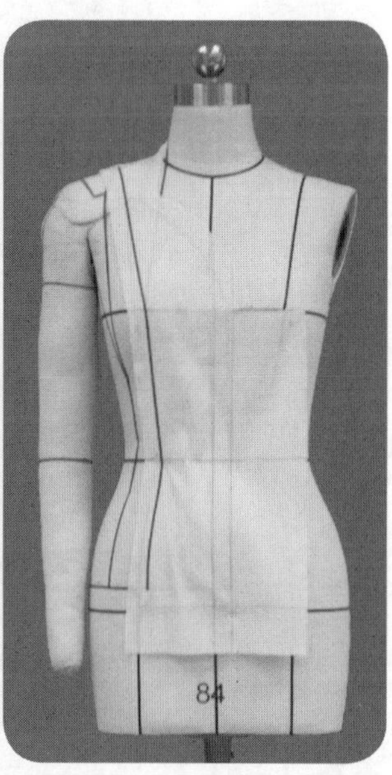

2.16.4　　2.16.5　　2.16.6　　2.16.7

2.16.4~2.16.7　前中A片的操作。以公主分割线处理胸围线以上的曲面量和吸腰量。

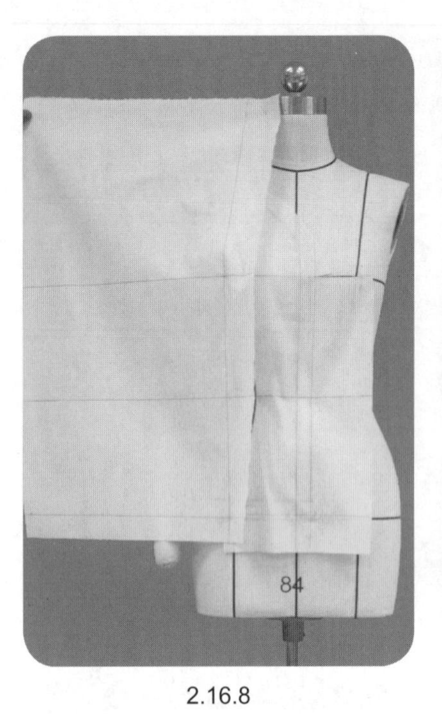

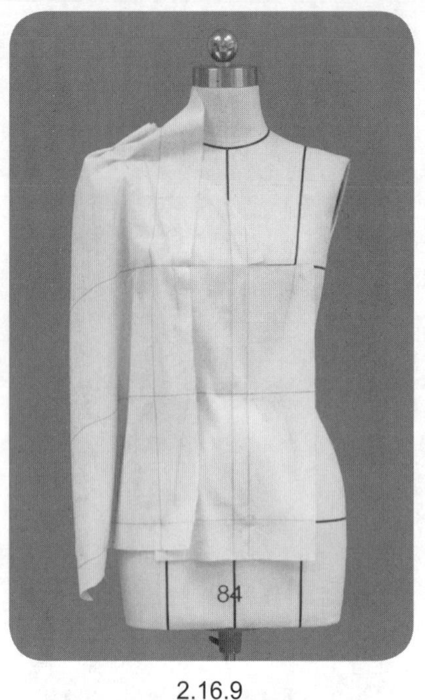

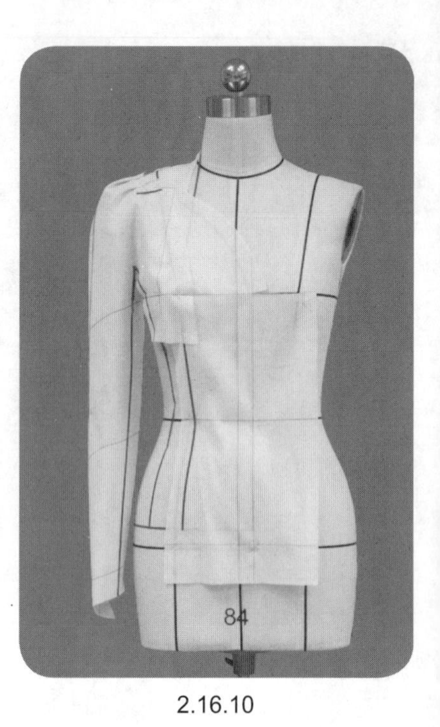

2.16.8　　　2.16.9　　　2.16.10

2.16.8~2.16.10　前侧D片连前袖片的操作。此片为部分衣身和衣袖相连的连身袖结构，衣身部分为前侧片的部分结构，肩头有衣裥造型，侧分割线的起点位置要定位准确。

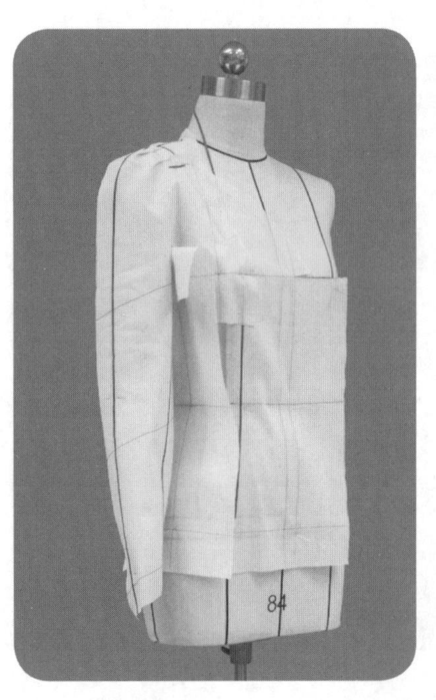

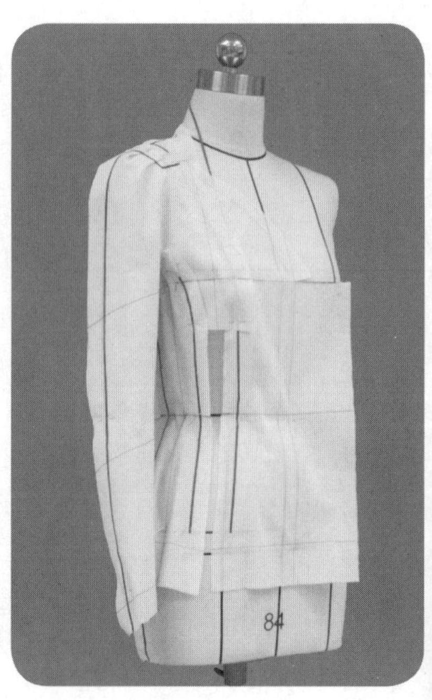

2.16.11　　　2.16.12　　　2.16.13

2.16.11~2.16.13　前侧C片的操作。保持侧片纵向中心布纹线的竖直，松量均衡是操作的重点。

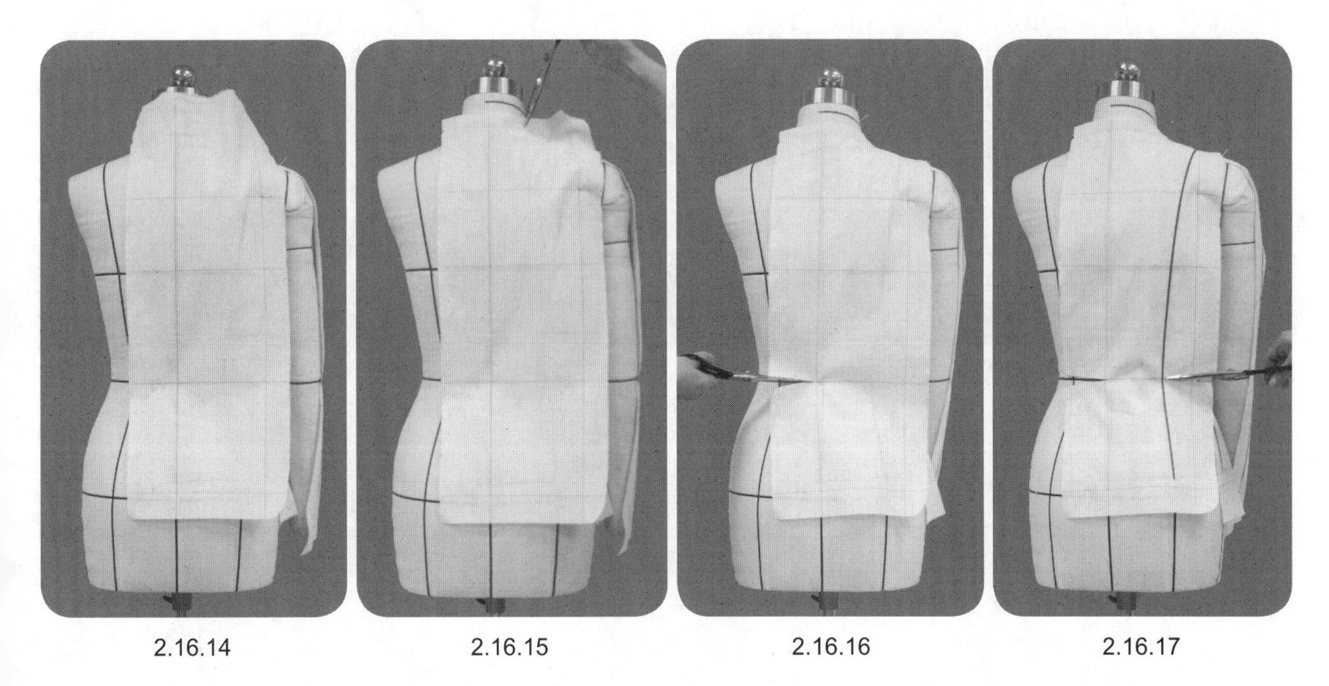

2.16.14 2.16.15 2.16.16 2.16.17

2.16.14~2.16.17 后中G片的操作。后片为后中缝和肩缝公主线结构，肩背部以上的曲面量设置于公主线处理，吸腰量分配于后中缝、公主线和侧缝。

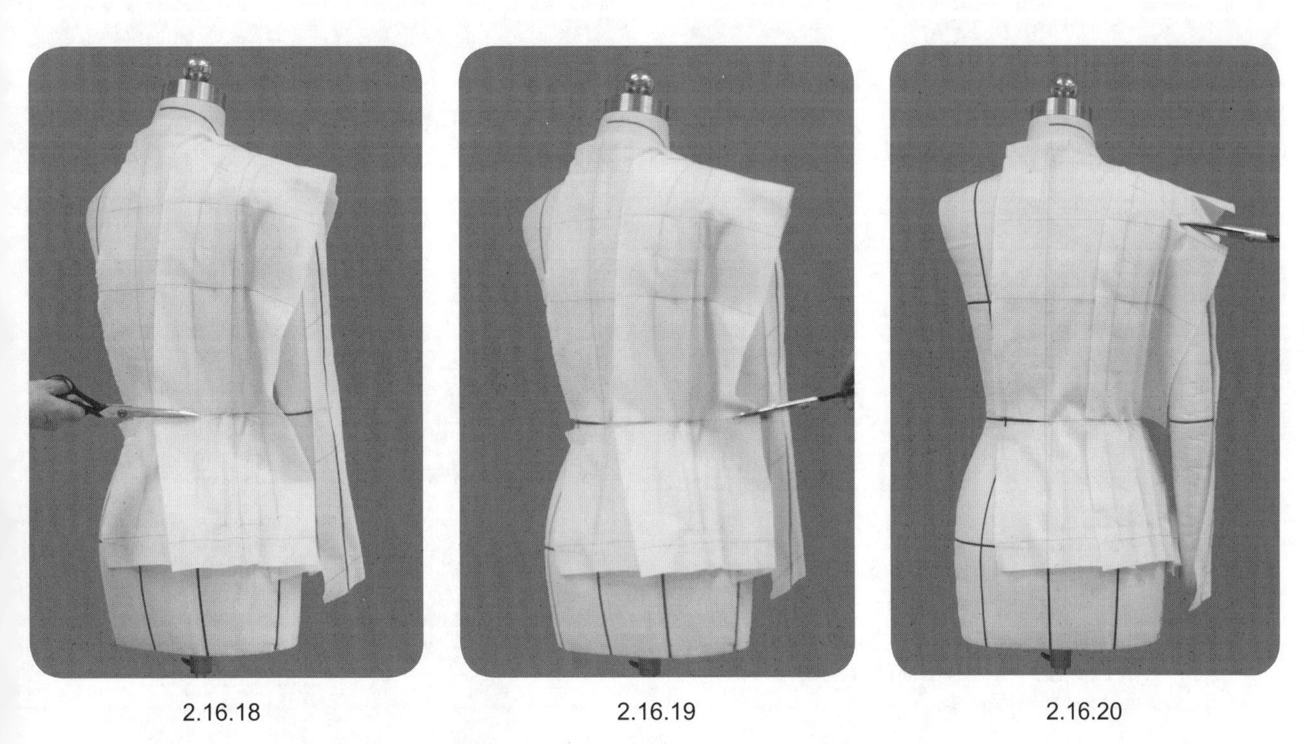

2.16.18 2.16.19 2.16.20

2.16.18~2.16.20 后侧F片的操作。保持侧片纵向中心布纹线的竖直，至上而下分段操作公主分割线、袖窿和侧缝。

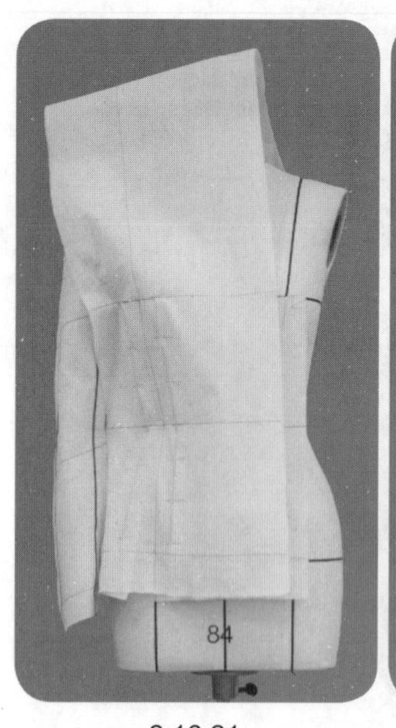

2.16.21

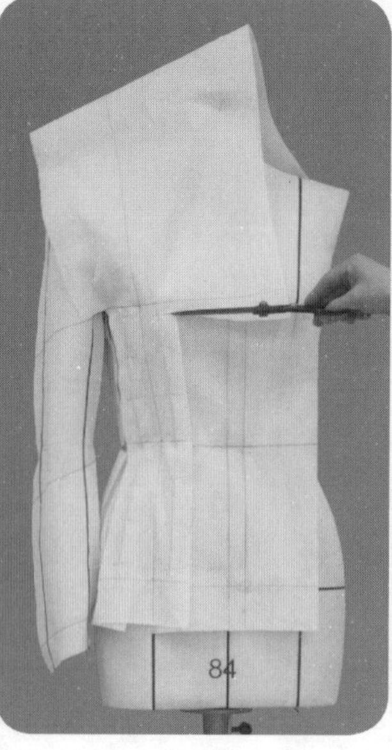

2.16.22

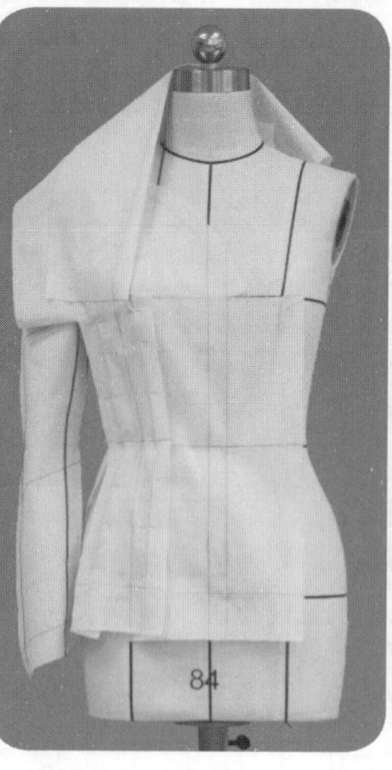

2.16.23

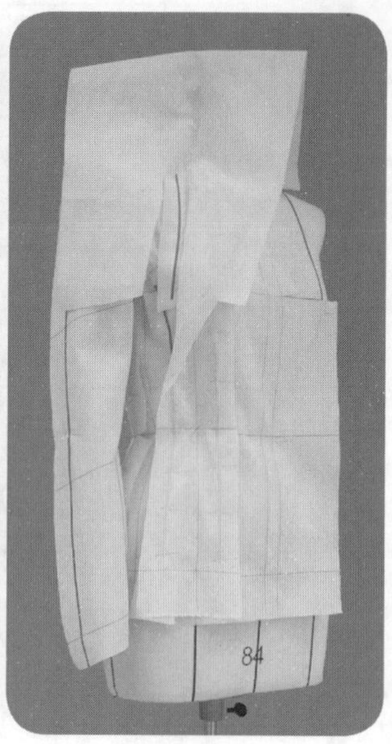

2.16.24

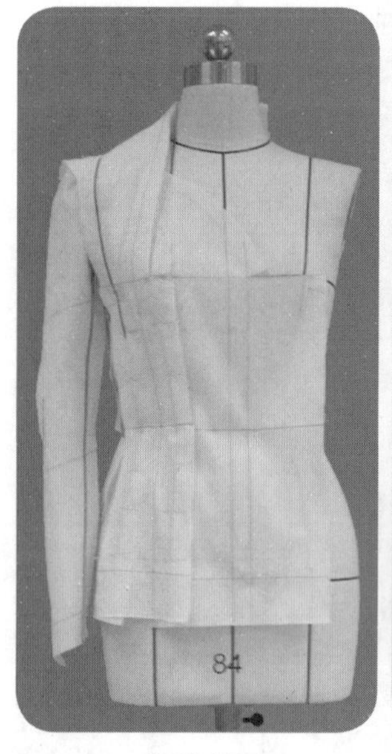

2.16.25

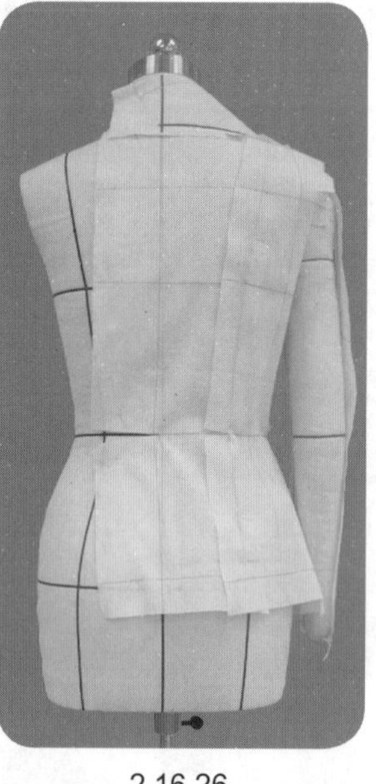

2.16.26

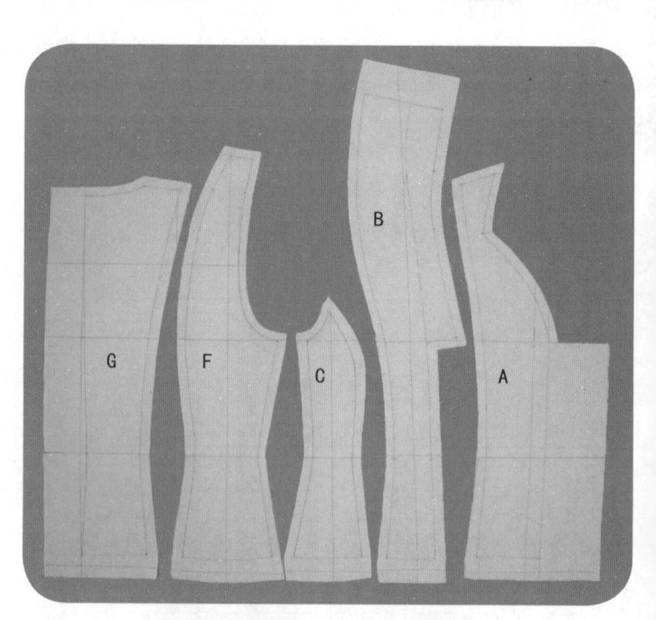

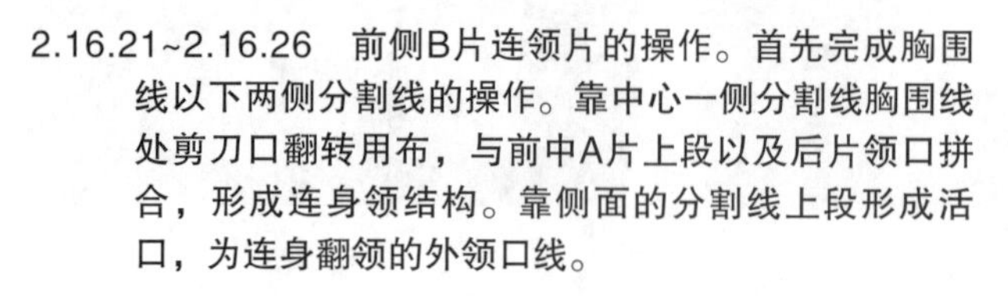

2.16.21~2.16.26　前侧B片连领片的操作。首先完成胸围线以下两侧分割线的操作。靠中心一侧分割线胸围线处剪刀口翻转用布，与前中A片上段以及后片领口拼合，形成连身领结构。靠侧面的分割线上段形成活口，为连身翻领的外领口线。

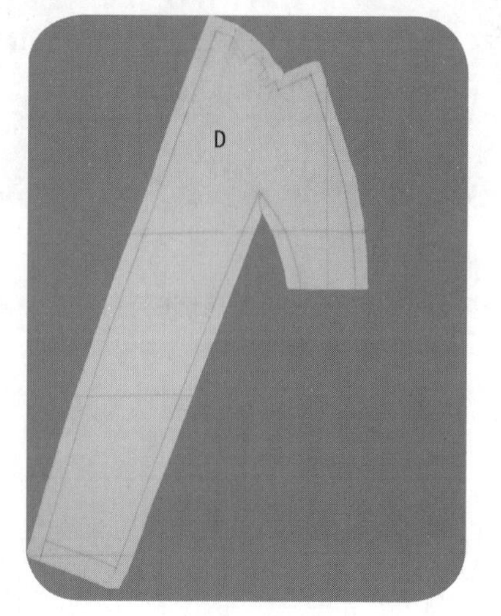

2.16.27

2.16.27　标点描线，整理样片。

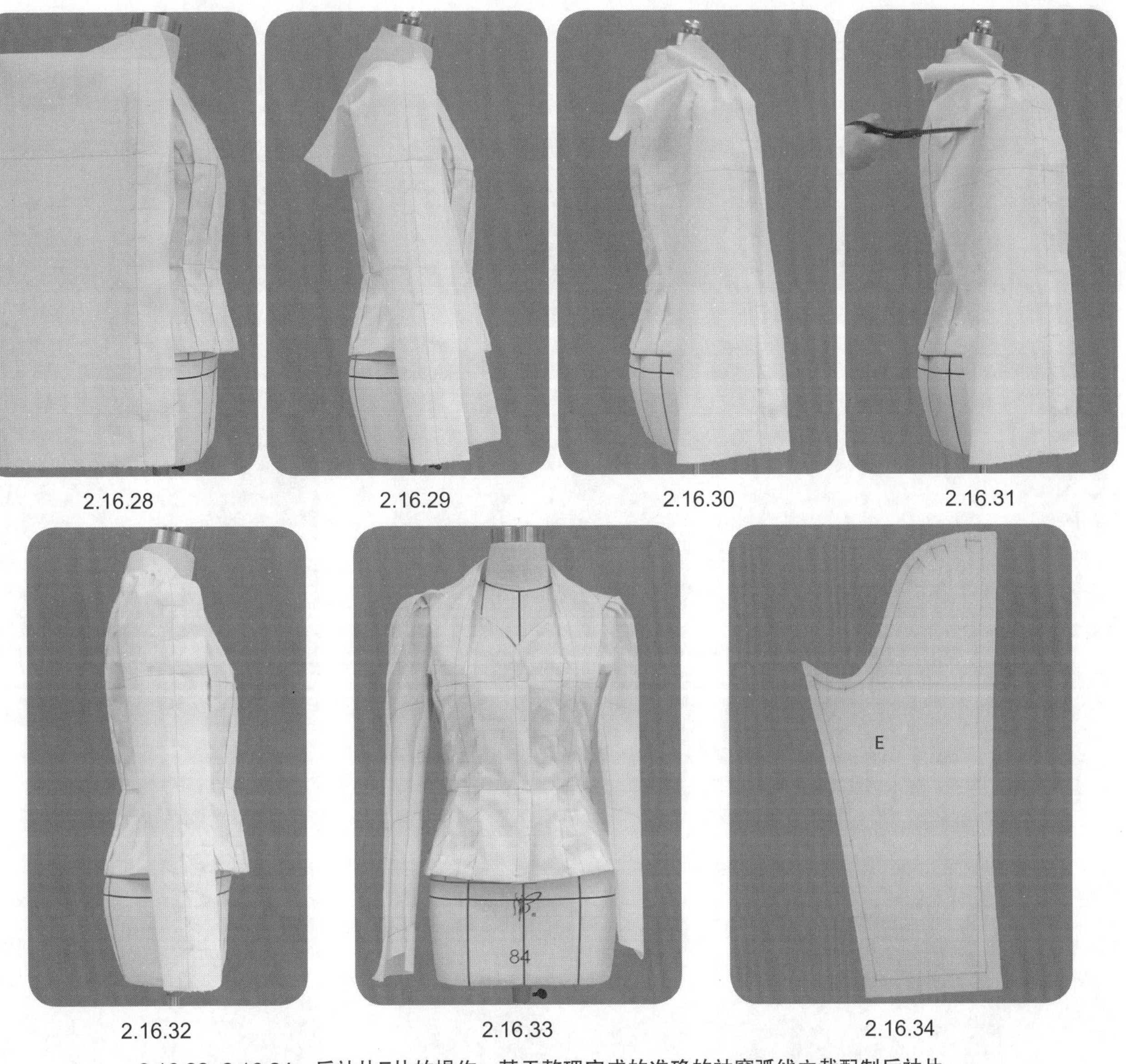

2.16.28 2.16.29 2.16.30 2.16.31

2.16.32 2.16.33 2.16.34

2.16.28~2.16.34　后袖片E片的操作。基于整理完成的准确的袖窿弧线立裁配制后袖片。

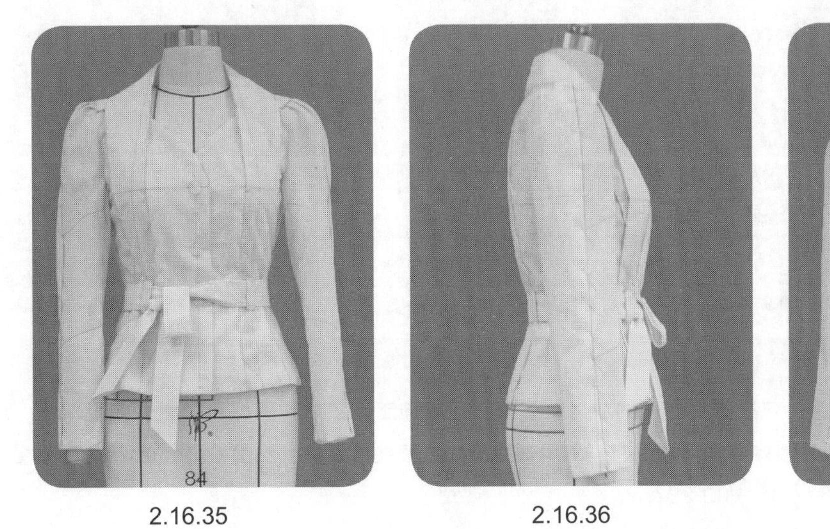

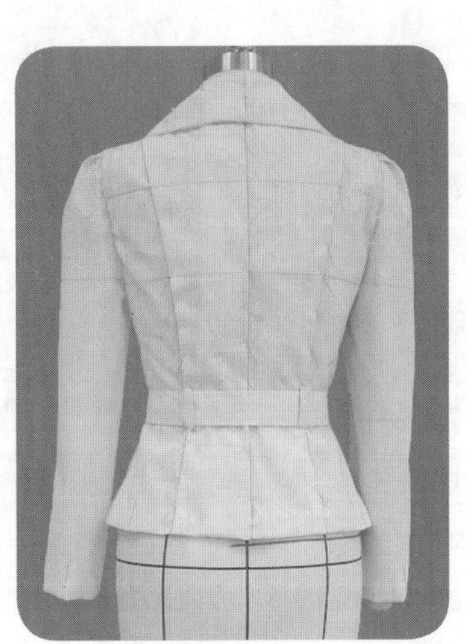

2.16.35 2.16.36 2.16.37

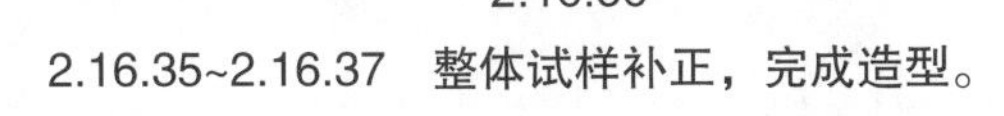

2.16.35~2.16.37　整体试样补正，完成造型。

17 放射衣褶连身袖外套

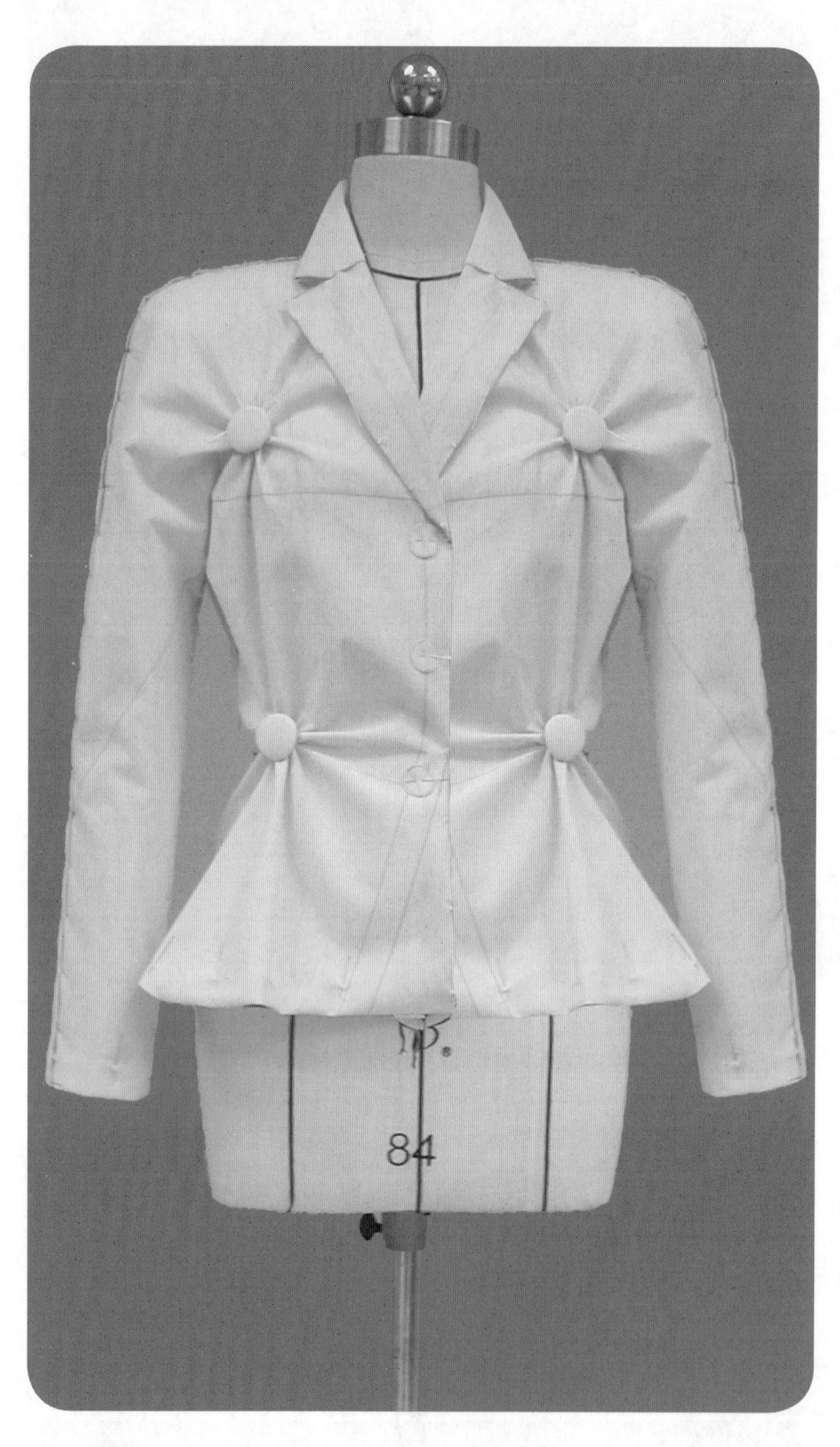

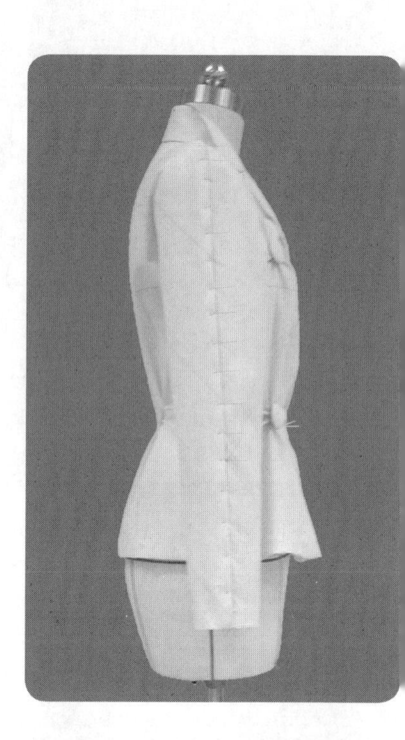

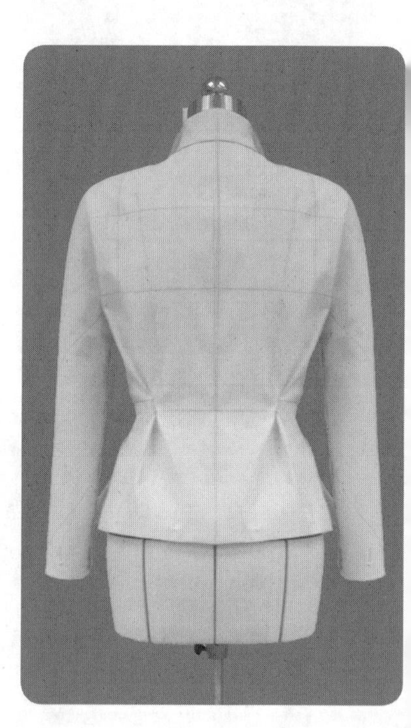

造型要点

典型的 Issemiyake 衣褶设计作品，包裹圆片形成的放射状衣褶，巧妙地满足了前胸部位和吸腰的造型需要，带插角的连身袖是典型的日本服装元素，服装整体结构巧妙，有一气呵成之妙。主要技术规格为胸围松量 8 cm、腰围松量 6 cm、下摆松量 8 cm、袖长 56 cm、袖肥 32 cm、袖口 22 cm。

操作步骤

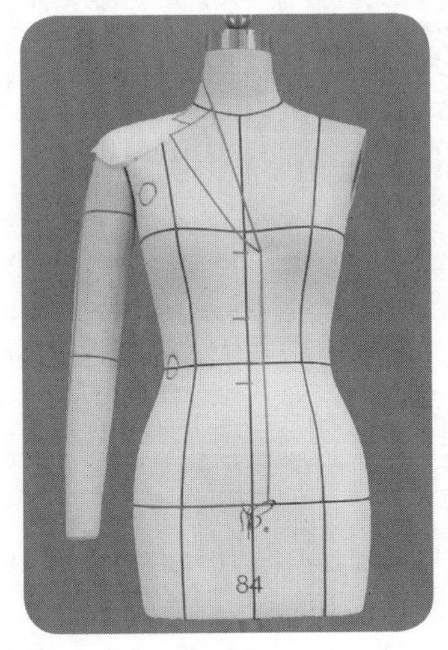

2.17.1

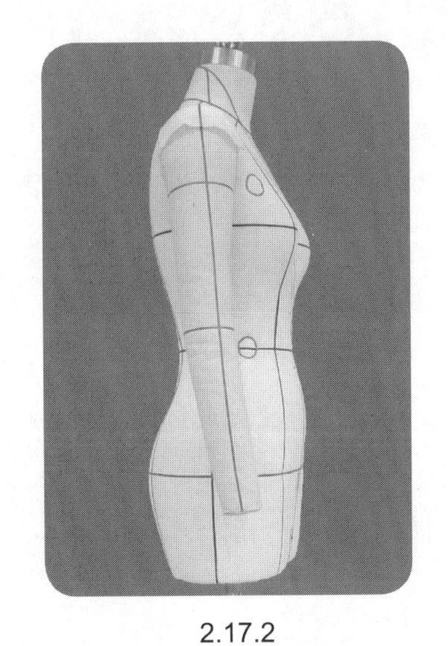

2.17.2

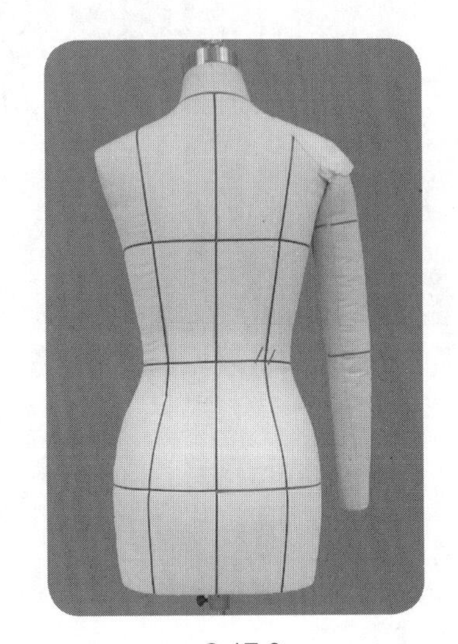

2.17.3

2.17.1~2.17.3 贴置款式造型线。

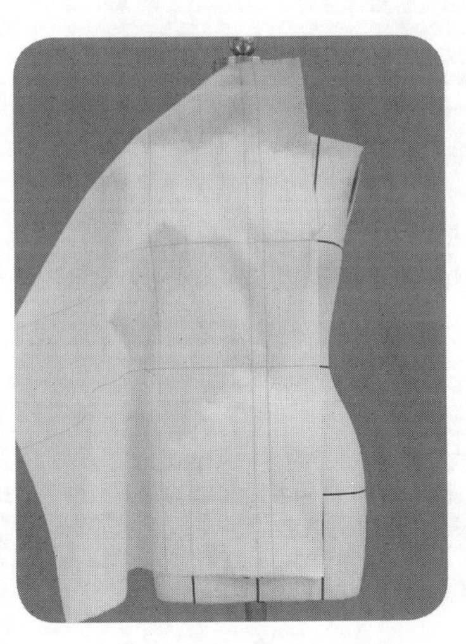

2.17.4

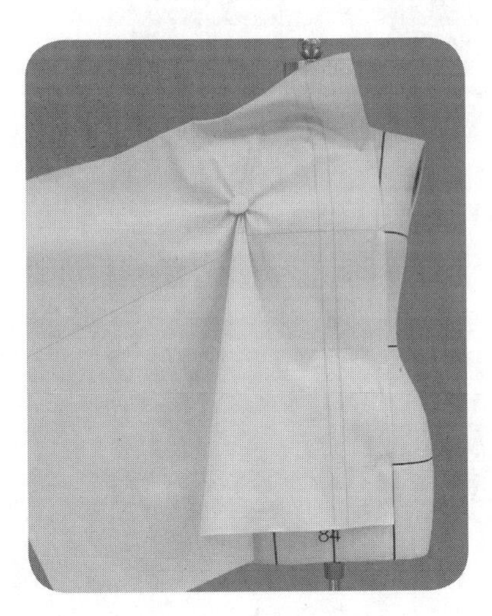

2.17.5

2.17.4~2.17.5 前衣片用布固定于人台，确定前胸处衣褶的中心位置，取下用布包裹硬质圆片于中间，再固定用布于人台，调整衣褶使其符合于人体肩胸部位。

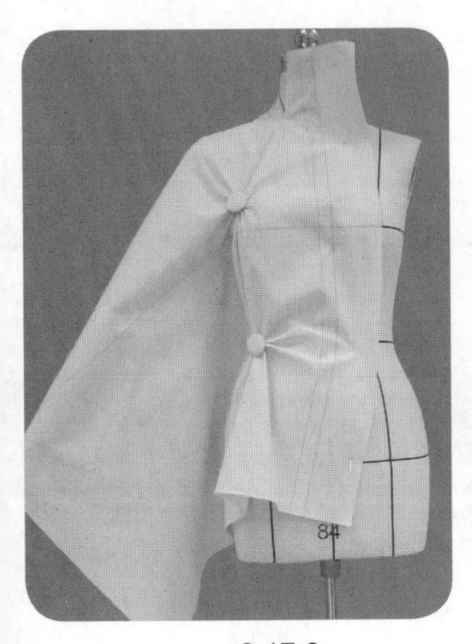

2.17.6

2.17.7

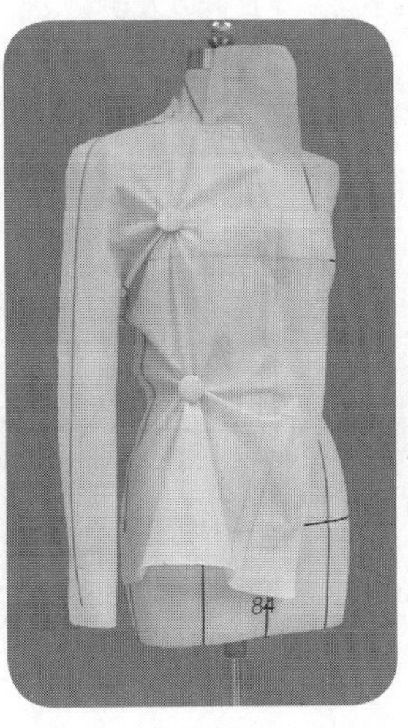

2.17.8

2.17.6~2.17.8 同理确定腰部衣褶中心位置，调整腰部衣褶造型。适当修剪领口、肩线，依据手臂抬高程度确定袖中线斜度，修剪袖中线，修剪侧缝。

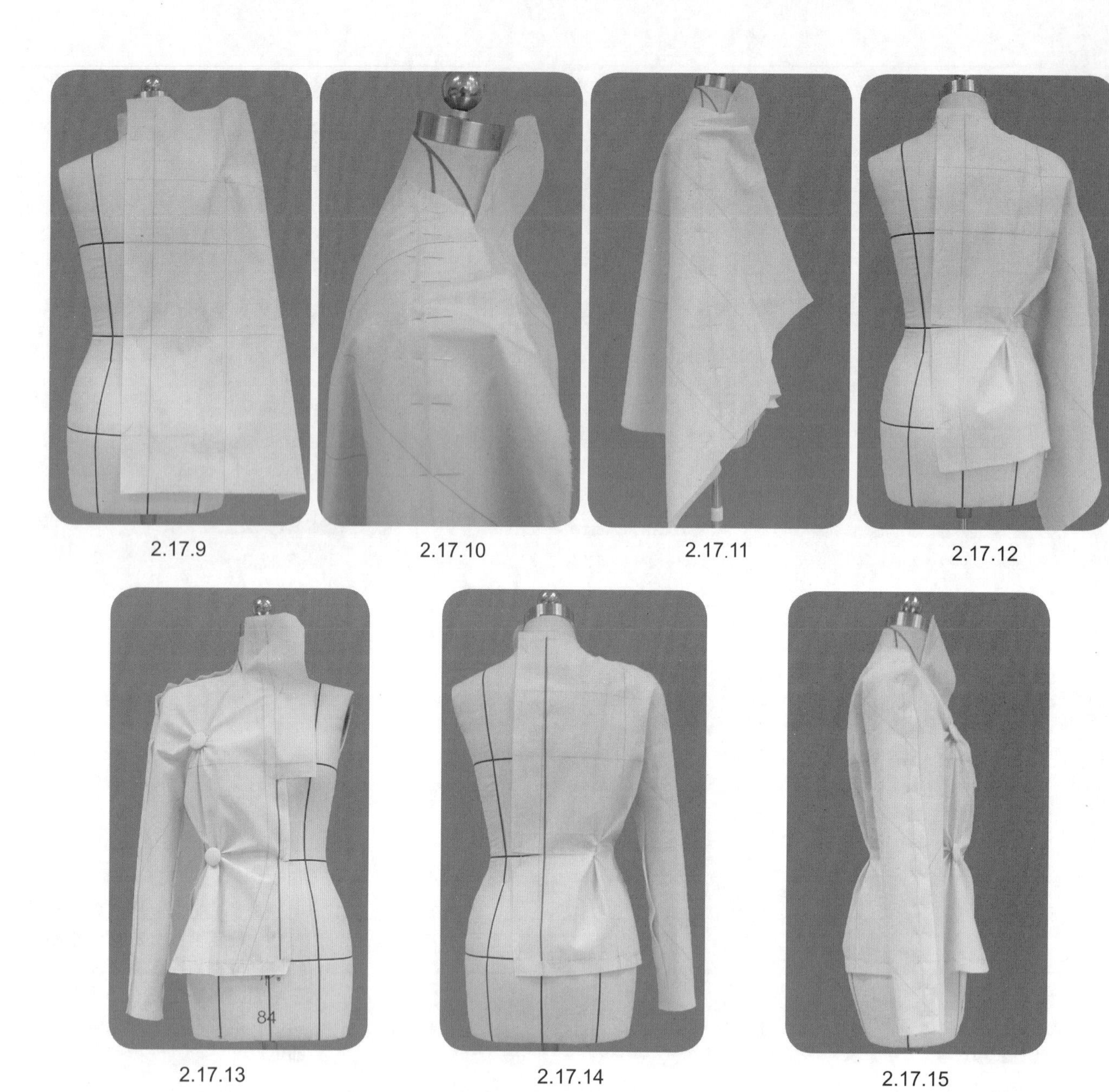

2.17.9 2.17.10 2.17.11 2.17.12

2.17.13 2.17.14 2.17.15

2.17.9~2.17.15　后片的操作。后片肩背部以上曲面量设置于0.7 cm后肩缝缝缩，其余设置为后袖窿部位松量。吸腰量处理于后中线、后腰衣裥以及侧缝。

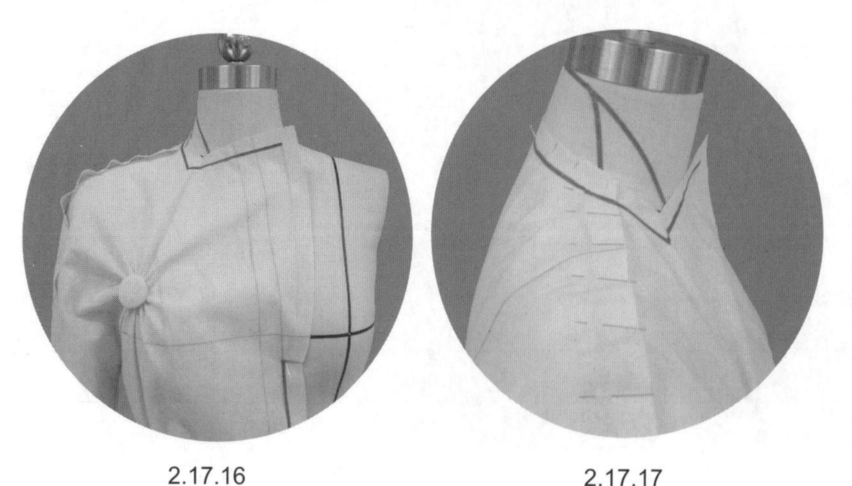

2.17.16 2.17.17

2.17.16、2.17.17　完成驳折领衣身翻折部分的修剪，以及领口线的修剪。

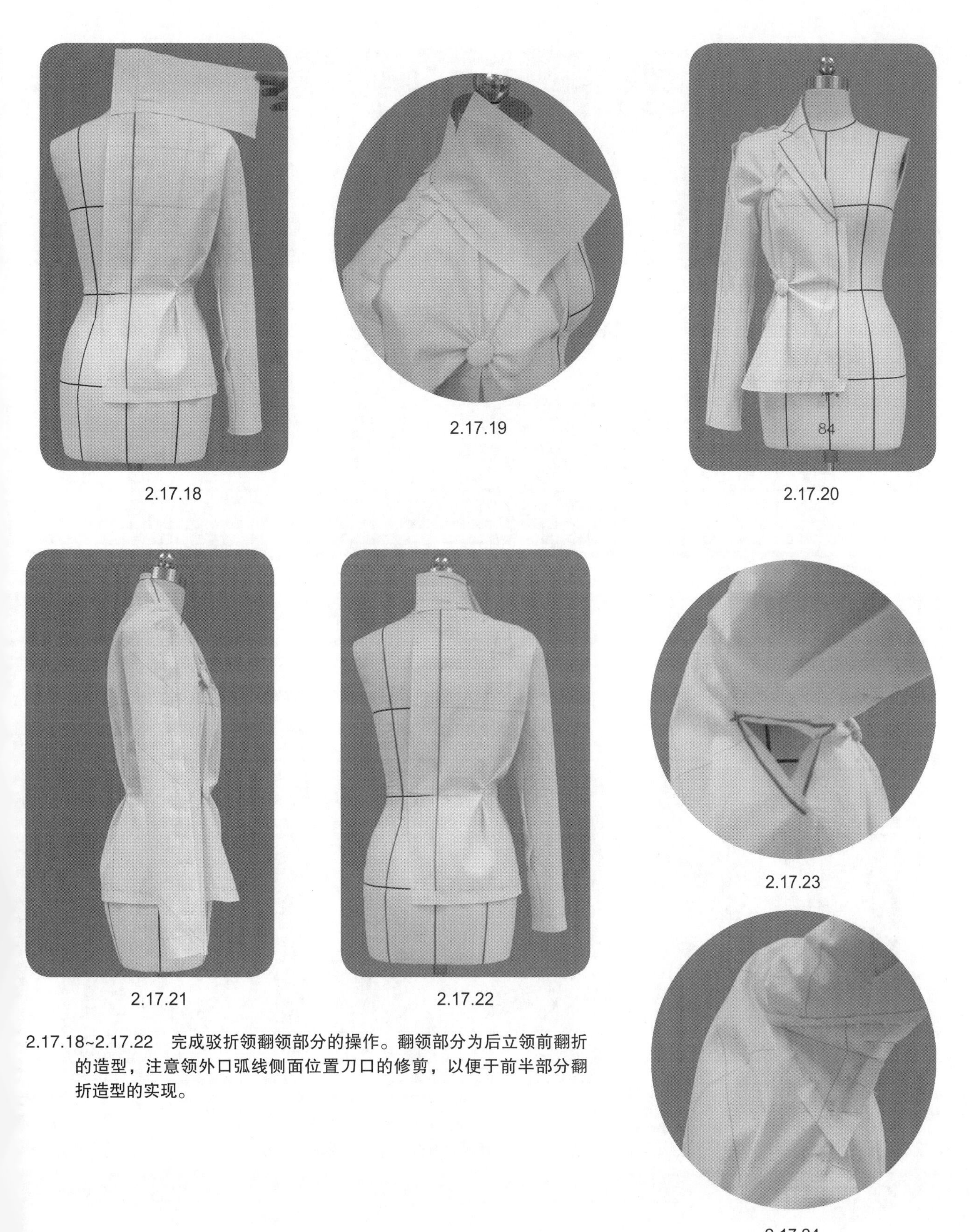

2.17.18

2.17.19

2.17.20

2.17.21

2.17.22

2.17.23

2.17.24

2.17.18~2.17.22　完成驳折领翻领部分的操作。翻领部分为后立领前翻折的造型，注意领外口弧线侧面位置刀口的修剪，以便于前半部分翻折造型的实现。

2.17.23、2.17.24　袖底插角的配制。

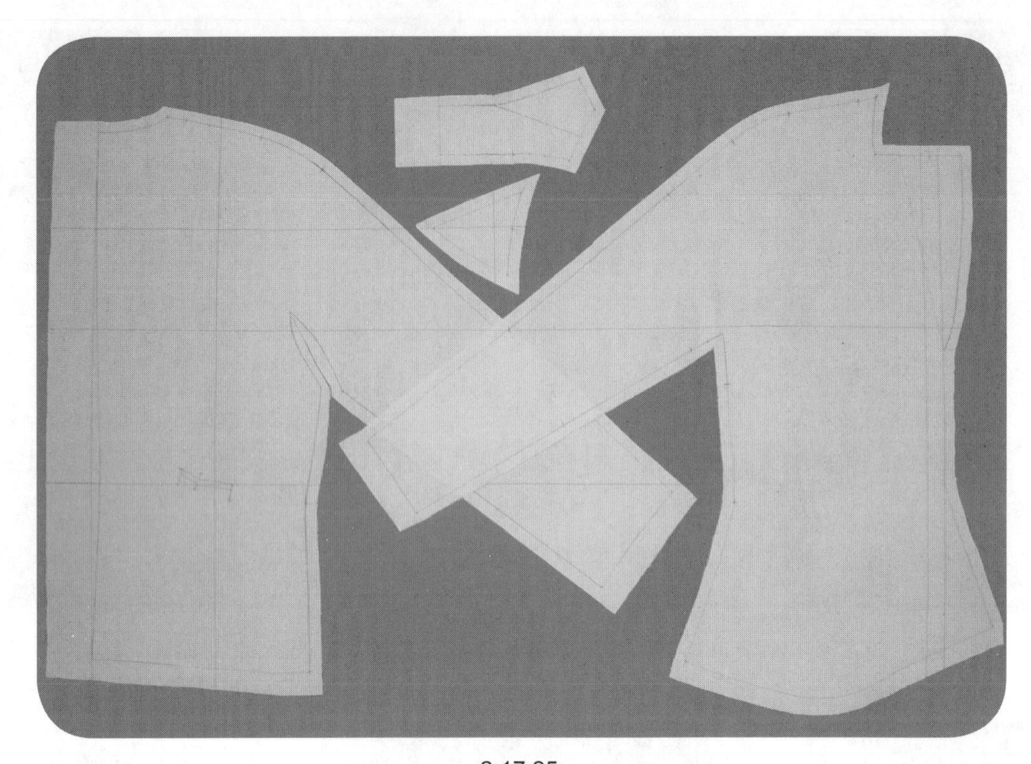

2.17.25

2.17.25　标点描线，完成样片的平面整理。

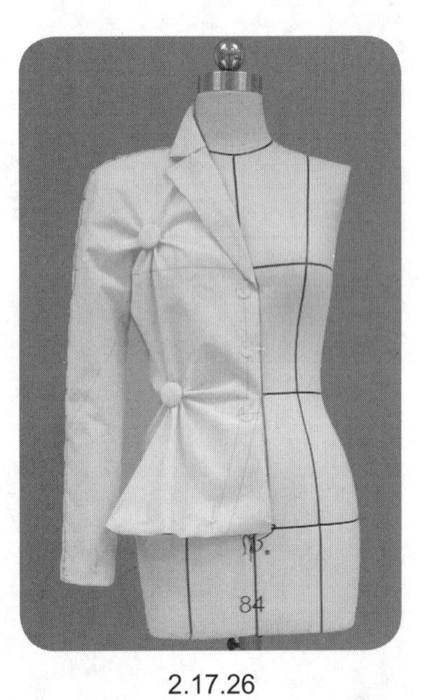

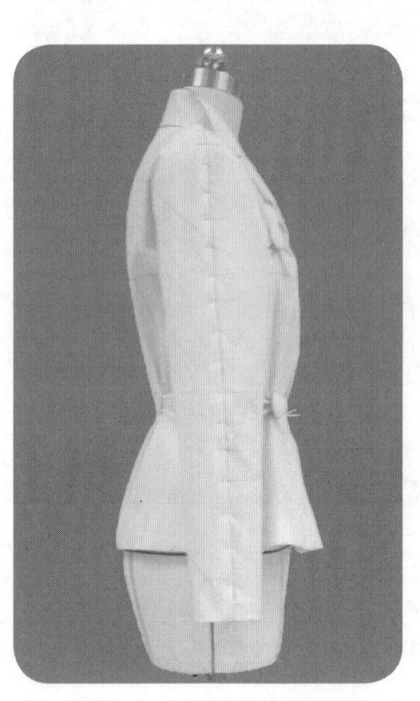

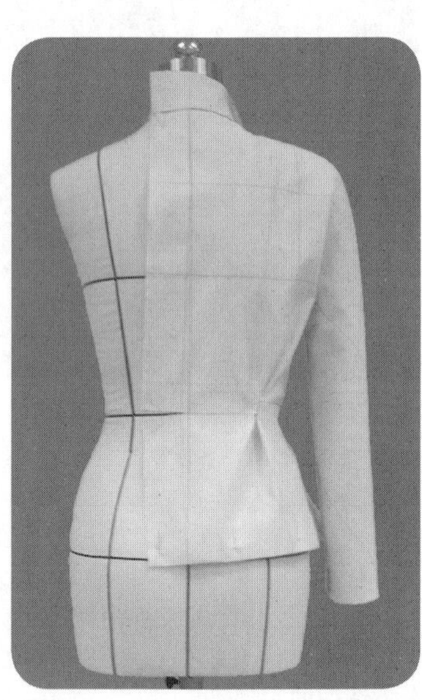

2.17.26　　2.17.27　　2.17.28

2.17.26~2.17.28　整体试样补正，造型完成。

18 衣裥变化插肩袖外套

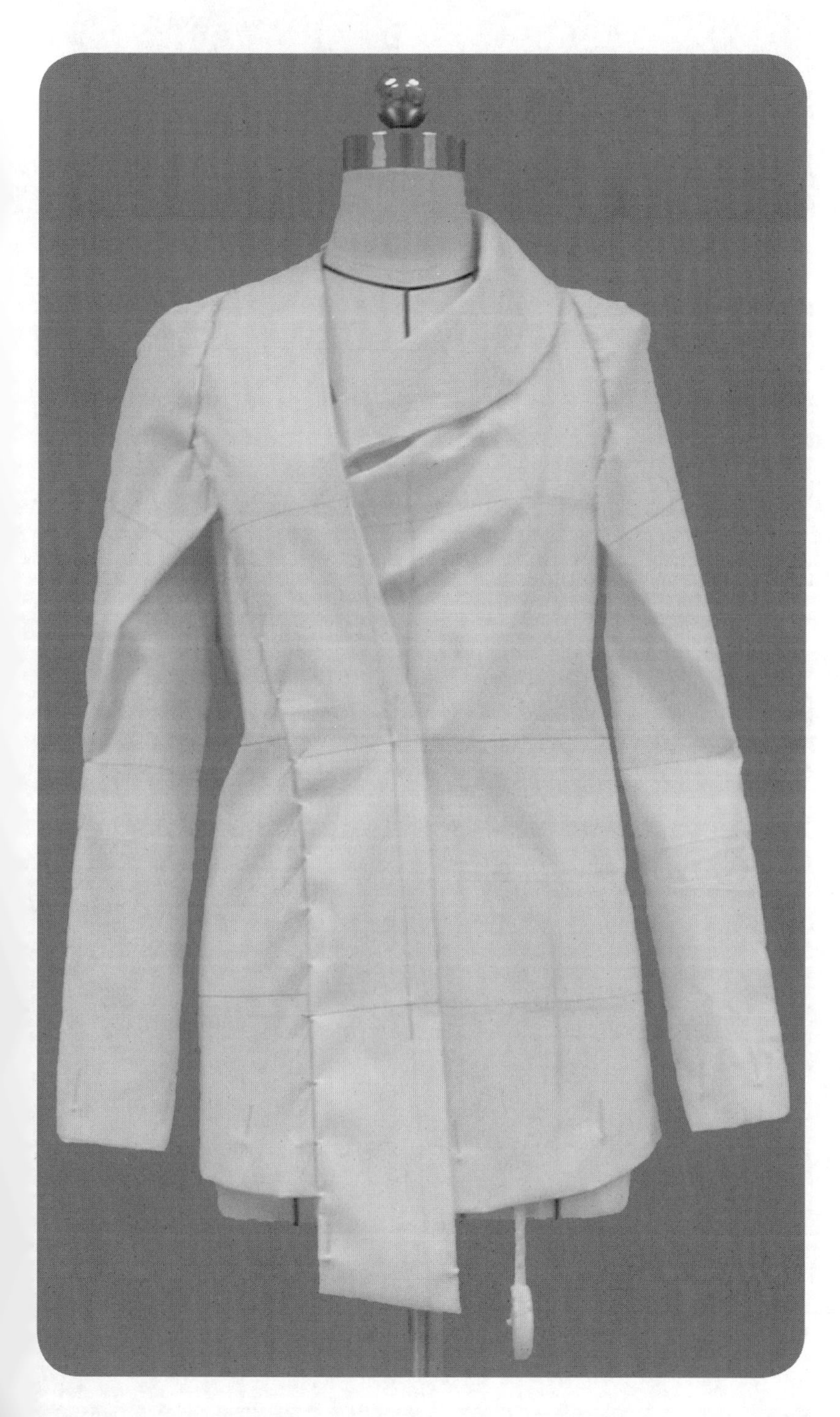

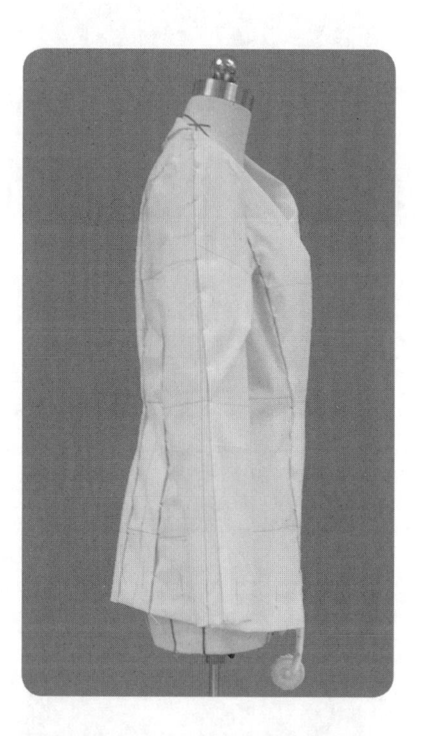

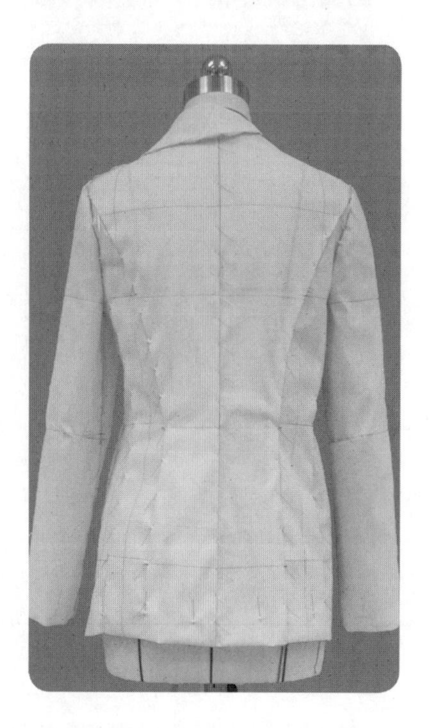

造型要点

典型的衣裥变化插肩袖设计，组合不对称的衣身、衣领造型，为 Vivienne Westwood 的代表设计作品。成衣主要技术规格为胸围松量 10 cm、腰围松量 8 cm、下摆松量 6 cm、袖长 56 cm、袖口 22 cm。

操作步骤

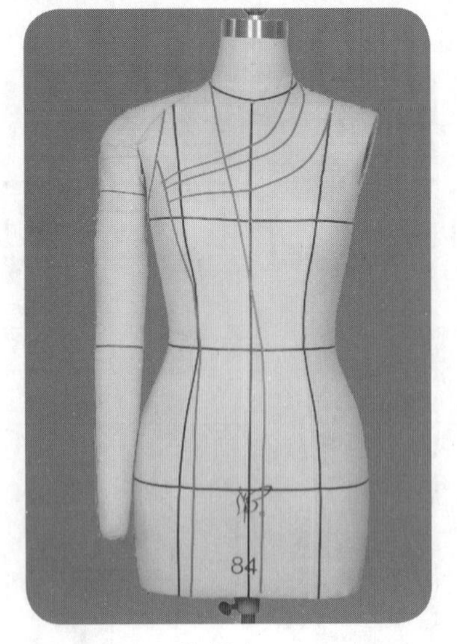

2.18.1

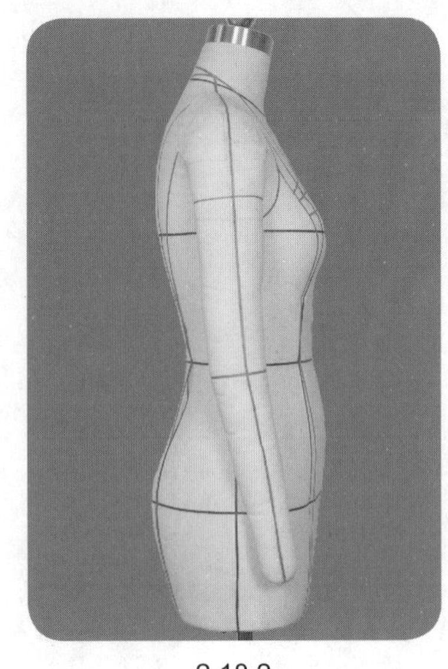

2.18.2

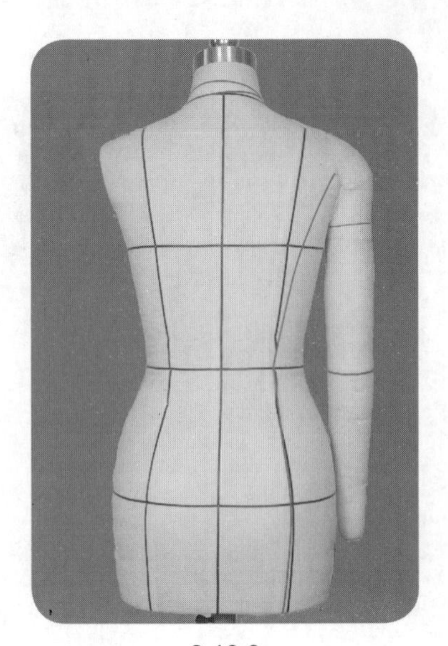

2.18.3

2.18.1~2.18.3 贴置款式造型线。

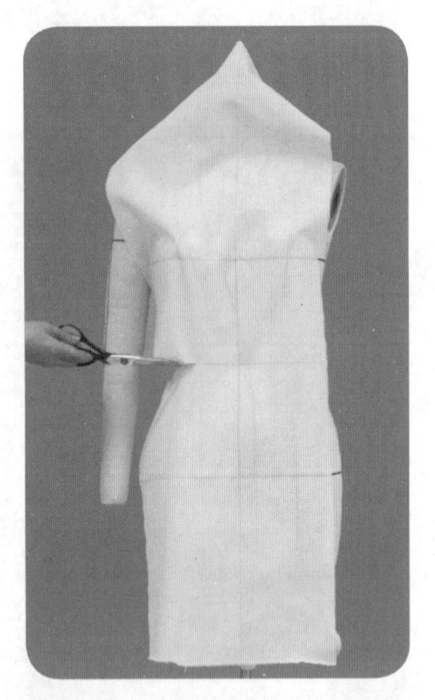

2.18.4

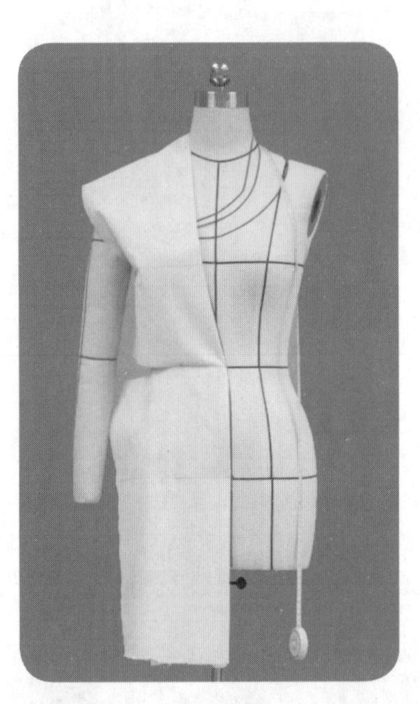

2.18.5

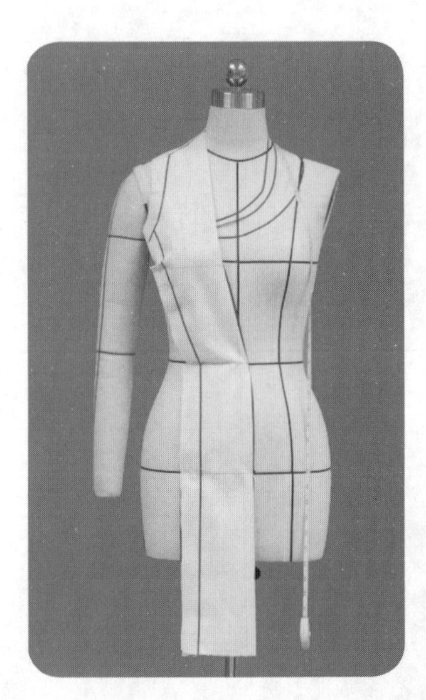

2.18.6

2.18.4~2.18.6 左前中A片的操作。前中腰线位置剪刀口，向内翻折，形成连口的领口门襟结构，完成肩线和分割线的修剪。

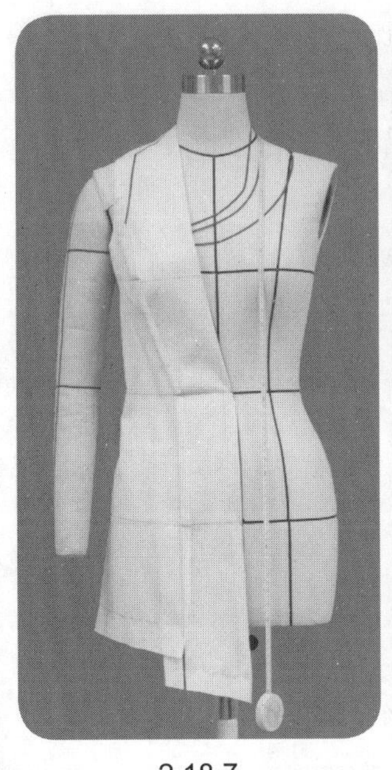

2.18.7

2.18.8

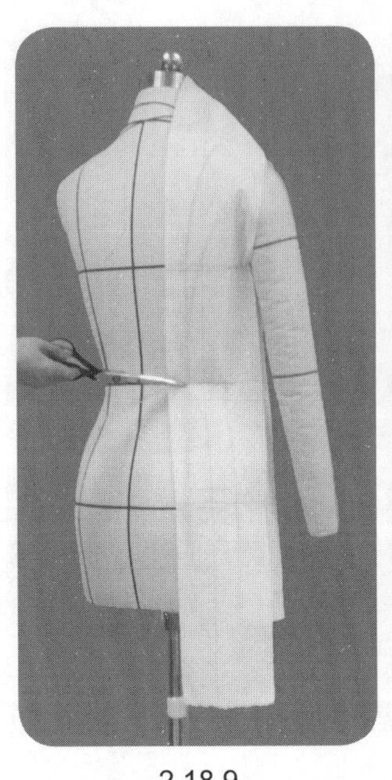

2.18.9

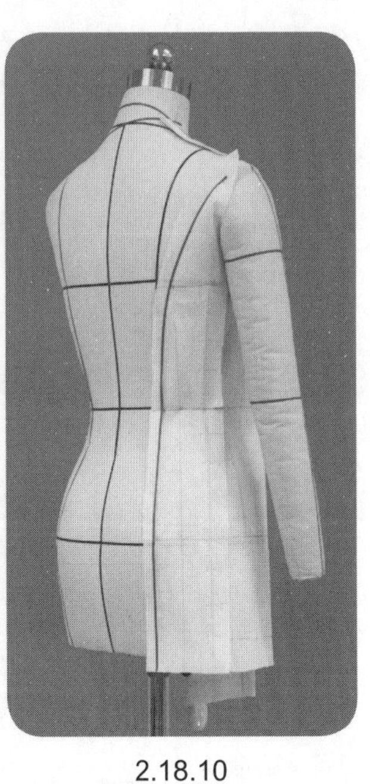

2.18.10

2.18.7、2.18.8　左前侧B片的操作。此片侧缝后移，为三面构成结构，保持纵向中心布纹线的竖直是侧片操作的重点。

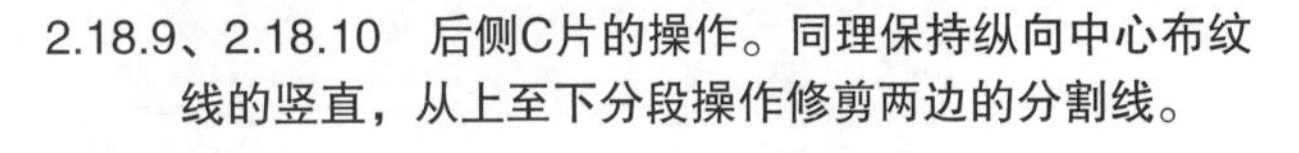

2.18.9、2.18.10　后侧C片的操作。同理保持纵向中心布纹线的竖直，从上至下分段操作修剪两边的分割线。

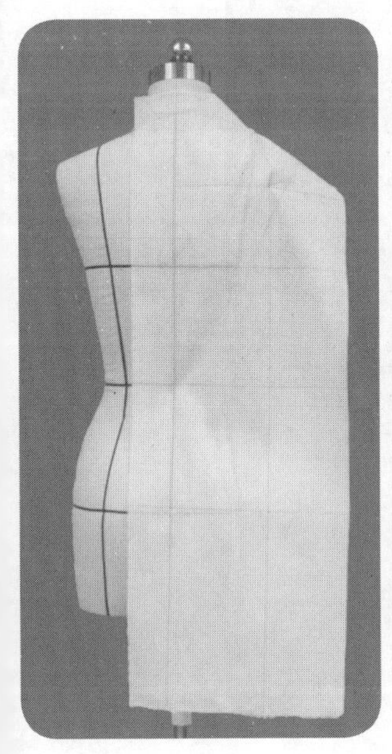

2.18.11

2.18.12

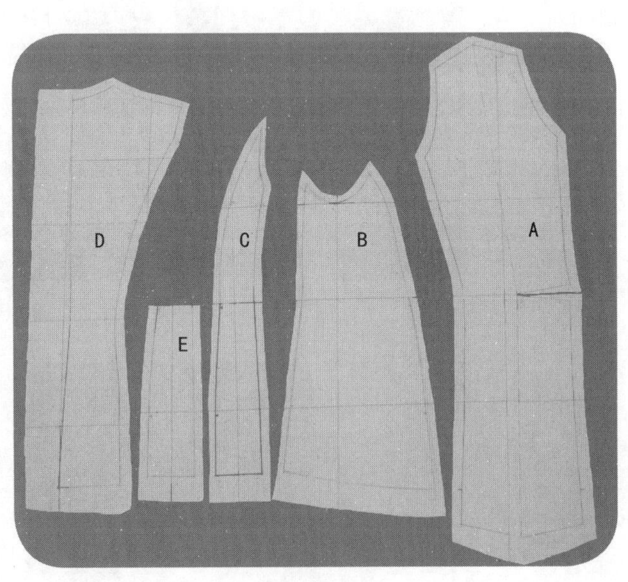

2.18.13

2.18.11、2.18.12　后中D片的操作。肩背部的曲面量处理为适量的领口松量、袖窿松量，以及领口缝缩、肩线缝缩以及袖窿上段缝缩。吸腰量分配于后中心线以及公主分割线。

2.18.13　左侧样片的标点描线，平面整理。并完成右后中F片和右后侧G片的对称拓印。E片为C片腰围线分割下面部分拓印片。

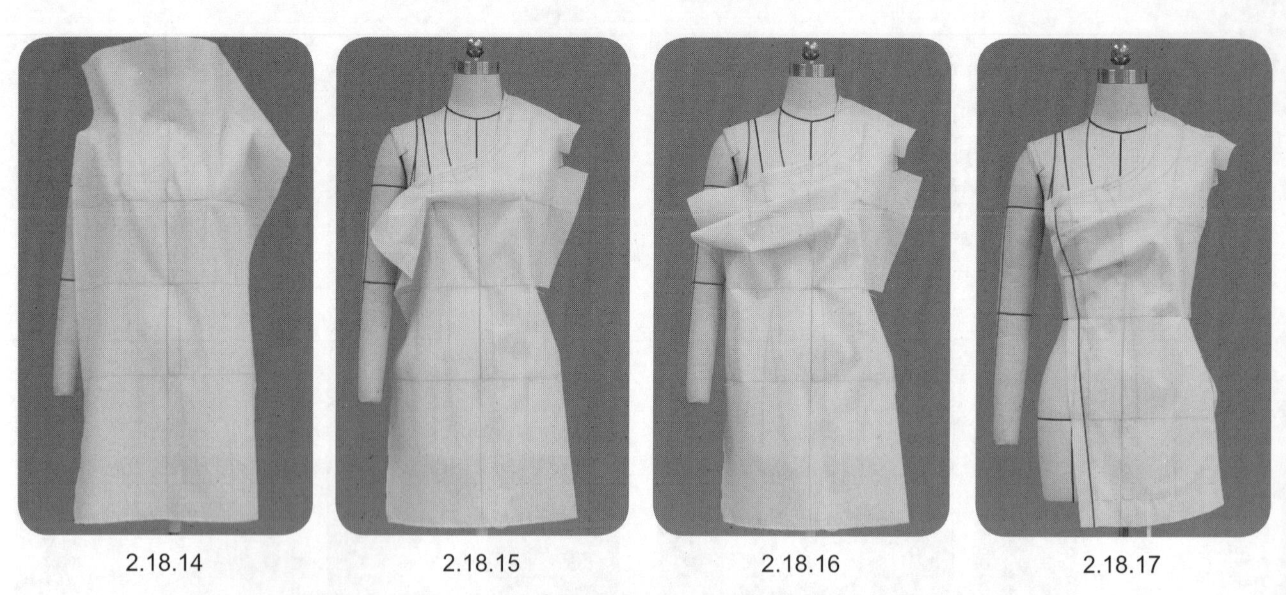

2.18.14　　2.18.15　　2.18.16　　2.18.17

2.18.14~2.18.17　右前中H片的操作。胸部曲面量以及领口的松量转移至门襟处的两个衣裥处理。

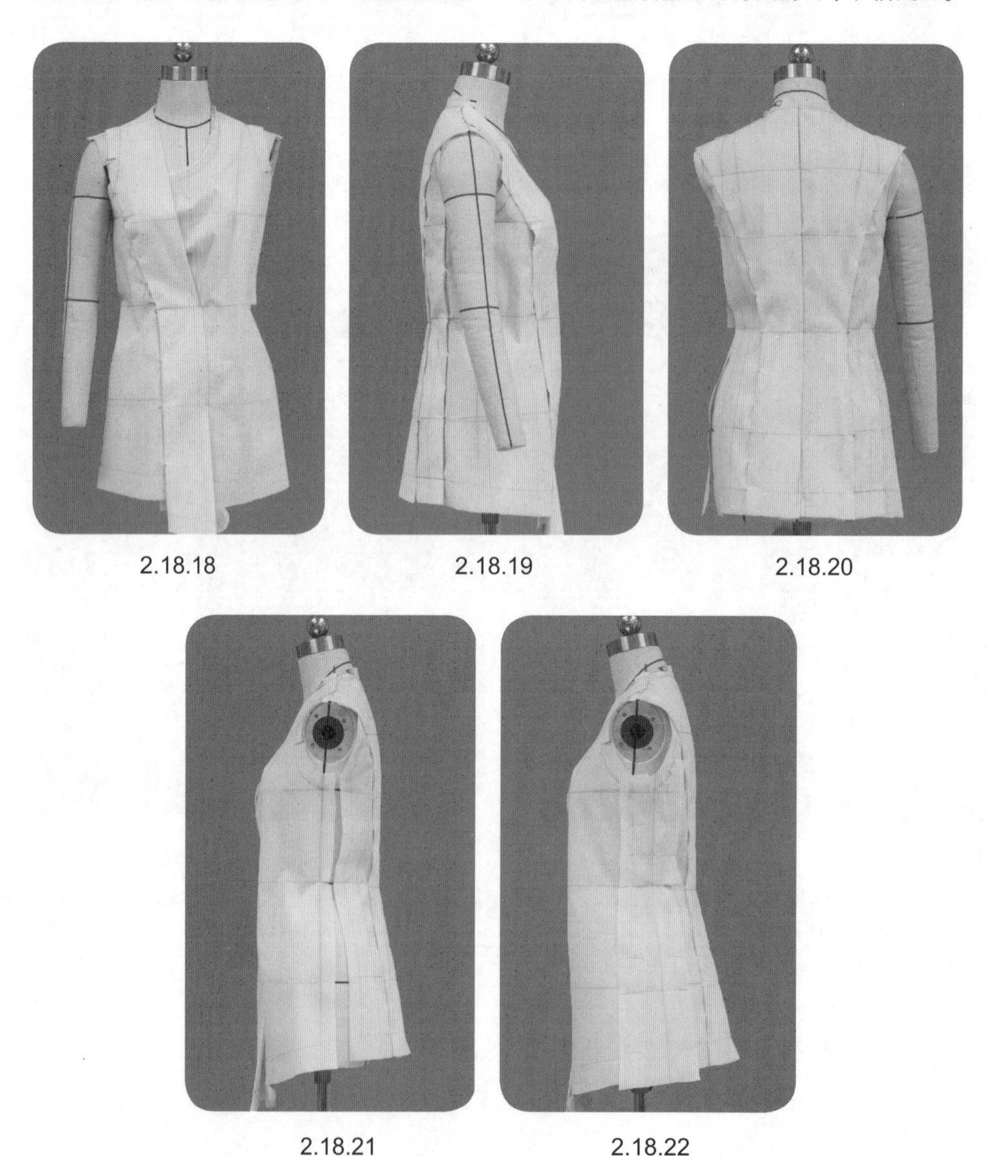

2.18.18　　2.18.19　　2.18.20

2.18.21　　2.18.22

2.18.18~2.18.22　别合完成平面整理的样片，穿着与人台试样补正，并完成右侧I片的配制操作。

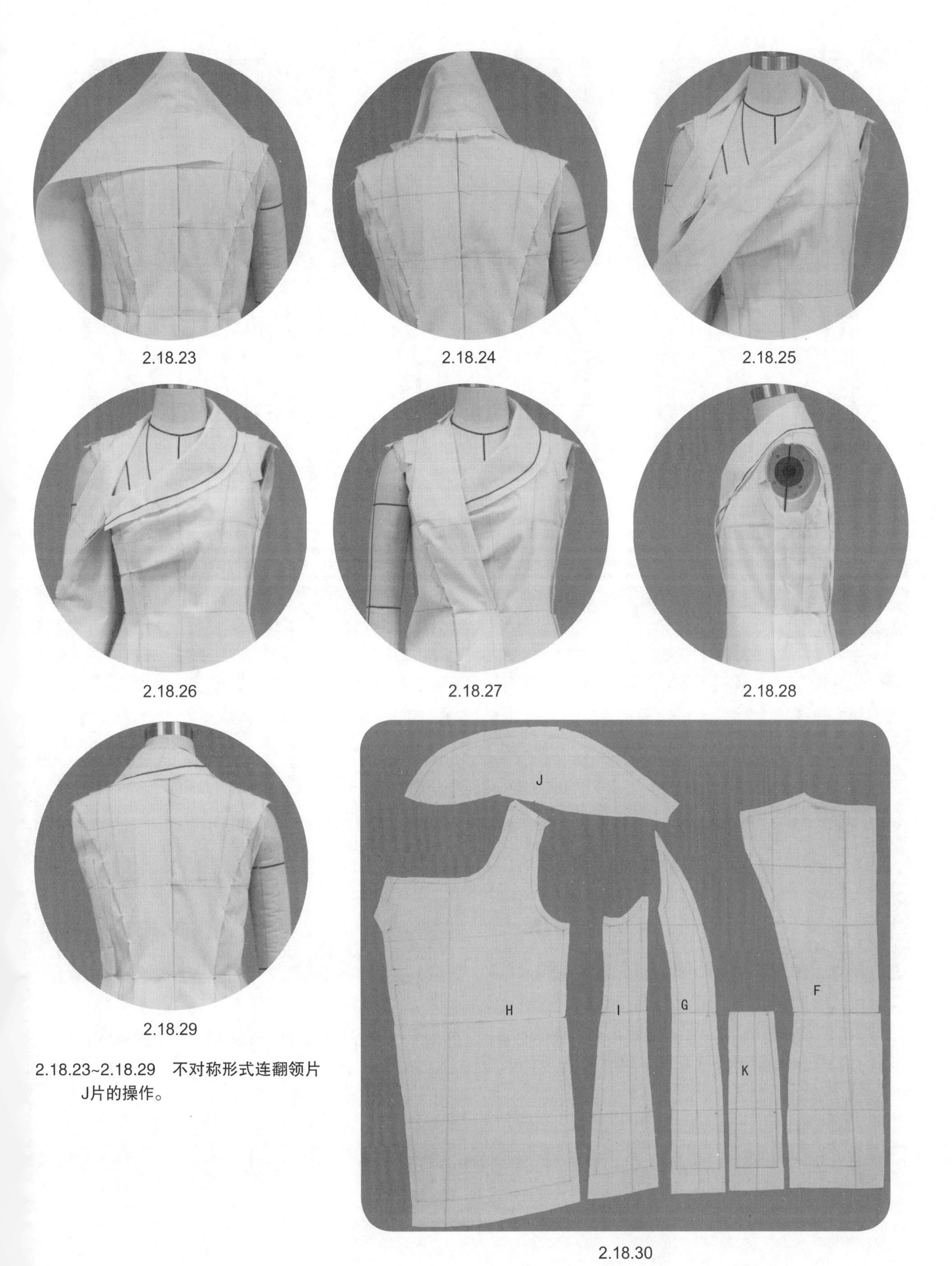

2.18.23

2.18.24

2.18.25

2.18.26

2.18.27

2.18.28

2.18.29

2.18.23~2.18.29　不对称形式连翻领片J片的操作。

2.18.30

2.18.30　标点描线，完成右侧衣身样片以及领片的平面整理。K片为G片腰围线分割下面部分拓印片。

2.18.31 2.18.32 2.18.33

2.18.34 2.18.35 2.18.36 2.18.37

2.18.31~2.18.37　后衣袖L片和前衣袖M片的操作。后衣袖片设置袖肘横省实现弯袖身造型，前衣袖片设置衣裥形成有空间感的变化型插肩袖造型。

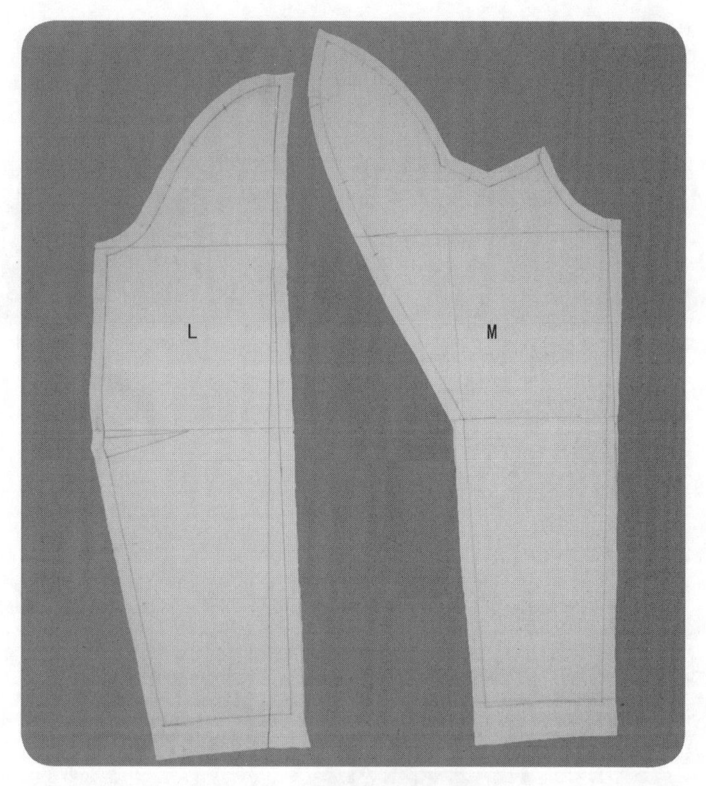

2.18.38

2.18.38 衣袖片的标点描线，平面整理，拓印对称片。

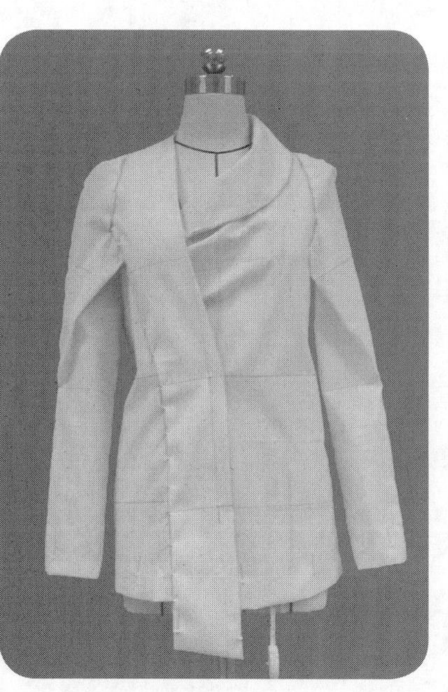

2.18.39

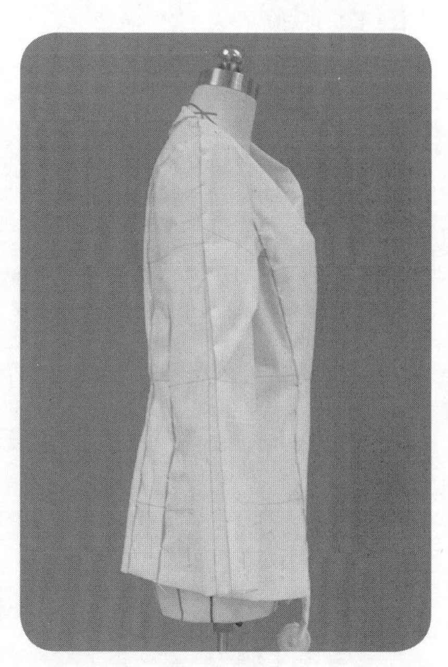

2.18.40

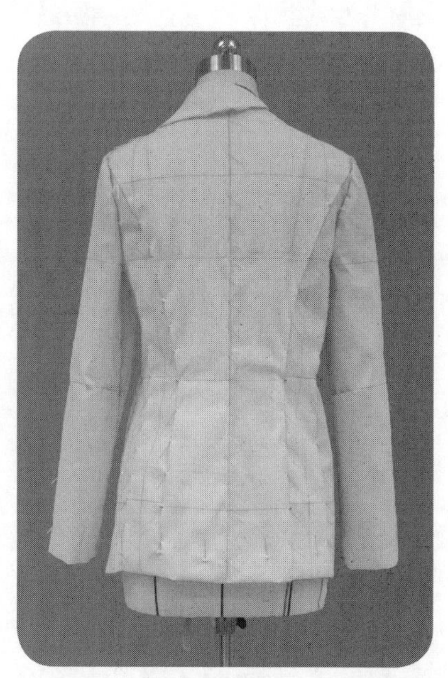

2.18.41

2.18.39~2.18.41 整体试样补正，完成造型。

19 变化连身袖连衣裙

造型要点

Madeleine Vionnet 因突破传统服装结构，采用斜向结构线和斜向丝缕，创造了许多典雅的作品而被誉为“斜裁之母”。此款作品为典型的斜向省道和斜向分割线设计，与衣身相连的衣袖的巧妙结构形成变化造型，成为令人惊叹的大师之作。成衣主要技术规格为胸围松量 4 cm、腰围松量 4 cm。

操作步骤

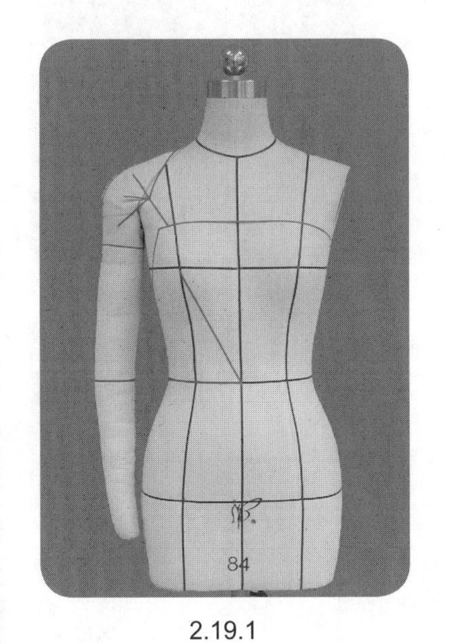

2.19.1

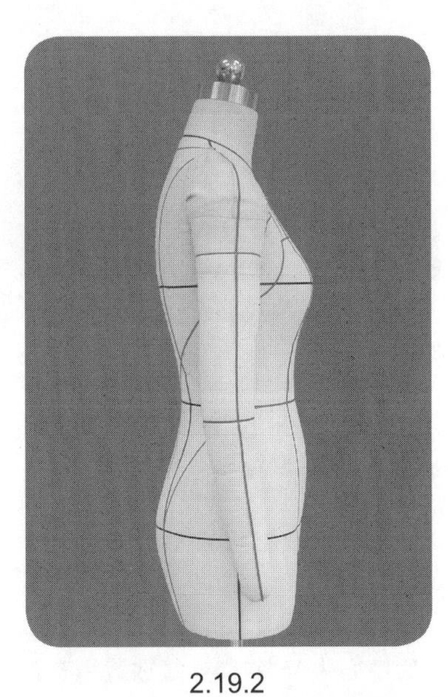

2.19.2

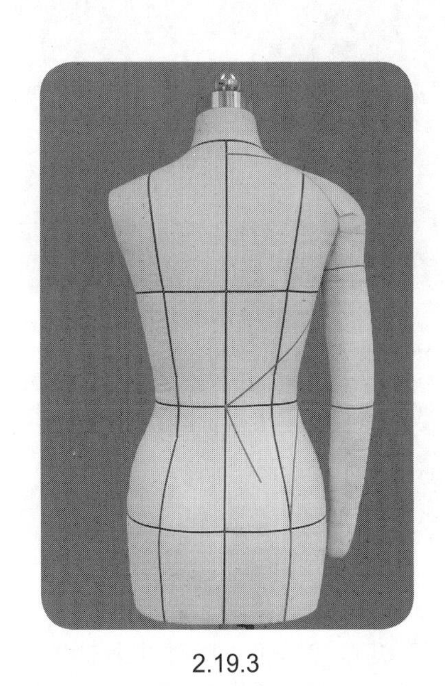

2.19.3

2.19.1~2.19.3 贴置款式造型线。

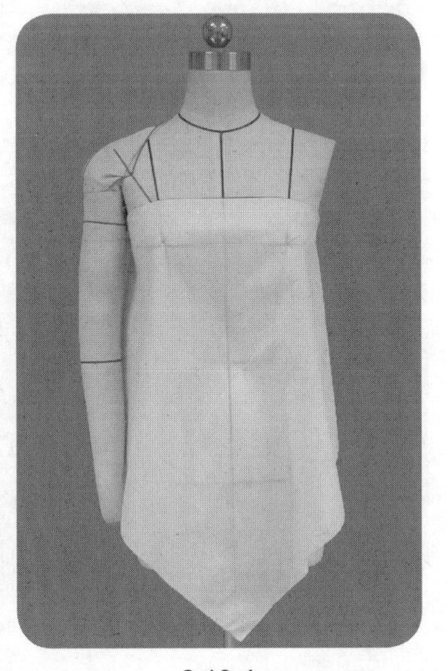

2.19.4

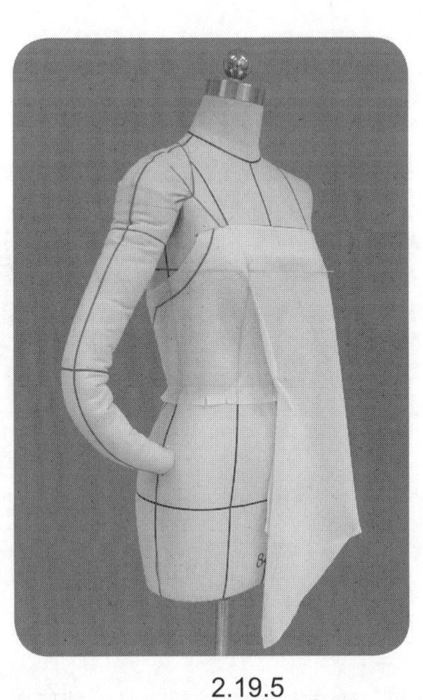

2.19.5

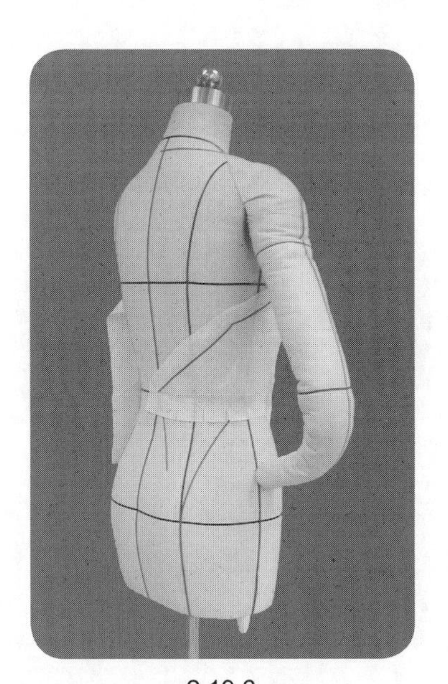

2.19.6

2.19.4~2.19.6 上衣前片的操作。前中心为45°斜向丝缕放置用布，前领口留5 cm缝份修剪向内翻形成连口贴边，前腰线斜向省道处理前片曲面量，无侧缝，前片斜向分割线延伸至后中心。

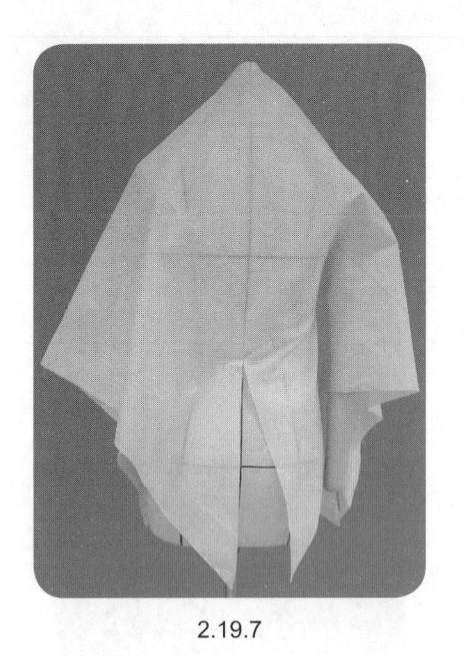

2.19.7

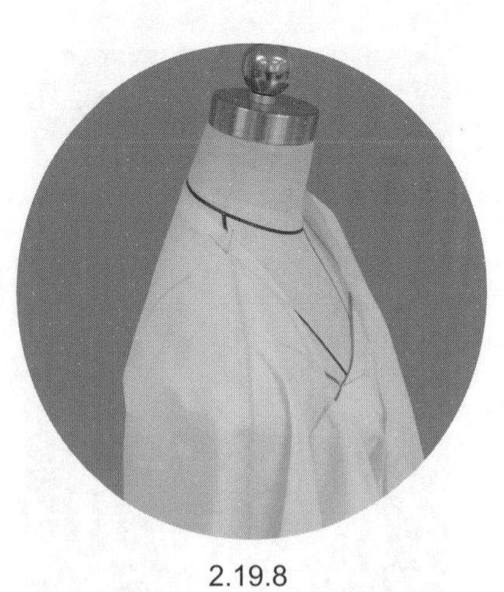

2.19.8

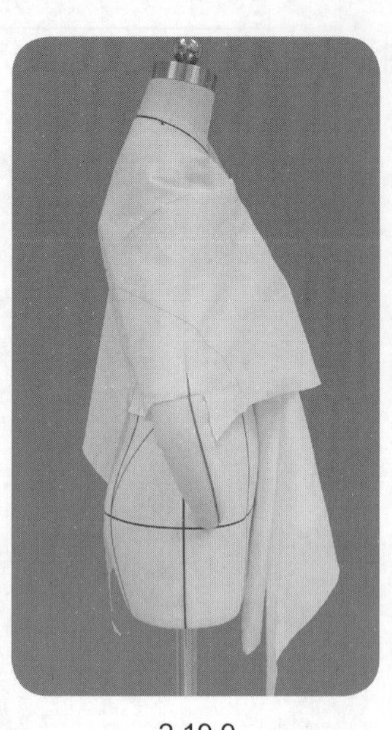

2.19.9

2.19.7、2.19.8　上衣后片连袖片的操作。后中心为45°斜向丝缕放置用布，修剪后领口连肩至前领口，铺平临时固定。

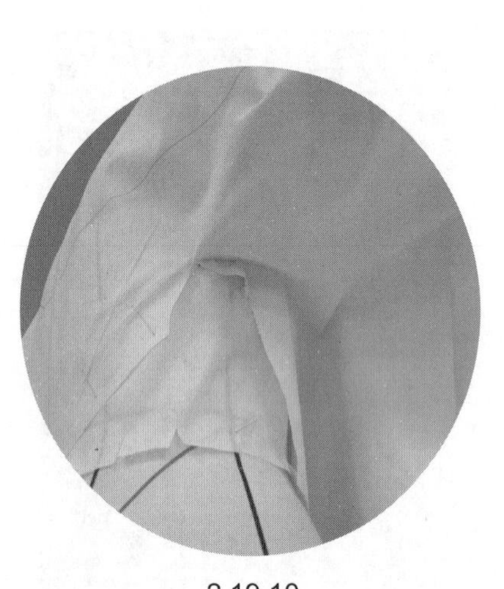

2.19.10

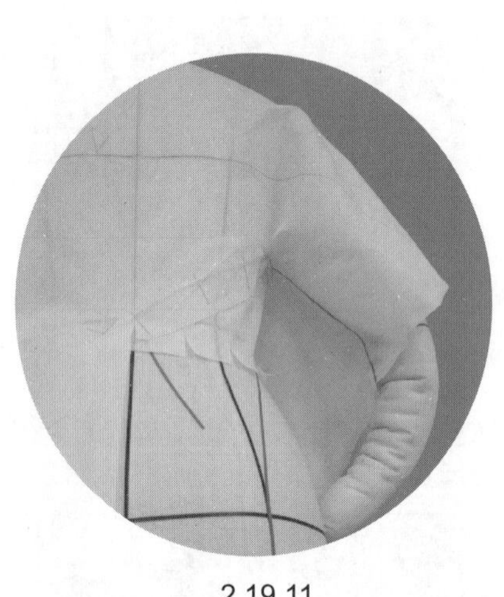

2.19.11

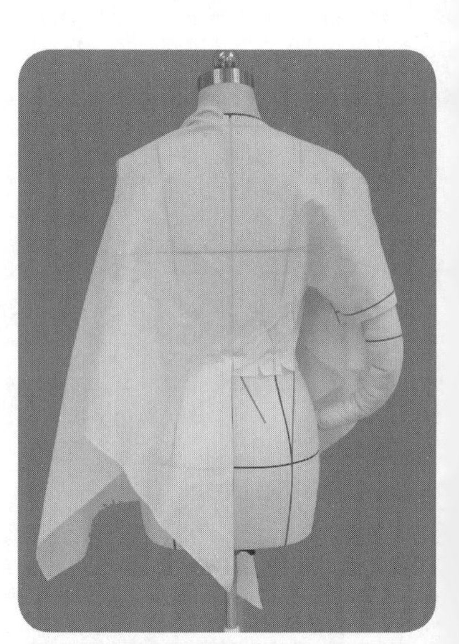

2.19.12

2.19.9~2.19.12　确定手臂抬高斜度，逐渐沿斜向分割线修剪别合前、后片，确定袖底缝修剪，确定袖长位置，贴置初步袖口线，适当修剪。

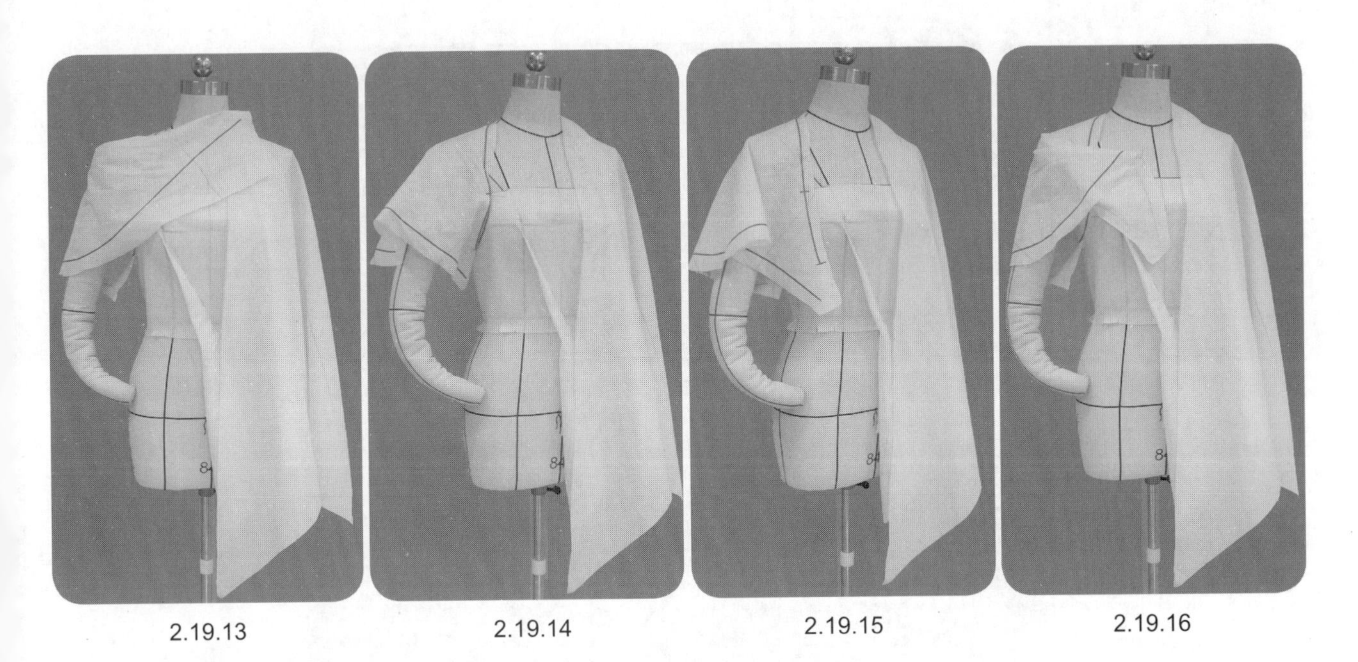

2.19.13　　2.19.14　　2.19.15　　2.19.16

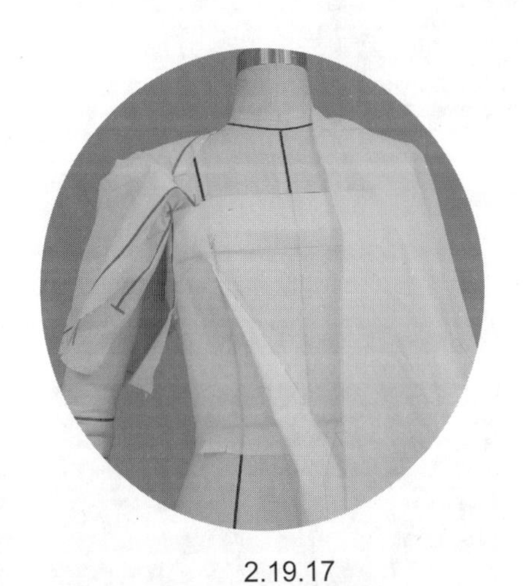

2.19.17

2.19.13~2.19.17　衣袖连片的前端向内翻转，整理肩端处形成的衣裥，内侧与前片以及后袖底缝拼合。

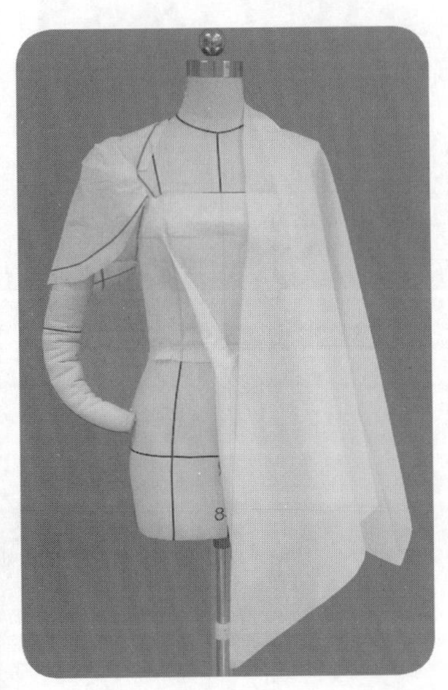

2.19.18

2.19.19

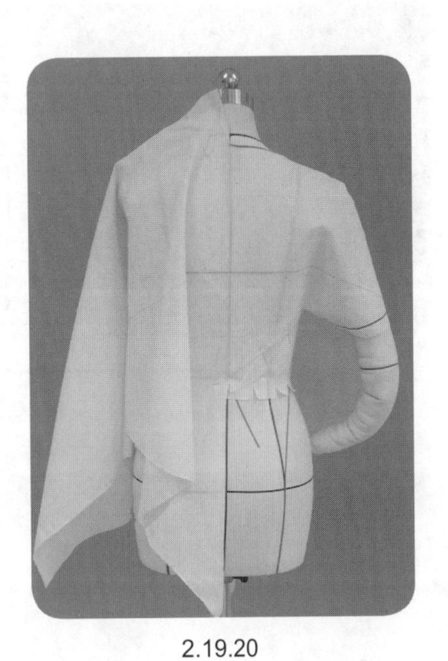

2.19.20

2.19.18~2.19.20　完成连袖造型的操作。上衣为对称造型，操作一半即可。

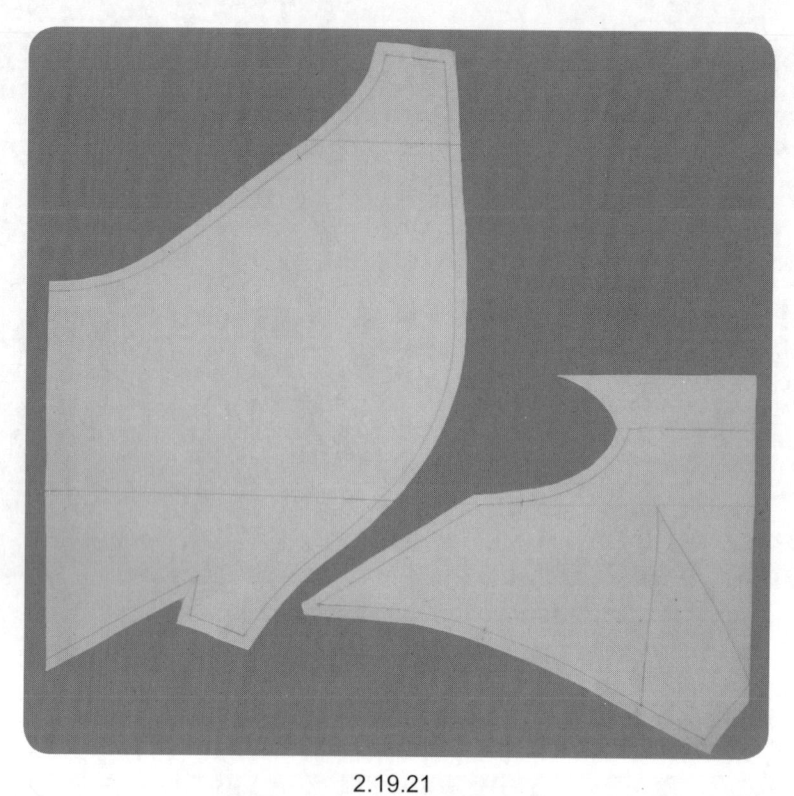

2.19.21

2.19.21　上衣样片的标点描线，平面整理，并完成对称片的拓印。

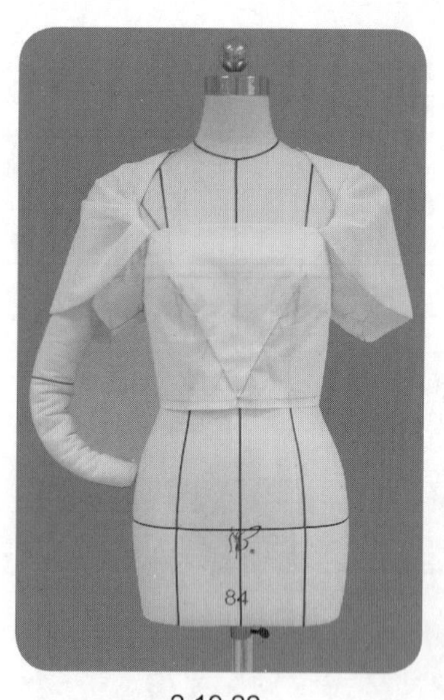

2.19.22

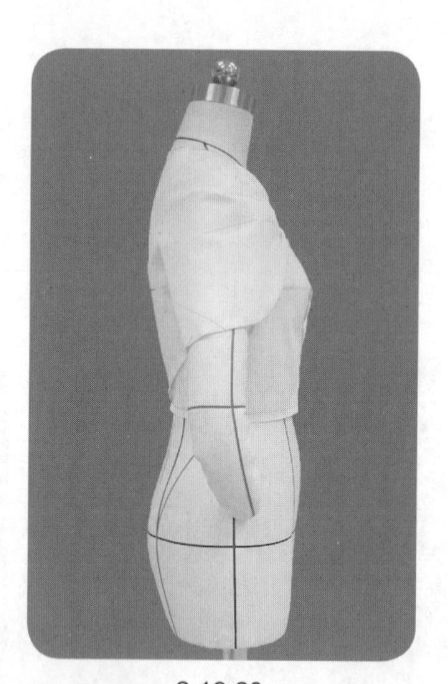

2.19.23

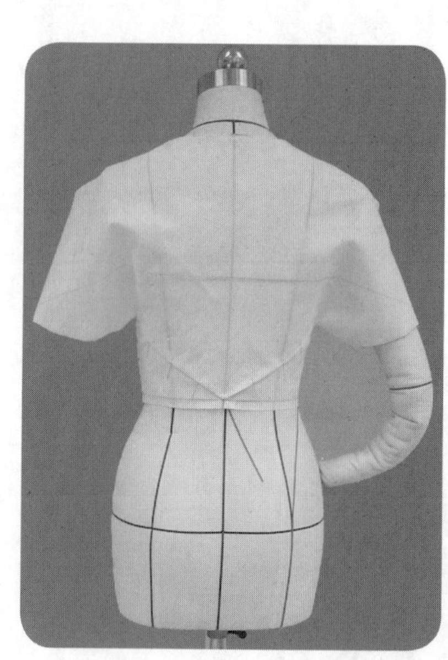

2.19.24

2.19.22~2.19.24　上衣部分的试衣补正。

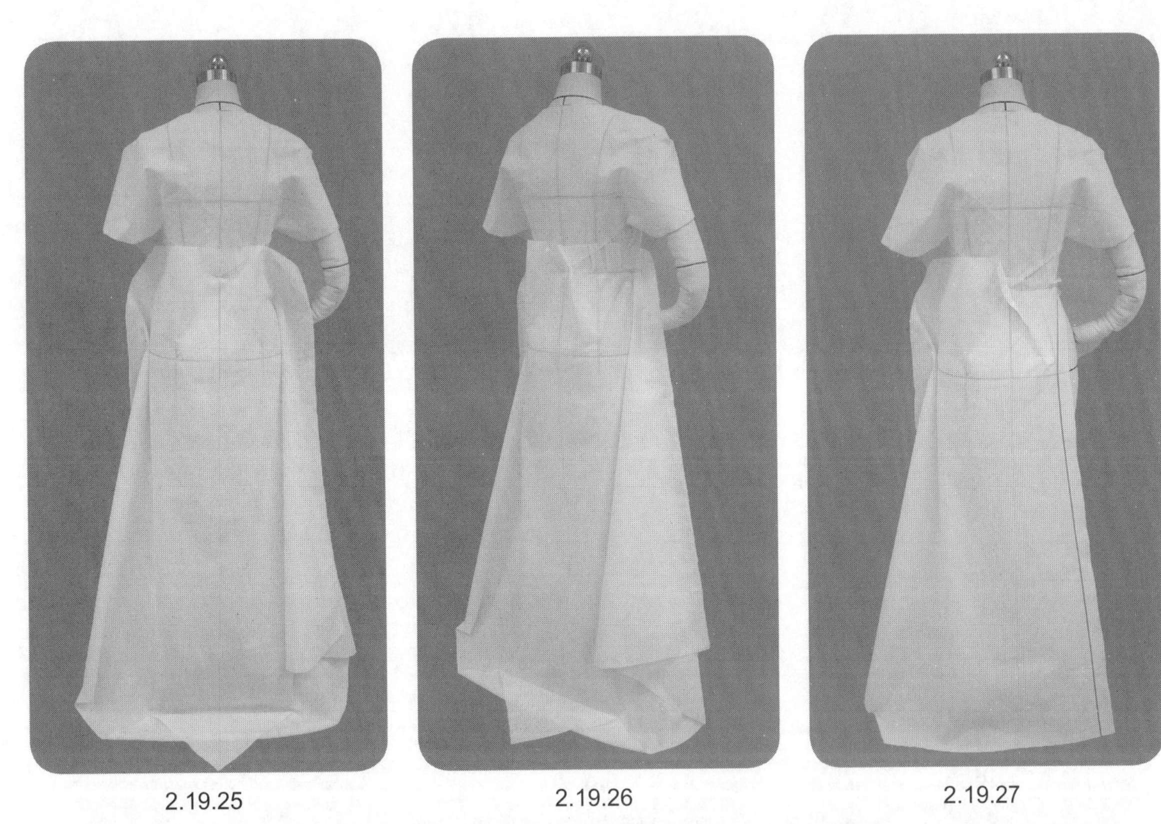

2.19.25　　2.19.26　　2.19.27

2.19.25~2.19.27　裙后片的操作。后中心为45°斜向丝缕放置用布，适量的臀腰差转移至下摆满足裙身的A造型，其余的设置为斜向腰省。

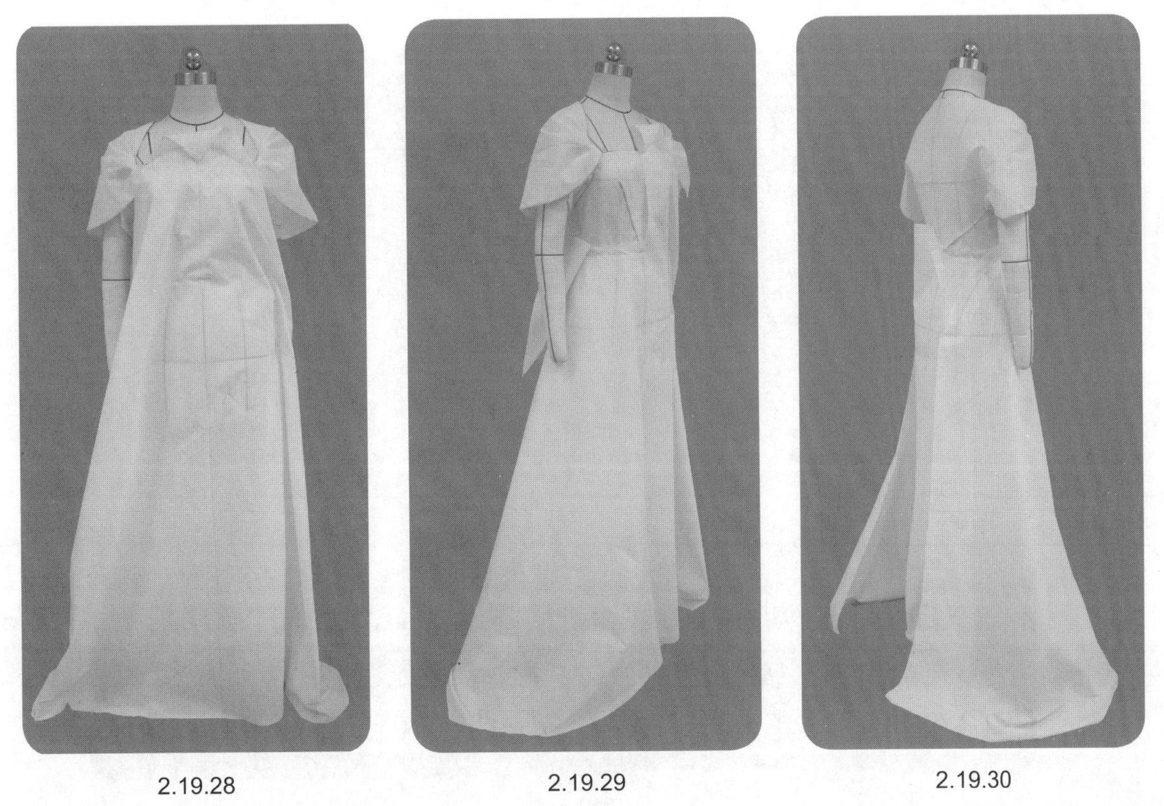

2.19.28　　2.19.29　　2.19.30

2.19.28~2.19.30　裙前片的操作。前中心为45°斜向丝缕放置用布，前片的波浪量较大，逐渐修剪完成腰线和上衣腰线的拼合，以及与后片弧形分割线的拼合。

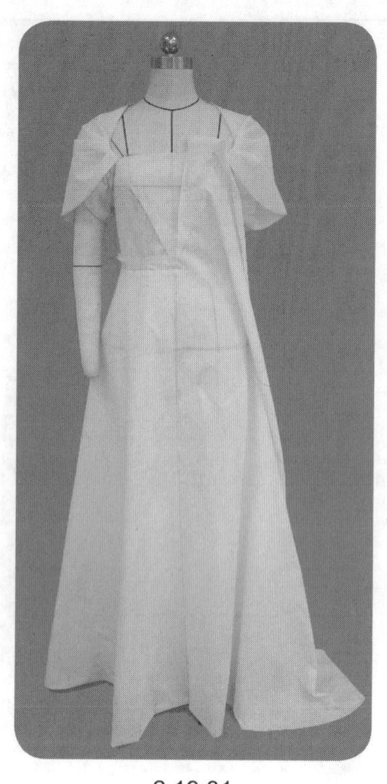

2.19.31

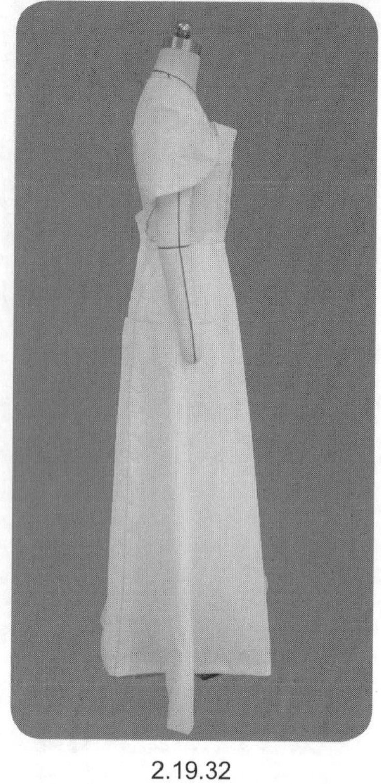

2.19.32

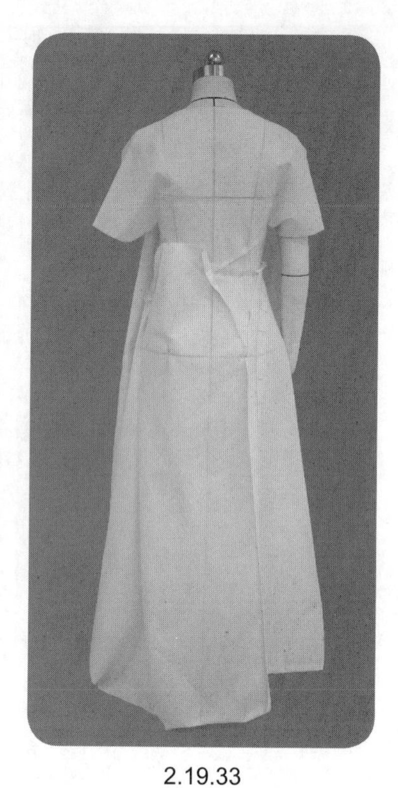

2.19.33

2.19.31~2.19.33　确定裙长，修剪操作裙底边。

2.19.34

2.19.34　裙片的标点描线，平面整理，并完成对称片的拓印。

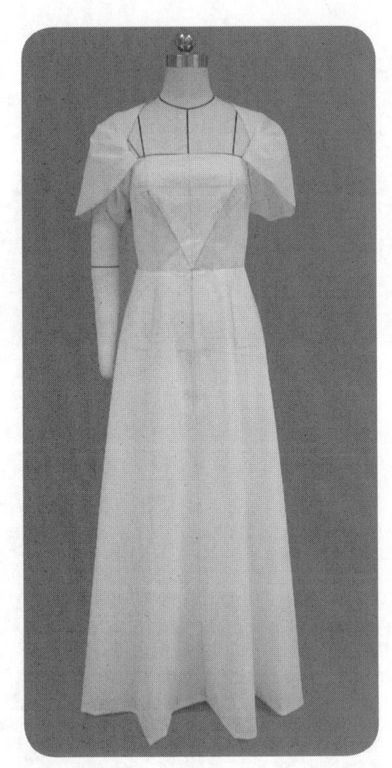

2.19.35

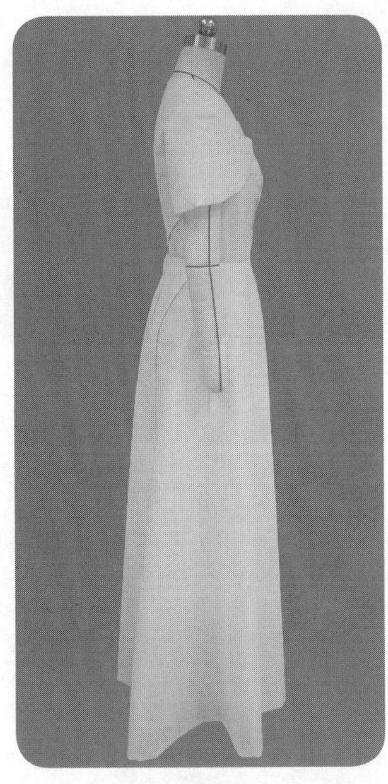

2.19.36

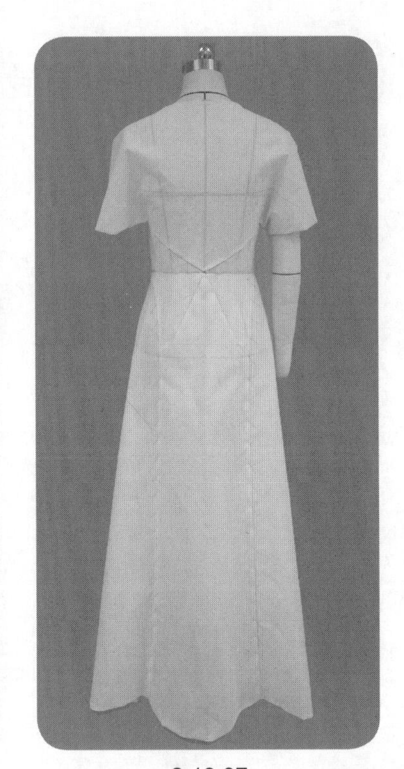

2.19.37

2.19.35~2.19.37 整体试样补正，造型完成。

20 交叉衣裥小礼服裙

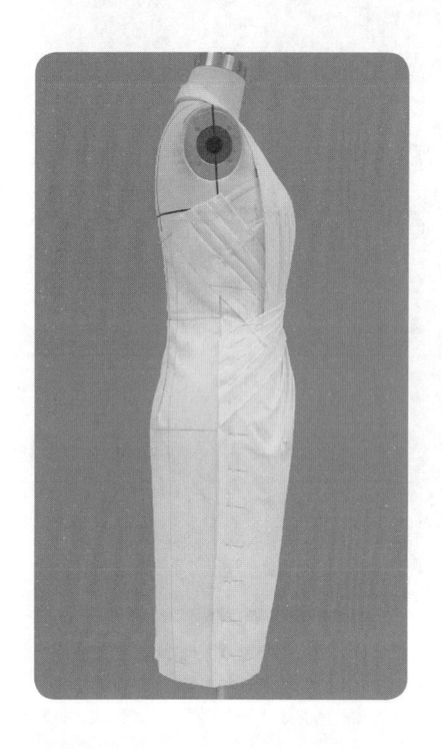

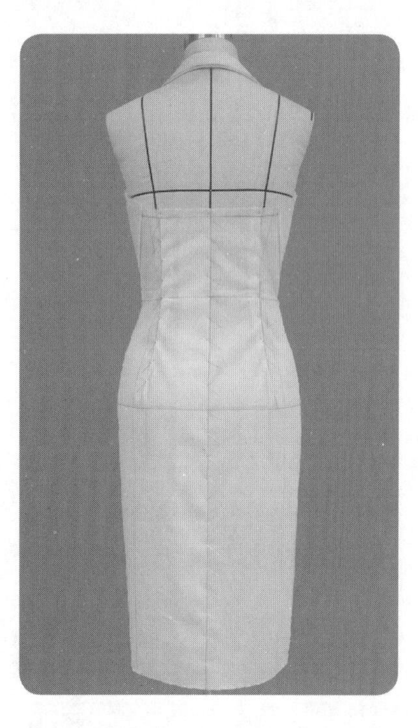

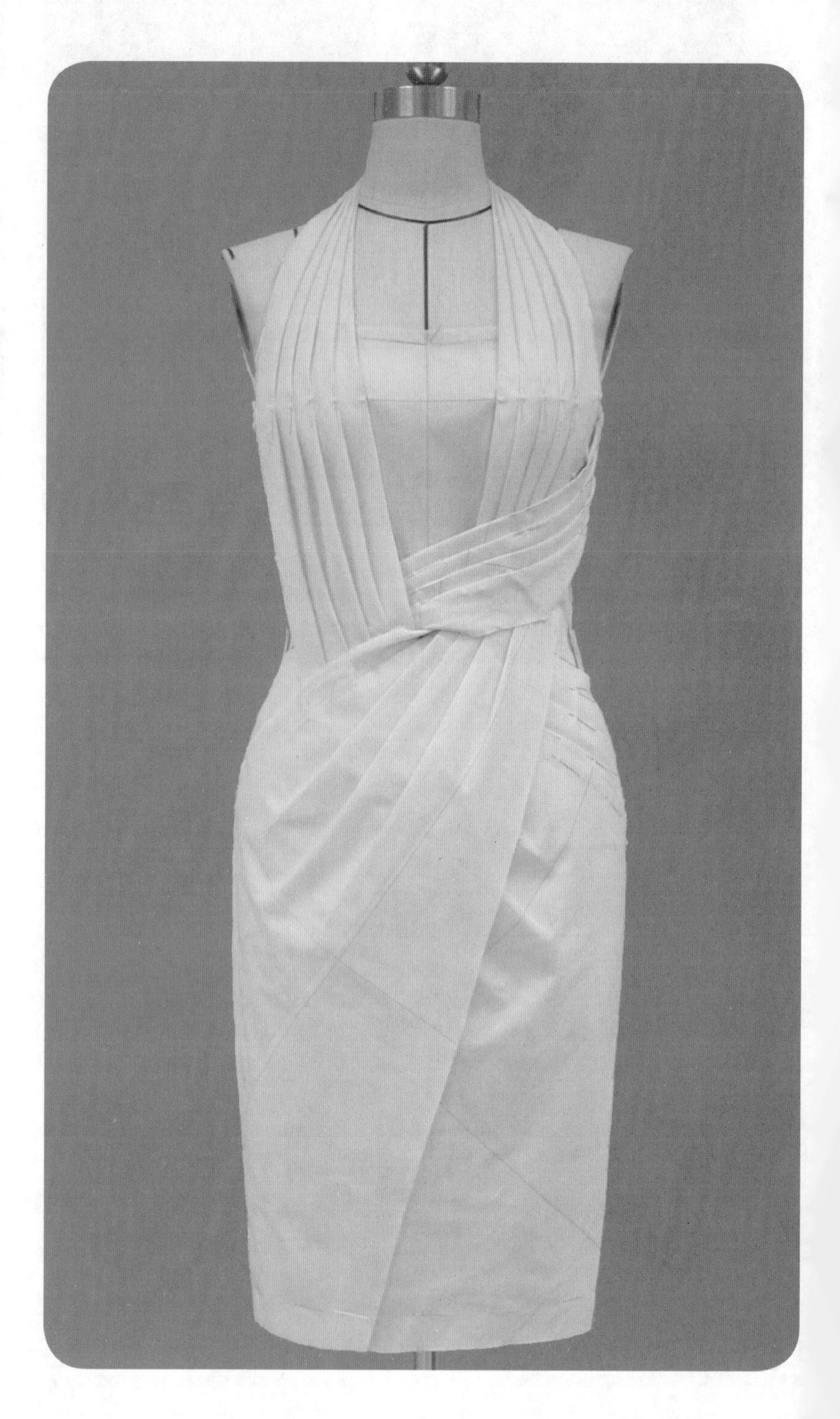

造型要点

利用面料的斜丝缕特征塑造服帖自然的衣裥造型是操作的要点。成衣主要技术规格为胸围松量 4 cm、腰围松量 4 cm、臀围松量 4 cm。

操作步骤

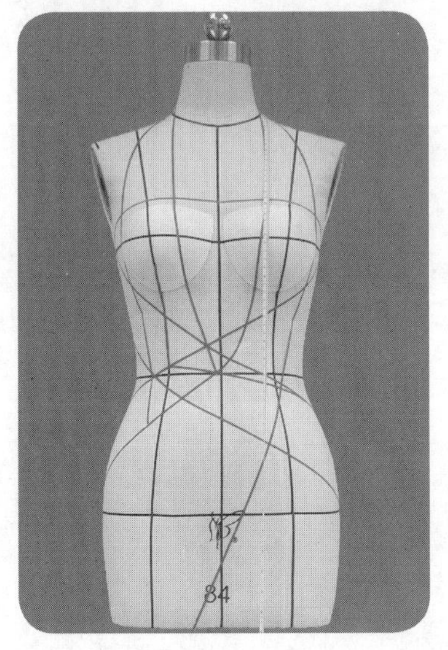

2.20.1

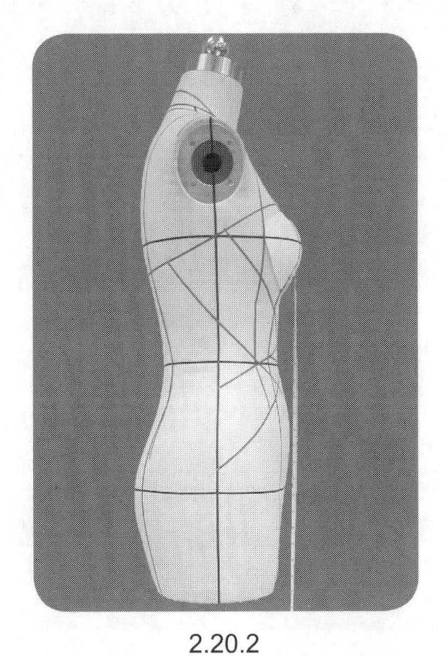

2.20.2

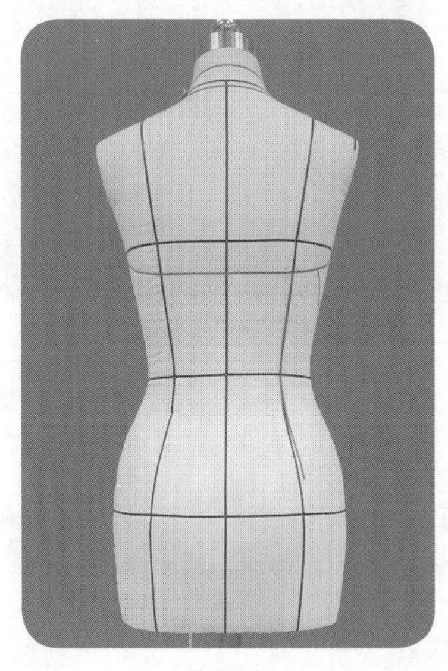

2.20.3

2.20.1~2.20.3 贴置款式造型线。

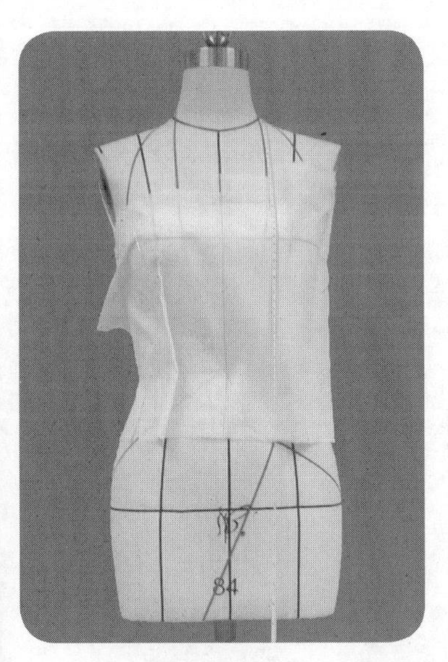

2.20.4

2.20.4 前上A片的操作。前上片为低腰段腰结构，设置侧缝省和连腰省处理胸部曲面量和腰部曲面量。

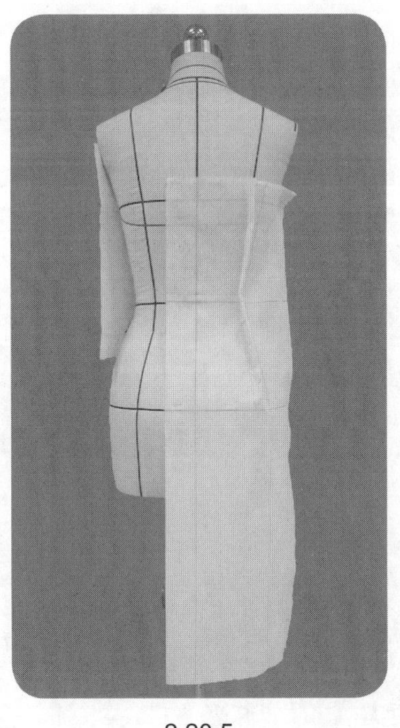

2.20.5

2.20.5 后片B片的操作。后片为连腰结构，设置开口连腰省处理腰臀部曲面量。后中拉链，故设置后中缝，但不包含省道量。

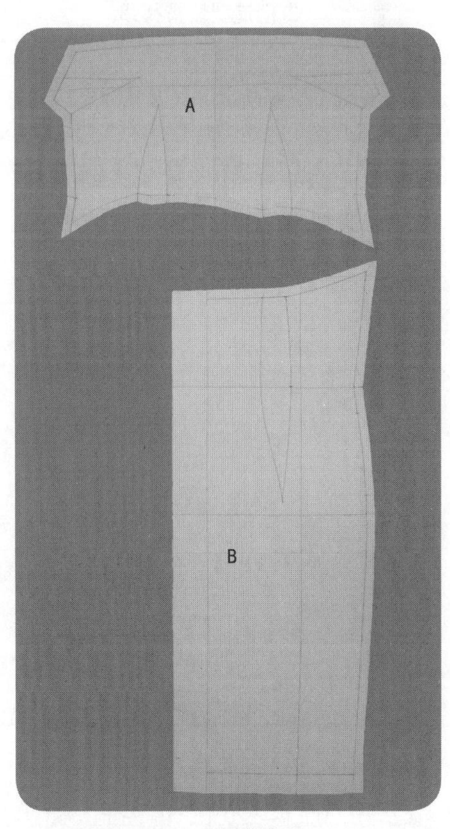

2.20.6

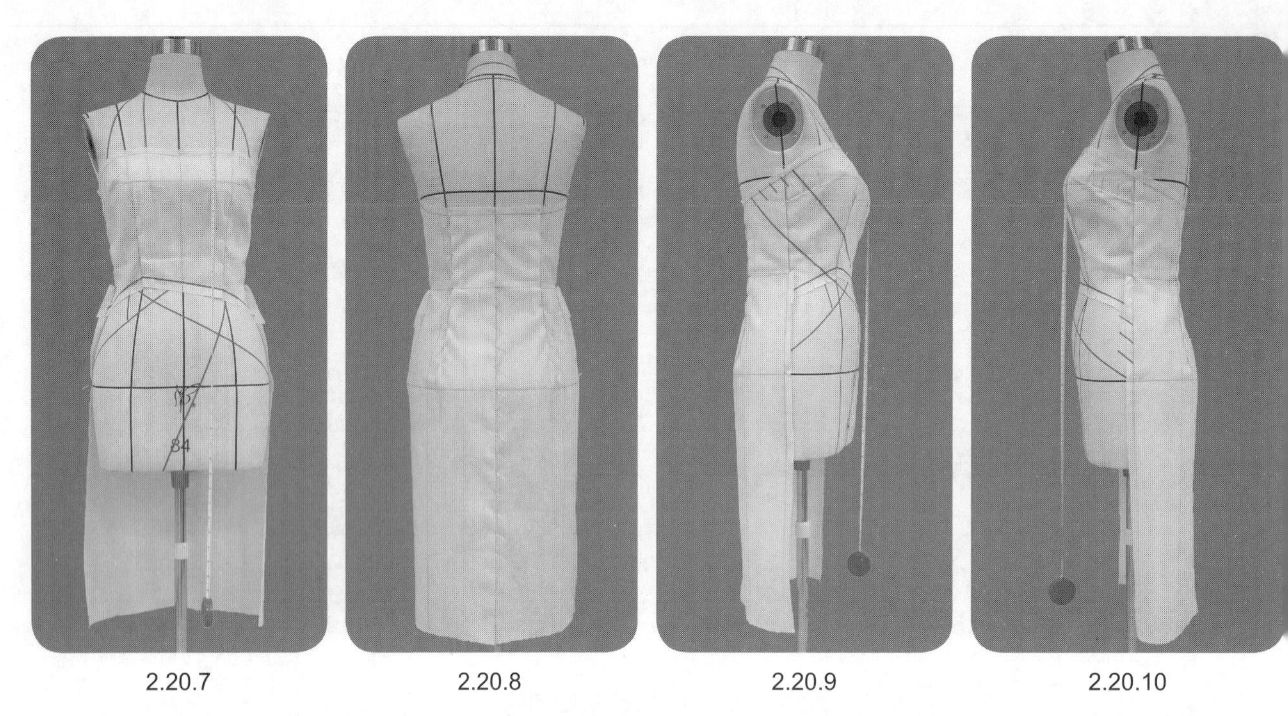

2.20.7　　2.20.8　　2.20.9　　2.20.10

2.20.6~2.20.10　标点描线，平面整理以及用大头针别缝前上A片和后片B片，试样补正，确认造型，并贴置衣裥造型位置待用。

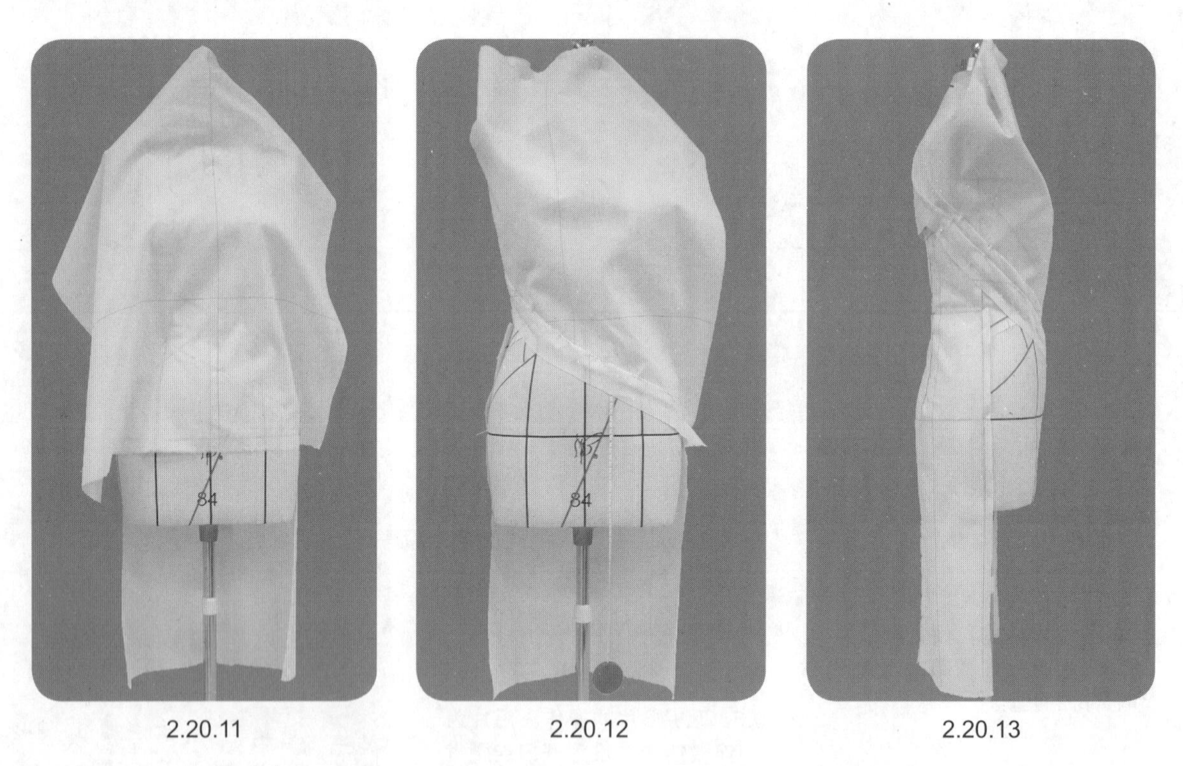

2.20.11　　2.20.12　　2.20.13

2.20.11~2.20.15　前左上衣裥C片的操作。采用纵向直丝缕放置用布，衣裥部位形成沿衣裥方向的斜丝缕布纹，依顺序操作衣裥。

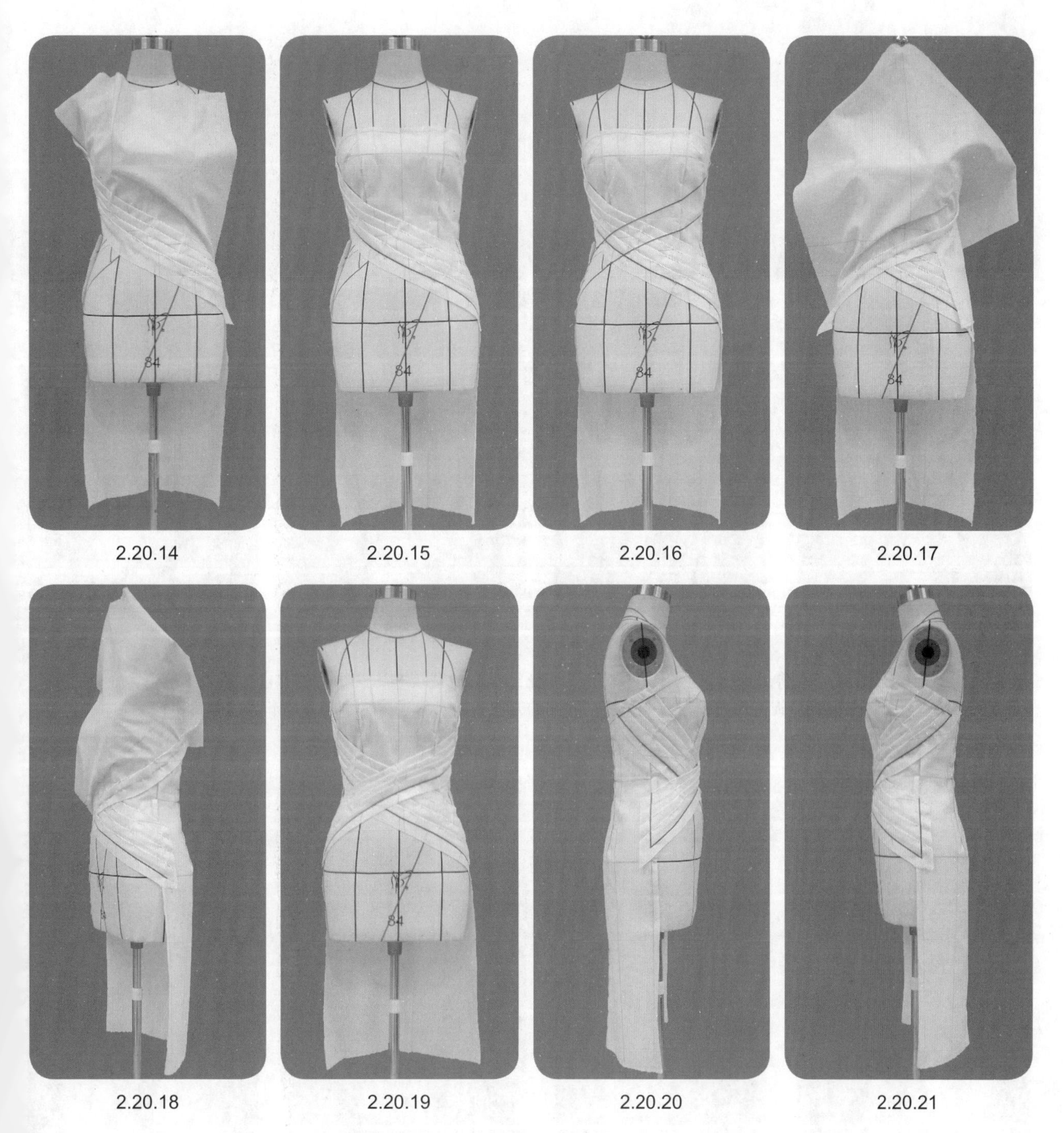

2.20.14　2.20.15　2.20.16　2.20.17

2.20.18　2.20.19　2.20.20　2.20.21

2.20.16~2.20.21　同理操作右上衣裥片D片。

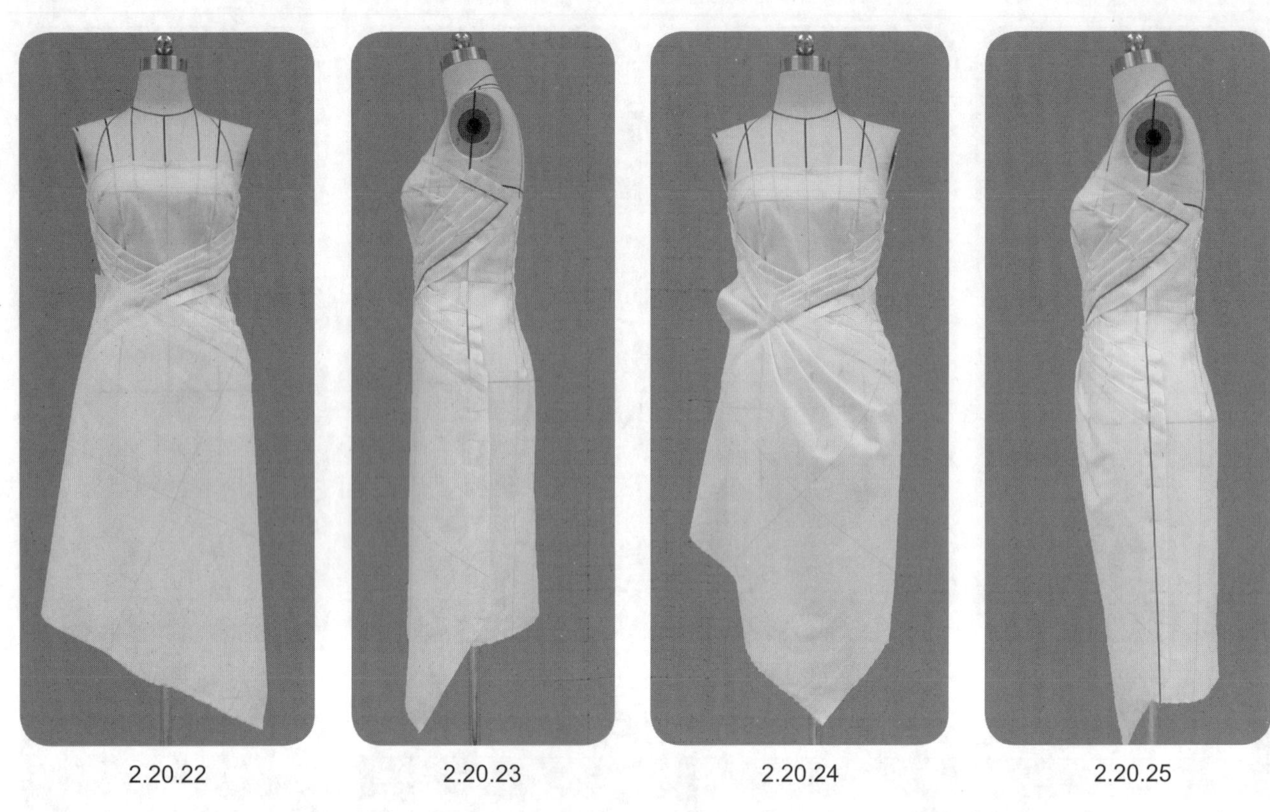

2.20.22　2.20.23　2.20.24　2.20.25

2.20.22~2.20.27　右前裙片E片的操作。采用45°斜丝缕纵向放置用布，此裙片的衣裥为单边衣裥造型，逐渐固定右侧缝，旋转用布设置衣裥，注意衣裥的方向，以及衣裥量大小与衣裥长度的配合。

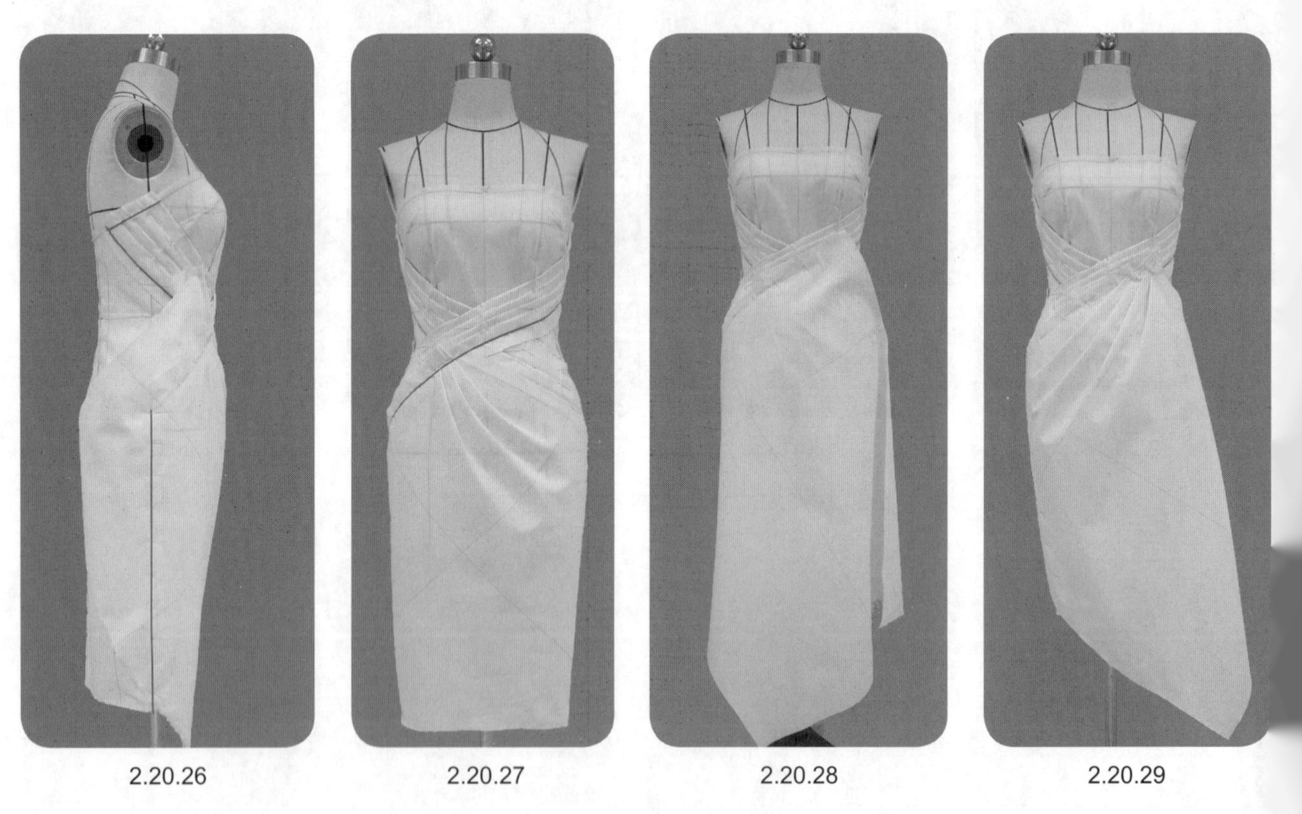

2.20.26　2.20.27　2.20.28　2.20.29

2.20.28~2.20.30　同理操作左前裙F片。

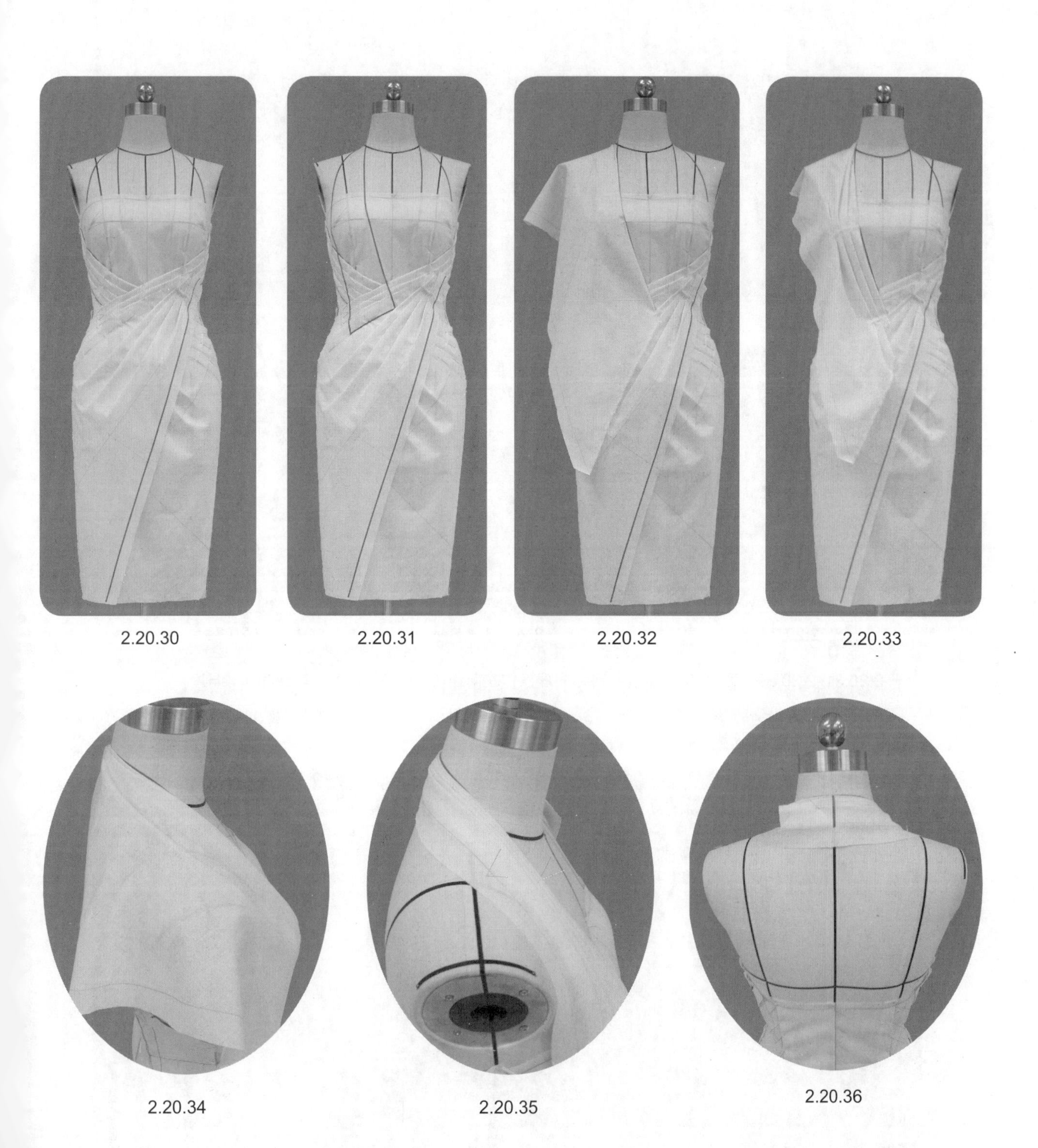

2.20.30 2.20.31 2.20.32 2.20.33

2.20.34 2.20.35 2.20.36

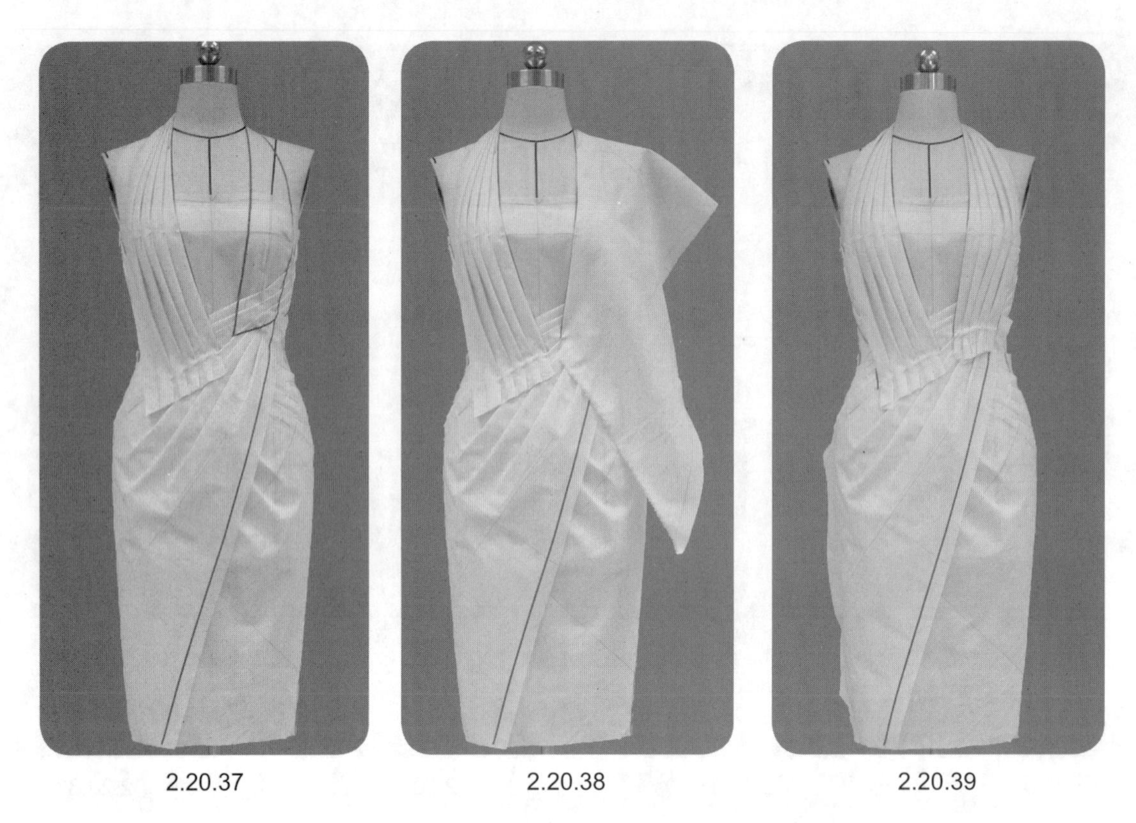

2.20.37　　2.20.38　　2.20.39

2.20.31~2.20.39　运用45°斜丝缕面料，同理操作左前连吊带领G片以及右前连吊带领H片。

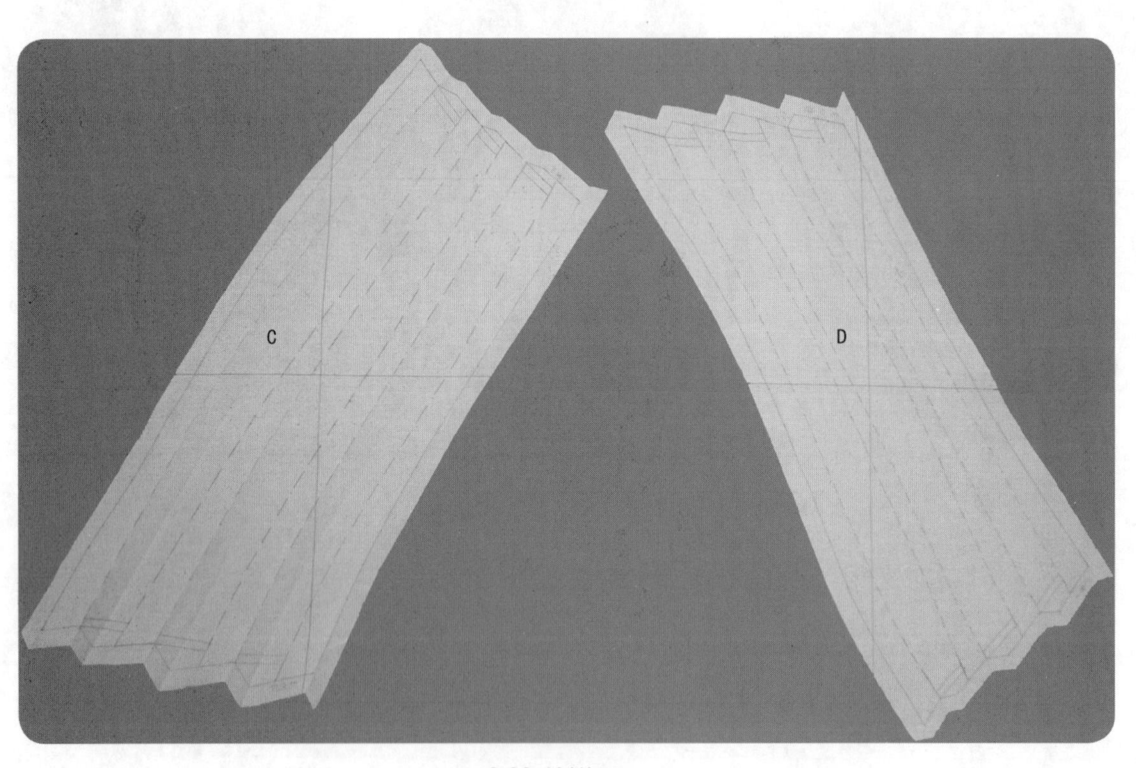

2.20.40(1)

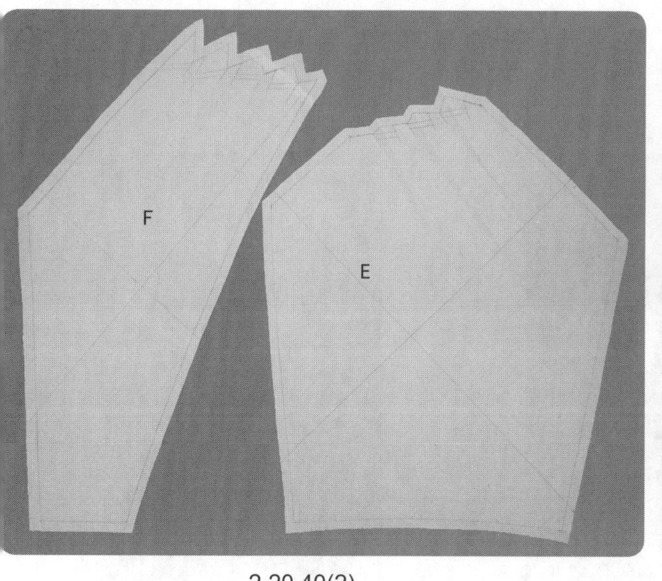

2.20.40(2)

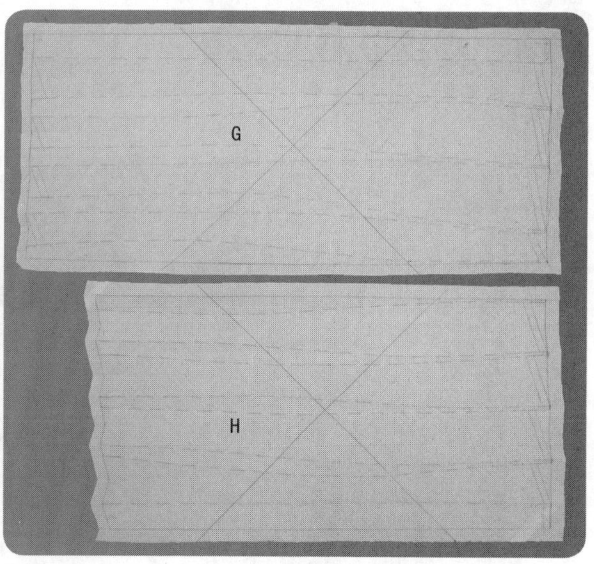

2.20.40(3)

2.20.40 各衣裥片的标点描线，平面整理。

2.20.41

2.20.42

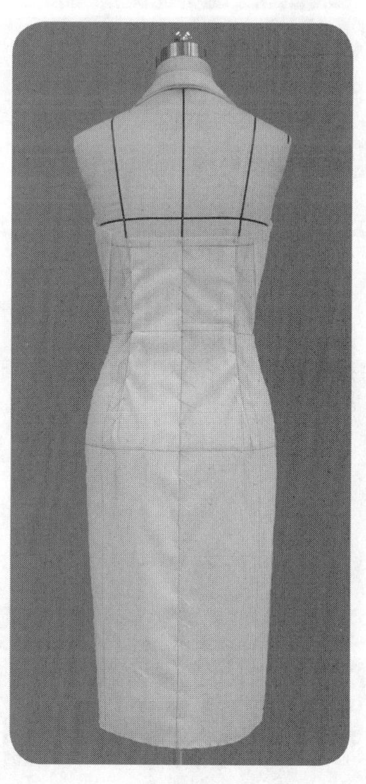

2.20.43

2.20.41~2.20.43 整体试样补正，造型完成。

21 交叉衣裥连衣裙

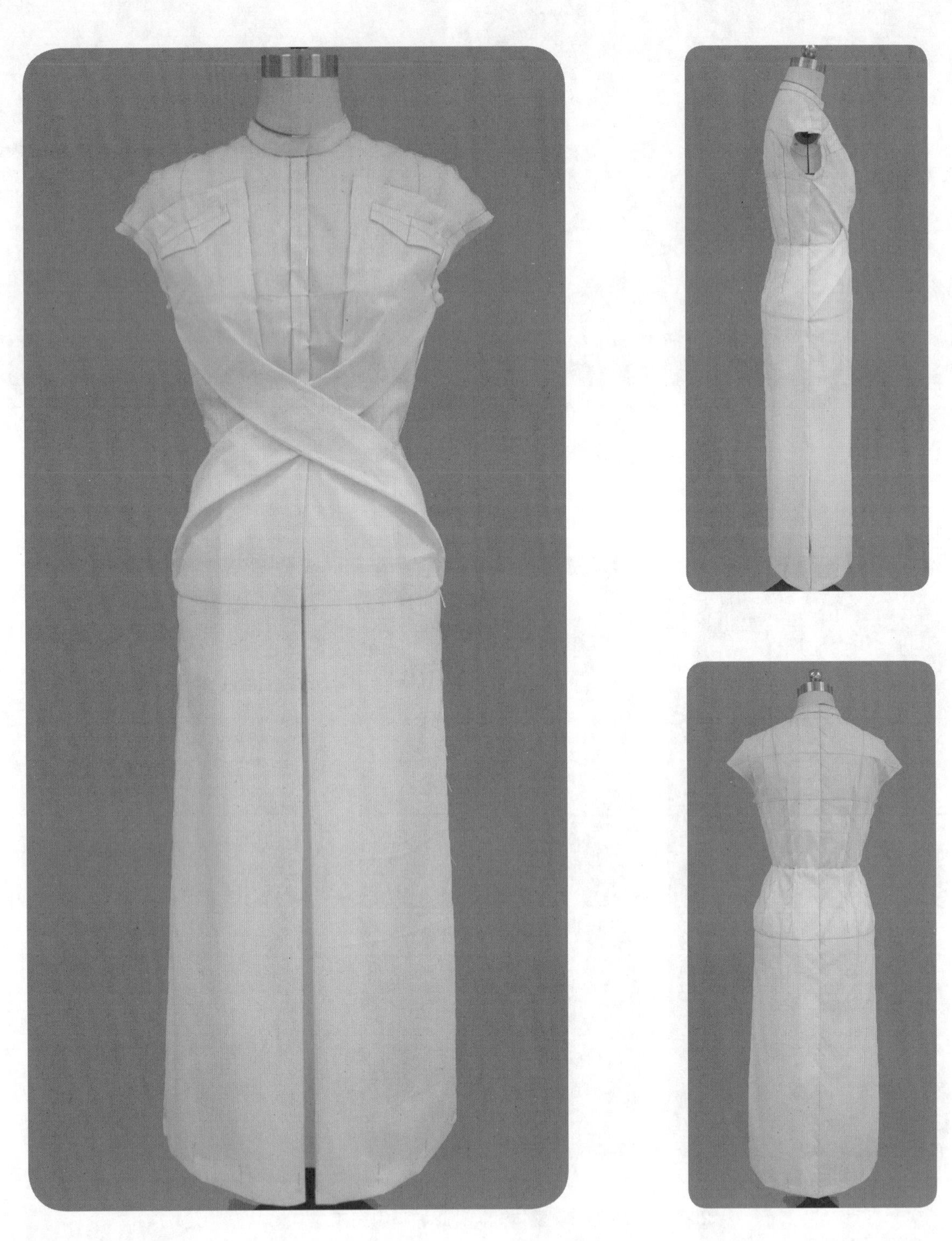

造型要点

利用面料的斜丝缕特征塑造服帖自然的衣裥造型是操作的要点。成衣主要技术规格为胸围松量 4 cm、腰围松量 4 cm、臀围松量 4 cm。

操作步骤

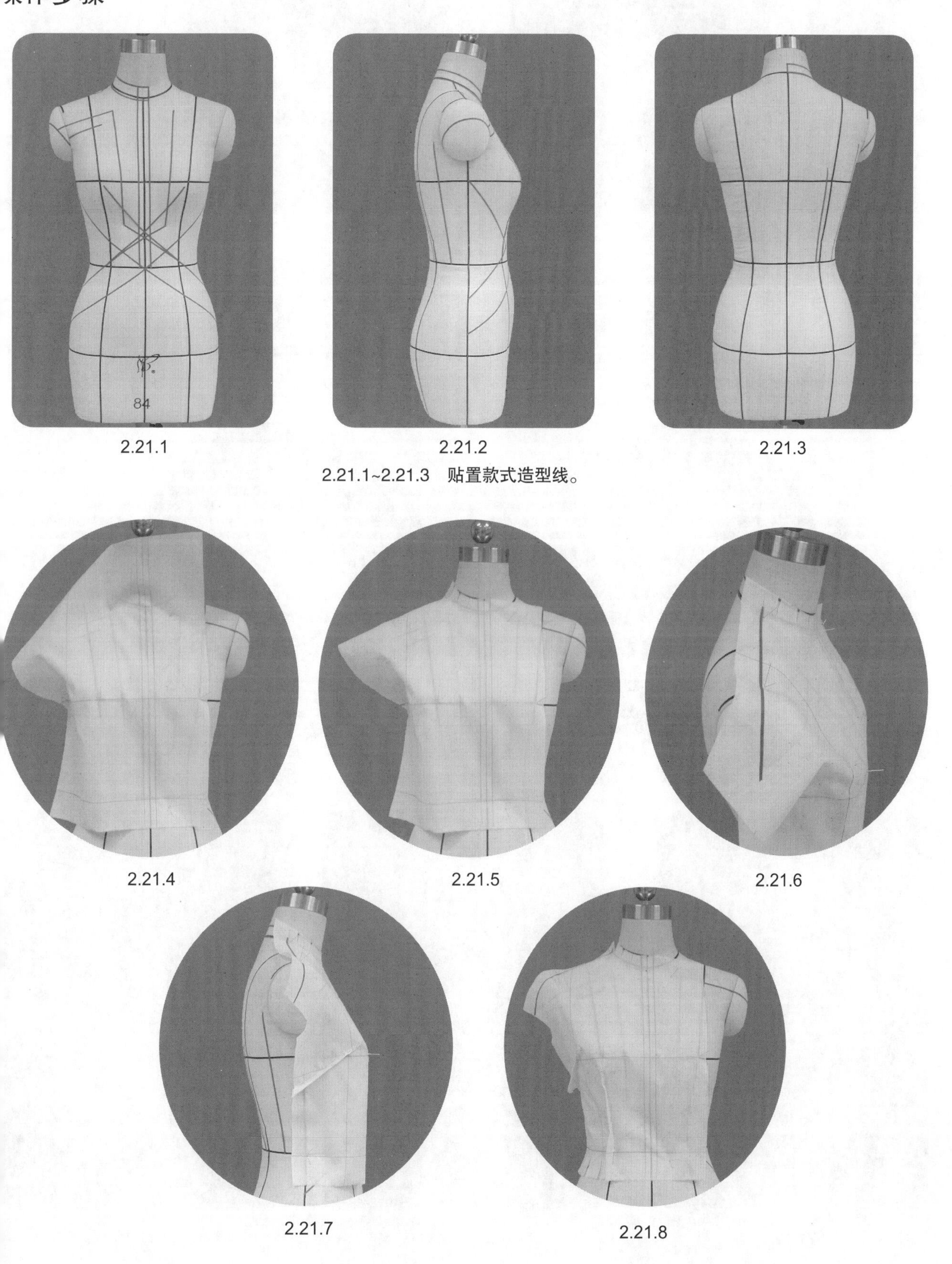

2.21.1　2.21.2　2.21.3

2.21.1~2.21.3　贴置款式造型线。

2.21.4　2.21.5　2.21.6

2.21.7　2.21.8

2.21.4~2.21.8　前左上片的操作。前上片为低腰断腰结构，设置侧缝省和连腰省处理胸部曲面量和腰部曲面量。

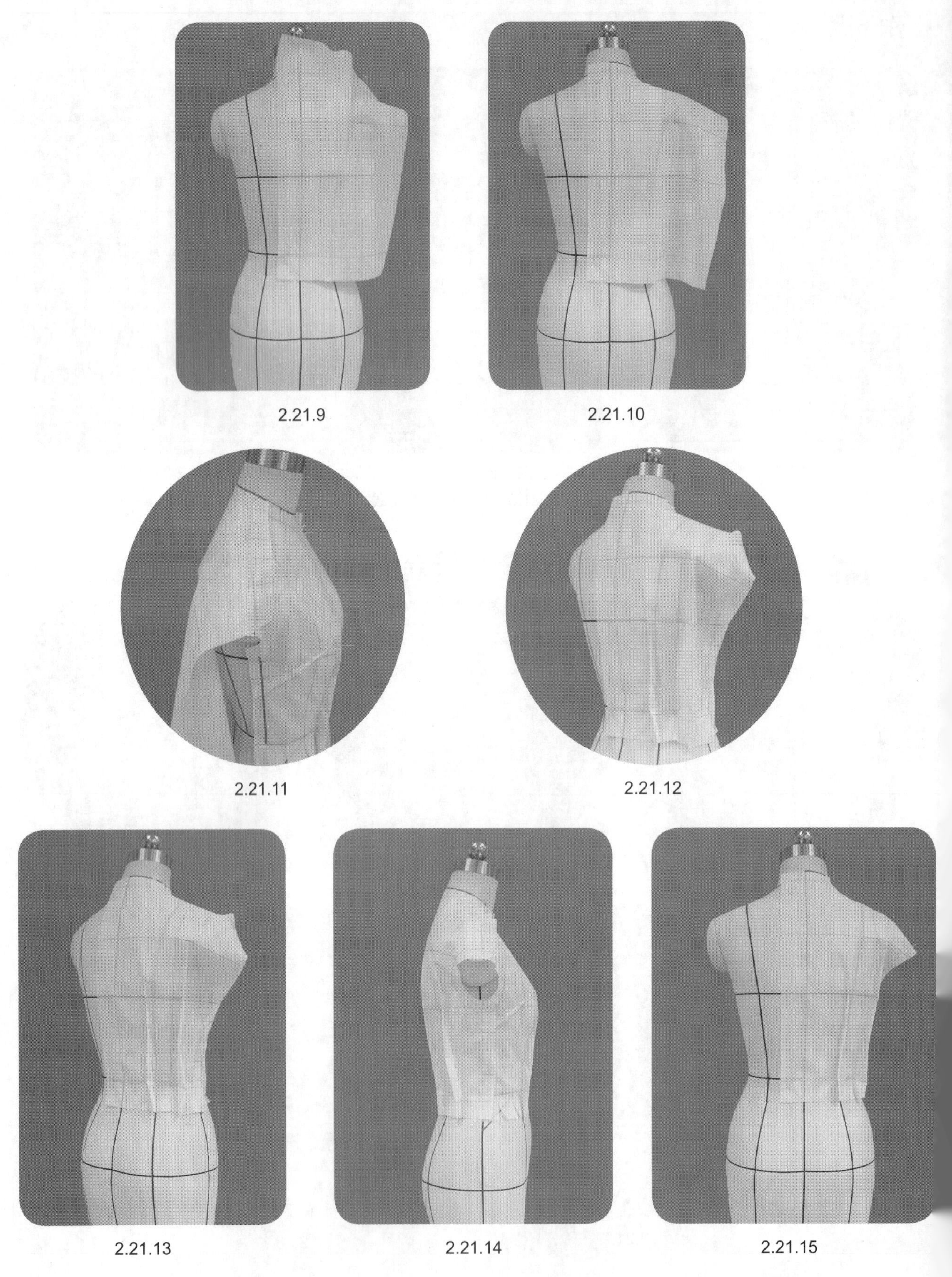
2.21.9 2.21.10 2.21.11 2.21.12 2.21.13 2.21.14 2.21.15

2.21.9~2.21.15　后左上片的操作。后片为连腰结构，设置开口连腰省处理腰臀部曲面量。后中拉链，设置后中缝，但不包含省道量。

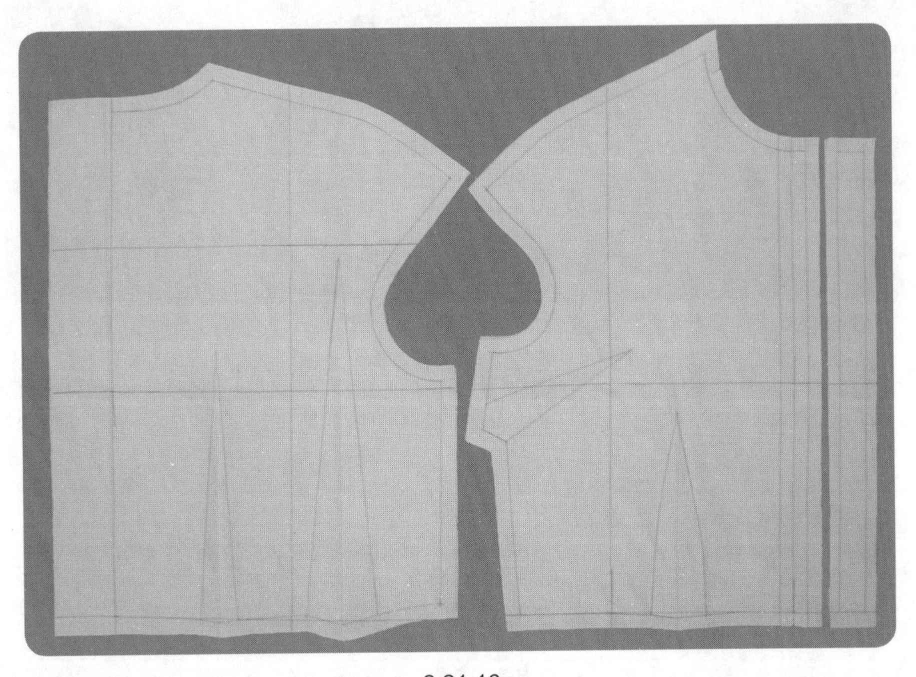

2.21.16

2.21.16　上衣片的标点描线，平面整理，并完成对称片的拓印。

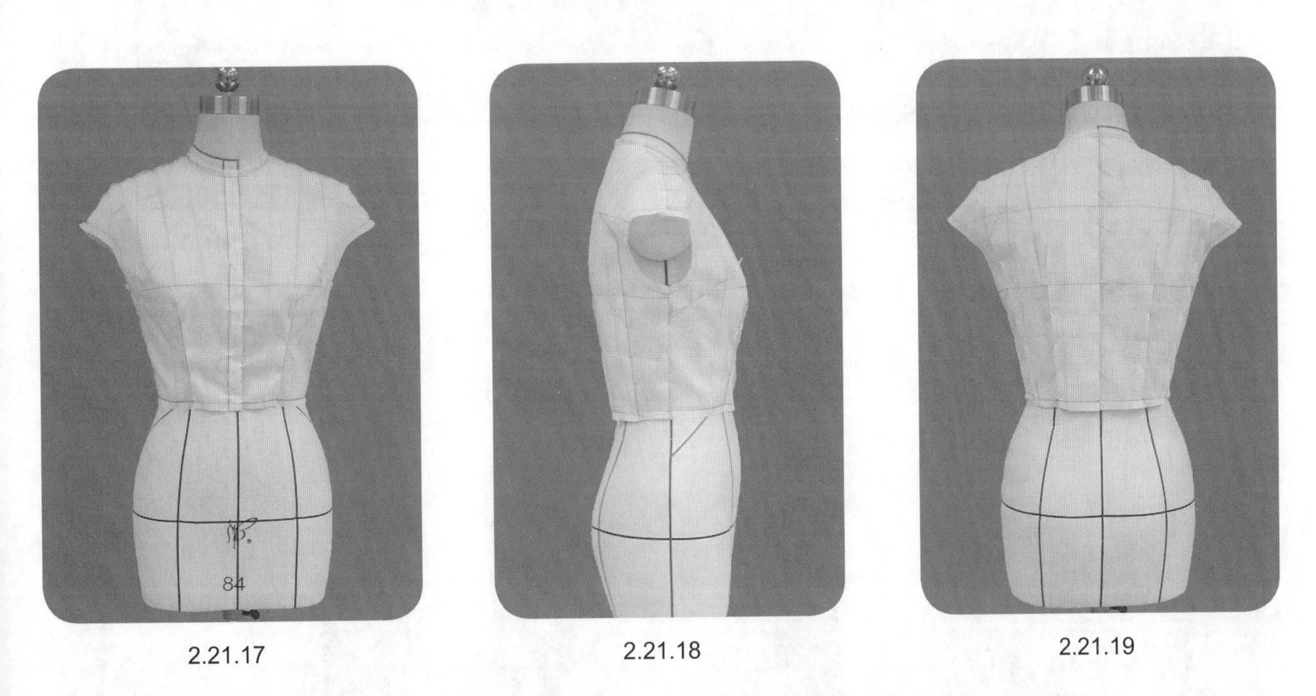

2.21.17　2.21.18　2.21.19

2.21.17~2.21.19　用大头针别合上衣片，试样补正，确认造型，并贴置衣裥造型位置待用。

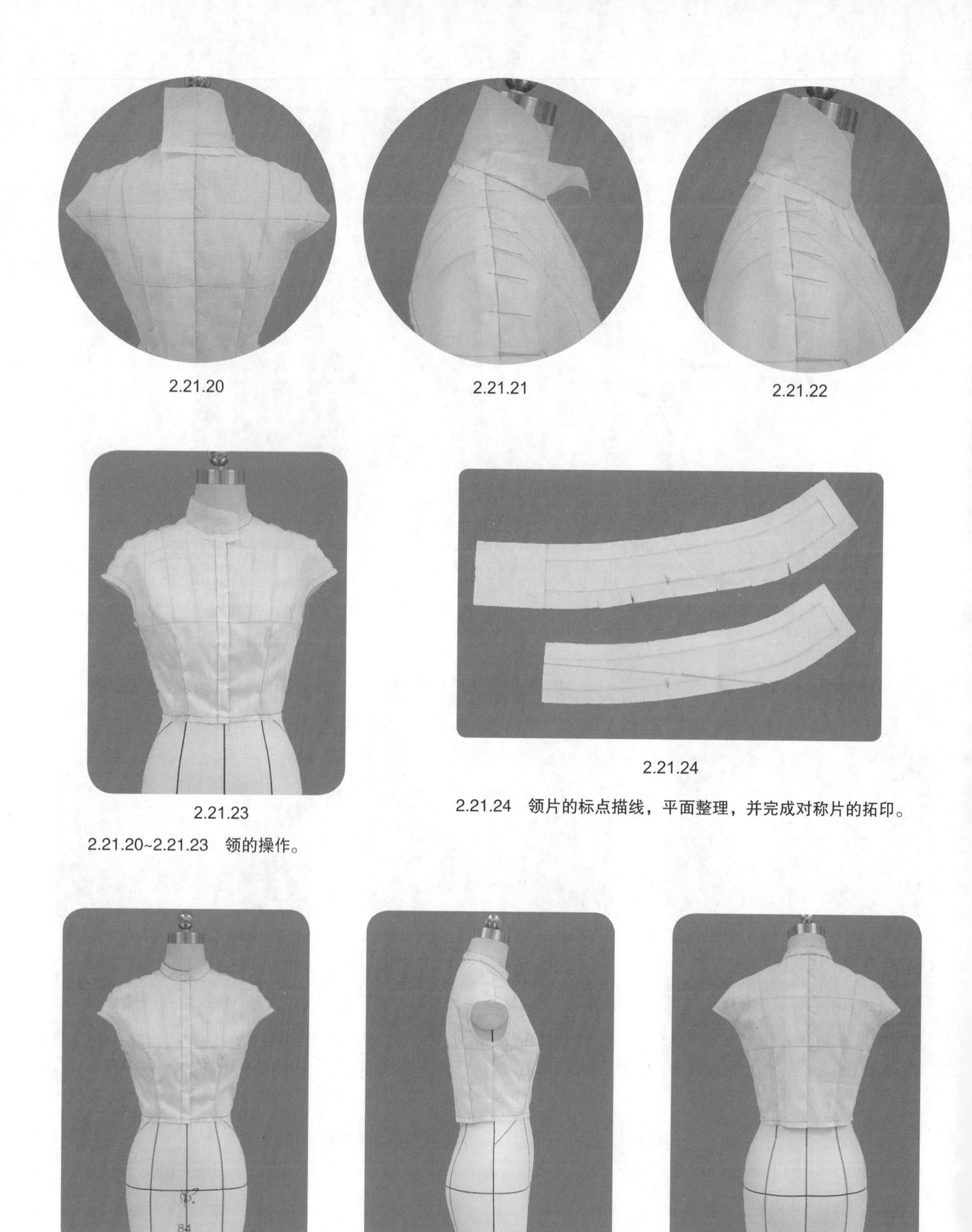

2.21.20
2.21.21
2.21.22

2.21.23

2.21.24

2.21.24　领片的标点描线，平面整理，并完成对称片的拓印。

2.21.20~2.21.23　领的操作。

2.21.25
2.21.26
2.21.27

2.21.25~2.21.27　用大头针别合领片。试样补正，确认造型。

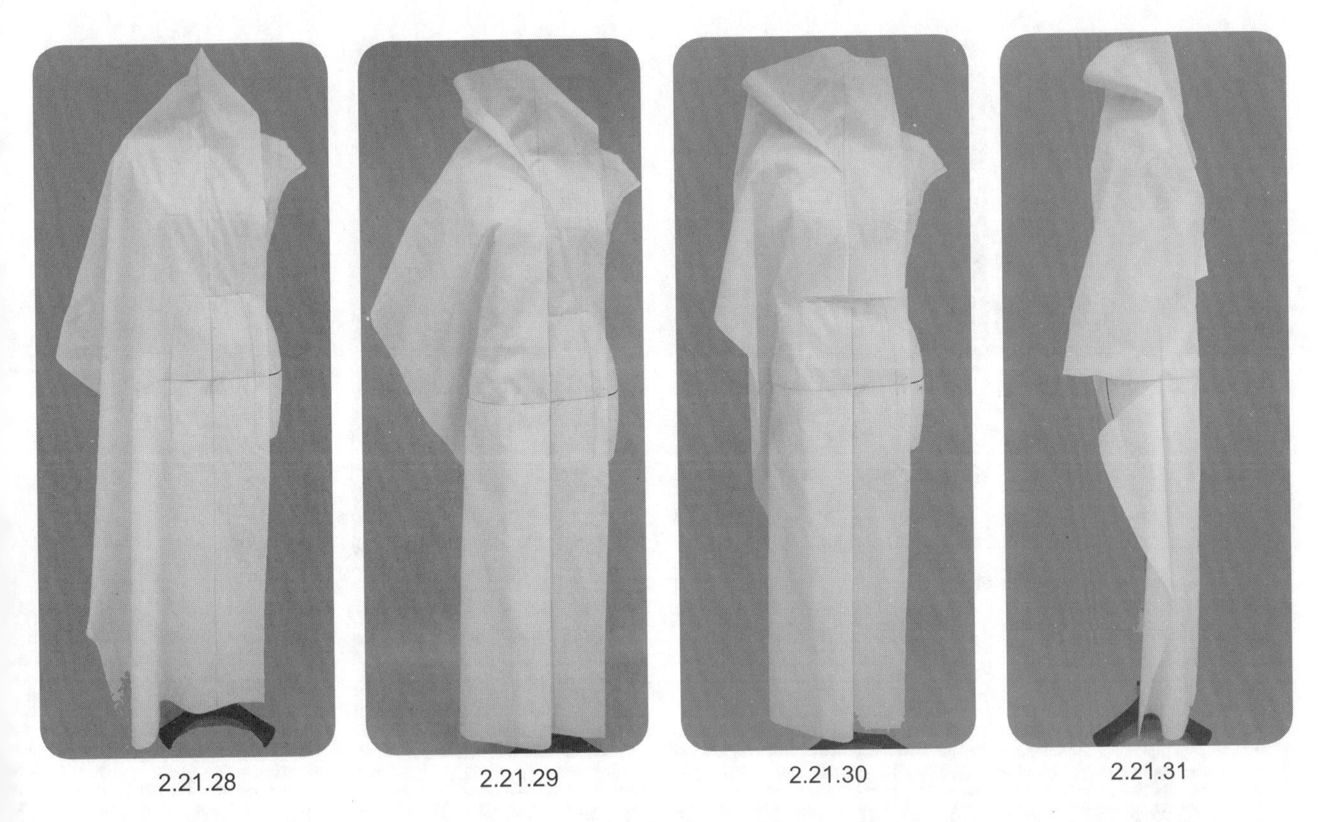

2.21.28 2.21.29 2.21.30 2.21.31

2.21.28~2.21.31　前左上衣裥片的操作。采用纵向直丝缕放置用布，衣裥部位形成沿衣裥方向的斜丝缕布纹，依顺序操作衣裥。前右上衣裥片的操作同。

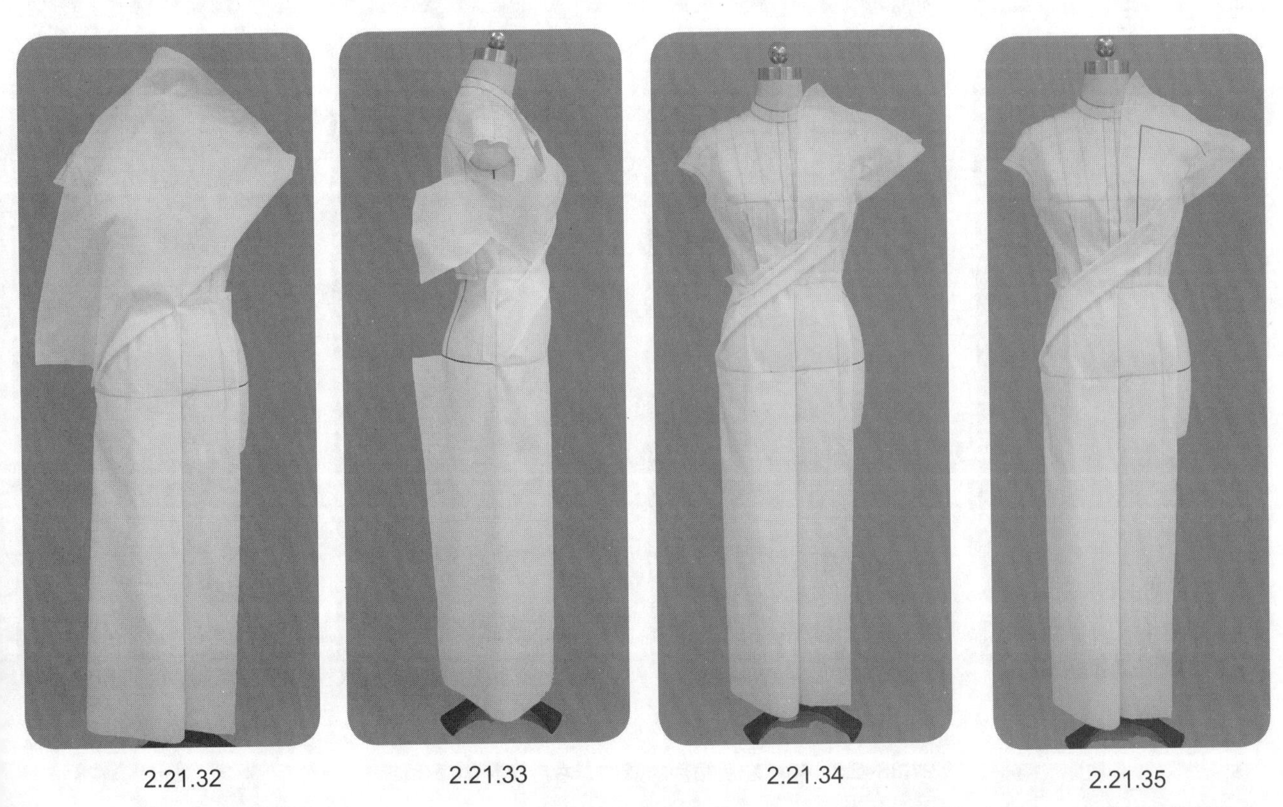

2.21.32 2.21.33 2.21.34 2.21.35

2.21.32~2.21.37　右前裙片的操作。采用45°斜丝缕纵向放置用布，此裙片的衣裥为单边衣裥造型，逐渐固定右侧缝，旋转用布设置衣裥，注意衣裥的方向，以及衣裥量大小与衣裥长度的配合。左前裙片的操作同。

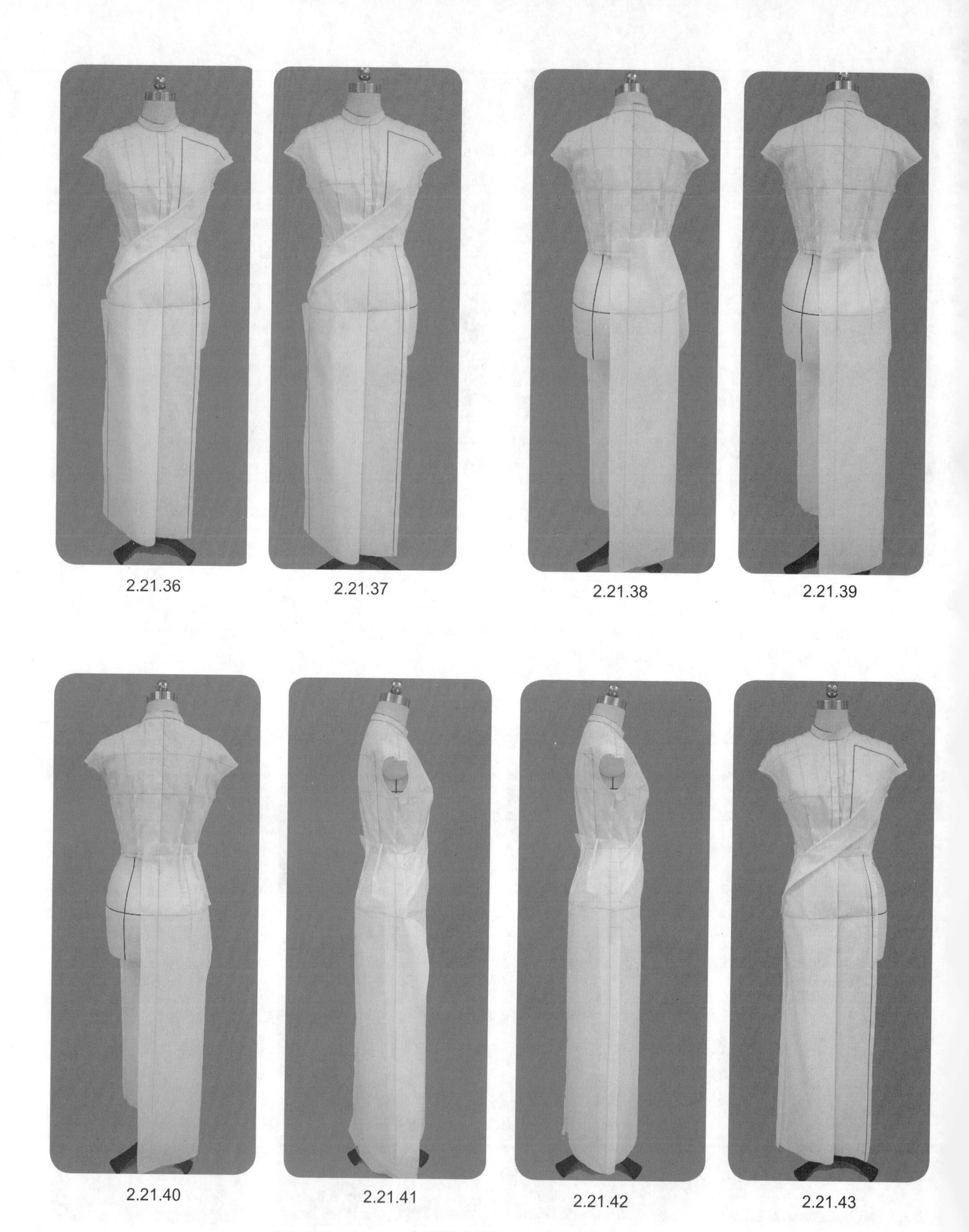

2.21.36 2.21.37 2.21.38 2.21.39

2.21.40 2.21.41 2.21.42 2.21.43

2.21.38~2.21.43 左后裙片的操作。右后裙片的操作同。

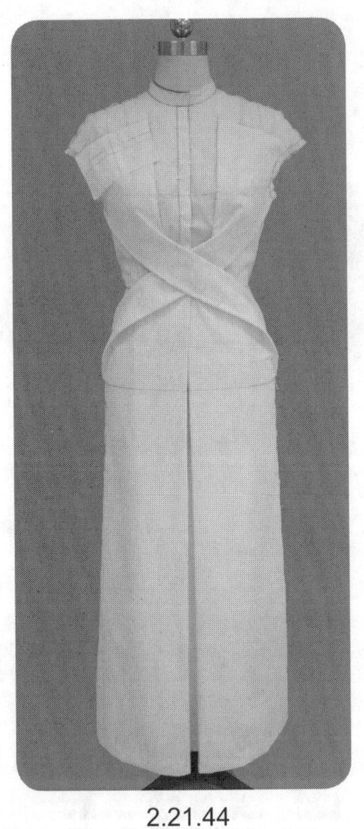

2.21.44

2.21.44　运用45°斜丝缕面料，操作左前连吊带领片以及右前连吊带领片。

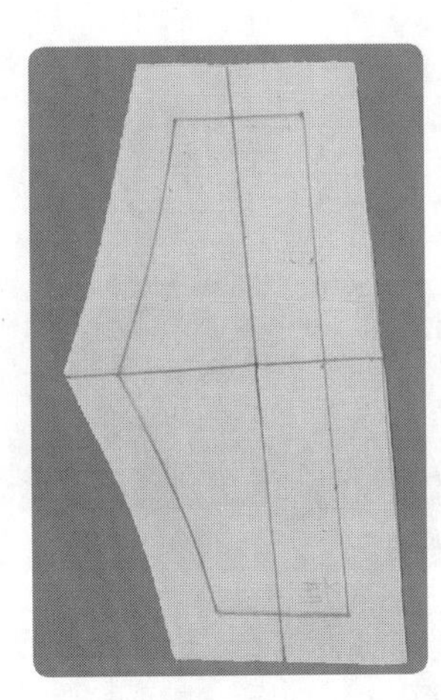

2.21.45

2.21.45、2.21.46　各衣片的标点描线，平面整理，并完成对称片的拓印。

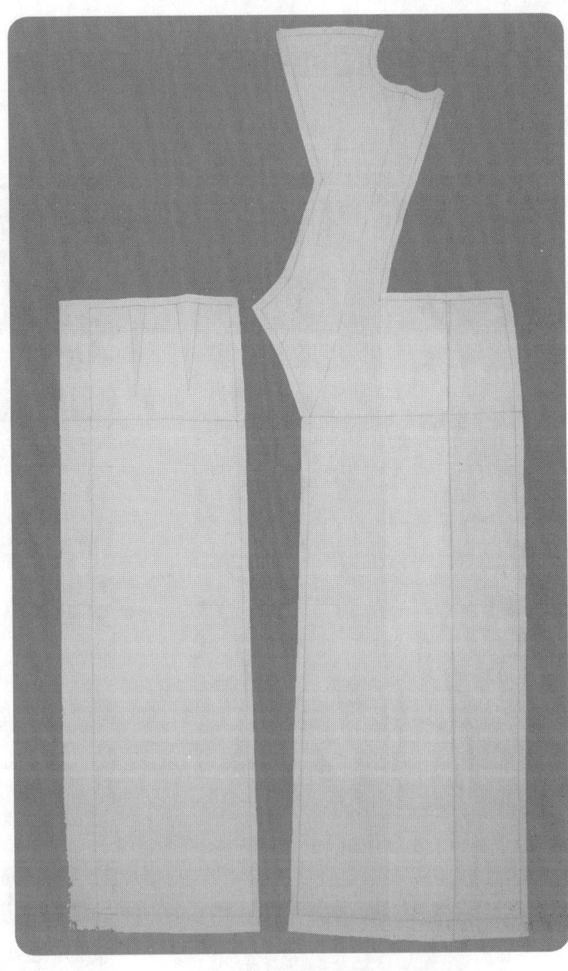

2.21.46

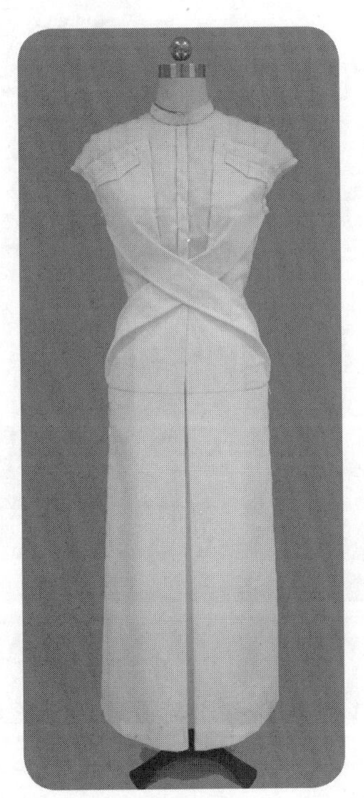

2.21.47

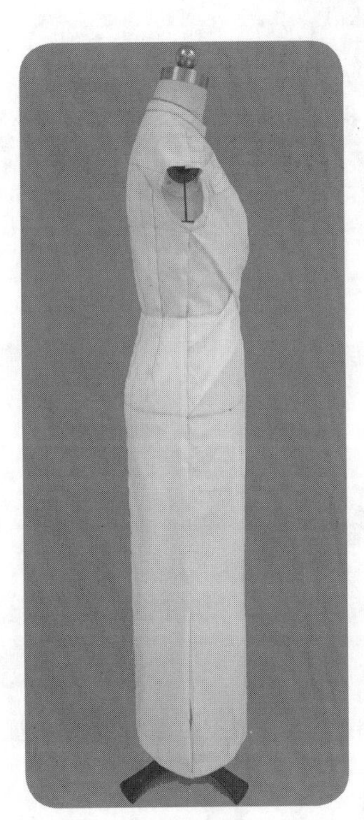

2.21.48

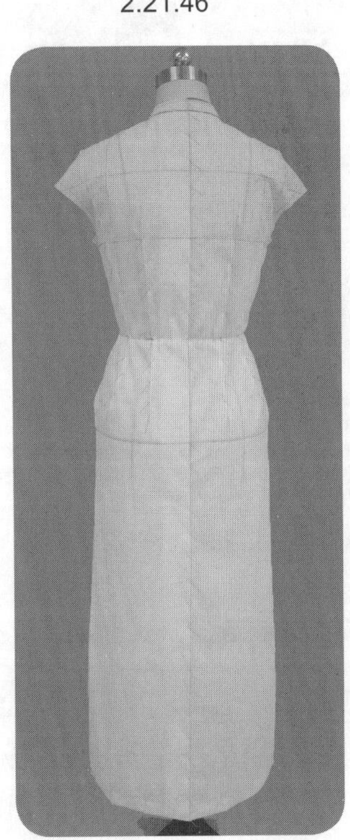

2.21.49

2.21.47~2.21.49　整体试样补正，造型完成。

22 后镂空连衣裙

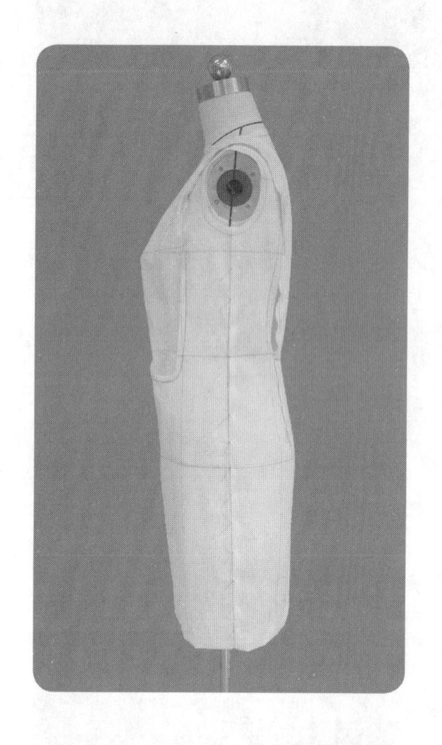

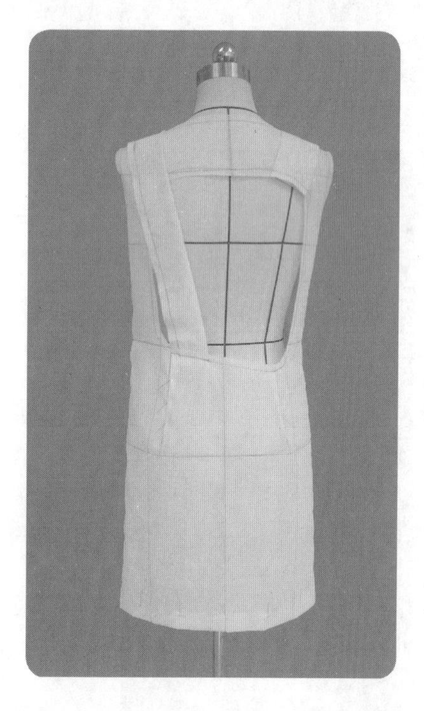

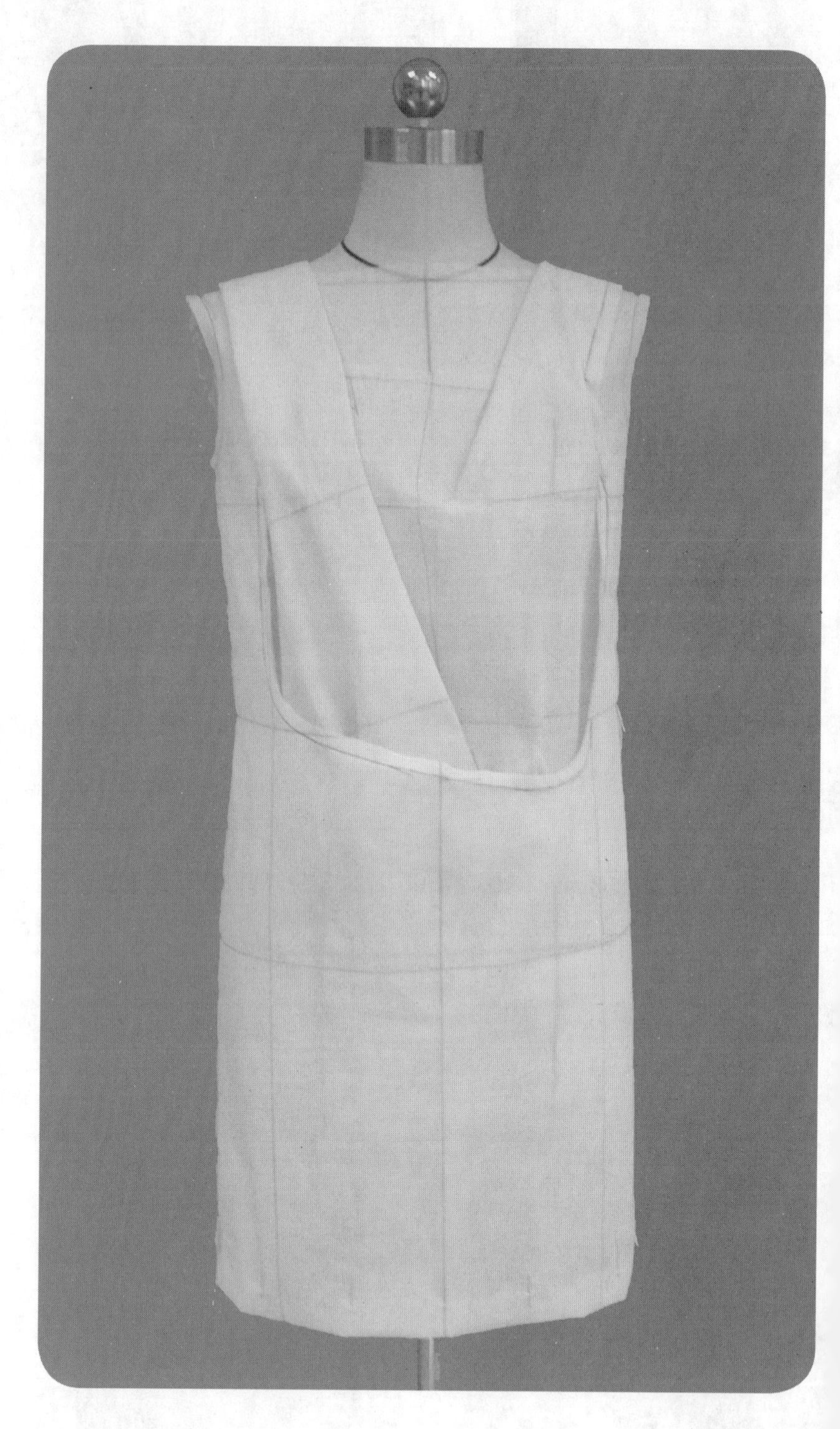

造型要点

前、后连身衣片上半部分镂空，组合衣裥造型衣片形成空间层次设计，H 型廓型，结构简练，整体流畅、设计感好。成衣主要技术规格为胸围松量 6 cm、臀围松量 6 cm。

操作步骤

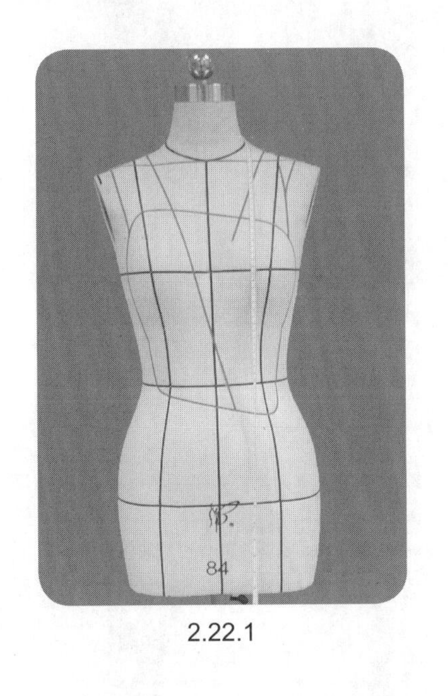

2.22.1

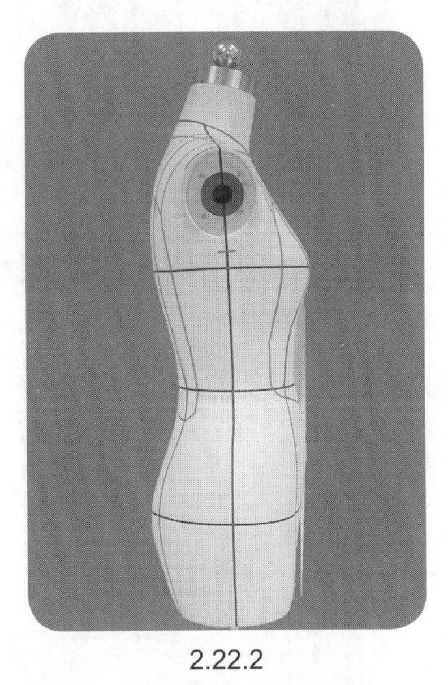

2.22.2

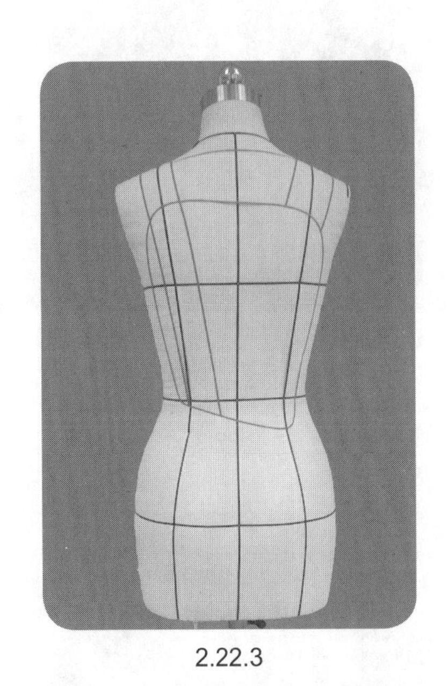

2.22.3

2.22.1~2.22.3　贴置款式造型线。

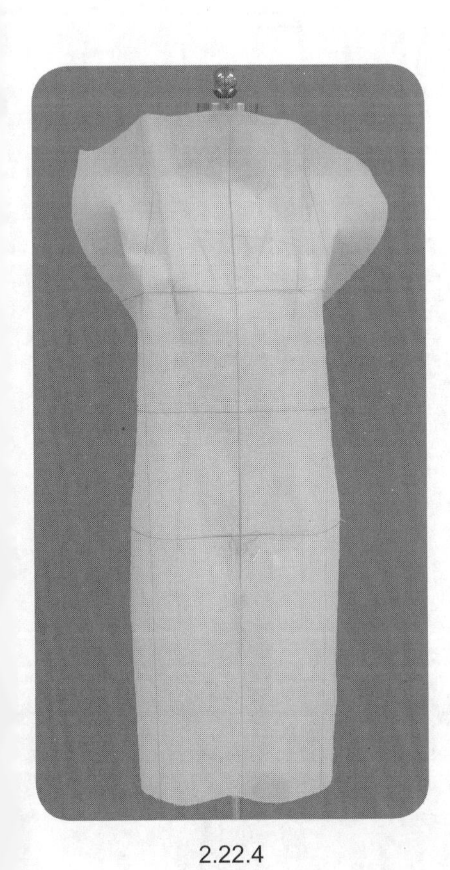

2.22.4

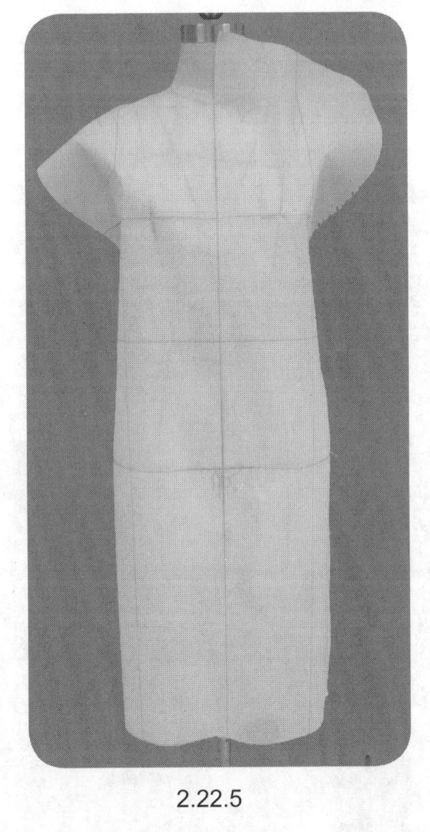

2.22.5

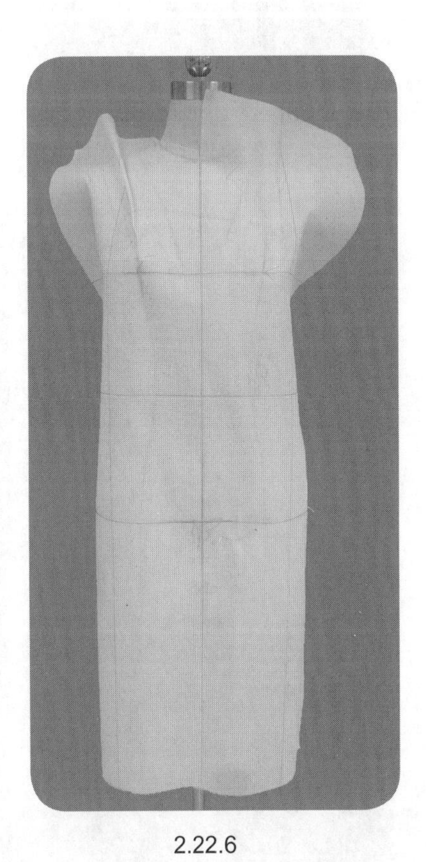

2.22.6

2.22.4~2.22.9　前片A片的操作。首先按基础领口线进行领口修剪，肩缝设置肩省处理胸围线以上曲面量；袖窿底点基于胸围线抬高1.5 cm，按肩点、胸宽点以及袖窿底点修剪袖窿，修剪侧缝；贴置肩线和侧缝线黏带。

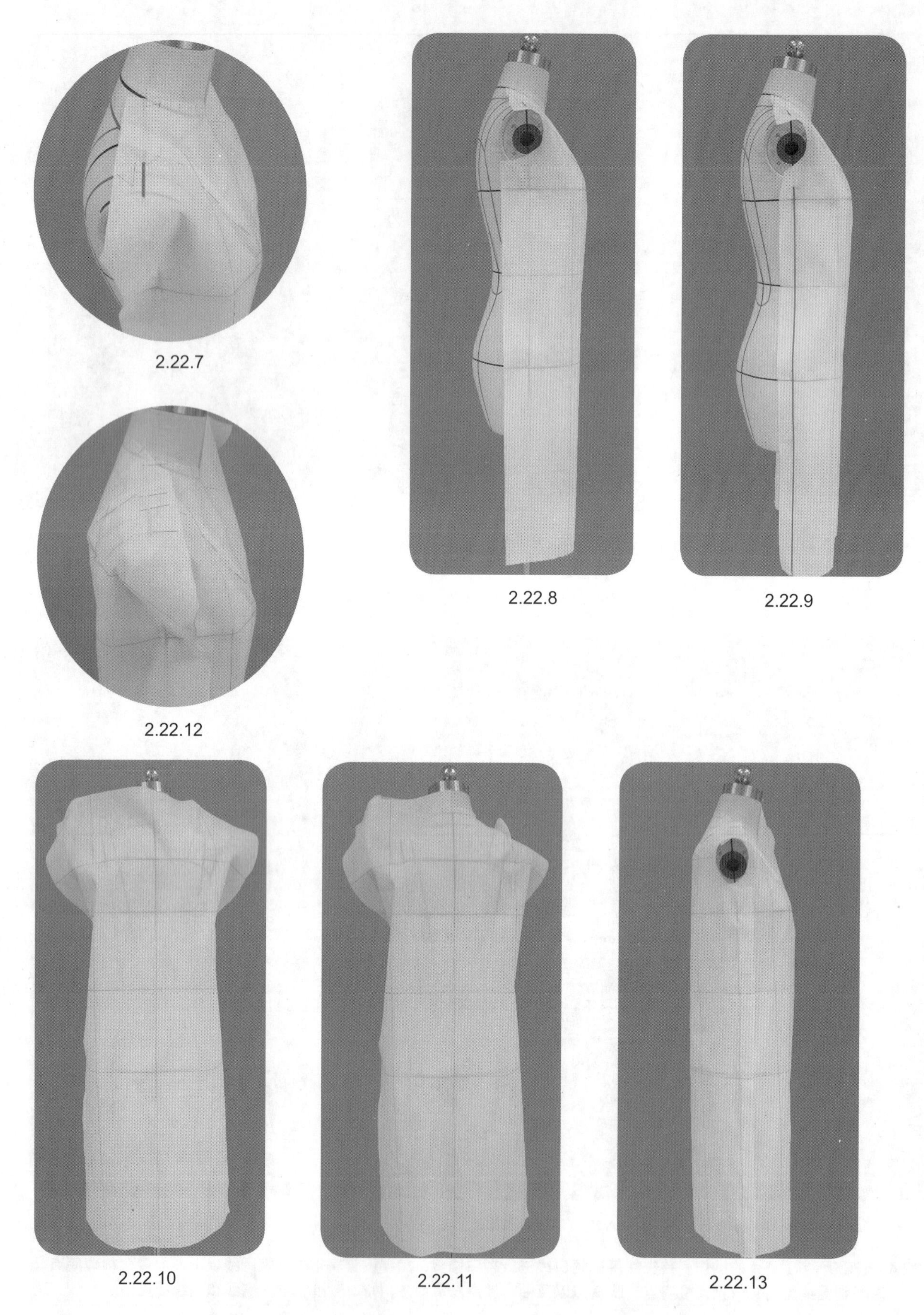

2.22.7

2.22.8

2.22.9

2.22.12

2.22.10

2.22.11

2.22.13

2.22.10~2.22.13　后片B片的操作。后片领口按基础领口线操作修剪，肩线设置肩省处理肩背线以上曲面量，与前片别合肩缝；按肩点、背宽点以及袖窿底点修剪袖窿；与前片别合侧缝，注意衣身H廓型的塑造。

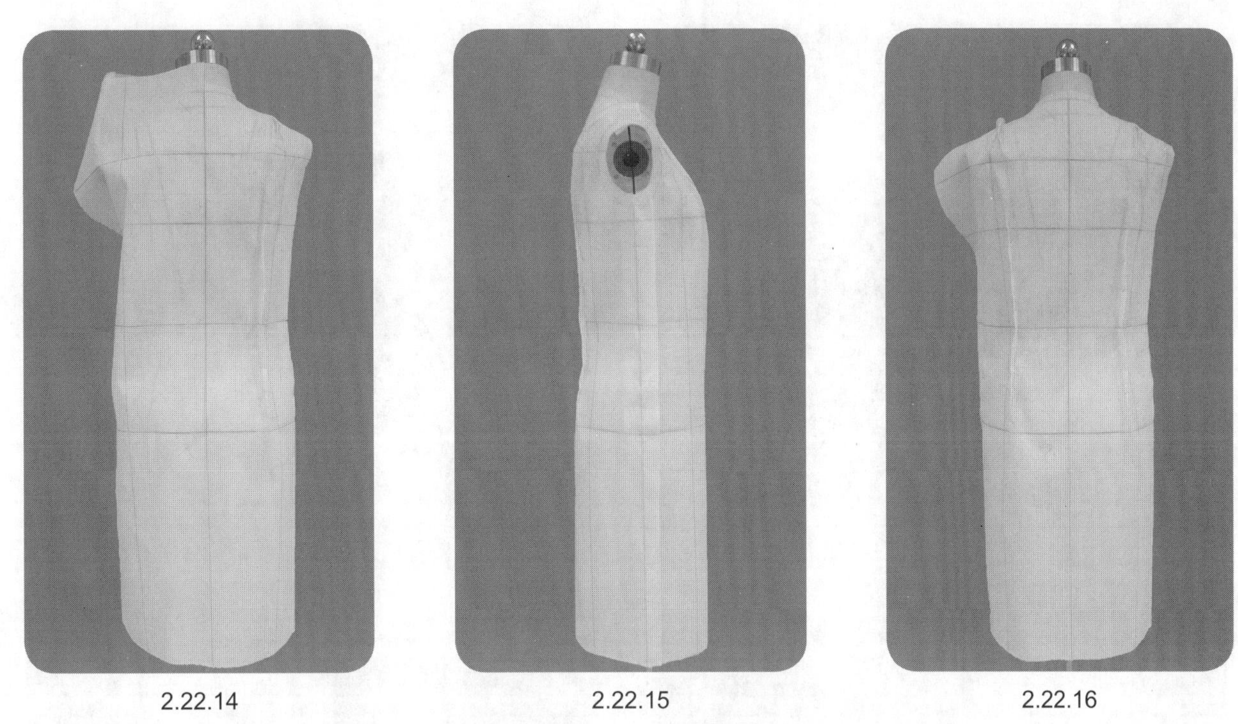

2.22.14 2.22.15 2.22.16

2.22.14~2.22.16　设置后片连腰省。注意左右省道位置和省量的对称性。

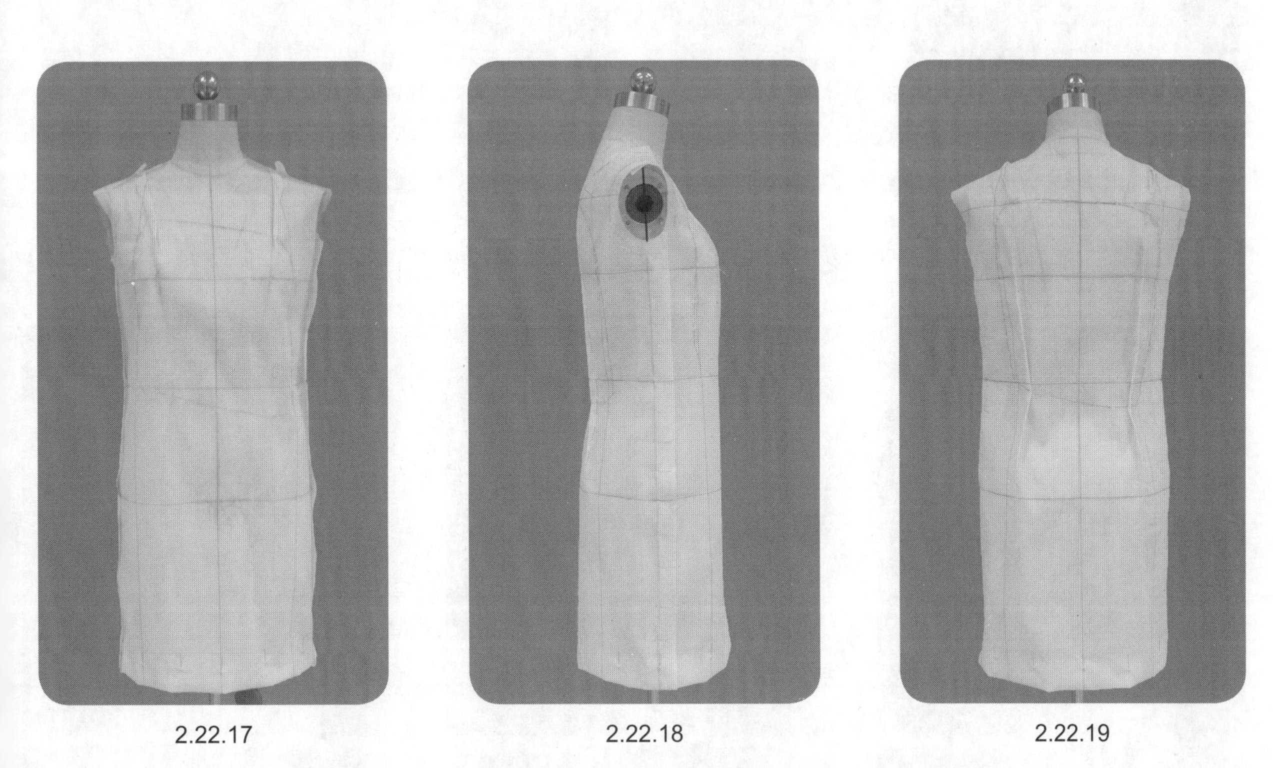

2.22.17 2.22.18 2.22.19

2.22.17~2.22.19　用大头针别出袖窿弧线，底边以及前、后片镂空造型线。

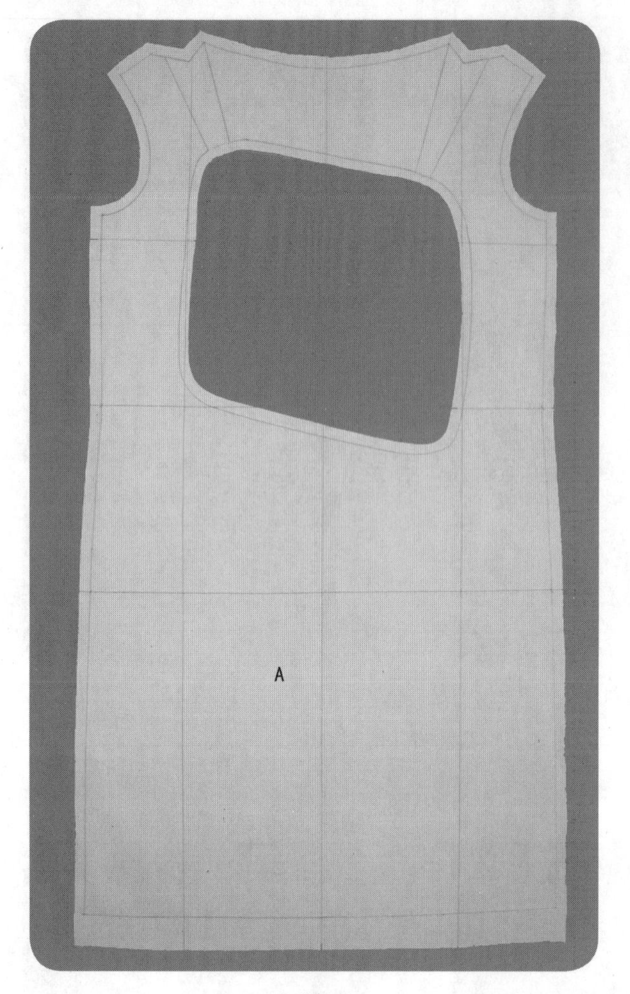

2.22.20

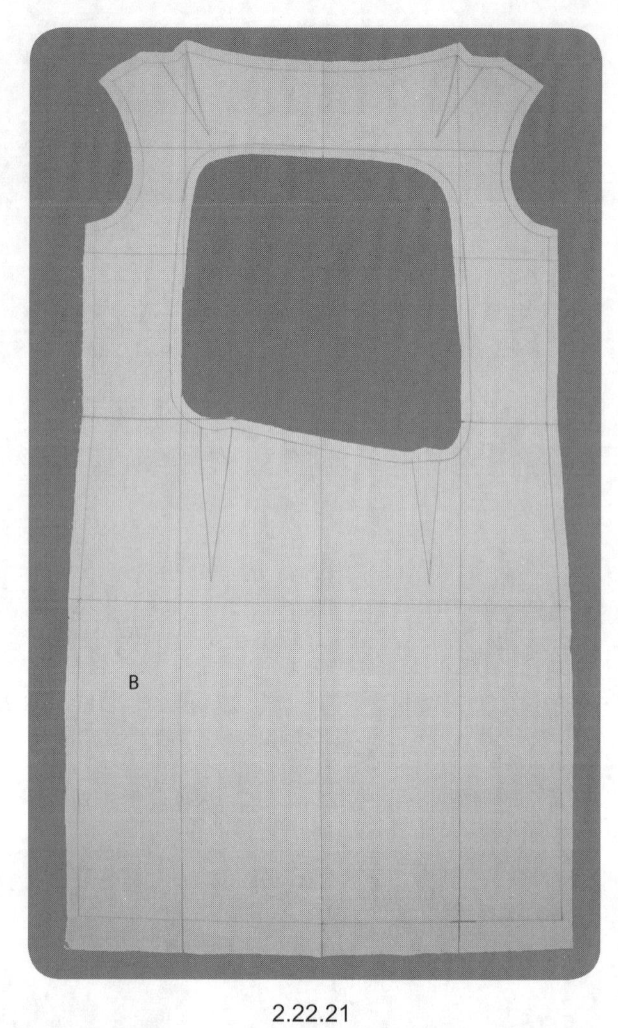

2.22.21

2.22.20~2.22.21　A片和B片的平面整理。

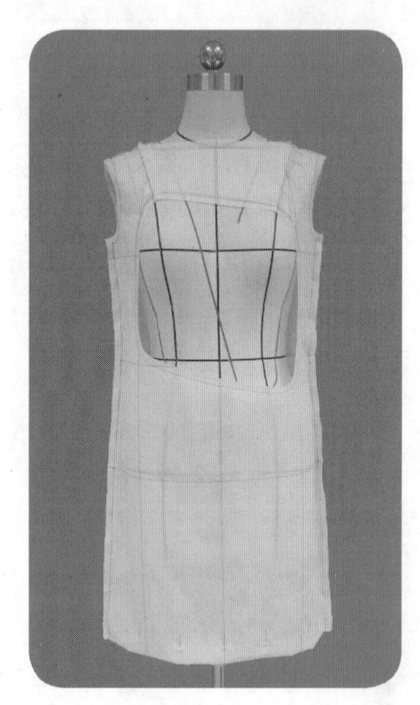

2.22.22

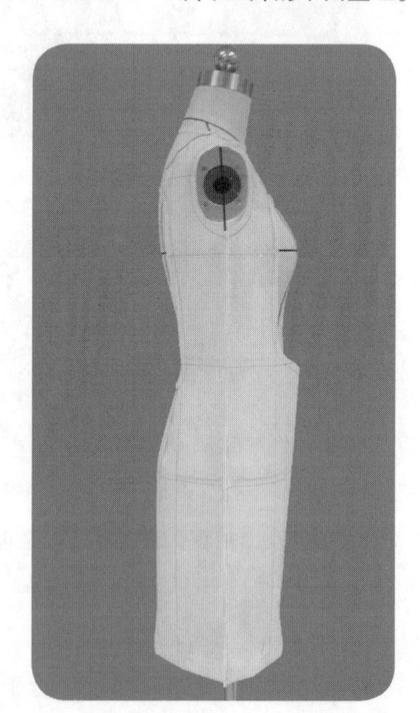

2.22.23

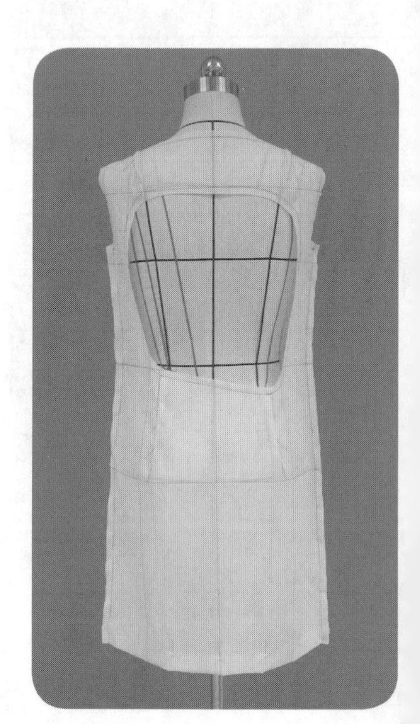

2.22.24

2.22.22~2.22.24　用大头针别合A片和B片，试样补正。

2.22.25 2.22.26 2.22.27

2.22.28 2.22.29 2.22.30

2.22.31 2.22.32 2.22.33

2.22.25~2.22.33　前后相连C片的操作。要点为前片衣裥的设置，领口线处刀口以及袖窿处刀口的修剪，相连到后片的肩带为双层结构。

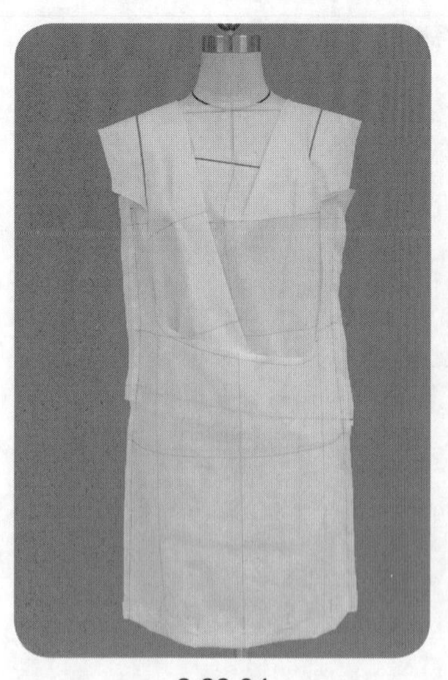

2.22.34

2.22.34　把C片置于A片镂空内，侧缝与A片别合，并配合C片衣长位置配置A片镂空处的贴边D片。

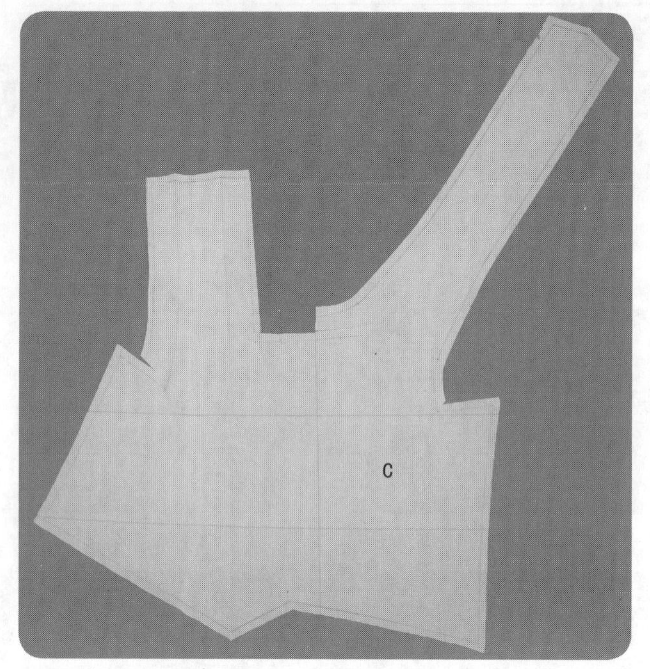

2.22.35

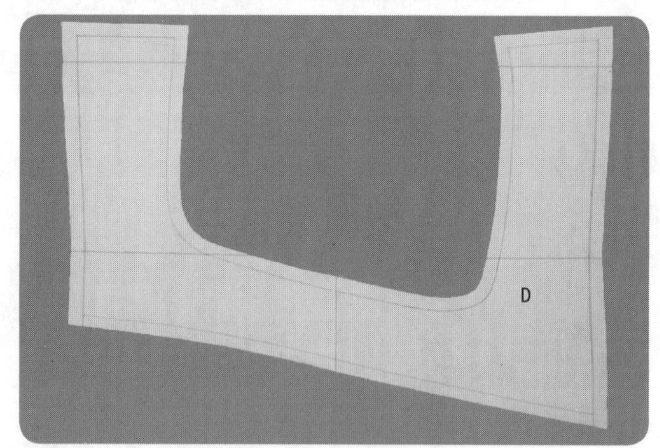

2.22.36

2.22.35、2.22.36　C片和D片的平面整理。

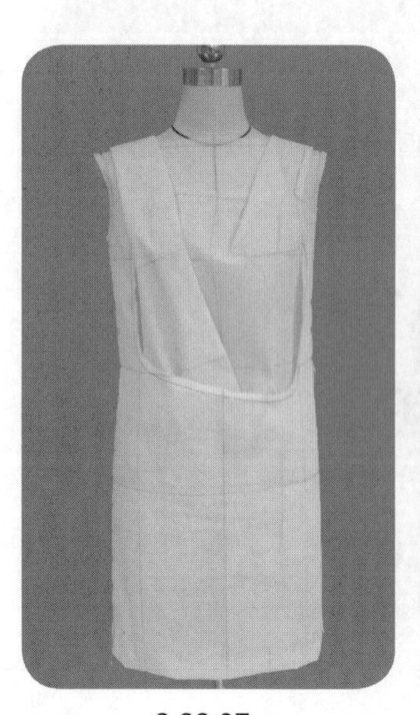

2.22.37

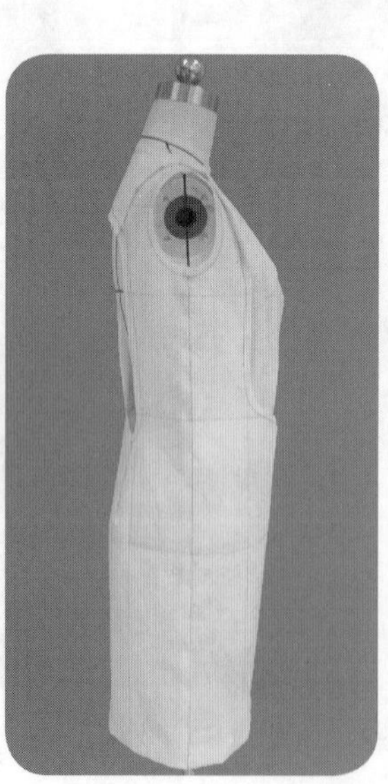

2.22.38

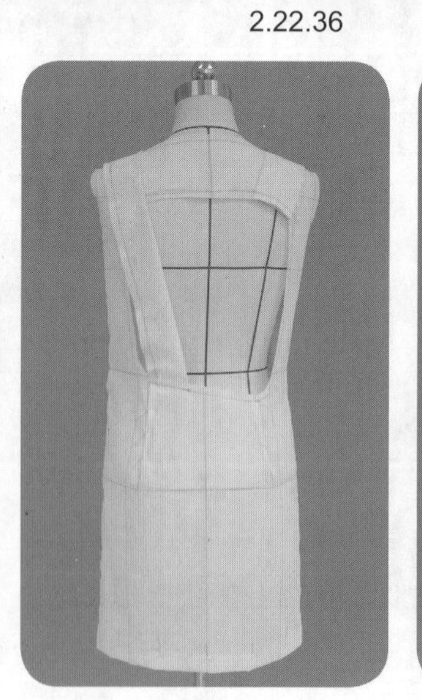

2.22.39

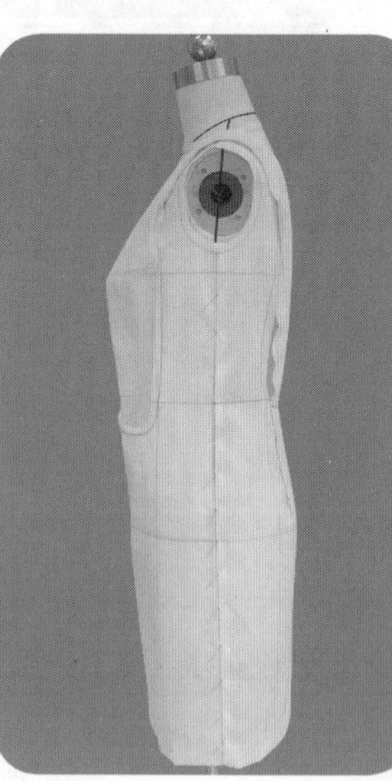

2.22.40

2.22.37~2.22.40　整体试样补正，造型完成。

23 扭曲纹理连衣裙A

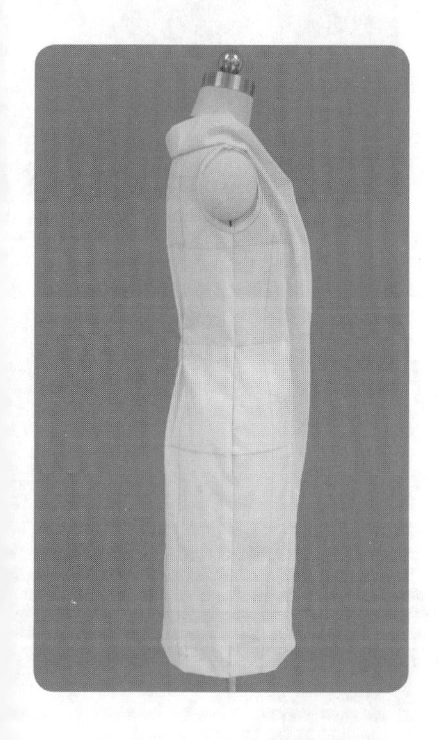

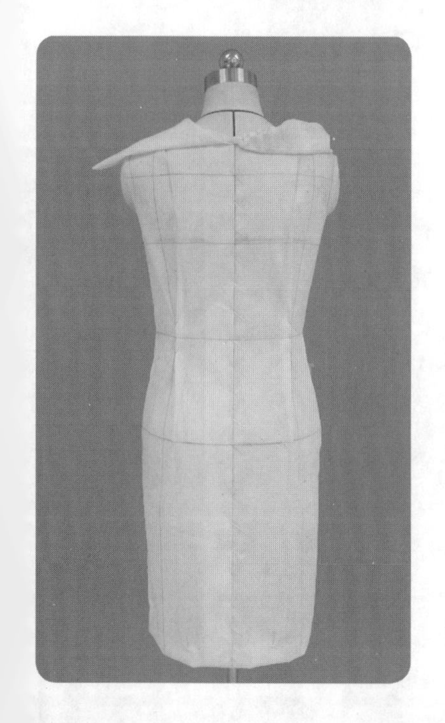

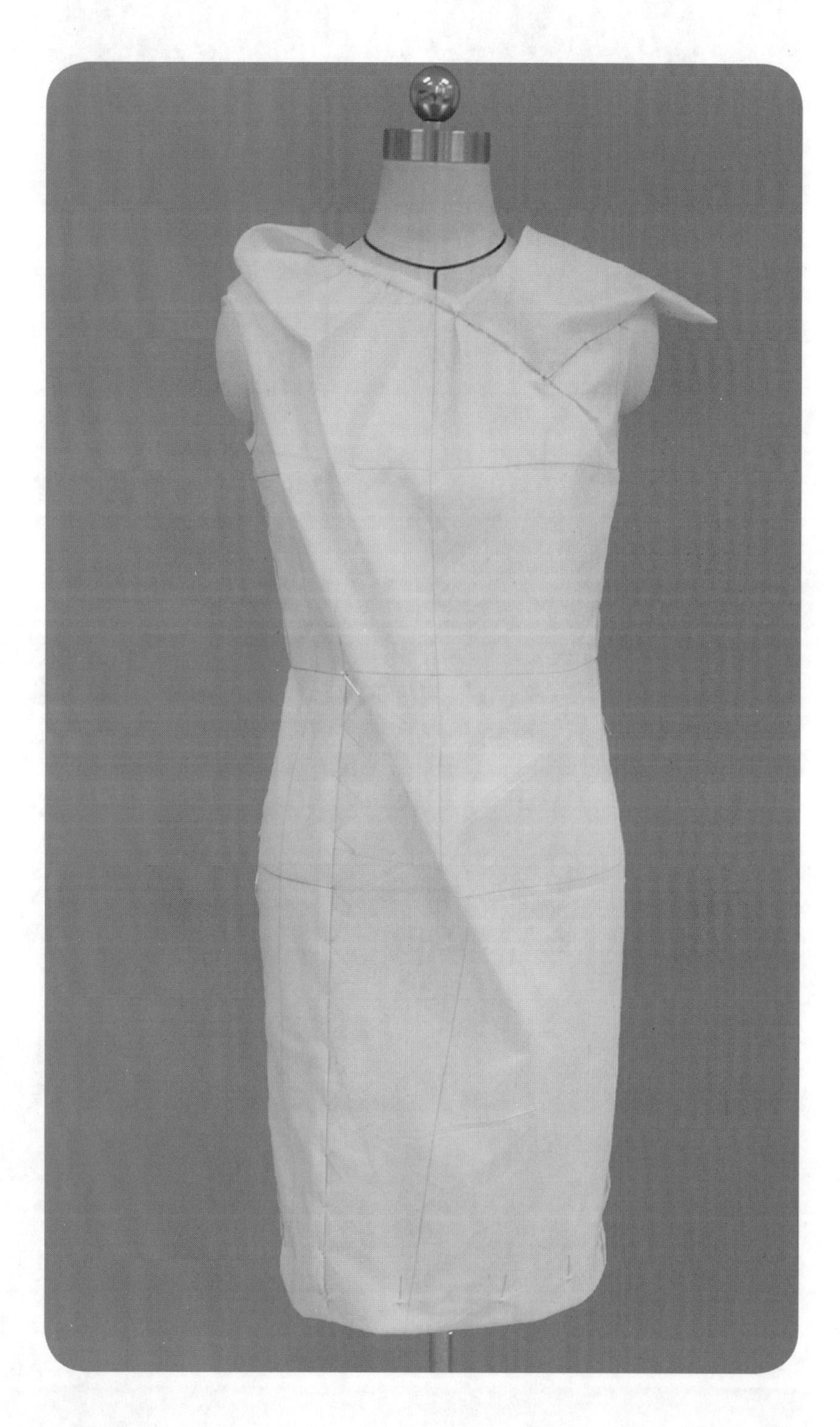

造型要点

基于不规则衣裥形成扭曲衣纹效果，呈现解构设计风格但适穿。成衣主要技术规格为胸围松量 6 cm、臀围松量 6 cm。

操作步骤

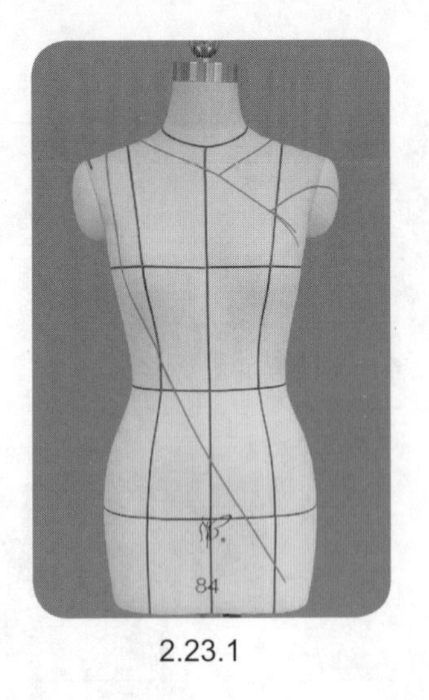

2.23.1

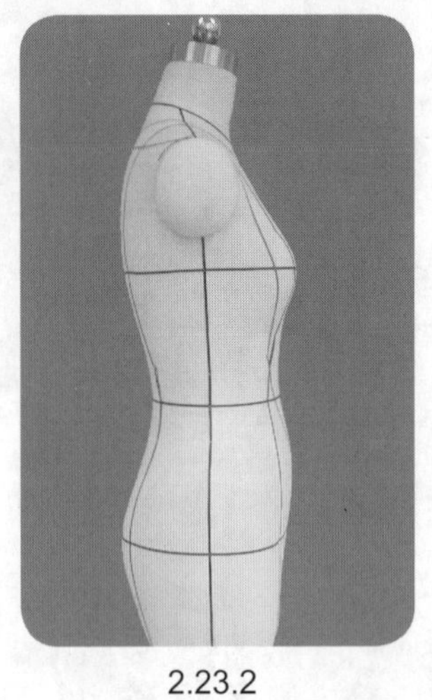
2.23.2

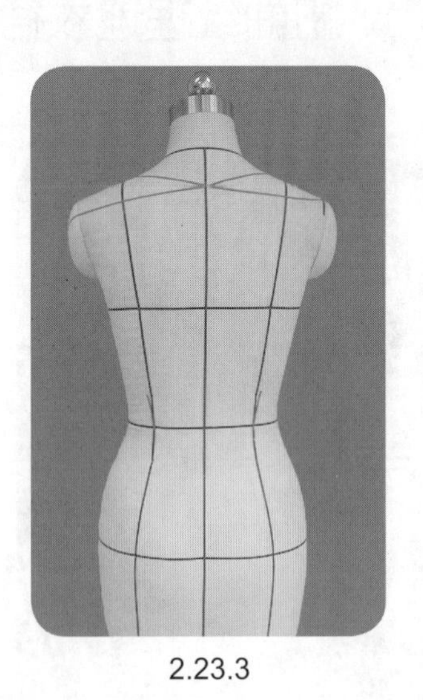
2.23.3

2.23.1~2.23.3　贴置款式造型线。

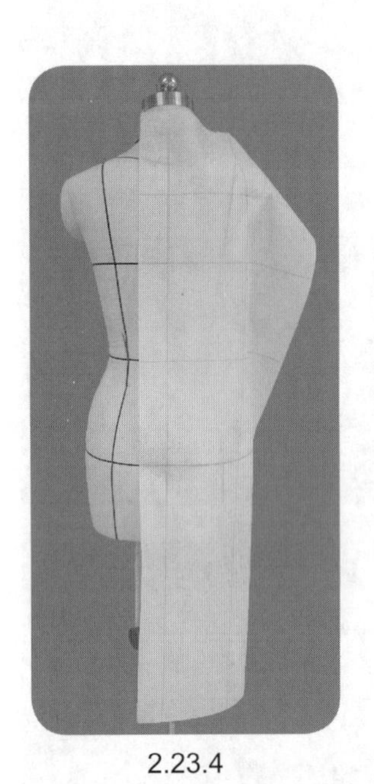
2.23.4

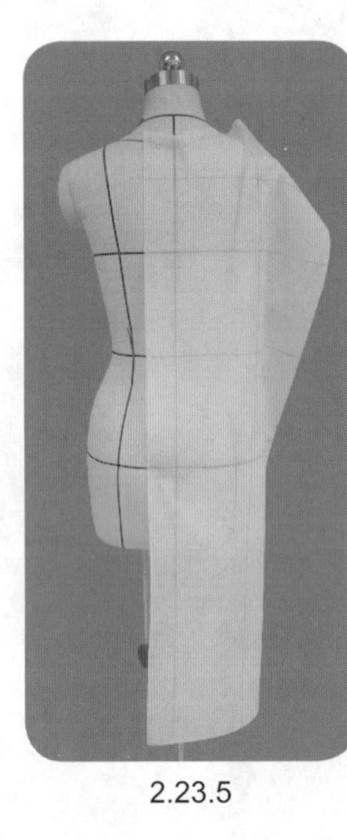
2.23.5

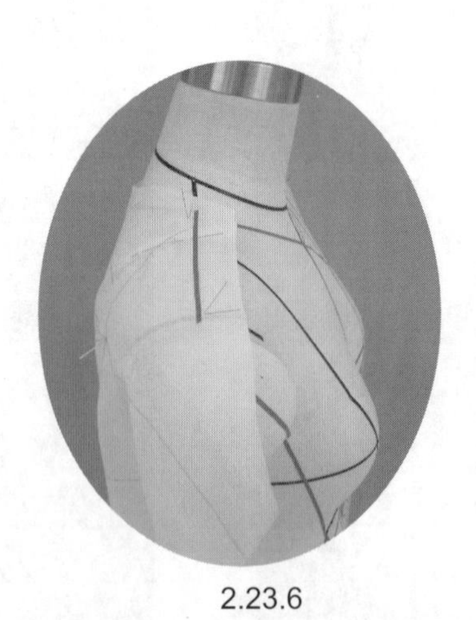
2.23.6

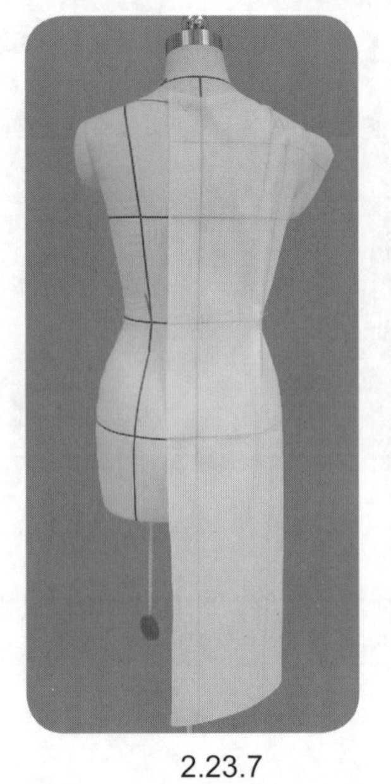
2.23.7

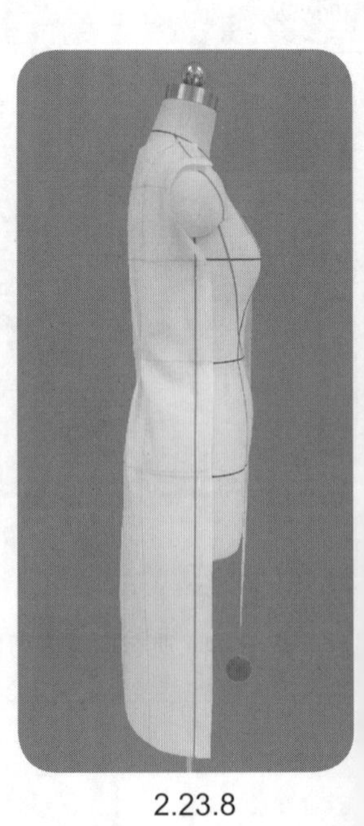
2.23.8

2.23.4~2.23.8　后片A片的操作。设置后片肩省处理肩背线以上曲面量，设置后片开花腰省和侧缝省量处理吸腰量以及裙身造型。

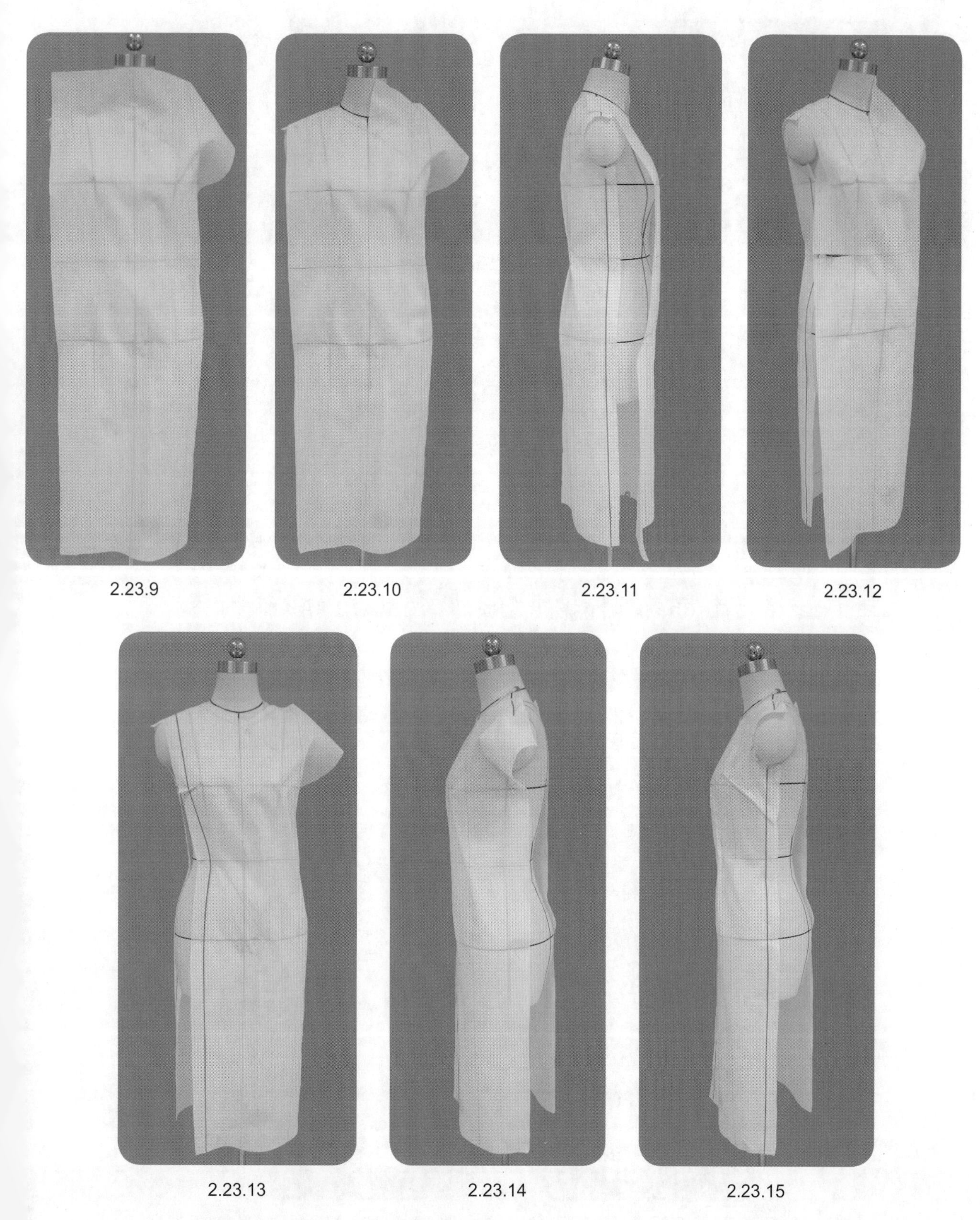

2.23.9　2.23.10　2.23.11　2.23.12

2.23.13　2.23.14　2.23.15

2.23.9~2.23.15　前右片B片的操作。左侧纵向分割线以及横向分割线胸省和右侧缝胸省处理前片胸围线以下的曲面量。纵向分割线和右侧缝也处理裙身的造型量。

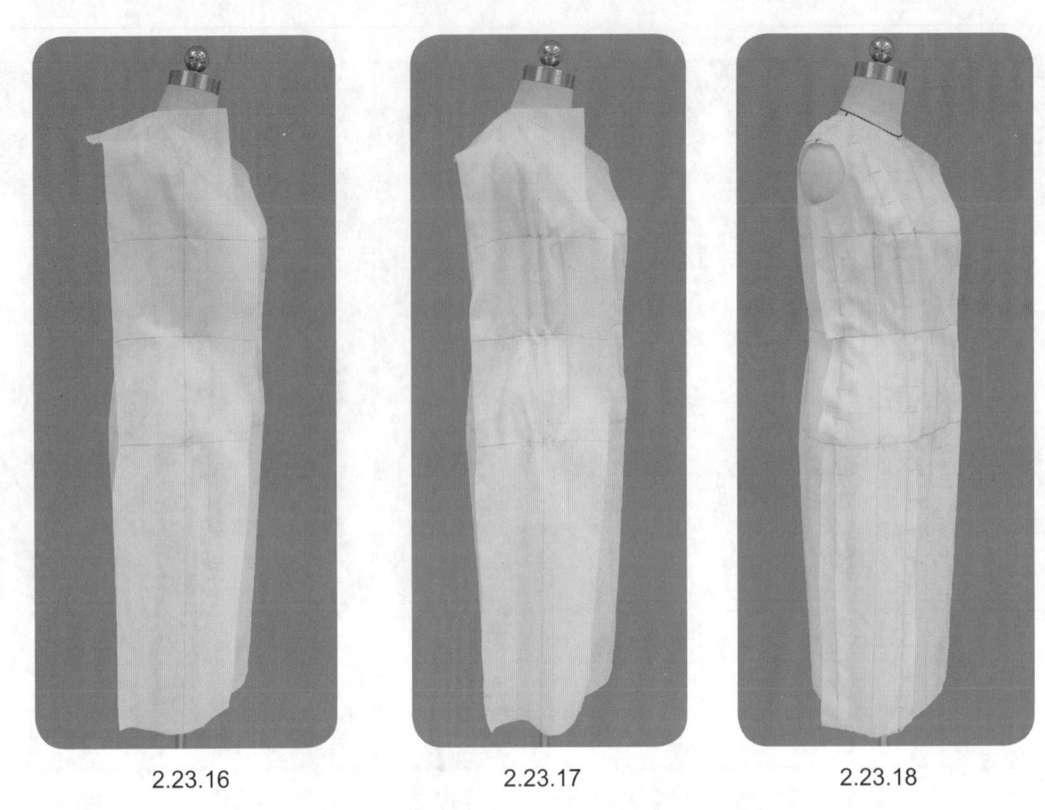

2.23.16　　2.23.17　　2.23.18

2.23.16~2.23.18　左前片C片的操作。保持侧片纵向分割线的竖直，分段拟合操作侧缝和分割线。

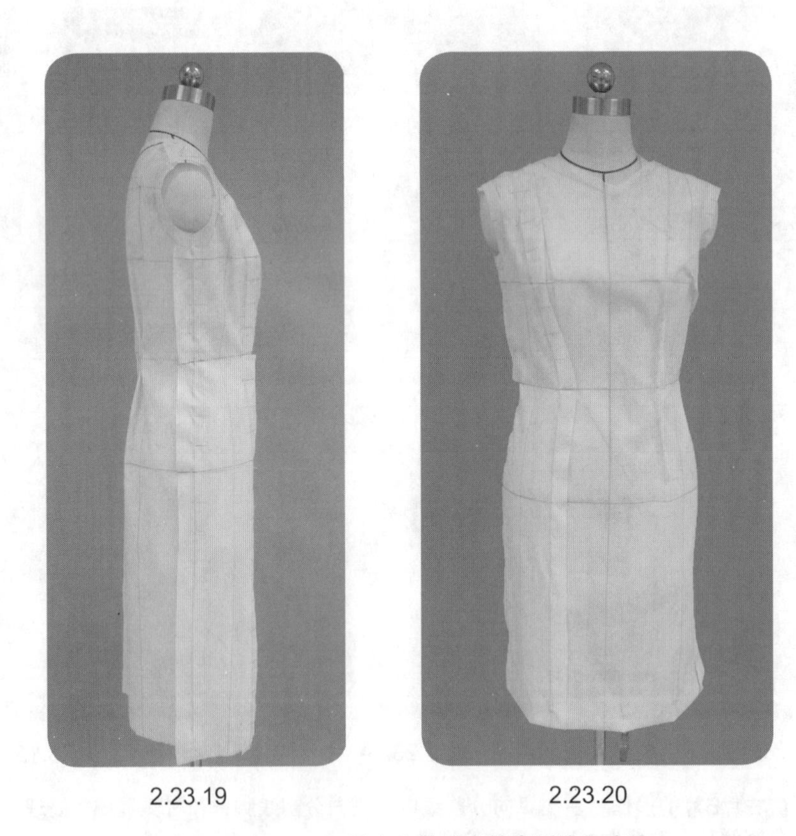

2.23.19　　2.23.20

2.23.19~2.23.20　用大头针别出袖窿弧线和底边。

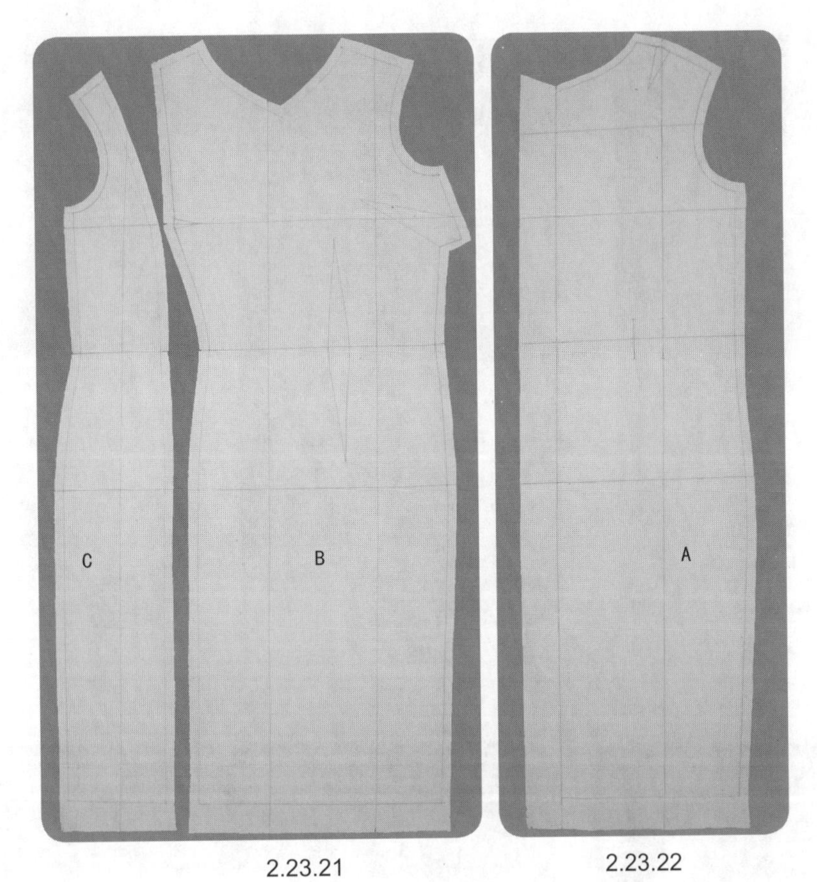

2.23.21　　2.23.22

2.23.21~2.23.22　A片、B片和C片的平面整理。

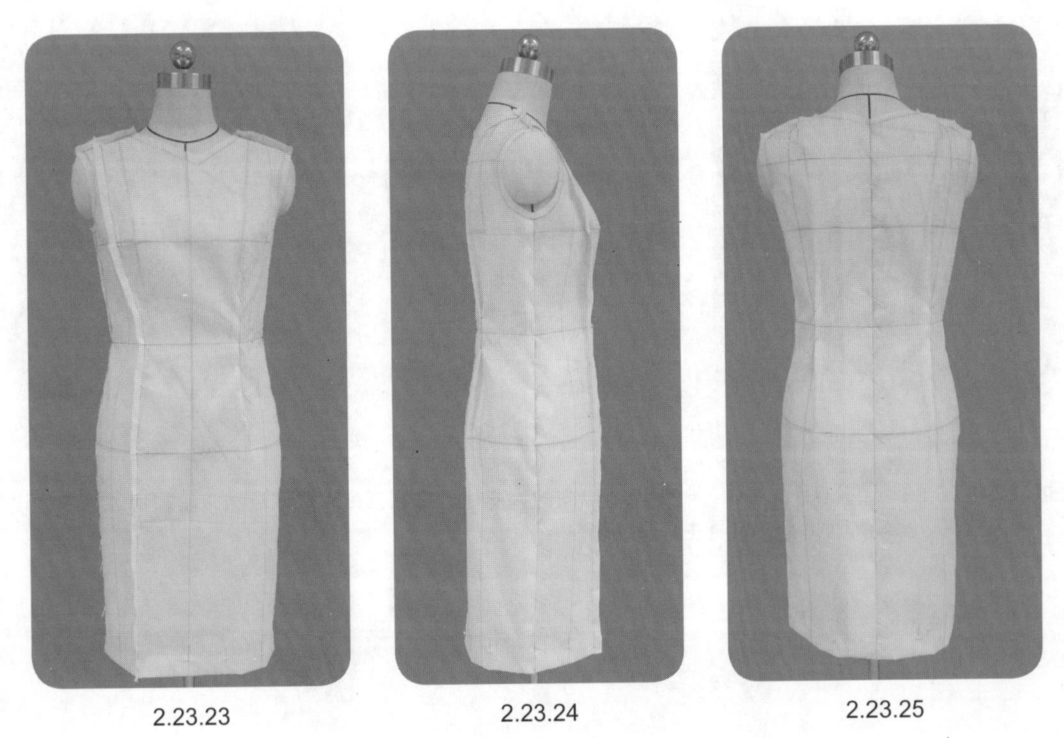

2.23.23　　2.23.24　　2.23.25

2.23.23~2.23.25　用大头针别合A片、B片和C片，试样补正。

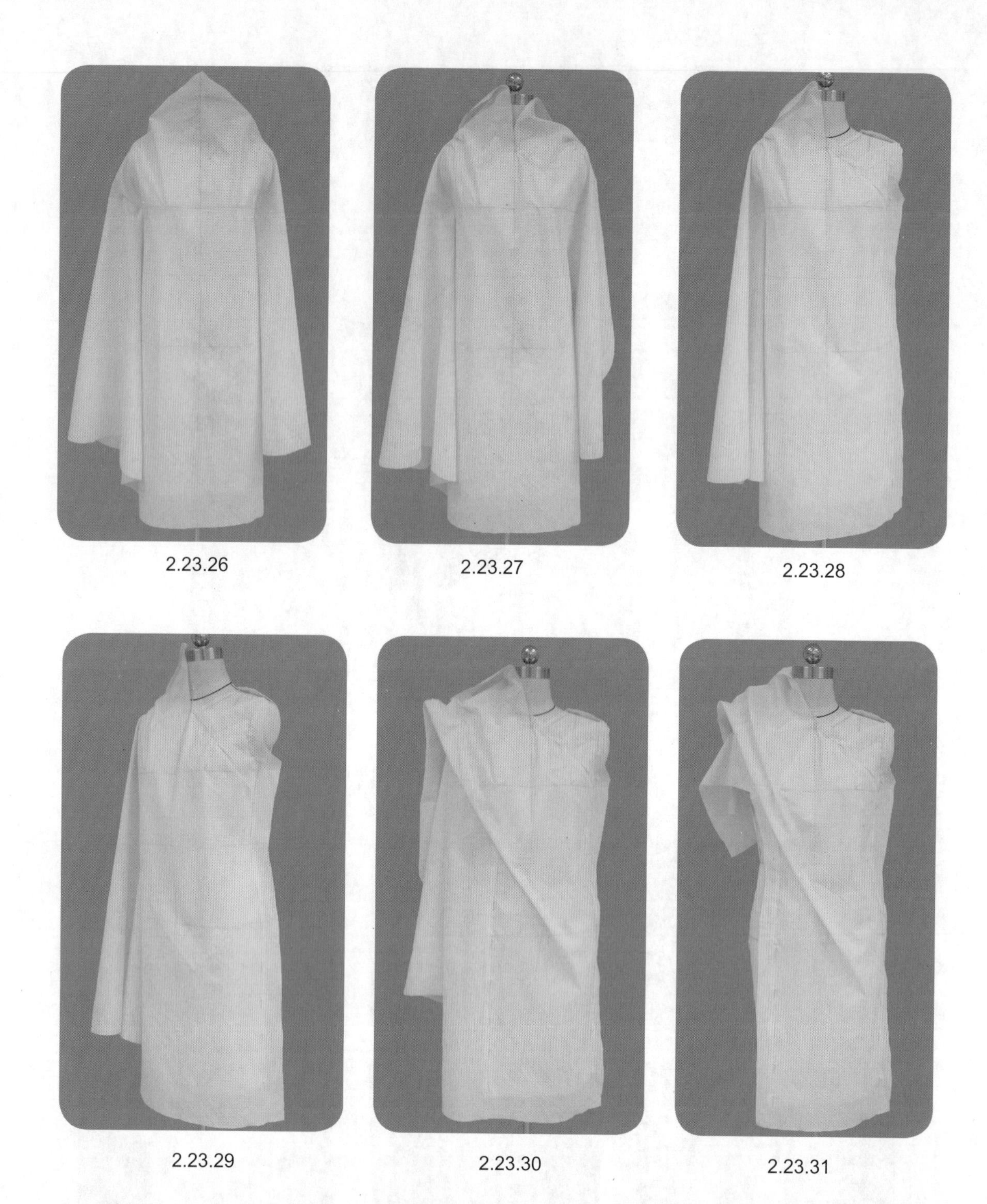

2.23.26　　2.23.27　　2.23.28

2.23.29　　2.23.30　　2.23.31

2.23.26~2.23.38　前片D片的操作。整理两个纵向的大衣裥，在领口处形成双层结构，领口线的衣褶设置不规则，呈现随意造型，但要注意易缝纫性。

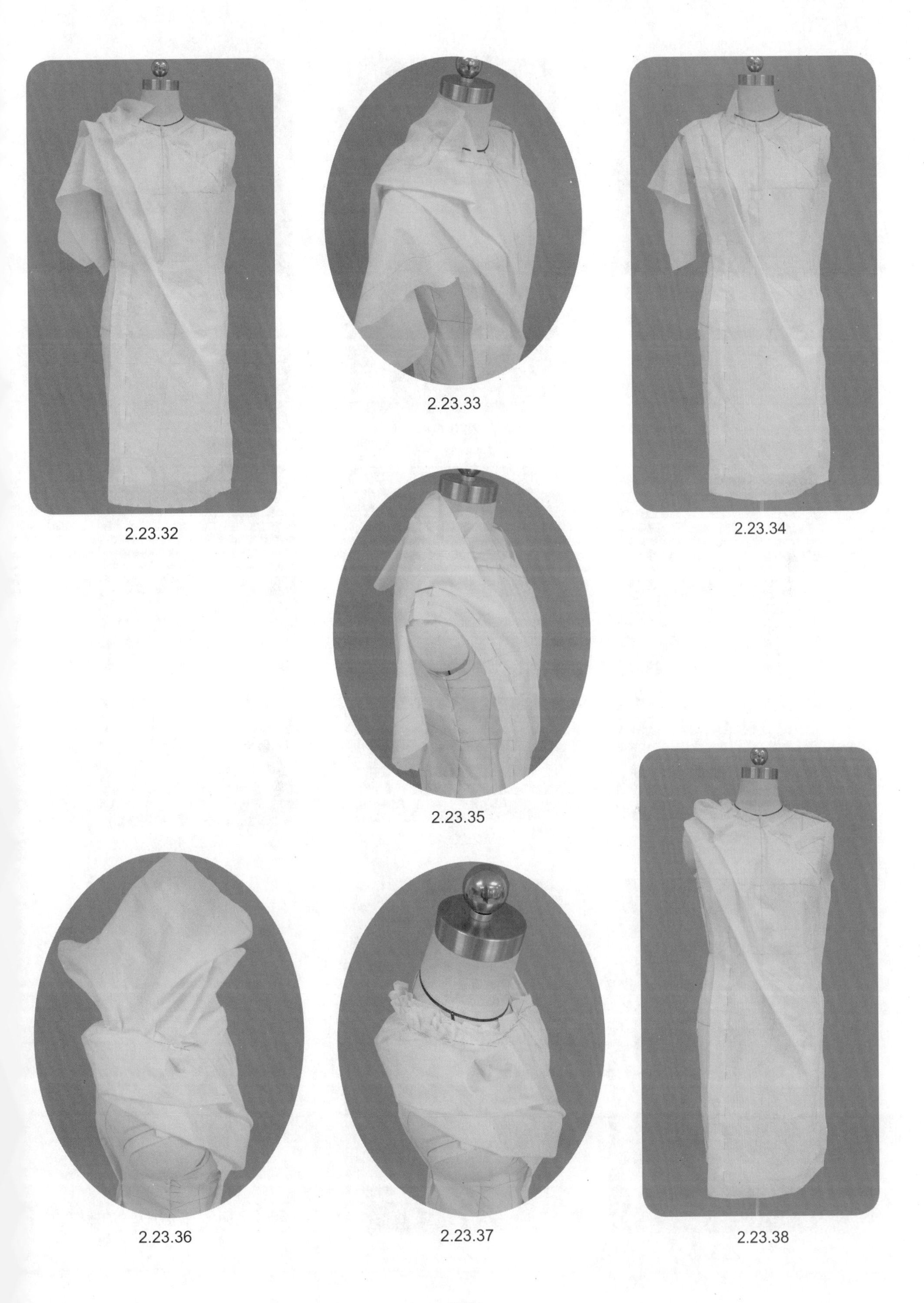

2.23.32 2.23.33 2.23.34 2.23.35 2.23.36 2.23.37 2.23.38

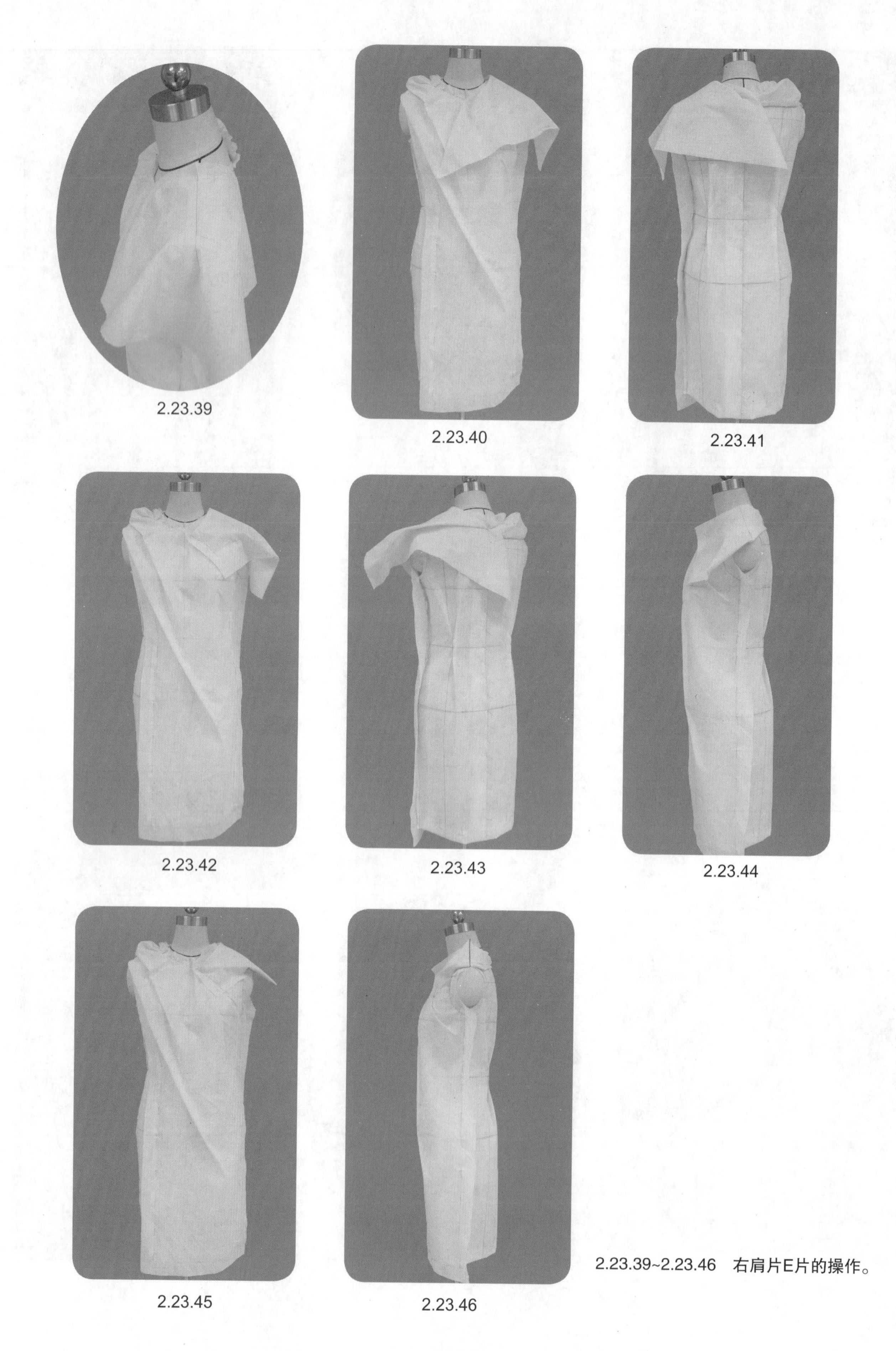

2.23.39 2.23.40 2.23.41

2.23.42 2.23.43 2.23.44

2.23.45 2.23.46

2.23.39~2.23.46　右肩片E片的操作。

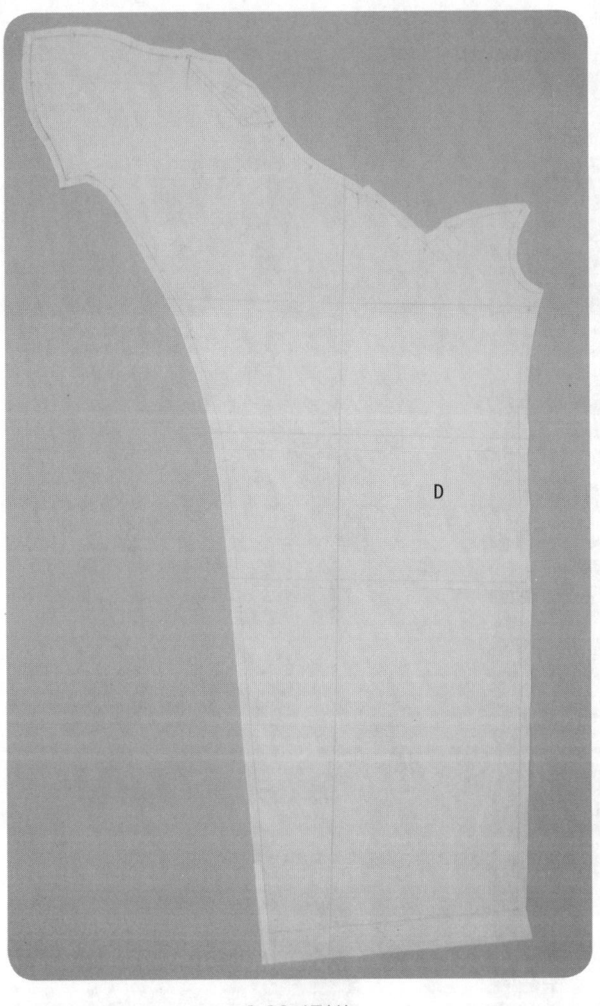

2.23.47(1)

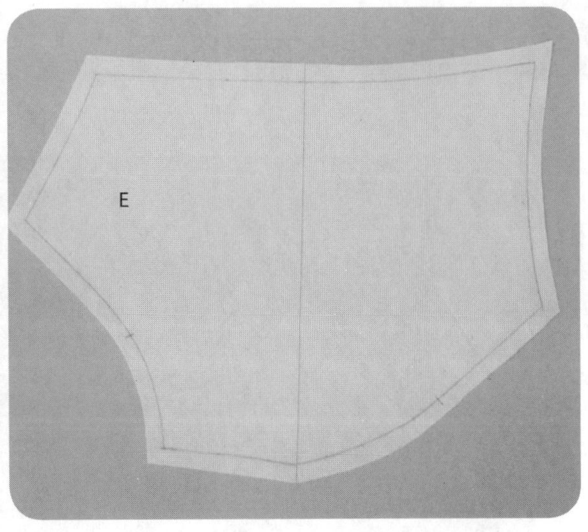

2.23.47(2)

2.23.47　D片和E片的平面整理。

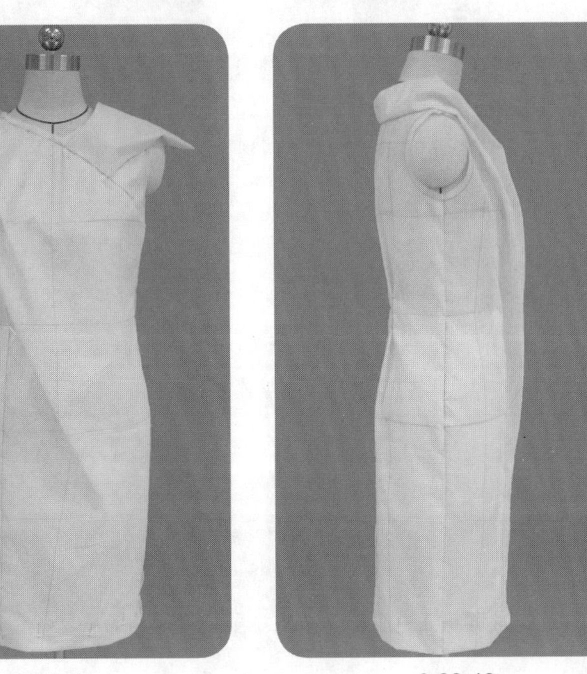

2.23.48

2.23.49

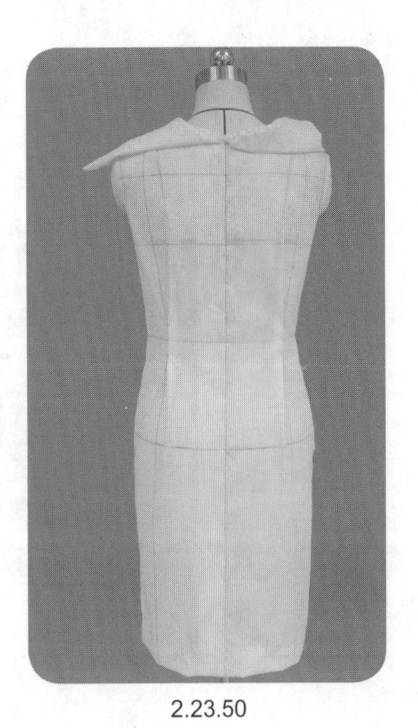

2.23.50

2.23.48~2.23.50　整体试样补正，造型完成。

24 扭曲纹理连衣裙B

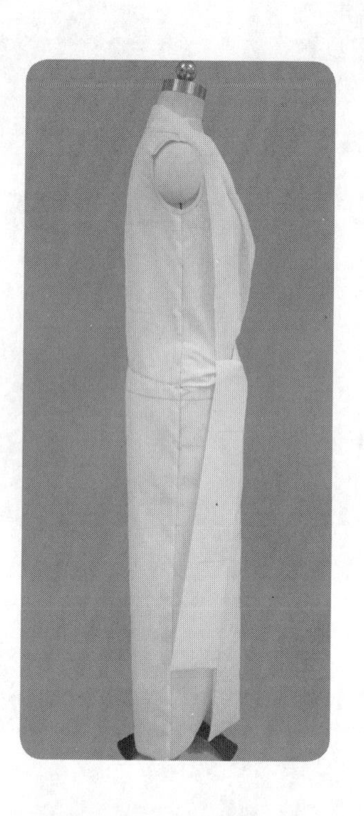

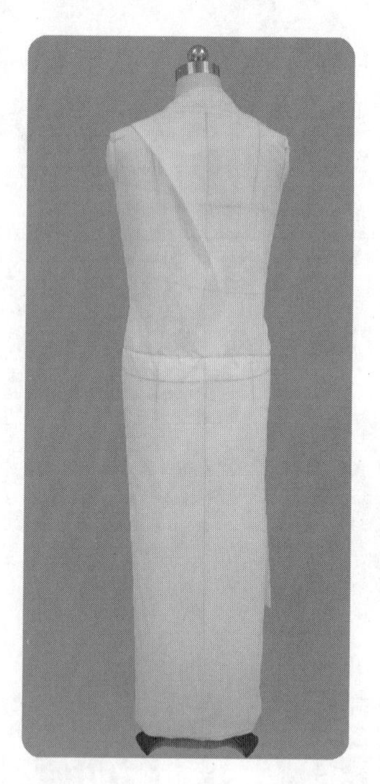

造型要点

扭曲衣纹组合领型，效果自然轻松，整体风格装饰性强且正式优雅。成衣主要技术规格为胸围松量 6 cm、臀围松量 4 cm。

操作步骤

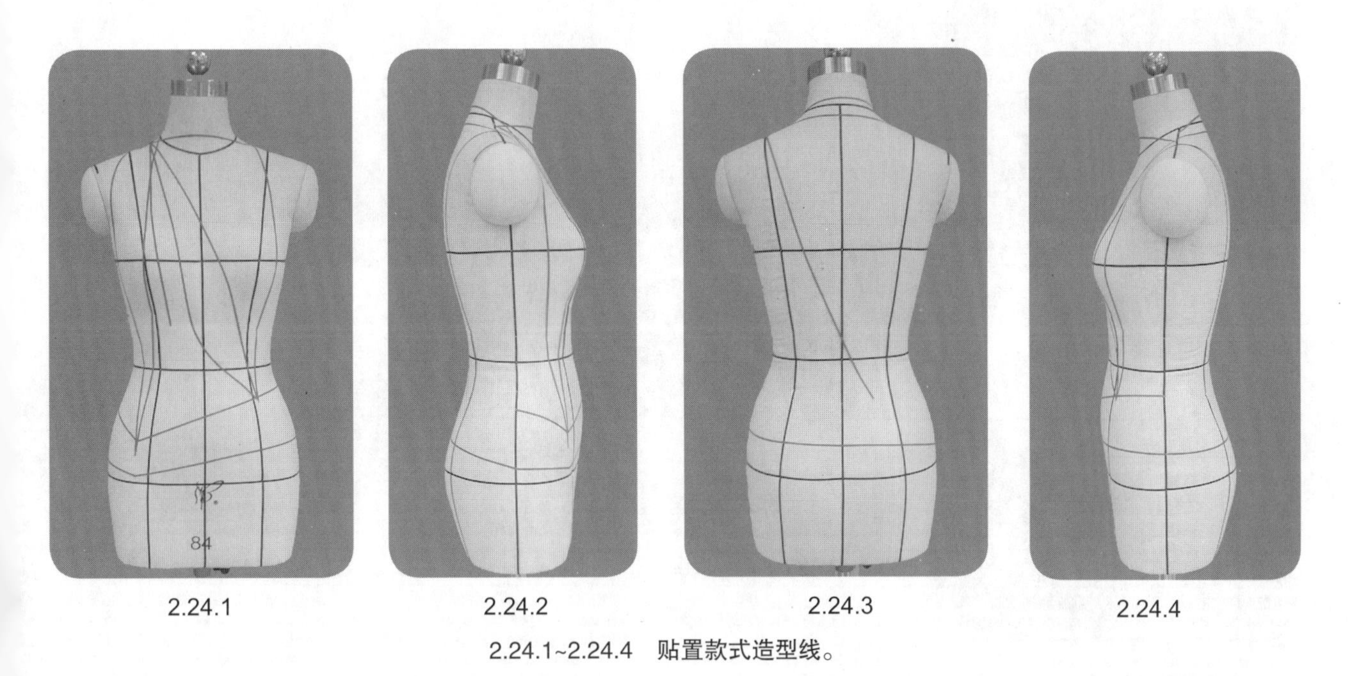

2.24.1　　2.24.2　　2.24.3　　2.24.4

2.24.1~2.24.4　贴置款式造型线。

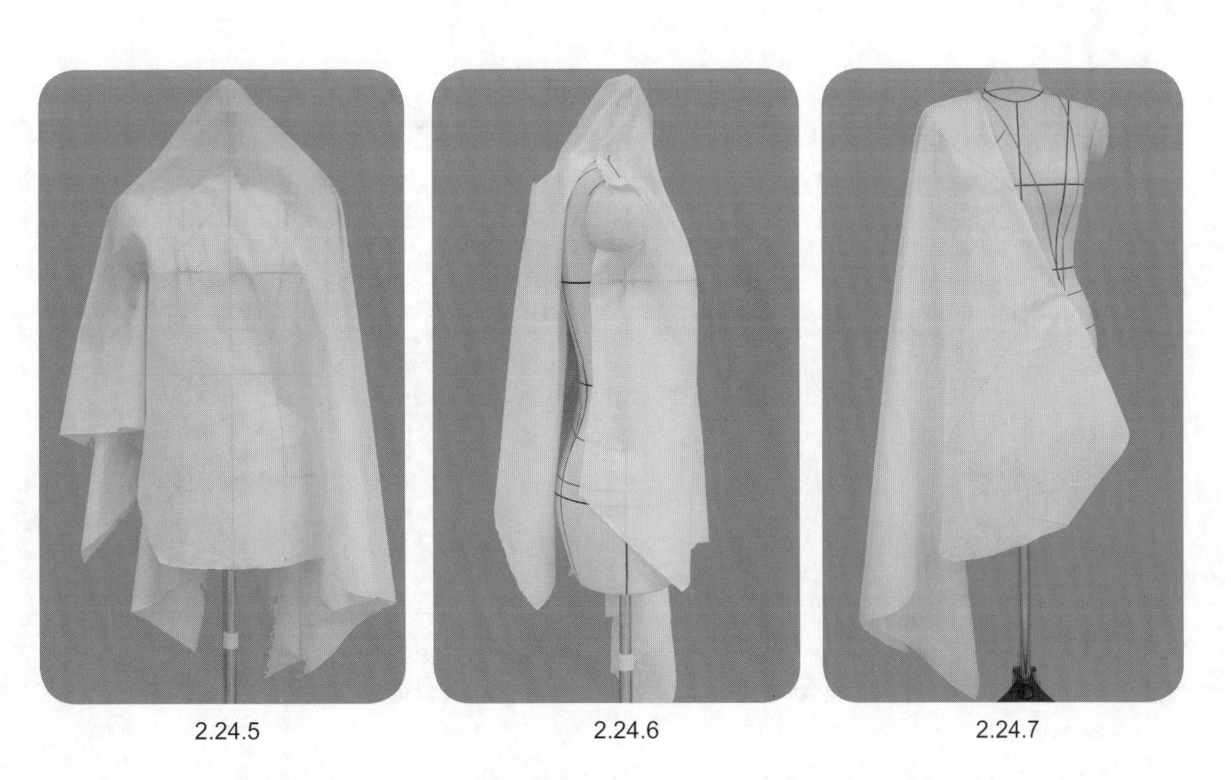

2.24.5　　2.24.6　　2.24.7

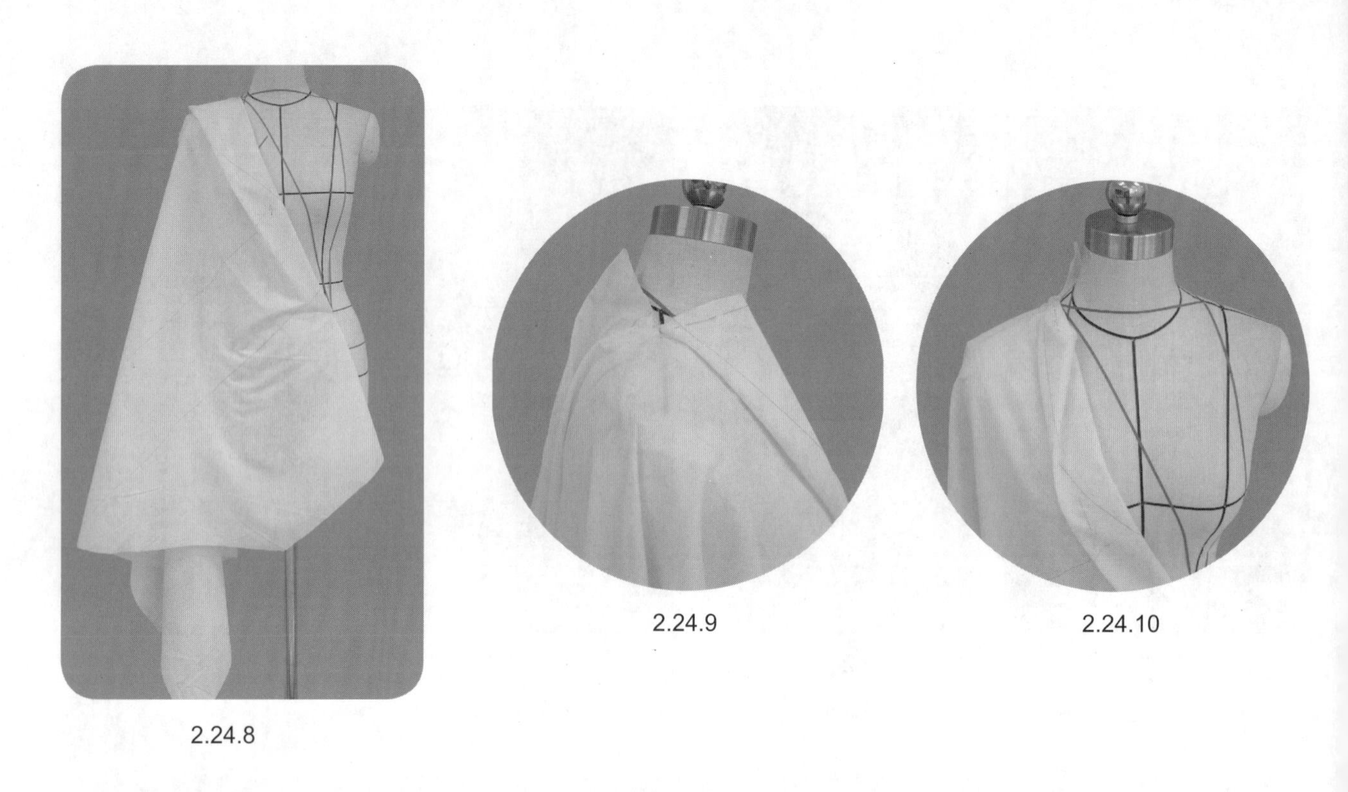

2.24.8

2.24.9

2.24.10

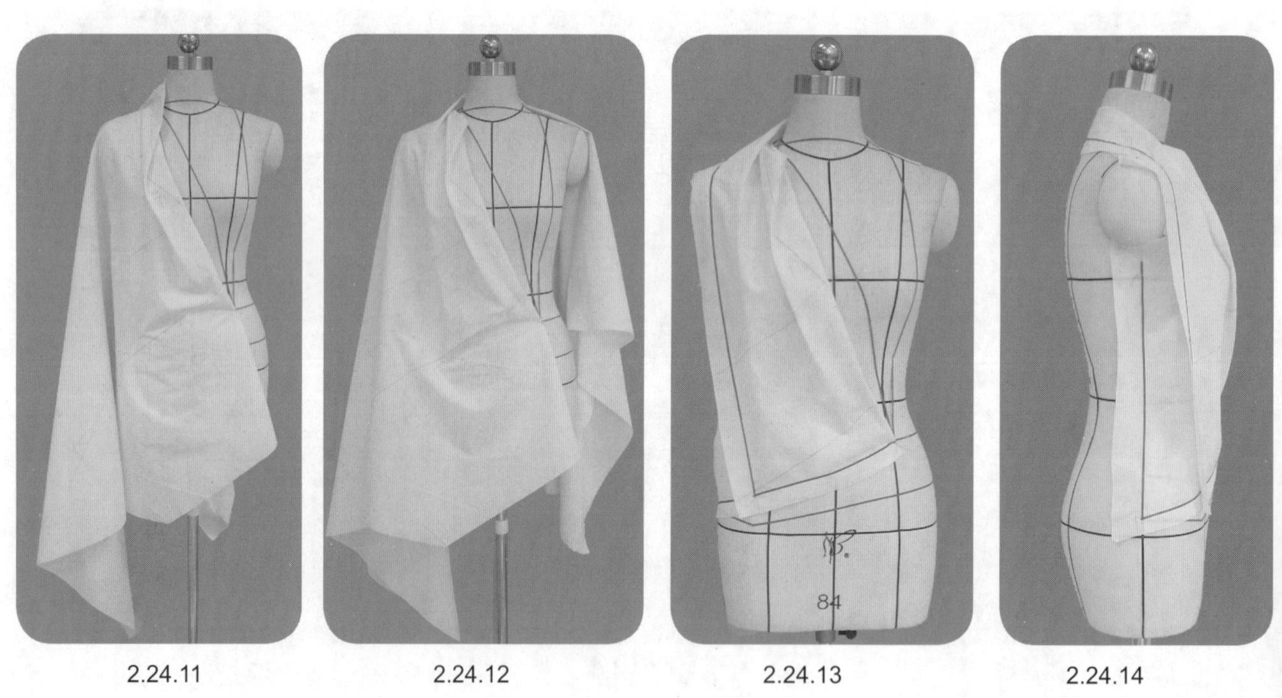

2.24.11

2.24.12

2.24.13

2.24.14

2.24.5~2.24.14　前上左片A片的操作。A片领口为双层结构，领侧的刀口实现了前领翻折、后领相连的结构。

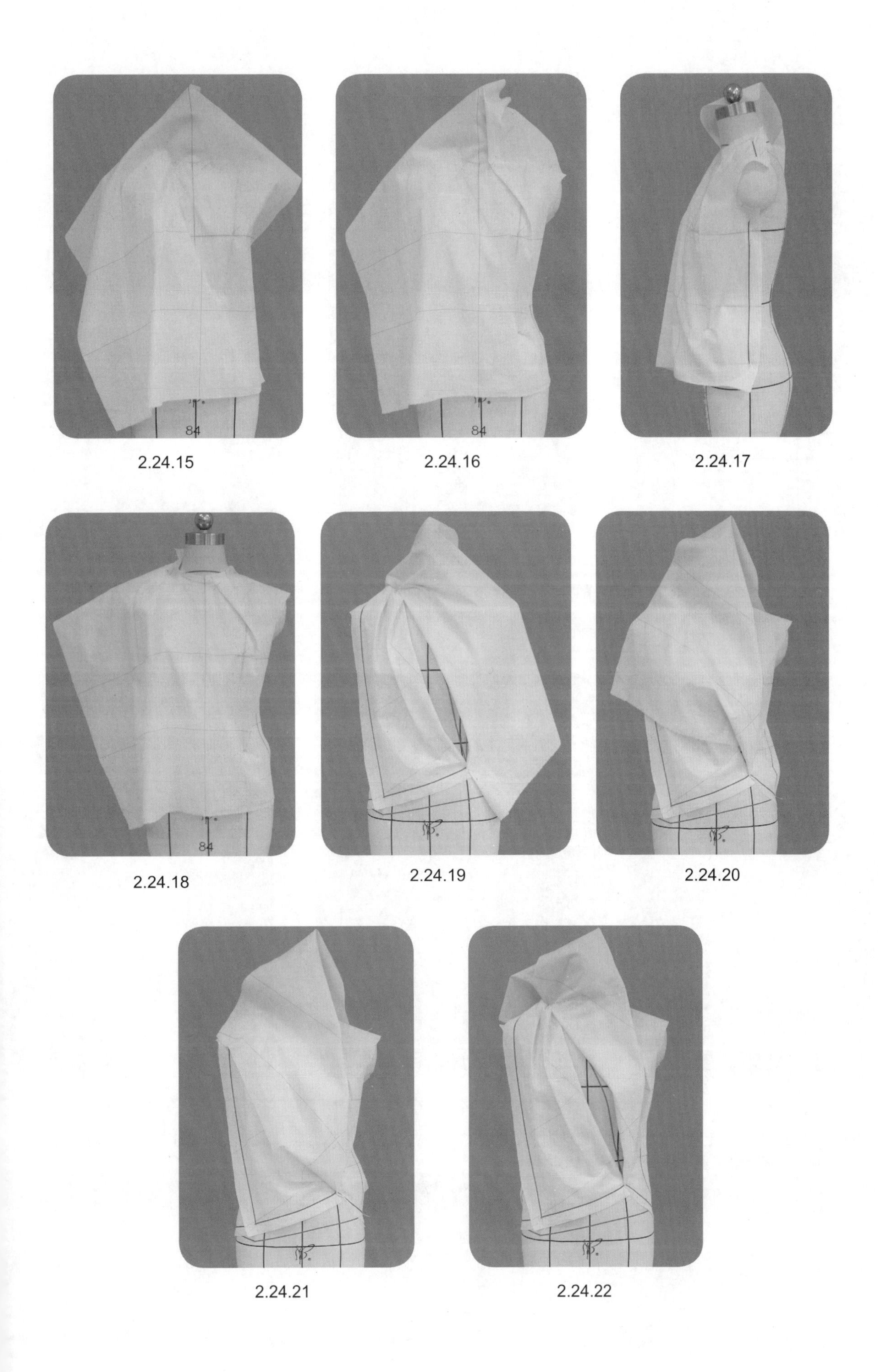

2.24.15 2.24.16 2.24.17

2.24.18 2.24.19 2.24.20

2.24.21 2.24.22

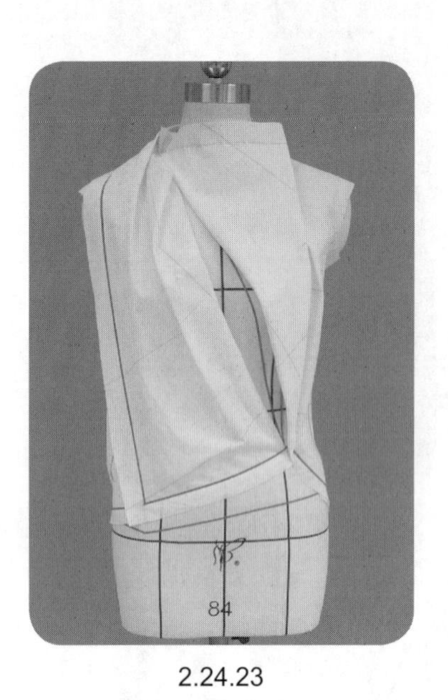

2.24.23

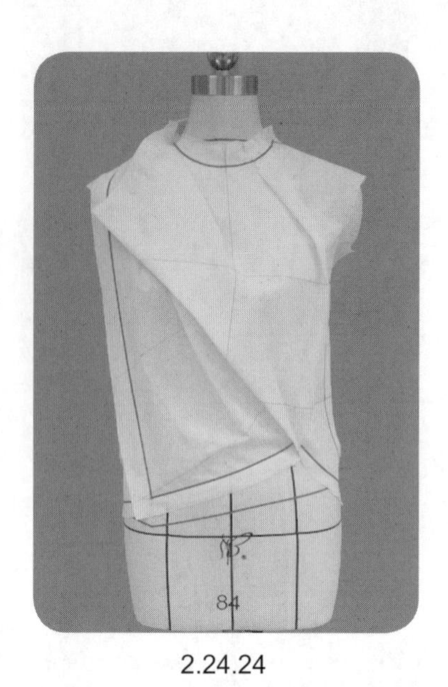

2.24.24

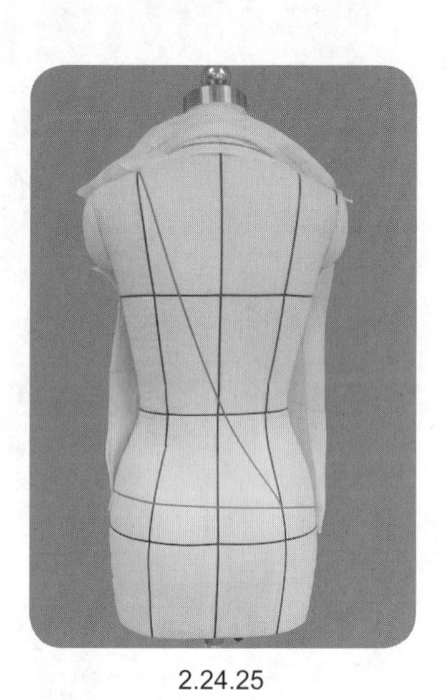

2.24.25

2.24.15~2.24.25　前上右片B片的操作。设计领口省处理胸部曲面量，领口双层翻折结构，左领侧与A片交叠。

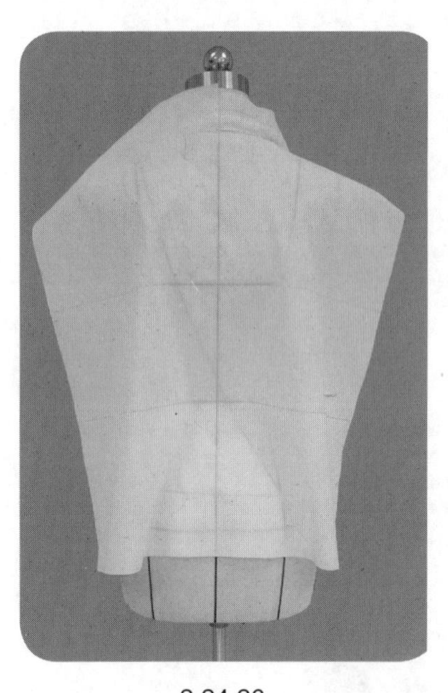

2.24.26

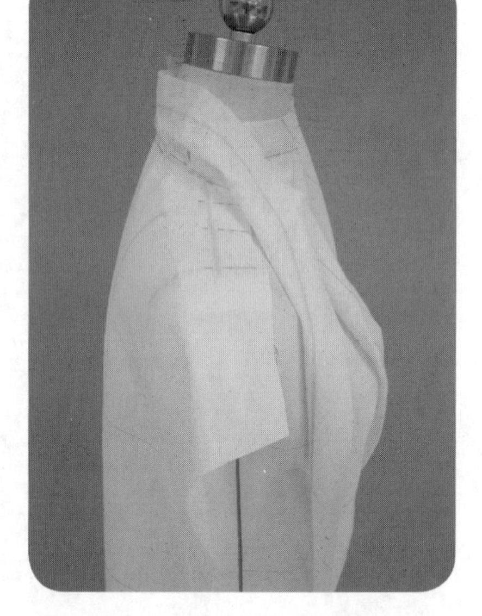

2.24.27

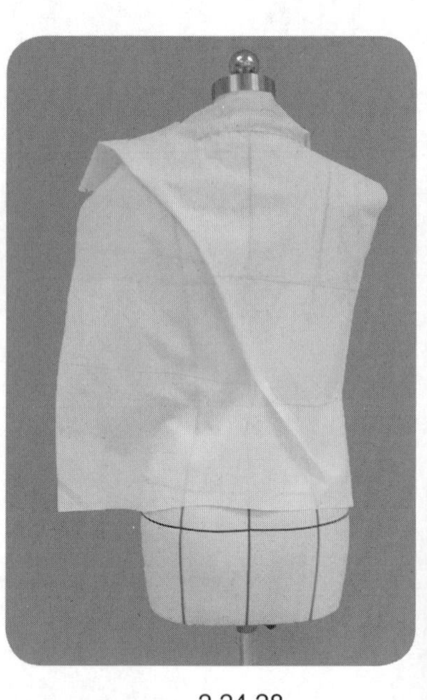

2.24.28

2.24.26~2.24.32　后上片C片的操作。设计右肩衣裥形成衣纹效果，平服别合领口、肩线、侧缝与前片，用大头针别出袖窿造型。上半身造型确认，标点描线。

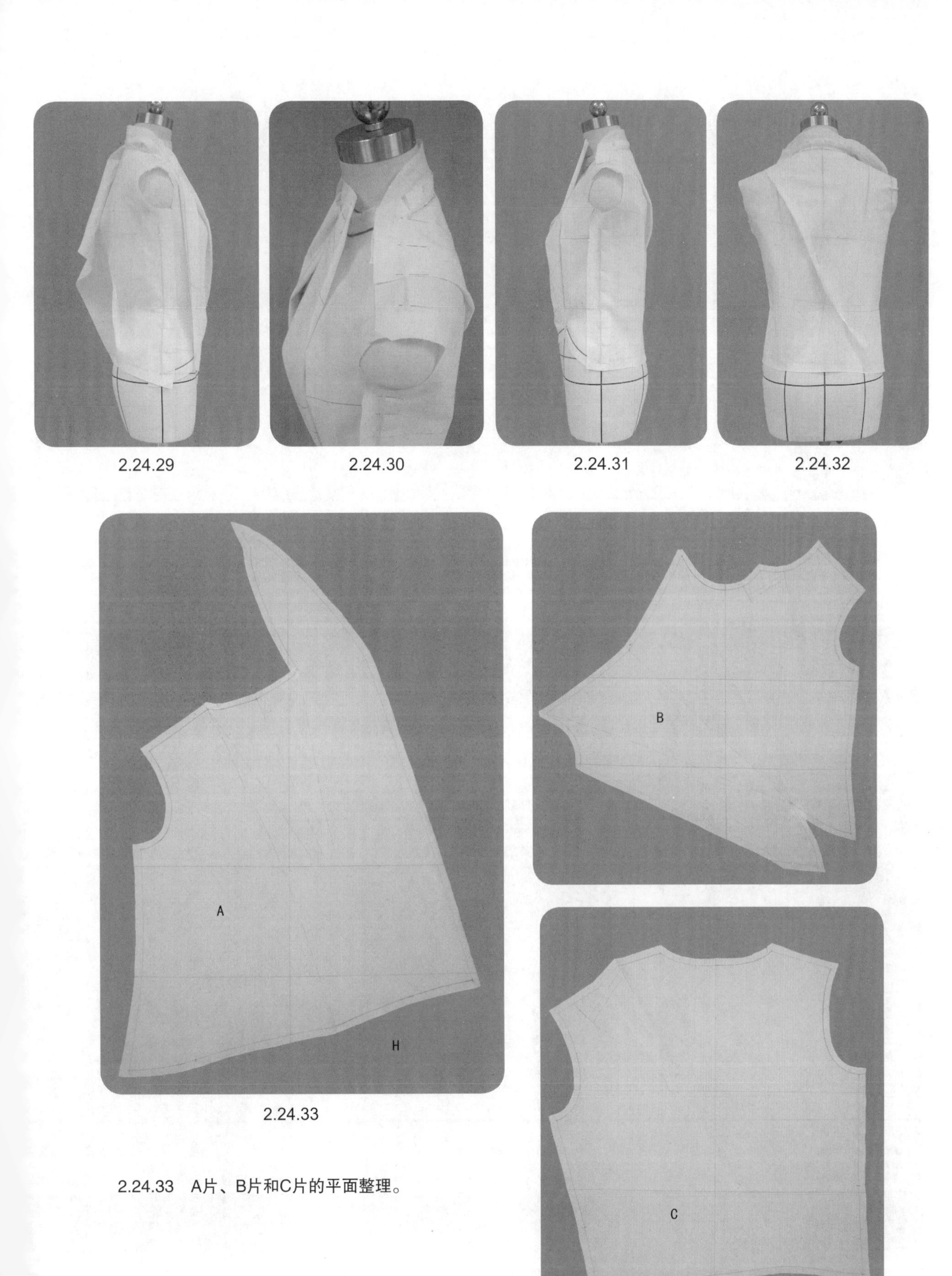

2.24.29 2.24.30 2.24.31 2.24.32

2.24.33

2.24.33 A片、B片和C片的平面整理。

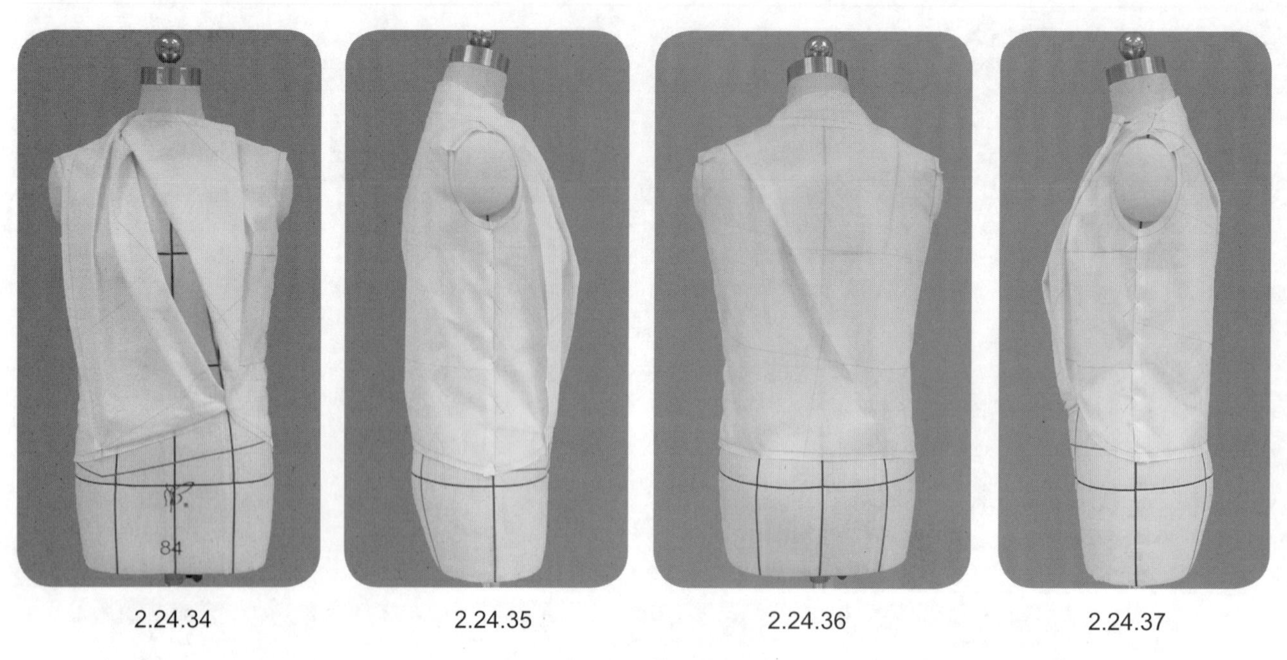

2.24.34　　2.24.35　　2.24.36　　2.24.37

2.24.34~2.24.37　用大头针别合A片、B片和C片，试样补正。

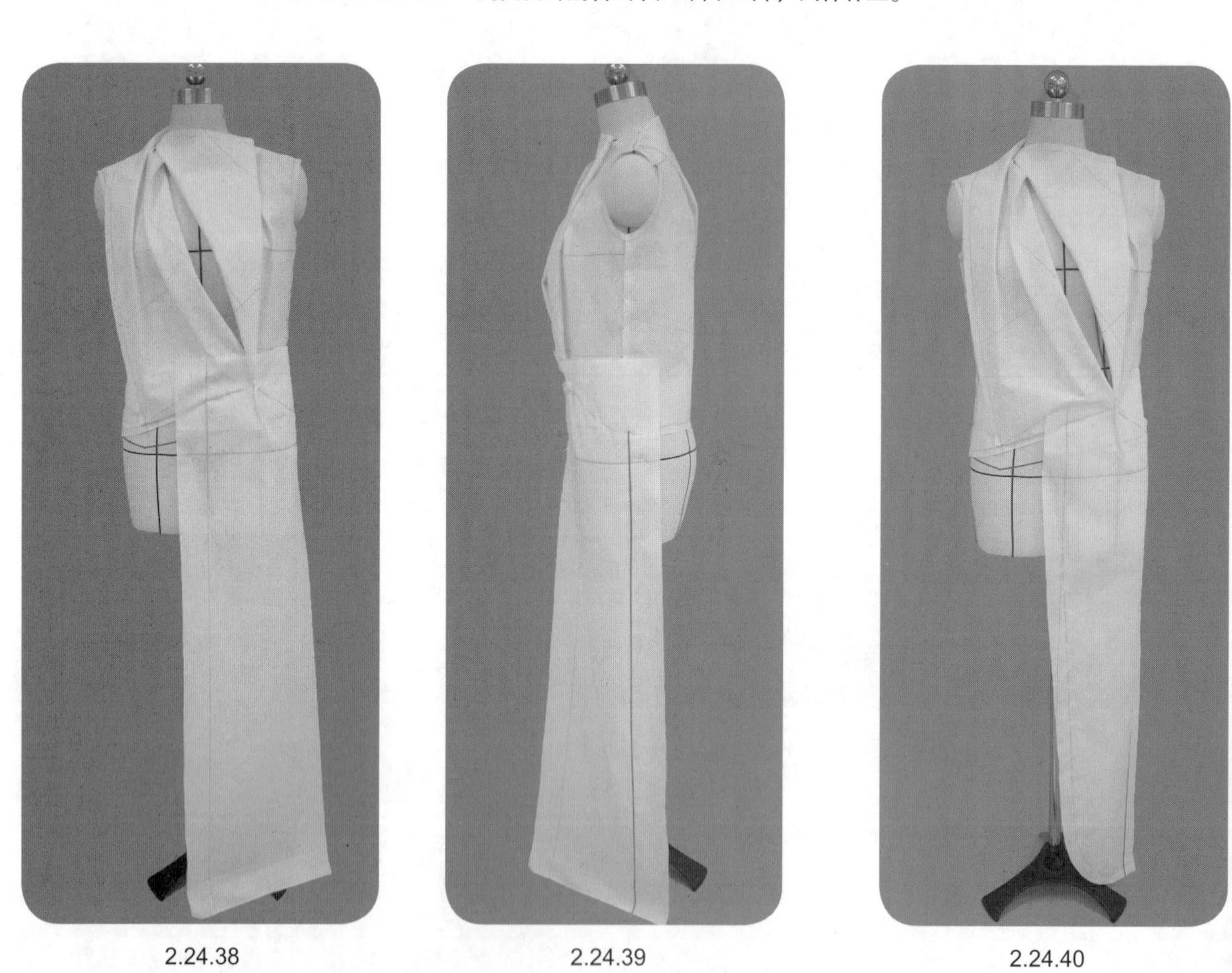

2.24.38　　2.24.39　　2.24.40

2.24.38~2.24.40　前右裙片D片的操作。

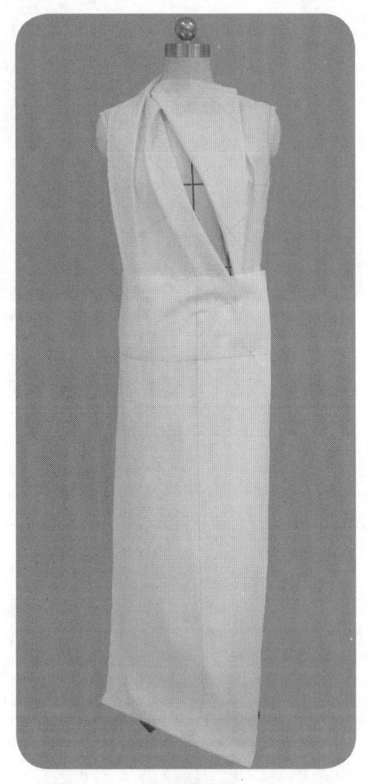

2.24.41

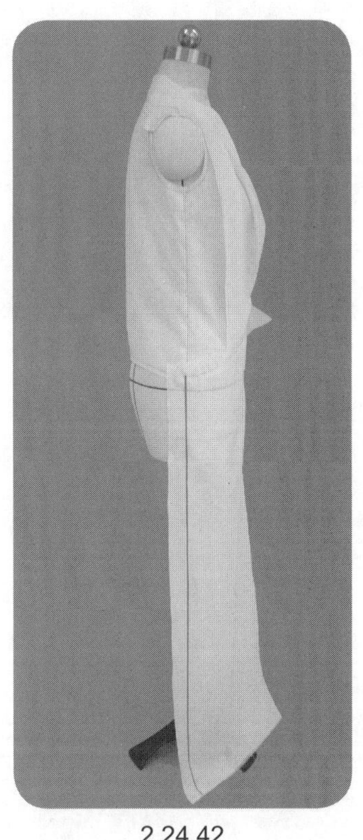

2.24.42

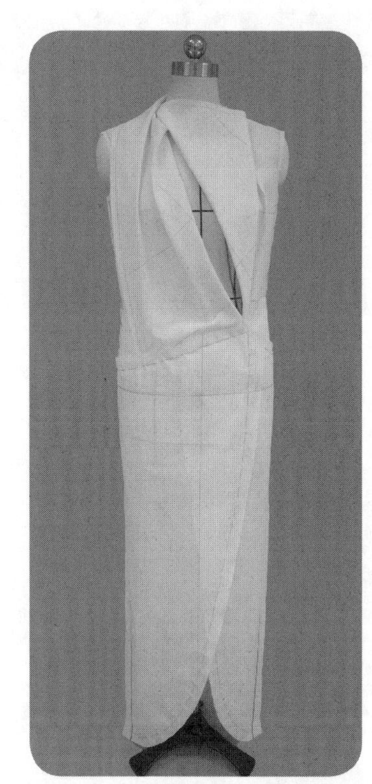

2.24.43

2.24.41~2.24.43　前左裙片E片的操作。

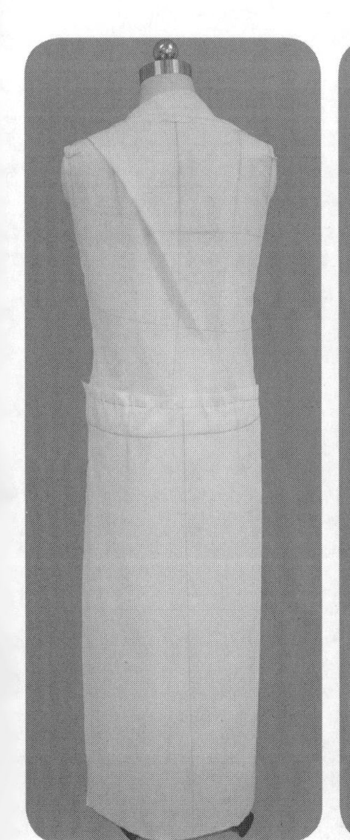

2.24.44

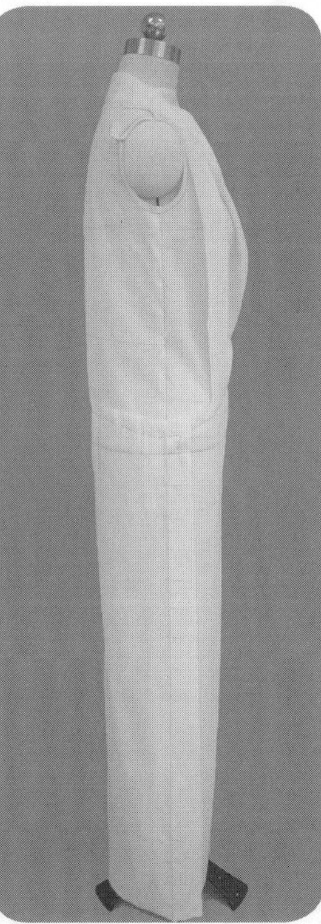

2.24.45

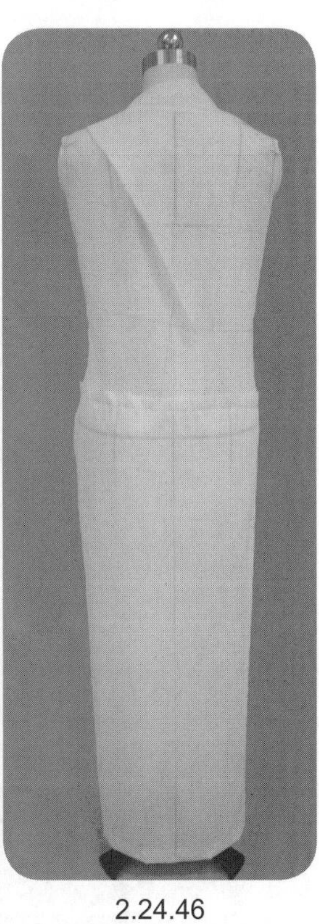

2.24.46

2.24.44~2.24.46　后裙片F片的操作。

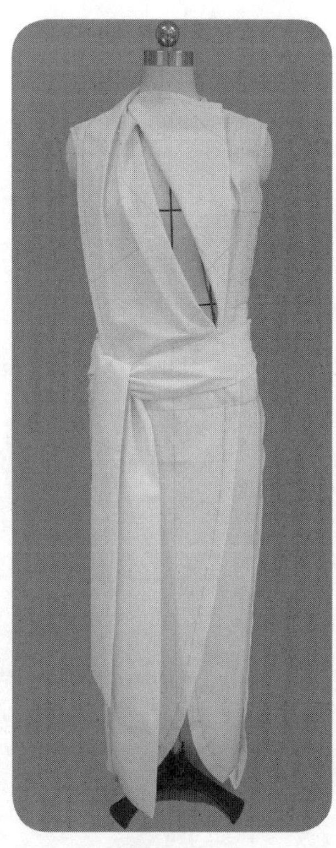

2.24.47

2.24.47　腰带G片的操作。

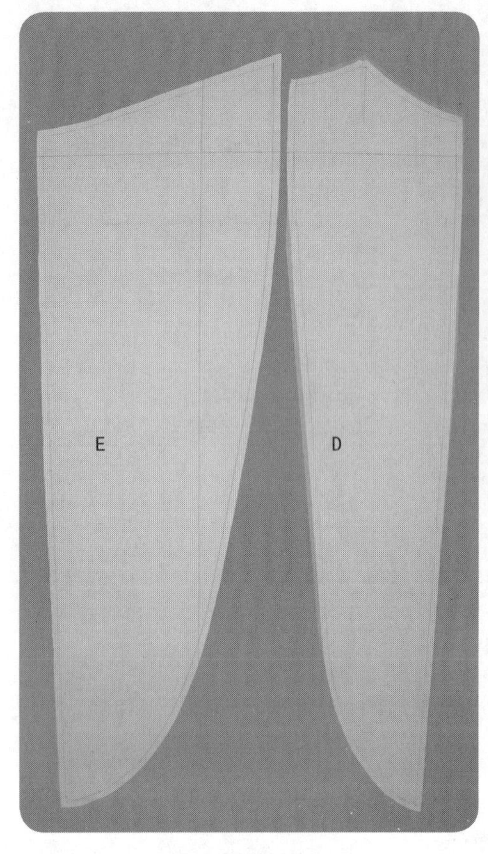

2.24.48(1)

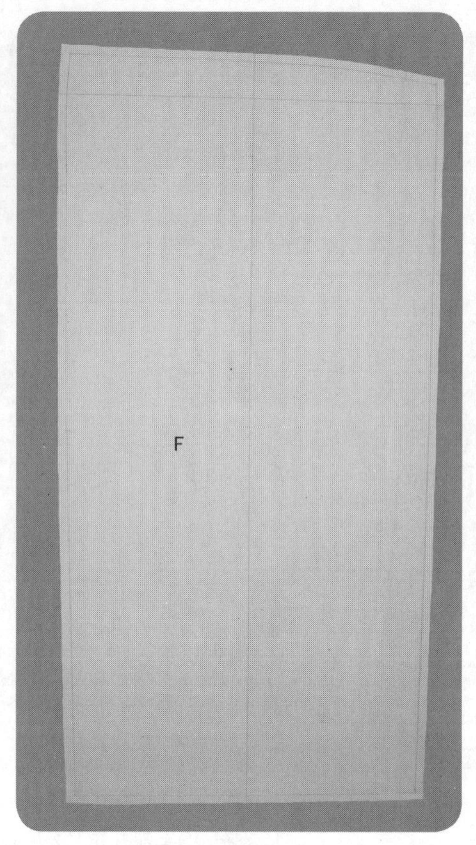

2.24.48(2)

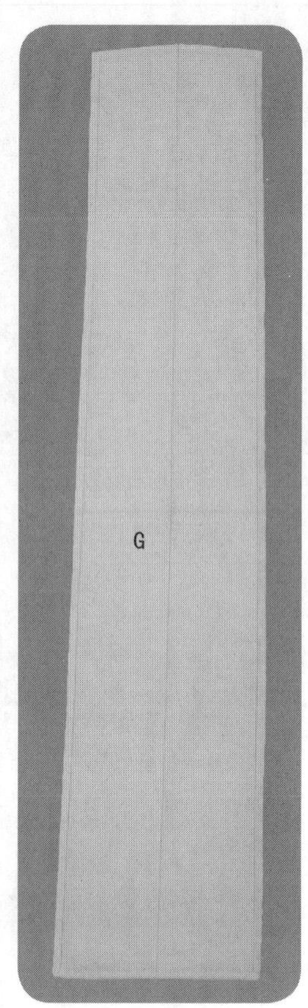

2.24.48(3)

2.24.48　裙片的标点描线、平面整理。

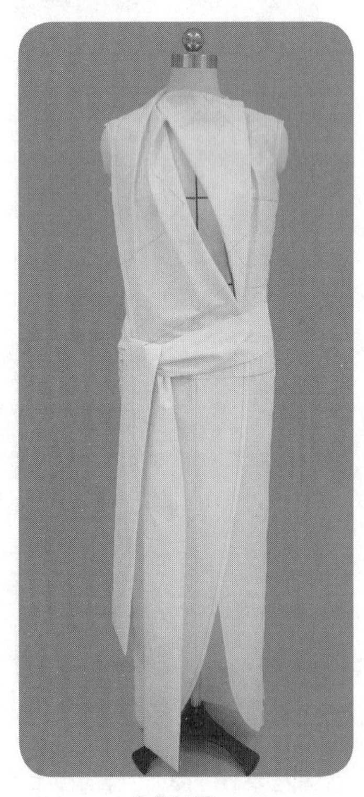

2.24.49

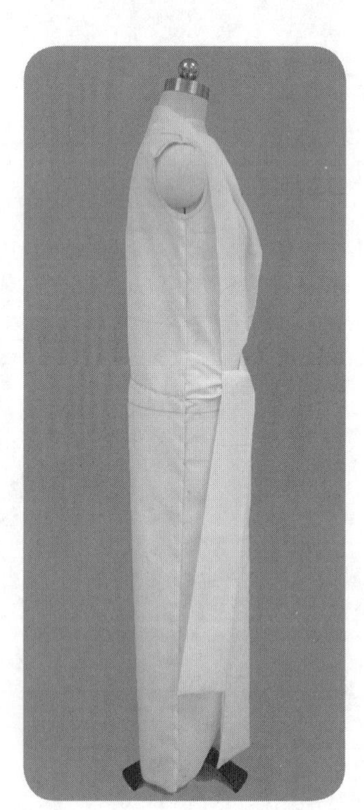

2.24.50

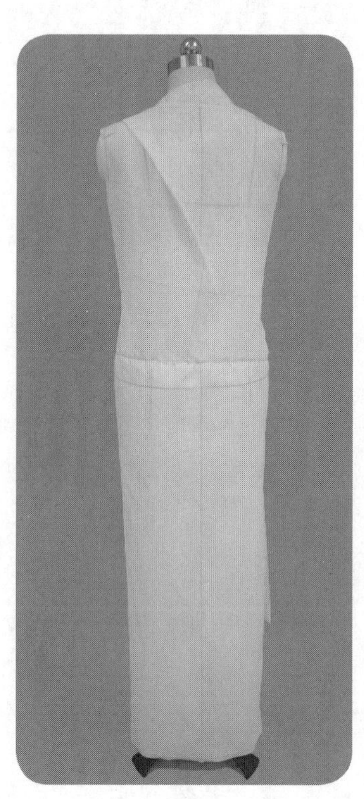

2.24.51

2.24.49~2.24.51　整体试样补正，造型完成。

25 一片式褶裥外套

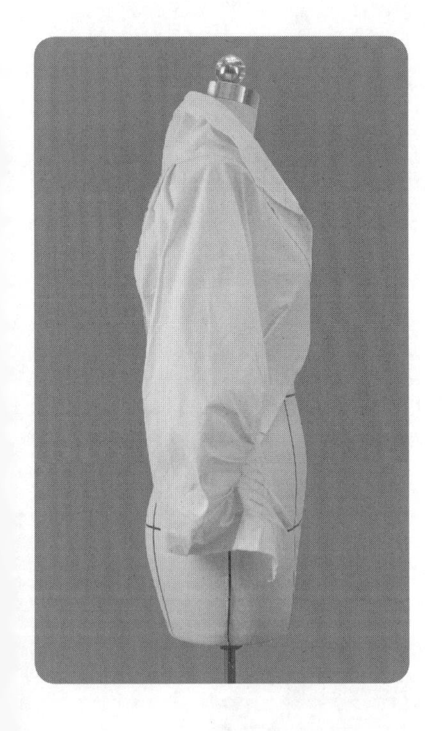

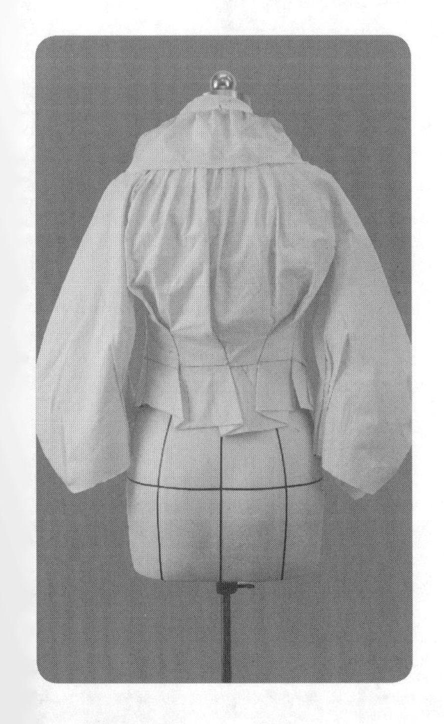

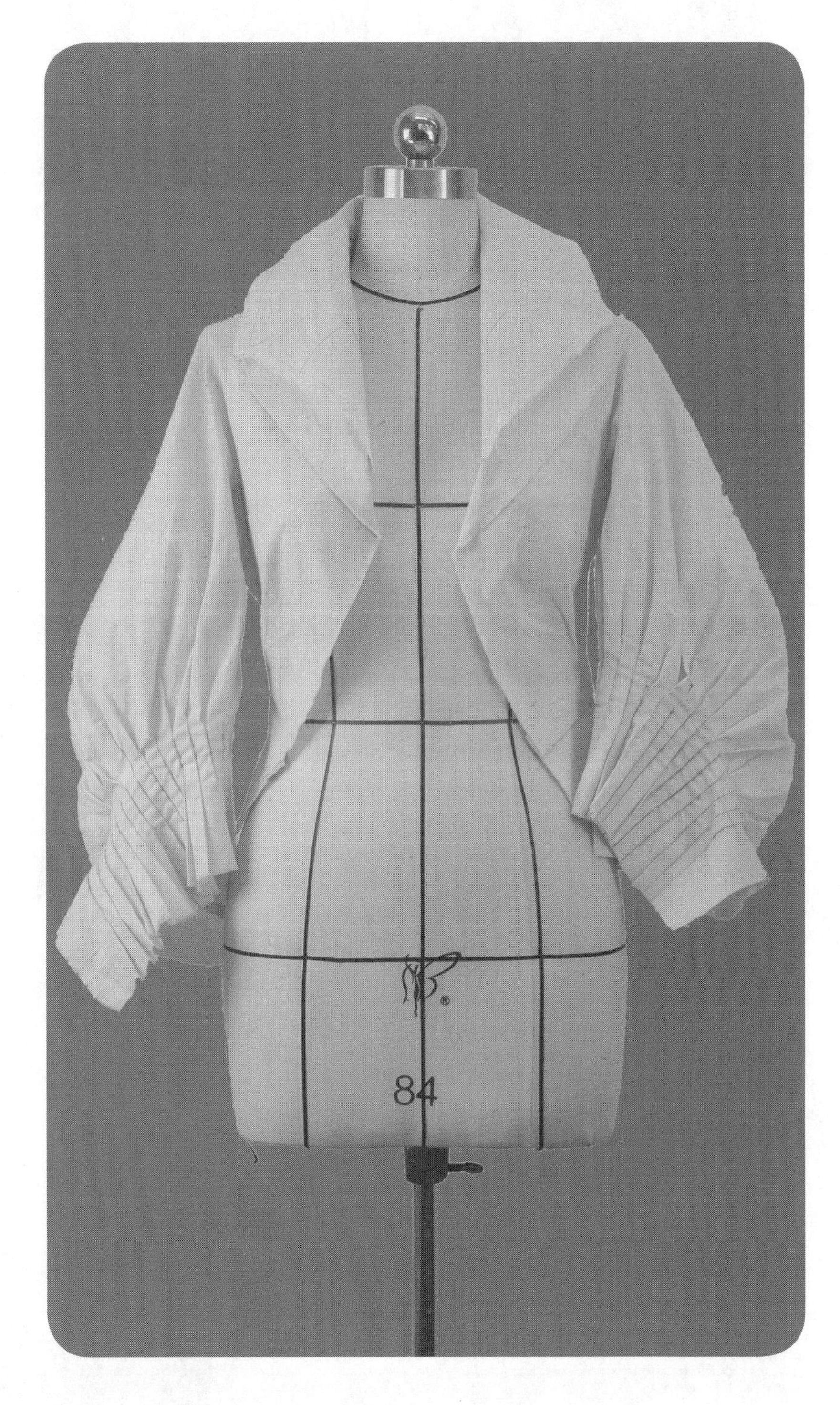

造型要点

COMMES des GARCON 一片和式典型作品。一片面料，极少剪裁，巧妙利用褶裥元素形成立体造型，拟合人体体型，堪称运用东方直线剪裁构造立体造型服装的巅峰之作。

操作步骤

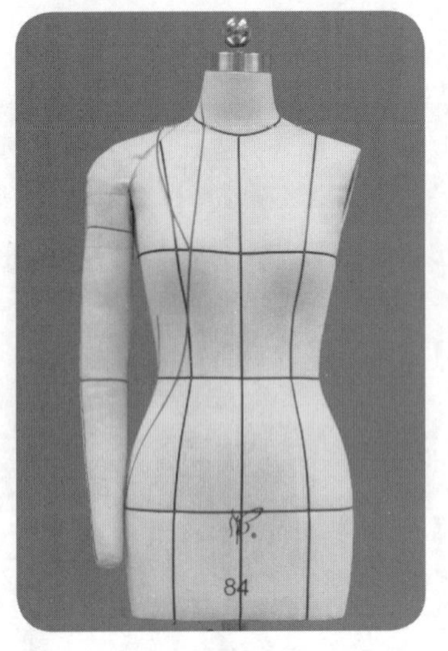

2.25.1

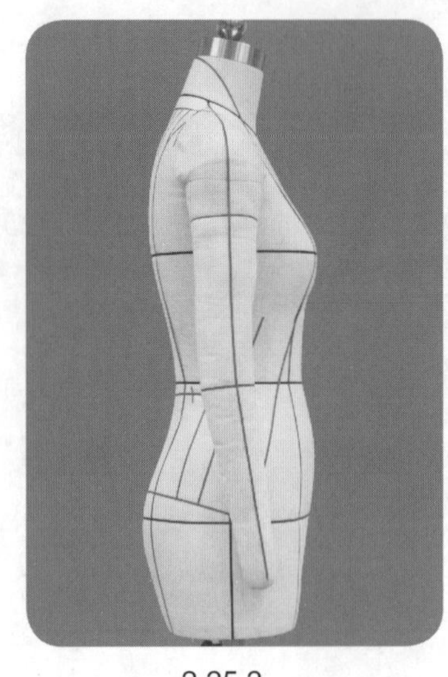
2.25.2

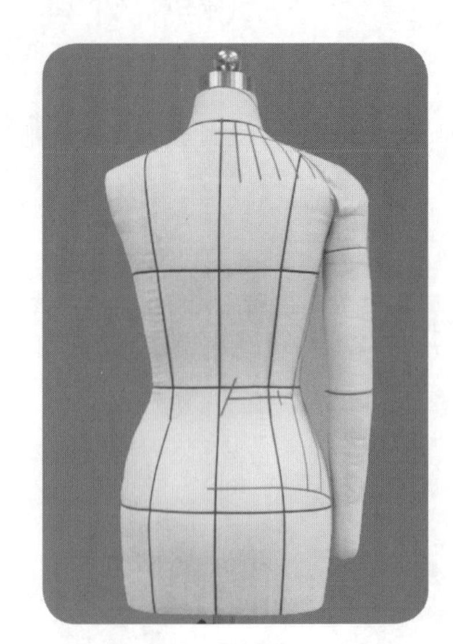
2.25.3

2.25.1~2.25.3　贴置款式造型线。

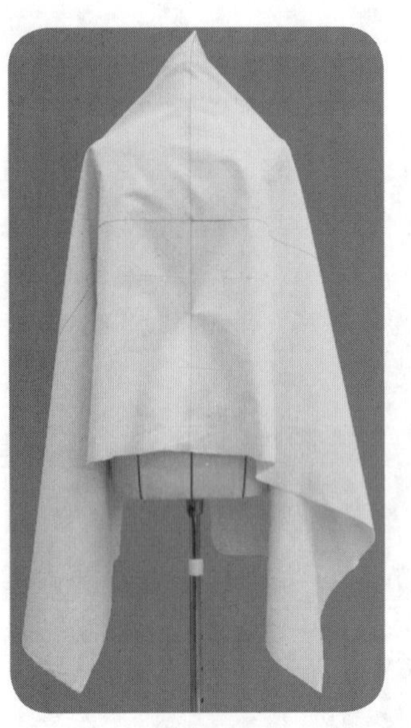
2.25.4

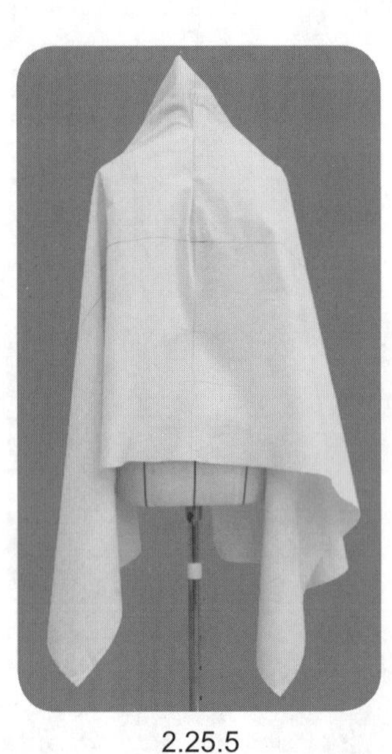
2.25.5

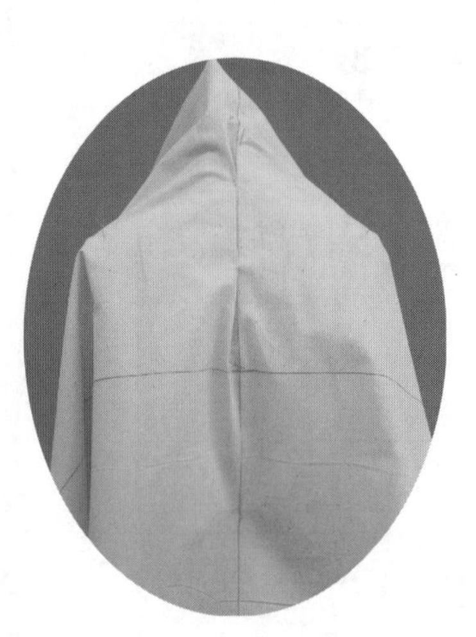
2.25.6

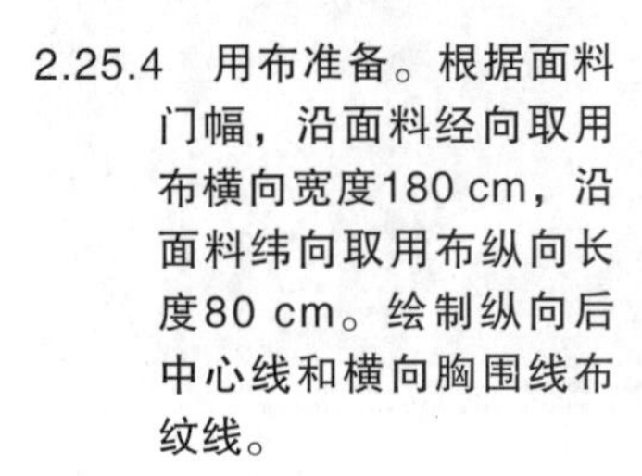
2.25.4　用布准备。根据面料门幅，沿面料经向取用布横向宽度180 cm，沿面料纬向取用布纵向长度80 cm。绘制纵向后中心线和横向胸围线布纹线。

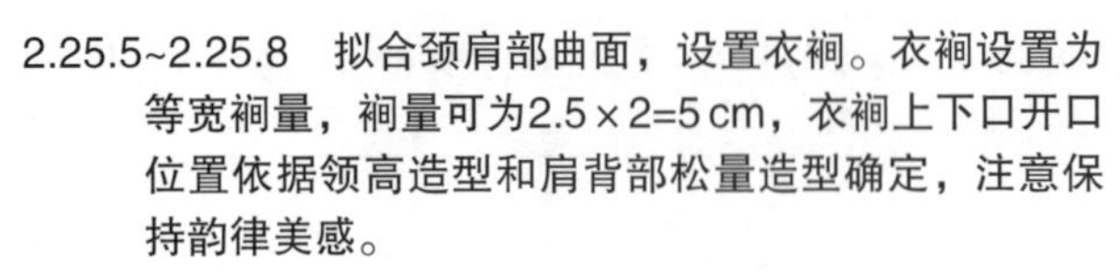
2.25.5~2.25.8　拟合颈肩部曲面，设置衣裥。衣裥设置为等宽裥量，裥量可为2.5×2=5 cm，衣裥上下口开口位置依据领高造型和肩背部松量造型确定，注意保持韵律美感。

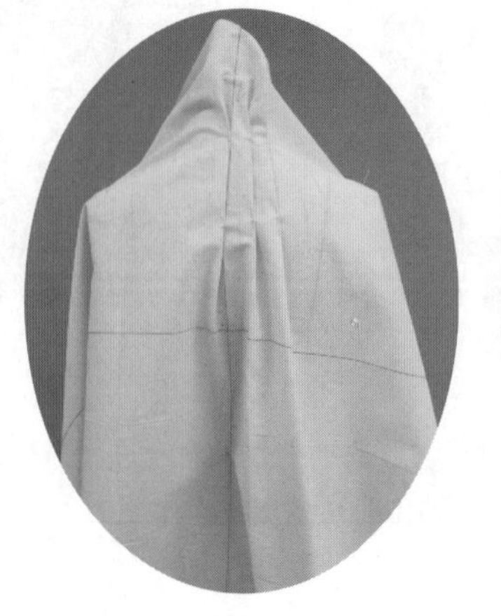
2.25.7

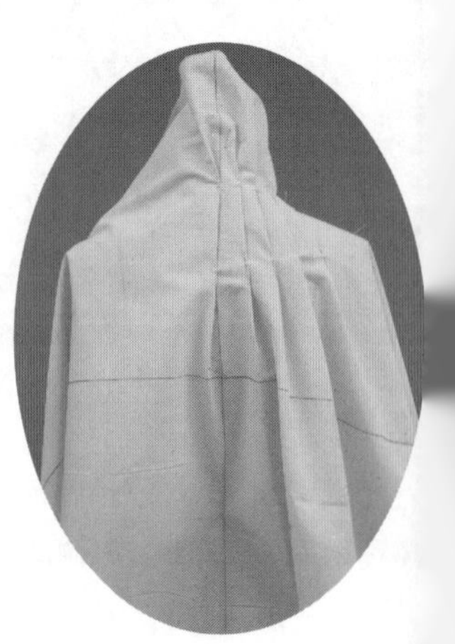
2.25.8

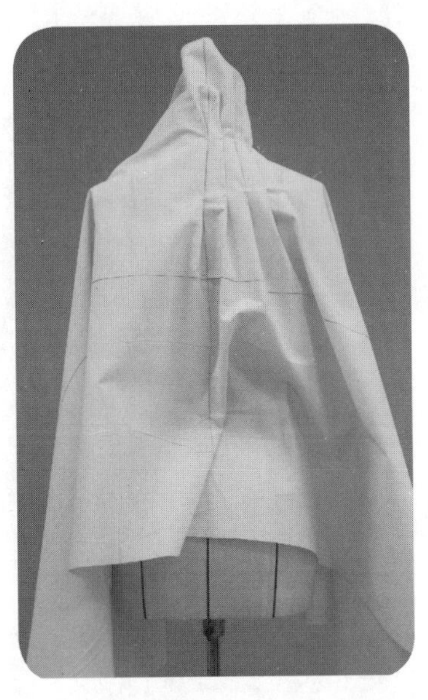

2.25.9

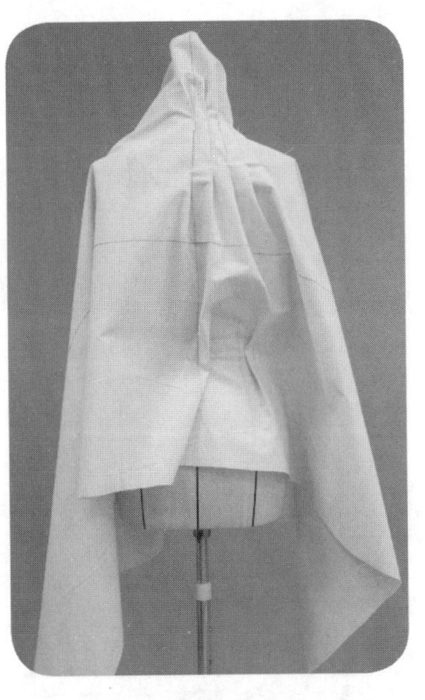

2.25.10

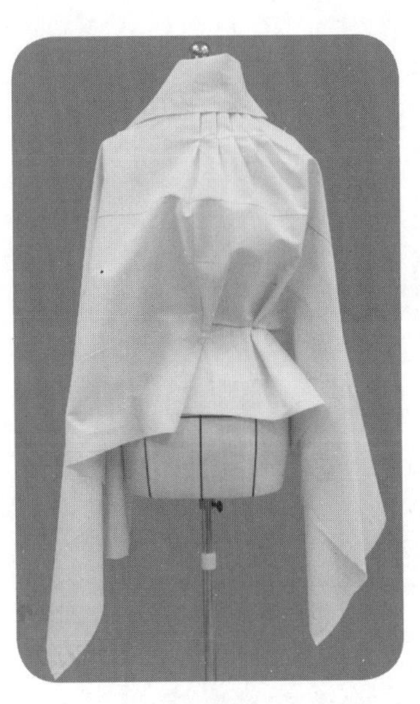

2.25.11

2.25.9~2.25.11　拟合后腰背曲面，设置后腰部衣裥。后腰部衣裥为左右不对称，增加服装的灵动性。

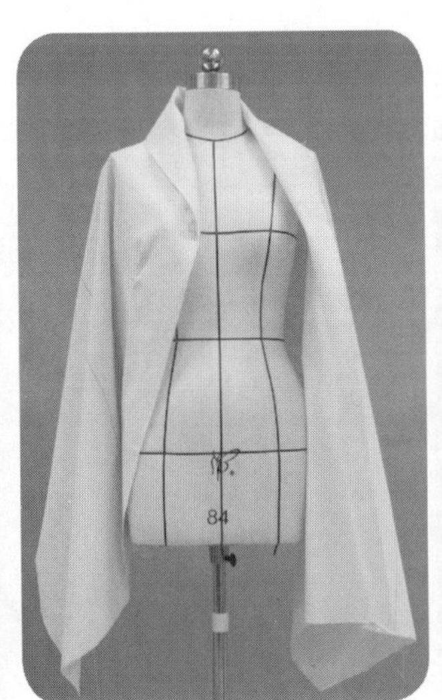

2.25.12

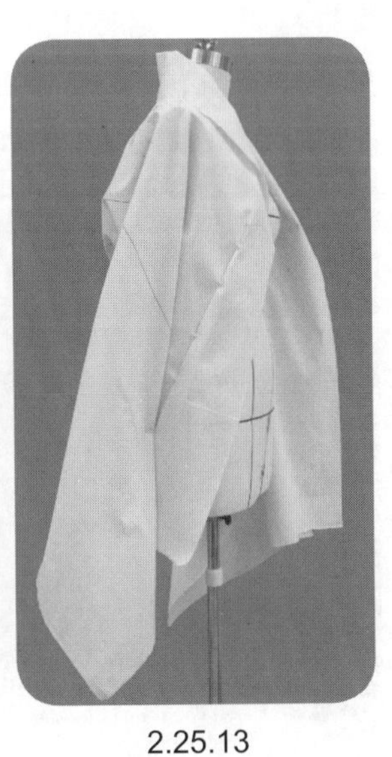

2.25.13

2.25.12、2.13　拟合前胸腰曲面，设置前腰胸省。

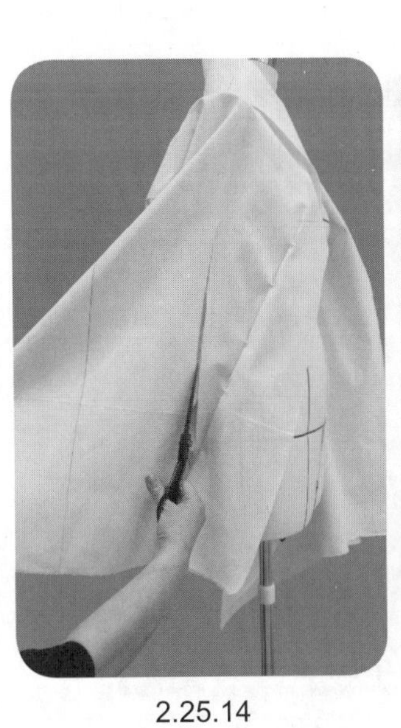

2.25.14

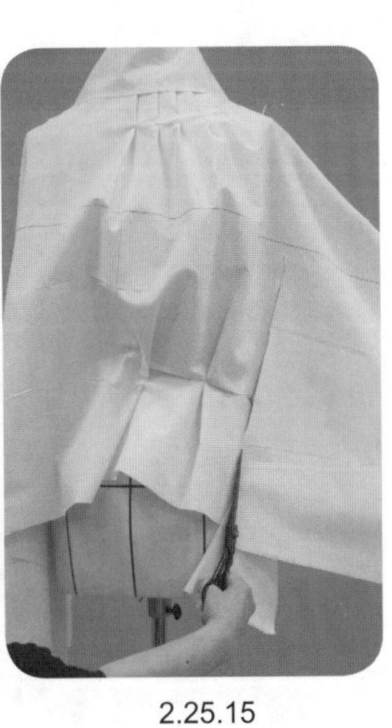

2.25.15

2.25.14、2.25.15　确定前胸宽处和后背宽处连袖插角尖点位置，前后分别从布边沿丝缕直线剪开至尖点处。

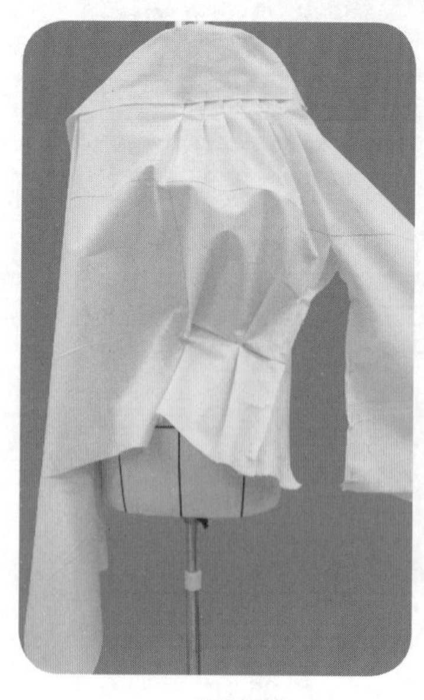

2.25.16

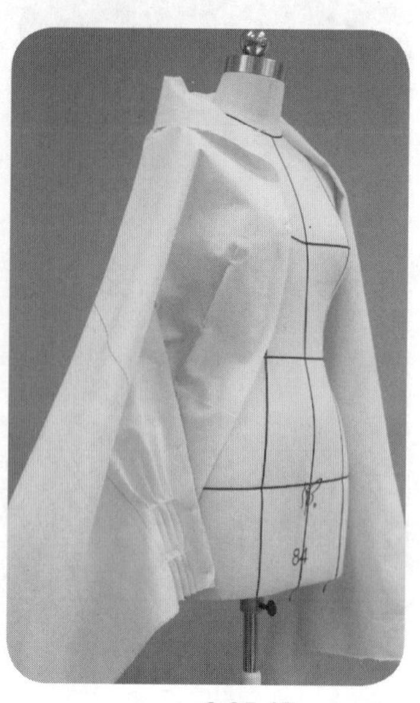

2.25.17

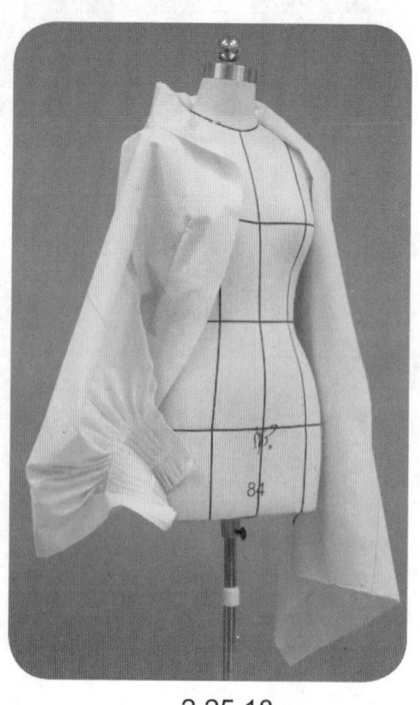

2.25.18

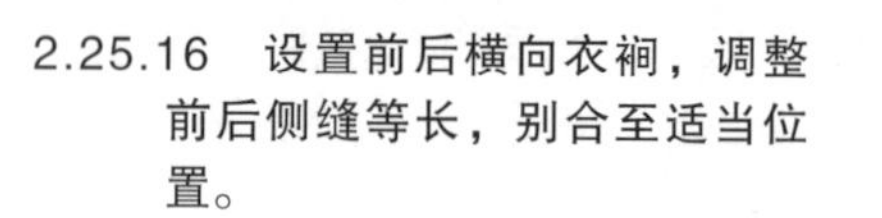

2.25.16　设置前后横向衣裥，调整前后侧缝等长，别合至适当位置。

2.25.17、2.25.18　设置袖口衣裥，控制袖口大小，形成袖身造型。裥量等宽，建议为1.5×2=3 cm，或者2×2=4 cm。

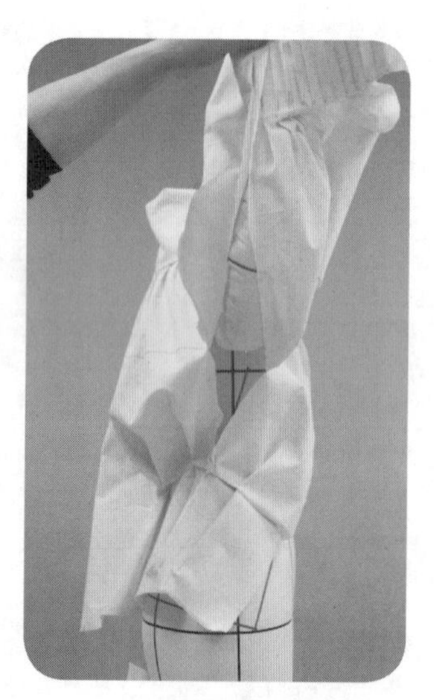

2.25.19

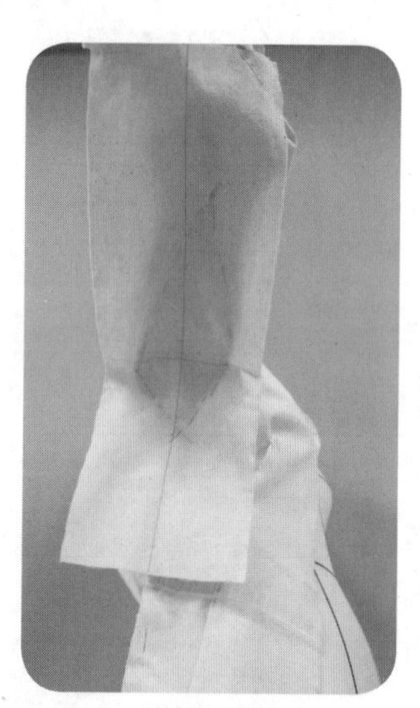

2.25.20

2.25.19、2.25.20　配袖底插角。

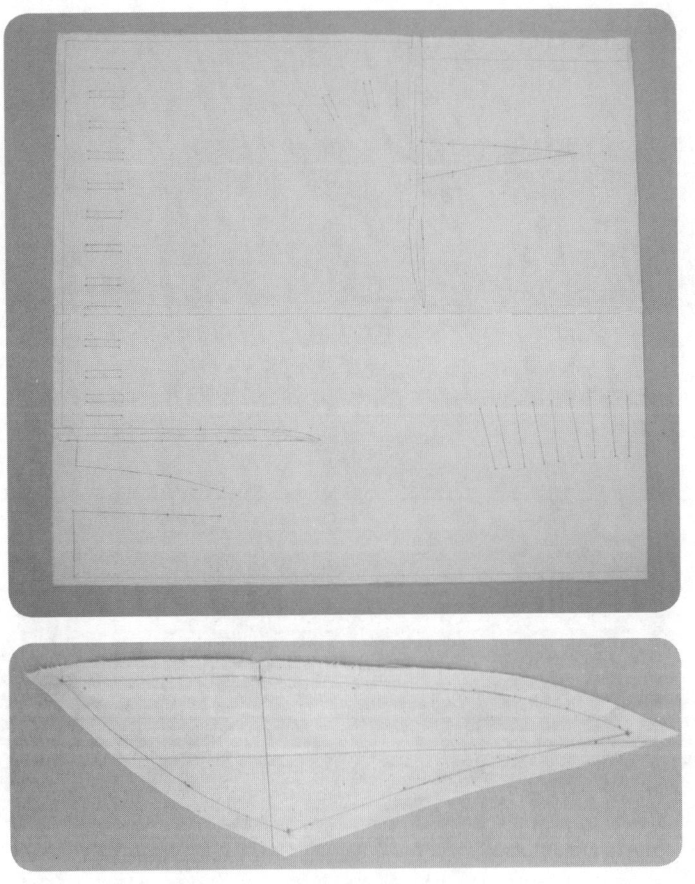

2.25.21

2.25.21　标点描线，平面整理。

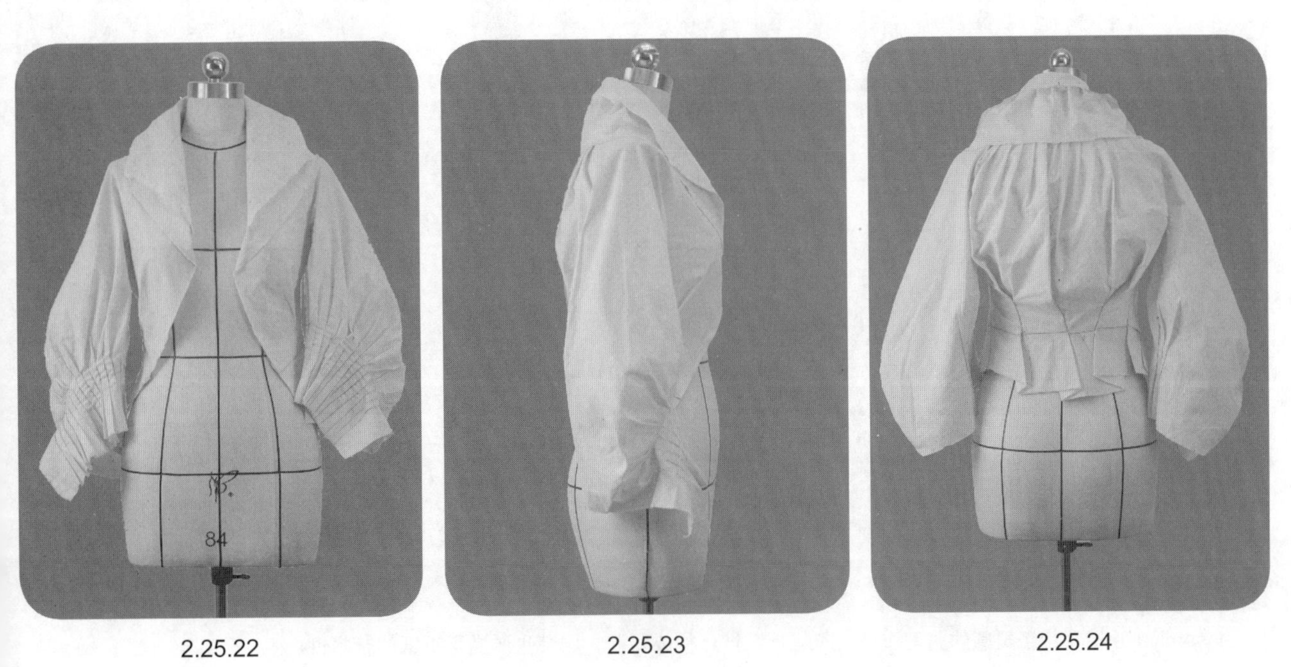

2.25.22　2.25.23　2.25.24

2.25.22~2.25.24　整体试样补正，造型完成。

26 一片式折叠连衣裙

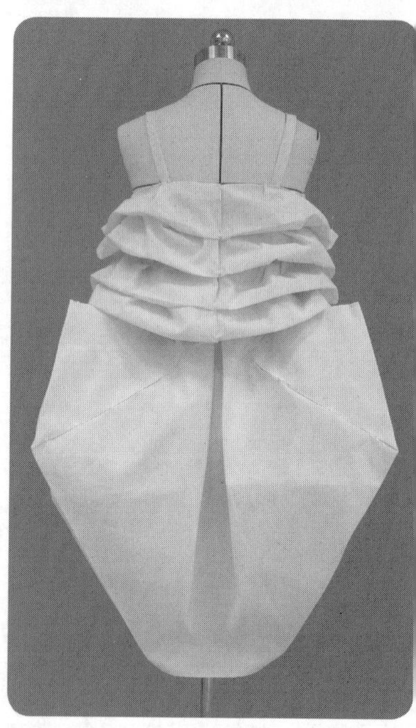

造型要点

Issemiyake 运用折纸灵感的典型作品。演化折纸技巧构成服装，服装也洋溢了折纸的艺术性。

操作步骤

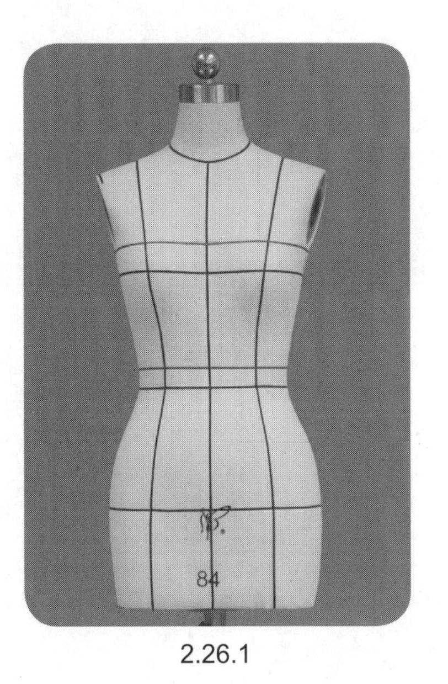

2.26.1

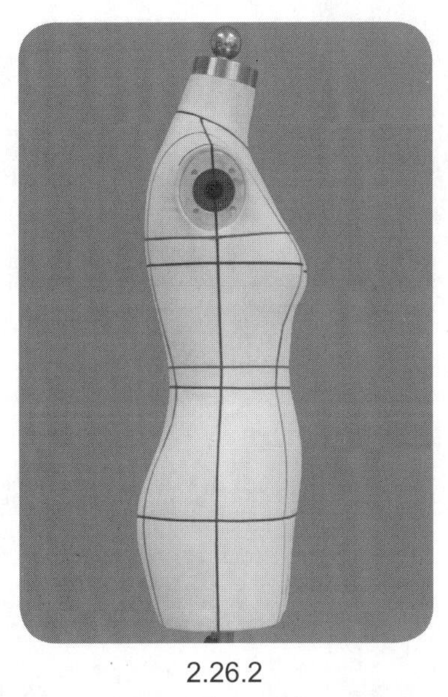

2.26.2

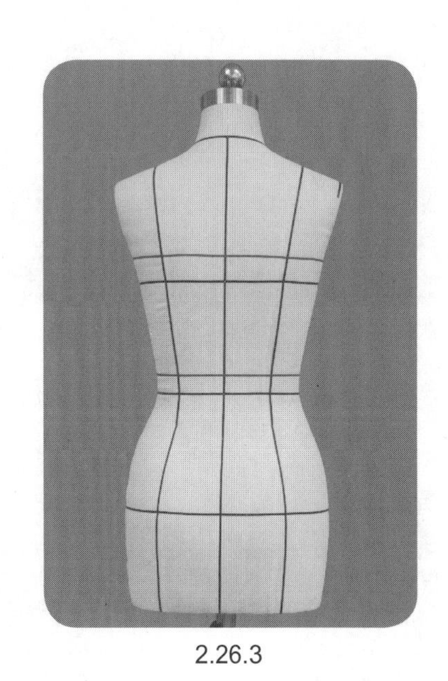

2.26.3

2.26.1~2.26.3　贴置款式造型线。

2.26.5

2.26.4

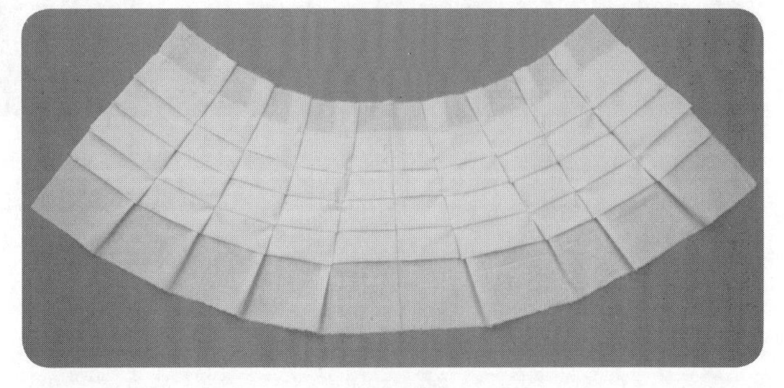

2.26.6

2.26.4~2.26.6　首先折叠横向等宽衣裥，再纵向折叠上宽下略窄的纵向衣裥，形成扇面形状。注意折叠完成的高度要基于款式的上衣衣长，上口长度要基于款式的上口围度。

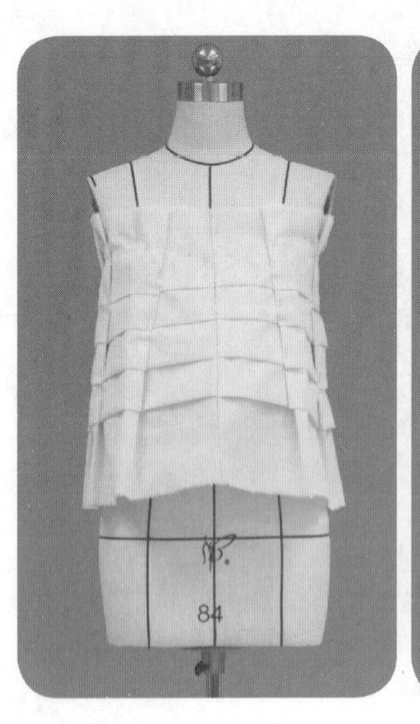

2.26.7

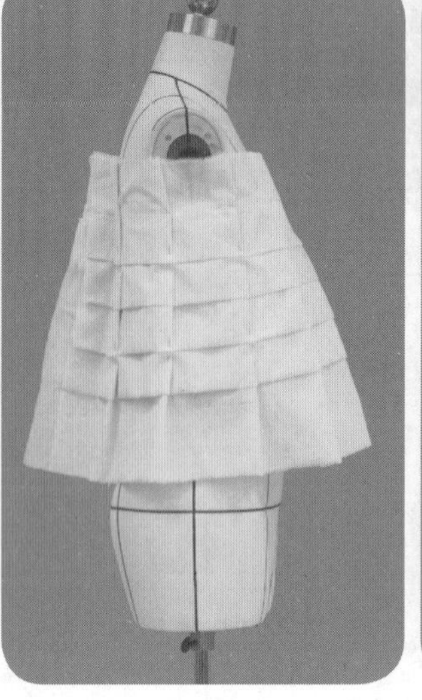

2.26.8

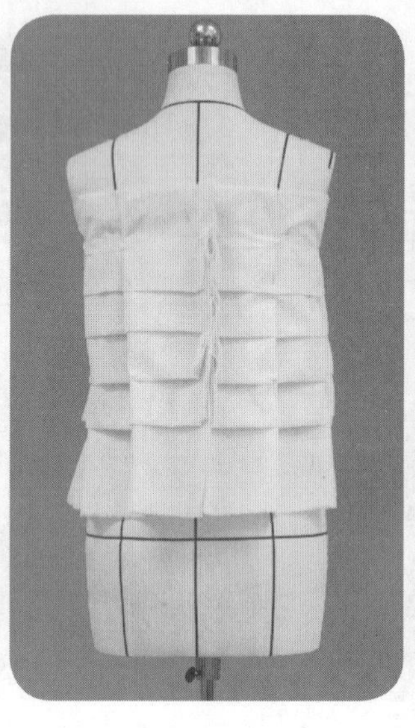

2.26.9

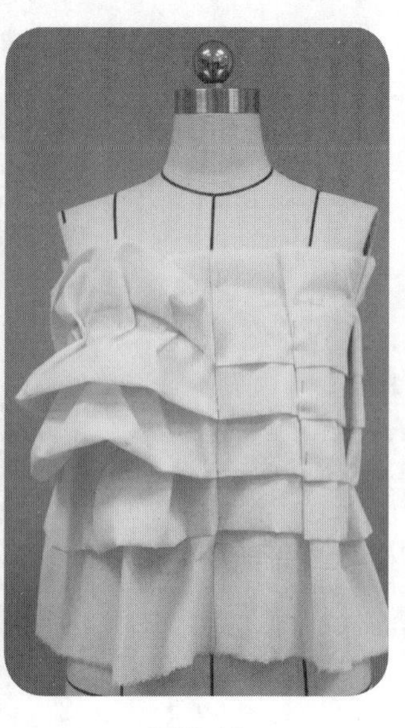

2.26.10

2.26.7~2.26.10　把折叠好的上衣片围裹于人台。

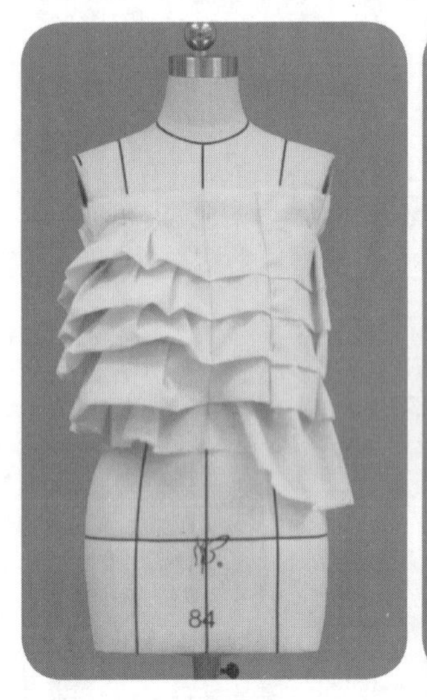

2.26.11

2.26.12

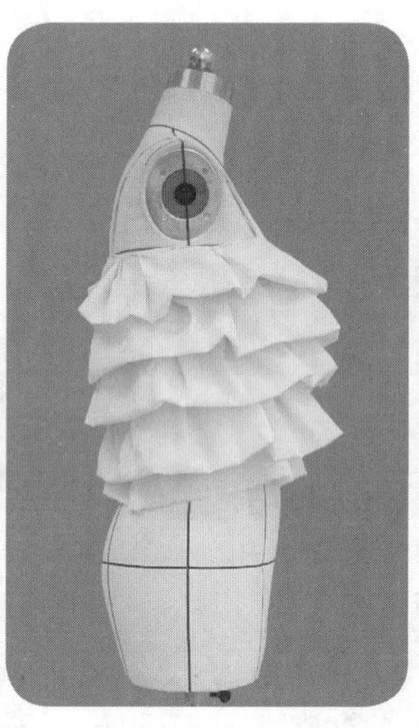

2.26.13

2.26.14

2.26.11~2.26.14　整理调整上衣衣裥形成自然效果。

2.26.15

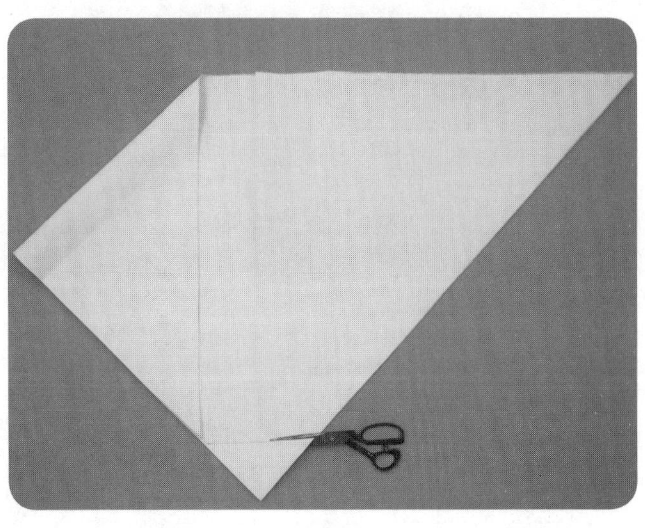

2.26.16

2.26.17

2.26.18

2.26.19

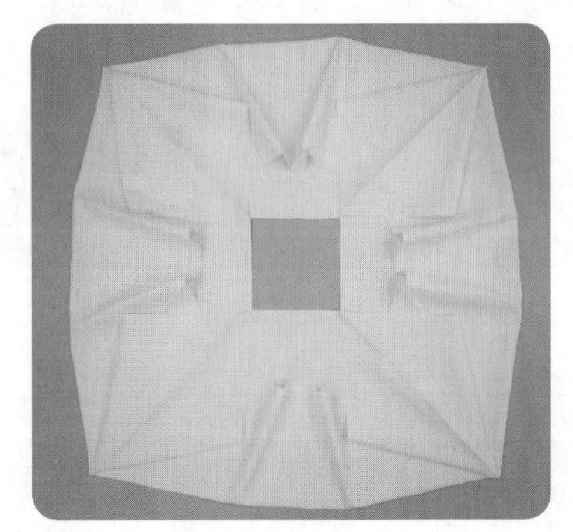

2.26.20

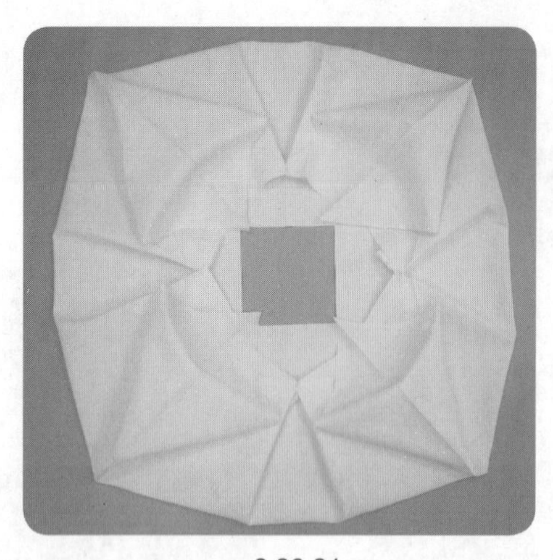

2.26.21

2.26.15~2.26.21　折叠裙身片。根据裙摆开口大小剪掉折角尖处。

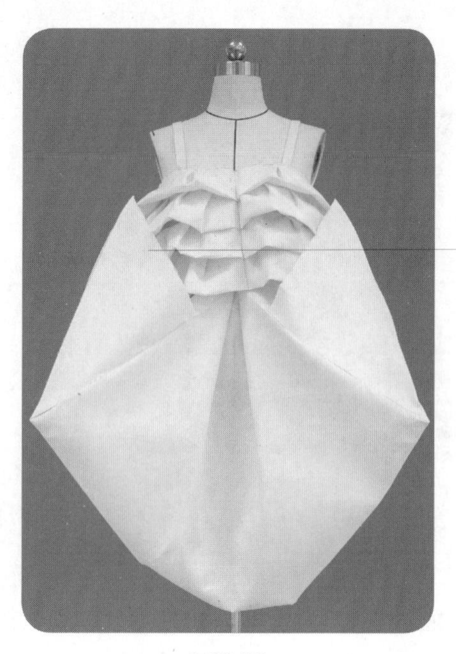

2.26.22

2.26.23

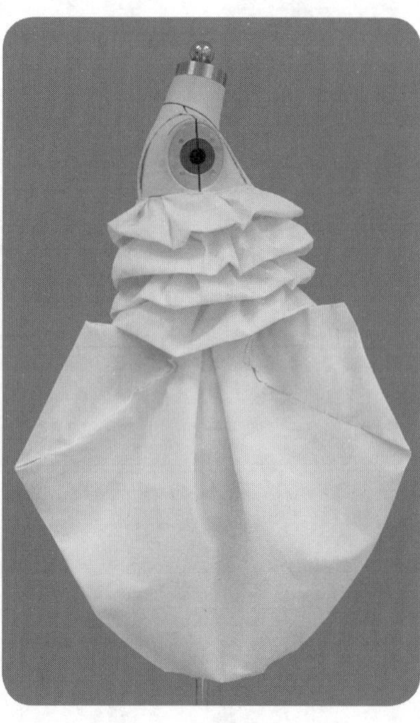

2.26.24

2.26.25

2.26.22~2.26.25　将折叠完成的裙身穿于人台上，腰线处与上衣腰线拼合，形成空气感裙体。整体造型完成。